高等职业教育安全防范技术系列教材

安全防范工程设计

周俊勇　郑书马　编　著

电子工业出版社

Publishing House of Electronics Industry

北京 · BEIJING

内 容 简 介

本书以安全防范工程设计为主线,以行业标准规范为依据,结合安全防范领域的相关技术应用,系统介绍了安全防范的基本概念、安全防范系统、安全防范工程等基础知识。本书同时结合家庭、校园、小区等典型场景,由浅入深、由部分到系统,按照工程设计的需求、程序、步骤、方法、标准及要求等详细介绍了入侵报警、视频监控、出入口控制等系统的设计。本书还对安全防范系统供电设计、安全防范系统集成与联网设计、特殊对象的安全防范工程设计,以及招投标、施工、系统试运行、监理、检验与竣工验收等安全防范工程实施过程进行了较详细的介绍。

本书涉及领域较为广泛,结构安排合理,观点有新意,可作为高等职业院校安全防范类专业学生的教材,也可作为从事安全防范工程设计、施工、运维及管理等工程技术人员的参考用书。

图书在版编目(CIP)数据

安全防范工程设计 / 周俊勇,郑书马编著. —北京:电子工业出版社,2020.6
高等职业教育安全防范技术系列规划教材

ISBN 978-7-121-38088-4

Ⅰ. ①安… Ⅱ. ①周… ②郑… Ⅲ. ①安全装置-电子设备-系统设计-高等职业教育-教材 Ⅳ. ① TM925.91

中国版本图书馆 CIP 数据核字(2019)第 251868 号

责任编辑:徐建军   特约编辑:田学清
印   刷:涿州市般润文化传播有限公司
装   订:涿州市般润文化传播有限公司
出版发行:电子工业出版社
    北京市海淀区万寿路 173 信箱   邮编:100036
开   本:787×1 092 1/16 印张:19.5 字数:512 千字
版   次:2020 年 6 月第 1 版
印   次:2025 年 2 月第 8 次印刷
定   价:55.00 元

凡所购买电子工业出版社图书有缺损问题,请向购买书店调换。若书店售缺,请与本社发行部联系,联系及邮购电话:(010)88254888,88258888。

质量投诉请发邮件至 zlts@phei.com.cn,盗版侵权举报请发邮件至 dbqq@phei.com.cn。

本书咨询联系方式:(010)88254570,xujj@phei.com.cn。

前　言

　　安全防范工程是以维护社会公共安全为目的，综合运用安全防范技术和其他科学技术，以建立具有防入侵、防盗窃、防抢劫、防破坏、防爆安全检查等功能的安全防范系统而实施的工程。安全防范工程通常也称为技防工程。应根据被防护对象的使用功能、建设投资及安全防范管理工作的要求，综合考虑人力防护、实体防护措施，并运用安全防范技术、电子信息技术、计算机网络技术等现代科学技术，构建先进、可靠、经济、适用、配套的安全防范系统。安全防范工程是建筑行业和 IT 行业共有的一项方兴未艾的、可持续发展的新技术应用产业。

　　"安全防范工程设计"是一门安全防范类专业的重要专业课程，安全防范工程设计知识是从事安全防范相关工作的工程技术人员必须掌握的。本书共 9 章，书中内容由浅入深、由点到面、理论与实践结合。第 1 章介绍了与安全防范工程设计有关的基础知识；第 2～4 章分别以家庭、校园、小区三个典型场景为设计对象，介绍了入侵报警系统、视频监控系统、出入口控制系统三大安全防范子系统的设计步骤、设计方法、相关的标准和要求；第 5 章介绍了电子巡查系统与人员定位系统；第 6～9 章分别介绍了安全防范工程设计中的一些重要专题，该部分内容是为全系统集成设计服务的。

　　本书由浙江警官职业学院的周俊勇和杭州西湖保安服务公司的郑书马编著，浙江华是科技股份有限公司的温志伟也参与了编写工作，另外姚建良、杨军喜、傅伟杭、赵荣哲等同志在本书的编写过程中提供了大量宝贵的技术资料和修改意见。本书在编写过程中编录了安全防范及相关行业的许多标准规范条文，同时也参考了大量专题文献和相关资料，由于有些资料并未注明出处，故无法将资料提供者一一列出，在此对他们表示衷心的感谢。

　　为了方便教师教学，本书配有电子教学课件，有此需要的教师可以登录华信教育资源网免费下载，如有问题可在网站留言板留言或与电子工业出版社联系（E-mail:hxedu@phei.com.cn），还可与作者联系（E-mail:zhoujunyong@zjjy.com.cn）。

　　由于作者的理论及工程实践水平有限，书中难免会有不足之处，敬请读者批评指正。

编著者

目 录

第1章

安全防范工程设计概述

内容提要

本章主要介绍了安全防范、风险与风险控制的概念，安全防范工程设计中需要遵循的一些基本要素，安全防范工程设计的基本环节，安全防范工程信息文件的编制要求，以及安全技术防范标准体系。这些内容有助于安全防范工程设计人员明确其必备的常识、掌握必须遵循的设计原则、建立正确的设计理念。

1.1　安全防范的基本概念

随着人们生活水平的不断提高，特别是物质生活水平的不断提高，人们越来越重视自己的人身安全和财产安全。按照马斯洛需要层次论（该理论把人的需要划分为 5 个层次，由低到高分别为生存需要、安全需要、情感需要、自尊需要、自我实现需要），人们在解决了吃饭和睡眠等生存需要之后，自然会对高一层次的安全需要提出更高的要求，因此，安全防范成为人们越来越关注的话题。

1.1.1　安全防范

在现代汉语中，所谓安全，就是不受威胁，没有危险、危害、损失；所谓防范，就是防备、戒备，其中防备是指为应付攻击或避免伤害预先做好准备，戒备是指警惕防备以应对不测。两者结合，安全防范可指做好准备和防护，以应付攻击或避免伤害，从而使被保护对象处于不受威胁、没有危险、不受侵害、不出现事故的安全状态。这就是从广义角度理解的安全防范。

在安全生产、公安保卫等工作中，安全防范还有狭义层面的解释。例如，安全防范作为公安保卫工作的术语，是指以维护社会公共安全为目的，采取的防入侵、防盗窃、防抢劫、防破坏、防爆炸、防火和安全检查等措施。

由安全防范的定义可见，安全是目的，防范是手段，通过防范的手段达到或实现安全的目的。而安全涉及的内容非常广泛，包括食品安全、生产安全、防灾减灾、火灾安全、爆炸安全、反恐防恐、突发事件、社会安全、国境检疫等。总体而言，安全可分成两类：一类是指自然属性或准自然属性的安全，其危害及产生主要不是由人有目的参与而造成的；另一类是指社会人文属性的安全，其危害及产生主要是由于人有目的（往往是有恶意的）的参与而造成的。公安保卫工作中的安全防范主要是指有关突发事件、社会安全等方面的人为安全问题的防备与戒备，此类安全问题的解决除了依靠国家执法机构力量，还需要广大社会民众力量的参与。国外将安全防范分为犯罪预防（Crime Prevention）和损失预防（Loss Prevention），两者构成了安全防范的基本内容。本书讲述的安全防范特指公共安全保卫。

1.1.2　风险与风险控制

安全总是与风险联系在一起的，两者是一种量变与质变的关系。当风险较小时可判定为安全状态，当风险增大到一定程度就转变为不安全状态。因此安全问题的解决实际上就是风险控制的过程。

目前一种较为主流的风险定义是指，在一定条件下和一定时期内，行为主体遭受损失的大小以及这种损失发生的可能性的大小。简言之，风险是指某一特定危险情况发生的可能性和后果的组合，它是一个二维概念，即损失后果的大小与损失发生的概率这两个指标是衡量风险大小的标准，其中损失后果的大小是衡量风险大小的主要指标。

风险的控制（管理）有四种方法：风险回避、损失预防与控制、风险转移和风险留置。

1．风险回避

风险回避是风险承担者有意识地放弃风险行为，完全避免特定的损失风险。简单的风险回避是一种消极（或无奈）的风险处理办法，因为风险承担者在放弃风险行为的同时，往往也放弃了潜在的目标收益。风险回避适合在损失后果非常严重，风险承担者完全不能承受或不愿承受、无法消除或转移风险，风险损失加风险控制成本大于可能的收益等情况下采用。

2．损失预防与控制

损失预防与控制是通过制订计划和采取措施来降低损失的可能性或减少实际损失的，其涵盖了前面所讲的安全防范。损失预防与控制的阶段包括事前控制、事中控制和事后控制 3 个阶段。事前控制的目的主要是降低损失的概率，事中控制和事后控制主要是为了减少实际发生的损失。

3．风险转移

风险转移是指通过契约将让渡人的风险转移给受让人的行为。通过风险转移，有时可大大降低风险承担者的风险程度。风险转移的主要形式是合同和保险。

4．风险留置

风险留置是指风险承担者将自行承担可能发生的全部损失。风险留置可分为无计划自留、有计划自我保险，也可分为理性风险留置和非理性留置。

风险的化解（安全问题的解决）应当是通过风险回避、损失预防与控制、风险转移等措施，将原有风险降低到理性风险留置的程度。假设有 6 种风险事件需要进行管理（见表 1-1），那么对应的风险控制响应表如表 1-2 所示。

表 1-1　风险事件示意表

危害性＼不确定性	低	中	高	风险控制 ===>	危害性＼不确定性	低	中	高
低		④			低	②③⑤	①④⑥	
中	②	①	⑥		中			
高		③⑤			高			

表 1-2 风险控制响应表

序 号	原始风险事件分析	采用的风险控制方法	期望风险事件分析
①			
②			
……			
⑥			

安全防范可遵循以下过程：首先结合当前的内、外部环境条件和安全防范能力，针对可能对保护对象的安全构成威胁的各类风险进行识别；然后对这些风险会造成的后果及其发生概率进行分析、分类、评级；再结合风险承担者对风险的承受度和容忍度，合理选择风险控制的组合方案；最后针对需要采取风险预防和控制的风险事件，确定需要防范和控制的目标，统筹考虑人力防范，合理选择物防和技防措施，构建安全可控、开放共享的安全防范系统。

1.1.3 安全防范的基本要素

影响安全防范效果的 3 个要素分别是探测、反应与延迟。探测是指感知显性和隐性的风险事件的发生并发出报警；反应是指组织力量为制止风险事件的发生所采取的快速行动；延迟是指延长和推延事件发生的进程。

探测、反应、延迟这 3 个影响安全防范效果的要素在实施安全防范过程中所起的作用各不相同，要实现安全防范的最终目的，就要围绕这 3 个要素来展开工作、采取措施。探测、反应、延迟这 3 个要素之间是相互联系、缺一不可的关系。首先，为保证安全防范成功，就需要保证反应能力强于入侵者的反制能力，并且在危害或损失发生之前得到有效制止。假若反应时间、探测时间、延迟时间的定义如图 1-1 中所示，则反应的总时间应小于（至多等于）探测时间加系统延迟时间的总时间，即反应时间≤探测时间＋系统延迟时间。其次，探测要准确快速、延迟时间要长短合适，反应要迅速有力。在理想情况下，人们总是希望探测与反应更快、更准、更有力，延迟时间更久，安全防范体系更耐破坏；但在实际安全防范体系的构建中，还需综合考虑实施成本、对常态工作的影响等各方面因素。

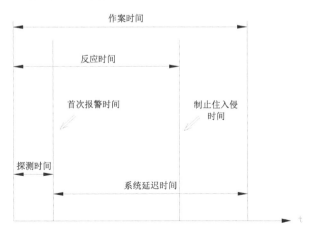

图 1-1 有效防范入侵的时间示意图

在安全防范过程中存在一些关键的时间节点，从探测的角度有首次报警时刻、确认报警时刻、二级报警时刻、三级报警时刻及更高等级的报警时刻；从反应的角度有本地守卫到达时刻、后援警力到达时刻等；从延迟的角度有侵入行为发生时刻、危害后果产生时刻、嫌疑人逃离现场时刻等，如图 1-2 所示。

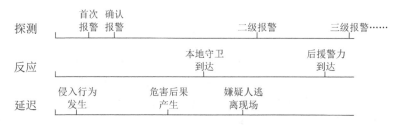

图 1-2　安全防范过程的关键时间节点

一个具体的安全防范过程并不一定包含图 1-2 中的所有节点，比如有的没有本地守卫，有的没有确认报警环节等；也有可能包含更多的节点，比如 1#区域发生侵入、2#区域发生侵入、危害后果 1 产生、危害后果 2 产生等。同时这些关键时间节点的顺序也会根据安全需要及实际情况发生变化，比如可要求本地守卫在侵入行为发生后立即到达现场，也可要求在嫌疑人逃离现场之前到达现场。

在安全防范体系的建立及效能评估过程中，首先需要明确可承受的后果是什么（理性的风险留置），即明确怎样算是防范成功，比如停车场内轿车失窃的可承受后果可以是窃贼得手并逃逸但留下了明确的身份信息，也可以是窃贼得手但在驶离停车场前被截获。然后综合考虑各种防范手段，低成本、高效率地使探测、反应、延迟这 3 个要素获得最佳匹配。

1.1.4　安全防范的基本手段

就防范手段而言，安全防范包括人力防范、实体（物理）防范和技术防范，防范的效果粗略可分为威吓、阻退、取证、制止 4 个级别，应结合防范和控制目标，合理选择不同的防范手段。

人力防范简称人防，是指能迅速到达现场处理警情的保安人员或公安人员。实体防范简称物防，由能保护防护目标的物理设施（如防盗门、窗、铁柜）构成，主要作用是阻挡和推迟罪犯作案，其功能以推迟作案的时间来衡量。人防和物防是古而有之的传统防范手段，它们是安全防范的基础。

技术防范简称技防，是指运用科学技术手段，预防、发现、制止违法犯罪行为，避免重大治安事故，维护公共安全的活动。简单地说，技防由探测、识别、报警、信息传输、控制、显示等技术设施所组成，其功能是发现风险，迅速将信息传送到指定地点。技防的概念是在近代科学技术（最初是电子报警技术）用于安全防范领域并逐渐形成一种独立防范手段的过程中所产生的一种新的防范概念。技防的内容随着科学技术的进步不断更新。随着科学技术的迅猛发展，技防为安全防范不断带来新的内涵。

在安全防范的 3 种防范手段中，要实现防范的最终目的都要围绕探测、反应、延迟这 3 个要素开展工作，采取措施，以预防和阻止风险事件的发生。安全防范的 3 种防范手段在实施安全防范过程中所起的作用是有不同的。

人防是利用人们自身的感官（眼、耳等）进行探测，发现妨碍或破坏安全的目标，对比评估敌我力量，做出适当反应的：用声音警告、恐吓等手段来延迟或阻止危险的发生，并注意截取证据，保留线索，在自身力量不足时还要发出救援信号，以期做出进一步反应，制止危险的发生或处理已发生的危险。

物防的主要作用是推迟危险的发生，为反应提供足够的时间，其可以通过增加实施破坏或侵害的难度，降低风险发生的概率甚至中止危害事件的发生。现代的物防已不是单纯物质屏障的被动式防范，而是越来越多地采用高科技的手段，一方面使实体屏障被破坏的可能性变小，增加延迟时间；另一方面也使实体屏障本身增加探测和反应的功能。

技防可以说是人防和物防的延伸和加强，是对两者在技术手段上的补充和强化。通过高科技的应用，技防可极大地增强探测、反应、延迟能力，它不单单表现在缩短探测与反应时间、加长延迟时间等方面，它还可以提高探测的准确性和可靠性、反应的针对性，增强目标防破坏的能力，提高防范效率，降低防范成本。

人防、物防、技防三者是相互统一、互为补充的。例如，各种高科技的技术防范产品和系统的应用，都离不开物防的实施，这些产品和系统都要靠高素质的操作人员和高水平的组织管理才能充分发挥其威力。

1.2　安全防范技术与安全技术防范

1.2.1　安全防范技术

安全防范技术是用于安全防范的专门技术。在国外，安全防范技术通常分为 3 类：物理防范（Physical Protection）技术、电子防范（Electronic Protection）技术、生物统计学防范（Biometric Protection）技术。这里的物理防范技术主要指实体防范技术，如建筑物和实体屏障及与其匹配的各种实物设施、设备和产品（如门、窗、柜、锁等）。电子防范技术主要是指应用于安全防范的电子、通信、计算机与信息处理及其相关技术，如电子报警技术、视频监控技术、出入口控制技术、计算机网络技术及其相关的各种软件、系统工程等。生物统计学防范技术是法庭科学的物证鉴定技术和安全防范技术中的模式识别相结合的产物，它主要是指利用人体的生物学特征进行安全防范的一种特殊技术，现在应用较广的生物统计学防范技术有人脸、指纹、掌纹、虹膜、声纹等的识别控制技术。

安全防范技术作为社会公共安全科学技术的一个分支，其具有相对独立的技术内容和专业体系。根据我国安全防范行业的技术现状和发展趋势，可以将安全防范技术按照学科专业、产品属性和应用领域的不同进行如下分类。

- 入侵探测与防盗报警技术。
- 视频监控技术。
- 出入口目标识别与控制技术。
- 人工智能技术。
- 数据科学与大数据技术。
- 机器人技术。
- 无线及网络信息传输技术。

- 移动目标反劫、防盗报警技术。
- 社区安全防范与社会救助应急报警技术。
- 实体防护技术。
- 防爆安检技术。
- 安全防范网络与系统集成技术。
- 安全防范工程设计与施工技术。

由于安全防范技术属于正在发展中的新兴技术，因此上述专业的划分只具有相对意义。实际上，上述各项专业技术本身都涉及诸多不同的自然科学和技术的门类，这些专业技术又互相交叉和相互渗透，专业的界限会变得越来越不明显，同一技术同时应用于不同专业的情况也会越来越多。

1.2.2　安全技术防范

从字面上简单地理解，安全技术防范是指利用安全防范技术进行安全防范的一类工作。或者说，安全技术防范是运用技术产品、设施和科学手段，预防和制止违法行为，维护公共安全的活动。

安全技术防范是以安全防范技术为先导、以人力防范为基础、以技术防范和实体防范为手段所建立的一种探测、延迟、反应有序结合的安全防范服务保障体系。安全技术防范是以预防损失和预防犯罪为目的的一项公安业务和社会公共事业。对于执法部门而言，安全技术防范就是利用安全防范技术开展安全防范工作的一项公安业务。对于社会经济部门来说，安全技术防范就是利用安全防范技术为社会公众提供一种安全服务的产业。既然是一种产业，那么安全技术防范就要有产品的研制与开发，也要有系统的设计，还要有工程的施工、服务和管理。

我国的安全技术防范工作是从 1979 年公安部在河北省石家庄召开的全国刑事技术预防专业工作会议之后才逐步开展起来的，至今一直保持极快的发展速度，根据中国安全防范产品行业协会统计，2008 年中国安全防范市场行业规模达到 1360 亿元，2018 年中国安全防范行业市场规模达到 7183 亿元。安全防范行业可划分成产品、工程、服务三大板块，从比例上看，这三大板块分别约占全行业的 30%、60% 和 10%；从产品种类来看，实体防护产品产值约占产品总产值的 30%，电子安全防范产品产值约占总产值的 70%；在电子安全防范产品的产值中，视频监控产品占半数以上，其他份额由楼寓对讲产品、门禁控制产品、防盗报警产品等分。

1.2.3　安全技术防范产品

安全技术防范产品特指用于防止国家、集体、个人财产和人身安全受到侵害的专用设备、软件、系统；用于防入侵、防盗窃、防抢劫、防破坏、防爆安全检查等领域的特种器材或设备。

安全技术防范产品现阶段主要包括入侵探测和防盗报警设备、视频监视与监控设备、出入口目标识别与控制设备、报警信息传输设备、实体防护设备、防爆安全检查设备、固定目标和移动目标防盗防劫设备，以及相应的软件、由这些设备和软件组合和集成的系统。

1. 安全技术防范产品安全认证

安全技术防范产品是一种专用的特殊产品，针对这些产品，公安部制定了专门的《安全技术防范产品目录》。目前，我国对安全技术防范产品的生产和销售分别施行工业产品生产许可证制度、安全认证制度、生产登记制度。也就是说，任何单位和个人都不得生产、销售和使用没有经过许可的安全技术防范产品。

安全技术防范产品的安全认证主要沿用了电子行业产品的安全认证，这里讲的安全认证是指为保障人体健康、人身和财产安全、保护环境、保护国家安全，依照法律法规实施的强制性产品认证。在中国执行 CCC 认证。

1）CCC 认证

CCC 标志如图 1-3 所示。

图 1-3　CCC 标志

CCC 认证表示"中国强制认证"，其英文名称为"China Compulsory Certification"。CCC 认证是中国国家认证认可监督管理委员会根据《强制性产品认证管理规定》（中华人民共和国国家质量监督检验检疫总局令第 5 号）制定的。

目前，CCC 标志分为 4 类，如图 1-4 所示。

CCC+S标志（安全认证标志）　　　　　　　CCC+EMC标志（电磁兼容类认证标志）

CCC+S&E标志（安全与电磁兼容认证标志）　　　CCC+F标志（消防认证标志）

图 1-4　CCC 标志的分类

2）GA 认证

中国安全技术防范认证中心（简称 CSP）是中国国家认证认可监督管理委员会和公安部批准成立的从事安全技术防范产品、道路交通安全产品、刑事技术产品等社会公共安全产品认证工作的机构，负责中国公共安全产品认证标志（简称 GA 标志）的使用管理。"GA"是公共安全行业标准的代号，为保证 GA 认证的严肃性与规范性，每枚 GA 标志均有唯一的数字编码，并可采用一定的防伪技术。CSP 标志和 GA 标志如图 1-5 所示。

CSP 标志   GA 标志

图 1-5   CSP 标志和 GA 标志

中国安全技术防范认证中心还拥有的"CSP"认证标志，属于中心自有标志。

3）CE 认证

CE 标志为在欧盟市场的强制性认证标志，CE 认证代表欧洲统一。无论是欧盟内部企业生产的产品，还是其他国家生产的产品，要想在欧盟市场上自由流通，都必须加贴 CE 标志，以表明产品符合欧盟《技术协调与标准化新方法》的基本要求，CE 标志是安全合格标志而非质量合格标志。只有总部位于欧盟成员国的认证机构才可以签发 CE 认证证书。CE 标志和 UL 标志如图 1-6 所示。

CE 标志   UL 标志

图 1-6   CE 标志和 UL 标志

4）UL 认证

在美国和加拿大通行 UL 认证，UL 是 Underwriter Laboratories Inc.（美国保险商试验所）的简写。UL 安全试验所是美国一家从事安全试验和鉴定的民间机构。它不属于强制性认证，但是在美国和加拿大市场，其影响力很大。

5）FCC 认证

FCC 的全称是 Federal Communications Commission（美国联邦通信委员会）。FCC 通过控制无线电广播、电视、电信、卫星和电缆来协调美国国内和国际的通信。为确保与生命财产有关的无线电和电线通信产品的安全性，许多无线电应用产品、通信产品和数字产品要进入美国市场，都要经过 FCC 的认可。FCC 认证也包括无线电装置、航空器的检测等。FCC 标志如图 1-7 所示。

图 1-7   FCC 标志

FCC 制定了涉及电子设备的电磁兼容性和操作人员人身安全等一系列产品质量和性能标准，这些标准已经得到广泛应用并得到了许多国家的技术监督部门或类似机构的认可。应用于计算机器件的 FCC 认证主要是对产品电磁兼容和辐射限制之类的认证。

6）TCO 认证

TCO 标准最早是由 SCPE（瑞典专业雇员联盟）制定的显示设备认证标准。TCO 标准并不是一种单一的安全、环保或能源效率的标准，它是一种综合性的标准，不仅强调可使用性（包括人体工学、安全性能、图像质量、声音质量和辐射强度），还强调对生态环境的保护（如能源效率和有毒物质含量）和社会责任感（如要求企业通过 ISO14001 和 OHSAS18001 认证）。虽然 TCO 认证不是强制性的，但它一直以来倍受欧盟各成员国、美国等国家的青睐，并逐渐成为一种产品准入标准。TCO 认证在显示器行业最为普及，但事实上，TCO 认证是一整套非常庞大的质检体系，涉及计算机、移动电话、办公家具 3 大类产品。

电子行业有影响力的产品认证还有很多，比如 CQC 认证、CSA 认证、RoHS 认证、GS 认证、TUV 认证、VDE 认证等。TCO99 标志和 TCO'03 标志如图 1-8 所示。

TCO99 标志　　　　　　　　　　　　　TCO'03 标志

图 1-8　TCO99 标志和 TCO'03 标志

2. 检测机构资质的认证

电子产品的认证需要由某认证标准制定者授权或认可的实验室或检测机构执行，而对于这些检测机构而言，它们也有一类关于自身所具有的资质的标志，我国主要有 CNAS、CAL、CMA 等。

CNAS 是中国合格评定国家认可委员会的英文缩写，是在原中国认证机构国家认可委员会（CNAB）和原中国实验室国家认可委员会（CNAL）基础上整合而成的。CNAS 是根据《中华人民共和国认证认可条例》的规定，由国家认证认可监督管理委员会批准设立并授权的国家认可机构，统一负责对认证机构、实验室和检查机构等相关机构的认可工作。具有 CNAS 标志的机构检测实力较强，检测结果具有权威性。

CAL 是质量监督检验机构认证符号，是国家授予的权威性标志。具有 CAL 标志的机构有质量监督检查机构授权的市场抽查资格。

CMA 是"China Metrology Accreditation"的缩写，中文含义为"中国计量认证"，具有 CMA 标志的机构有对外从事第三方检测的资格。具有 CMA 标志的检验报告可用于产品质量评价、成果及司法鉴定，具有法律效力。

1.3　安全防范系统

安全防范系统全称为安全技术防范系统，GB 50348—2018《安全防范工程技术标准》中对安全防范系统的定义为，以安全为目的，综合运用实体防护、电子防护等技术构成的防范系统。

具体而言，安全防范系统是指以维护社会公共安全为目的，运用安全技术防范产品和其他相关产品所构成的入侵报警系统、视频监控系统、出入口控制系统、防爆安全检查系统等，或以这些系统为子系统组合或集成的电子系统或网络。

1.3.1 安全防范系统的基本构成

安全防范系统的结构组成经历了由简单到复杂、由分散到组合再到集成的发展变化过程。安全防范系统经历了从早期单一分散的电子防盗报警器或由多个报警器组成的防盗报警系统；到后来的报警联网系统、报警—监控系统；再到防盗报警—视频监控—出入口控制等综合防范系统的发展过程。GB/T 50314—2015《智能建筑设计标准》将安全防范系统的结构模式分为组合式安全防范系统、综合式安全防范系统、集成式安全防范系统，其中集成式安全防范系统复杂度最高，组合式安全防范系统复杂度最低。

GB 50348—2018《安全防范工程技术标准》进一步将安全防范系统视为实体防护系统和电子防护系统的有机组合，其中电子防护系统主要包括如下子系统。

1. 入侵和紧急报警系统

系统应能根据建筑物的安全技术防范管理的需要，对设防区域的非法入侵、盗窃、破坏和抢劫等，以及由用户主动触发紧急报警装置进行实时有效的探测、报警复核和处理响应。

2. 视频监控系统

系统应能根据建筑物安全技术防范管理的需要，对必须进行监控的场所、部位、通道等进行实时、有效的视频探测，视频监视，视频传输、显示和记录，通常具有报警和与其他系统的联动功能。

3. 出入口控制系统

系统应能根据建筑物安全技术防范管理的需要，对需要控制的各类出入口，按各种不同的通行对象及其准入级别，对其进出实施实时控制与管理，并应具有报警功能。系统应与火灾自动报警系统联动。

4. 停车库（场）安全管理系统

系统应能根据各类建筑物的管理要求，对停车车库（场）的人员、车辆通行道口及库（场）内实施出入控制、监视、行车信号指示、停车计费及汽车防盗报警等综合管理。

5. 防爆安全检查系统

防爆安全检查系统是对人员和车辆携带、物品夹带的爆炸物、武器和/或其他违禁品进行探测和/或报警的电子系统。

6. 电子巡查系统

系统应能根据建筑物安全技术防范管理的需要，按照预先编制的人员巡查程序，通过读卡器或其他方式对巡查人员巡逻的工作状态（是否准时、是否遵守顺序等）进行监督、记录，并能对意外情况及时报警。

7. 楼寓对讲系统

楼寓对讲系统是采用（可视）对讲方式确认访客，对建筑物（群）出入口进行访客控制与管理的电子系统。

8. 安全防范管理平台

安全防范管理平台是对安全防范系统的各子系统及相关信息系统进行集成，实现了实体防护系统、电子防护系统和人力防范资源的有机联动、信息的集中处理与共享应用、风险事件的综合研判、事件处置的指挥调度、系统和设备的统一管理与运行维护等功能的硬件和软件组合。

9. 其他子系统

随着安全防范新技术的应用和安全需求的不断变化，安全防范系统的构成形态也在不断地更新、发展，如专用的高安全实体防护系统、安全信息广播系统、重要仓储库安全防范系统、社区矫正管理系统、储物柜管理系统等。这些子系统或相对独立，或集成到上一级的安全防范管理平台，或智能化集成在系统中，其不再局限于满足安全防范的需求，而是更多地在智慧城市、智能家居、企业信息化、智能管理等方面发挥作用。

1.3.2 建筑智能化系统与安全防范系统

按照GB/T 50314-2015《智能建筑设计标准》的划分，建筑智能化系统的构成如图1-9所示。

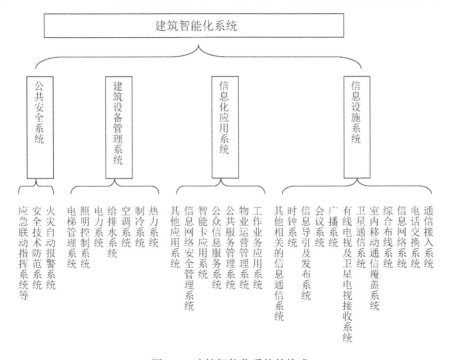

图1-9 建筑智能化系统的构成

智能化已成为现代建筑的主流，由楼宇自动化（BA）、通信自动化（CA）和办公自动化（OA）为先导的建筑智能化已扩展到防火自动化（FA）、信息管理自动化（MA）、保安自动化（SA）等领域，安全防范系统在建筑智能化系统的众多子系统中有着非常特殊的地位。

1.4 安全防范工程

安全防范工程（Engineering of Security & Protection System，ESPS）指以维护社会公共安

全为目的，综合运用安全防范技术和其他科学技术，为建立具有防入侵、防盗窃、防抢劫、防破坏、防爆安全检查等功能（或其组合）的系统而实施的工程，通常也称为技防工程。

公安部在 1993 年发布的 GA/T 75—1994《安全防范工程程序与要求》对安全防范工程做了如下定义：安全防范工程指以维护社会公共安全和预防灾害事故为目的的报警、电视监控、通信、出入口控制、防爆、安全检查等工程。

具体来讲，安全防范工程就是以安全防范为目的，将具有防入侵、防盗窃、防抢劫、防破坏、防爆炸功能的专用设备、软件有效组合为一个有机整体，构成一个具有探测、延迟、反应综合功能的技术网络。

1.4.1　安全防范工程的安全防护水平

安全防护水平是指风险等级被防护级别覆盖的程度，即达到或实现安全的程度。

风险等级是指存在于人和财产（被保护对象）本身及其周围的、对他们构成威胁的程度。这里所说的威胁，主要是指可能产生的人为的威胁（或风险）。

被保护对象的风险等级主要根据被保护对象（如人员、财产、物品）的重要价值、日常业务数量、所处地理环境、受侵害的可能性及公安机关对其安全水平的要求等因素综合确定。风险等级一般分为三级，一级风险为最高风险；二级风险为高风险；三级风险为一般风险。

防护级别是指为保障被保护对象（人和财产）的安全所采取的防范措施（技术的和组织的）的水平。防护级别的高低，既取决于技术防范的水平，也取决于组织管理的水平。

被保护对象的防护级别主要由所采取的综合安全防范措施（人防、物防、技防）的硬件、软件水平来确定。防护级别一般也分为三级，一级防护为最高安全防护；二级防护为高安全防护；三级防护为一般安全防护。

对于重要场所的风险等级和防护级别的具体划分办法，公安部制定了相关的技术标准，比如，银行营业场所风险等级和防护级别的规定、文物系统博物馆风险等级和安全防护级别的规定、军工产品储存风险等级和安全防护级别的规定等。安全防范工程从业单位在进行安全防范工程设计和施工过程中要严格按照风险等级和防护级别的标准进行安全防范工程的设计和施工，使被保护对象达到安全防护的要求。

风险等级和防护级别的关系。一般来说，风险等级与防护级别的划分应有一定的对应关系，各风险等级的被保护对象只有采取相应级别的防护措施，才能获得对应水平的安全防护。如果高风险的被保护对象采用低级别的防护，安全性必然差，被保护对象很容易发生危险；如果低风险的被保护对象采用高级别的防护，安全水平虽然高，但会造成经济的浪费，也是不可取的。

安全防护水平是一个难以量化的定性概念，它不仅与安全防范工程设施的功能、可靠性、安全性等因素有关，还与系统的维护、使用、管理等因素有关。对安全防护水平的正确评估，往往需要在工程竣工验收且系统运行一定时期后（如 1 年、2 年）再做出综合评价。由于安全防护水平涉及的因素较多（包括人防、物防、技防及其他方面），因此需要建立一个科学、完备的评价体系。

再者，安全防范工程是人、设备、技术、管理的综合产物。安全防范工程在实施后，其防护效果是否有效，是由物防、技防、人防共同决定的。对安全防范工程进行精心设计、精心施工只是完善工程的一个方面，如果没有人员的严格管理、持之以恒的制度规范和配套的处置措施，那么安全防范工程将形同虚设。也就是说，必须在设备、管理制度和辅助措施等各方面形成一种有机结合的运作模式，才能真正发挥安全防范工程的有效性。

1.4.2　安全防范工程的等级划分

根据 GA/T 75—1994《安全防范工程程序与要求》中的规定，安全防范工程的工程规模按照风险等级或工程投资额划分成如下三级。

1. 一级工程

一级工程指一级风险或投资额在 100 万元以上的工程。

2. 二级工程

二级工程指二级风险或投资额超过 30 万元，但不足 100 万元的工程。

3. 三级工程

三级工程指三级风险或投资额在 30 万元以下的工程。

安全防范工程等级划分的高低不同，对程序环节的要求也不同，同时对相应防护水平的要求也会有所不同。安全防范工程等级的高低也是对设计或施工单位资质要求高低的一个评判依据。

1.4.3　安全防范工程防护的纵深性、均衡性和抗易损性

安全防范工程的设计与实施，要综合考虑防护的纵深性、均衡性和抗易损性这 3 个要素。

1. 防护的纵深性

所谓防护的纵深性，就是层层设防，即根据被保护对象所处的风险等级和确定的防护级别，对整个防护区域进行分区域、分层次的设防。一般而言，单一的人防、物防或技防总是有其薄弱之处，为了提高防范等级，需要采用多重防护手段。分区域、分层次设防主要是根据地理位置的不同来进行划分，它对于确定风险事件的发生进程、风险处置者的决策具有重要意义。分区域、分层次直接体现了整个安全防范体系的构建思路。分层次设防的防护区域包括周界、防护区、监视区和受控区 4 种不同性质的区域（注意这 4 个区域不是按防护等级高低区分的），它们有各自的功能与特点，需要对其采取不同的防护措施。

（1）周界是指需要进行实体防护或/和电子防护的某区域的边界。

周界通过对防护区域的外围进行穿越防护或穿越检测，实现对特定区域的防护。具体防护手段可以是点（如窗磁）、线（如主动红外对射）、面（如围墙）、空间（如被动红外幕帘）。最大的特色是对周界内部不进行防护，这样一方面不会影响区域内部正常的生产生活；另一方面对防护区域内部发生的风险事件没有感知及防范能力。在特殊情况下需要使用方向性周界，即只响应某特定方向的穿越行为，或者对正反两个方向的穿越行为做出不同的响应。

周界往往需要与出入口控制系统配合使用。

（2）防护区是指允许公众出入的、防护目标所在的区域或部位。

防护区对防护区域内部的异常行为进行检测和防护。防护区一般采用空间型防护，这种防护与周界恰好形成互补，可弥补周界对防护区域内部不进行感知的不足。防护区适用的场所不如周界广泛，比如，在有效防护时间段内，防护区域存在正常活动的情况就不合适采用防护区形式。

防护区存在一些特殊形式，比如，异化为面状、线状、点状的防护区，无线紧急按钮可视

为空间型的防护区。

（3）监视区是指由实体周界防护系统和电子周界防护系统组成的周界警戒线与防护区边界之间的区域。

在设计工作中，往往将监视区定义为需要视频监控的区域，通过对设定区域进行视频监控，实现风险事件感知、线索收集、证据固定等功能，以提高防护区域的安全水平。监视区可与其他3种防护区域（周界、防护区、受控区）重合，在具备了动态侦测、智能分析等高级功能后，监视区将同时具有周界和防护区的功能。

（4）受控区是指不允许未授权人员出入（或窥视）的防护区域或部位。

受控区通过限制人员对设定区域的访问权限，降低该区域发生风险事件的可能性。限制的方式可以是人防（如由大门看守决定放行与否）、物防（如传统机械锁具）和技防（如门禁控制），也可以是三者的结合（如安检系统、对讲系统）。受控区对访问权限的限制还存在有效时间的设定。有的访问权限是临时性的，比如在规定的事务发生时（如银行网点现金尾箱交接）或是在预定的时间段内；有的访问权限则是永久性的。访问权限不同的区域应划分为不同的受控区，访问权限相同的区域可以归为同一种受控区。受控区可与其他3种防护区域（周界、防护区、监视区）相互配合，提高对防护区域的防护等级。

防护区域的划分及防护区域类型的界定要视被保护对象所处的周边环境、被保护区域内部的正常业务活动而定，设计方需要与用户共同商定，设计方有建议权，用户方有最终决定权。

2．防护的均衡性

防护的均衡性有两层含义：一层是指这个安全防范系统（或体系）在整体布局上（如各分区之间的设置是否合理、各子系统的组合或集成是否有效等）不能存在明显的设计缺陷和防范误区；另一层是指防护区域内同层防护（或系统）的防护水平应保持基本一致，不能存在薄弱环节或防护盲区。

在系统工程领域，系统的有效性遵从"水桶效应"原则或"瓶颈效应"原则。这就是说，安全防范系统的总体防护水平的高低不由高防护部位决定，往往由系统的最薄弱环节决定。例如，一个周界防护系统的某个局部存在盲区，这个盲区就可能是入侵者入侵的方便之门，这个系统的其余部分防范得再好，也会失去意义。又如，一个安全防范系统的中央控制室没有设置在受控区内，而是设置在其他分防区，此时，中央控制室未能严加防范，极易受到破坏，从而导致整个安全防范系统失控甚至瘫痪。

3．防护的抗易损性

防护的抗易损性主要是指系统的可靠性和耐久性。系统的可靠性越高，抗易损性就越强。当然，抗易损性还与系统的维修性、保障性及组织管理工作密切相关。

安全防范系统防护的纵深性、均衡性、抗易损性是相互联系的。抗易损性主要是对设备、器材的要求；均衡性主要是对各层防护或系统的要求；纵深性则是对整个系统的总要求，只有对三者统筹考虑、全面规划，才能实现安全防范系统的高防护水平。

安全防范系统防护的纵深性、均衡性和抗易损性要求是安全防范的3个基本要素在工程技术中的具体体现。之所以要求系统具有防护的纵深性、均衡性和抗易损性，是为了保证探测、延迟和反应的有效性，只有这样，安全防范工程才能防范相应的风险，实现安全的目的。

1.5　安全防范工程程序与要求

1.5.1　安全防范工程程序

安全防范工程的建设应符合国家法律、法规的规定及 GA/T 75—1994《安全防范工程程序与要求》的相关要求。GB 50348—2018《安全防范工程技术标准》中规定的安全防范工程建设程序的示意图如图 1-10 所示。

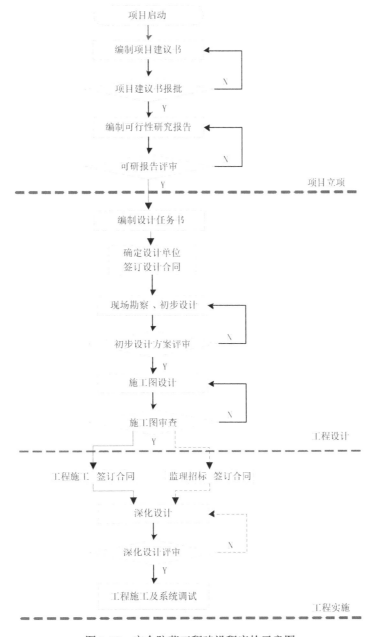

图 1-10　安全防范工程建设程序的示意图

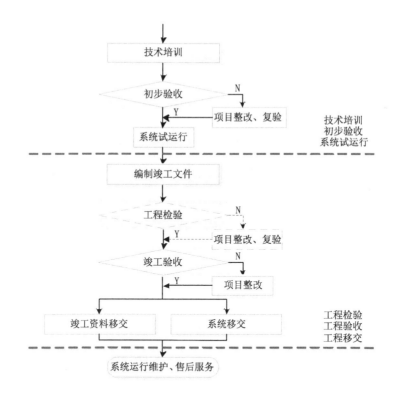

图 1-10 安全防范工程建设程序的示意图（续）

1.5.2 安全防范工程主要环节要求

1. 工程立项与可行性研究

一级安全防范工程在申请立项前，须进行可行性研究。可行性研究报告经批准后，工程正式立项。可行性研究报告由建设单位（或委托设计单位）编制。

二级安全防范工程、三级安全防范工程在立项前，必须有工程设计任务书。工程设计任务书可由建设单位自行编制，也可由设计单位代编。

2. 工程设计任务书的编制

建设单位根据经批准的可行性研究报告，编制工程设计任务书，并按照"工程招标法"进行工程招标与合同签约。

工程设计任务书主要包括如下内容。

- 任务来源。
- 政府部门的有关规定和管理要求（含防护对象的风险等级和防护级别）。
- 应执行的国家现行标准。
- 被保护对象的风险等级与防护级别。
- 工程项目的内容和要求（包括系统构成、功能需求、性能指标、监控中心要求、培训和维修服务等）。
- 建设工期。
- 工程费用概算（工程投资控制数额）及资金来源。
- 工程建成后应达到的预期效果。

- 工程设计应遵循的原则。
- 建设单位的安全保卫管理制度。
- 接处警反应速度。
- 建筑物平面图。

可行性研究报告和工程设计任务书经相应的主管部门批准后，工程正式立项。

3．现场勘察

现场勘察指在进行安全防范工程设计前，对被保护对象所进行的与安全防范系统设计有关的各方面情况的了解和调查。现场勘察报告是工程技术设计基础和设计依据，也是安全防范工程设计方案论证的必要文件。现场勘察是需求分析的重要手段，同时也是安全防范、风险评估的必要手段。

4．方案论证

工程设计单位应根据工程设计任务书和现场勘察报告进行初步设计。初步设计完成后必须组织方案论证。方案论证由建设单位主持，业务主管部门、行业主管部门、设计单位及一定数量的技术专家参加论证并对初步设计的各项内容进行审查，对技术、质量、费用、工期、服务和预期效果做出评价并提出整改措施。整改措施由设计单位和建设单位落实后，方可进行施工图的设计。

其中，初步设计应具备以下内容。

- 建设单位的需求分析与工程设计的总体构思（含防护体系的构架和系统配置）。
- 防范区域的划分、前端设备的布设与选型。
- 中心设备（包括报警系统控制器、显示设备、记录设备等）的选型。
- 监控中心的选址、面积、温湿度、照明等要求和设备布局。
- 信号的传输方式、路由及管线敷设说明。
- 系统安全性、可靠性、电磁兼容性、环境适应性、供电、防雷与接地等事项的说明。
- 与其他建筑电气系统的接口关系（如联动、集成方式等）。
- 系统建成后的预期效果说明和系统扩展性的考虑。
- 对人防、物防的要求和建议。
- 设计施工一体化企业应提供售后服务与技术培训承诺。
- 工程费用概算和建设工期。

5．工程检验

依据 GB 50348—2018《安全防范工程技术标准》第 9 章规定，安全防范工程的检验应由符合条件的检验机构实施，一般由工程合同双方认可的第三方检验检测机构实施。工程检验应依据竣工文件和国家现行相关标准，检验项目的内容包括在系统试运行后、竣工验收前对设备安装、施工质量、系统功能和性能、系统安全性和电磁兼容等项目进行的检验。检验项目应覆盖工程合同、深化设计文件及工程变更文件的主要技术内容。

工程检验由委托单位提出申请或出具委托书；受检单位提交主要技术文件（包括工程合同、深化设计文件、系统配置框图、设计变更文件、更改审核单、工程合同设备清单、变更设备清单、隐蔽工程随工验收单、主要设备的检验报告或认证证书等）、资料；检测单位完成检验并正式提交检验报告。

6．工程验收

工程验收委员会（或小组）由建设单位会同上级业务主管部门、公安主管部门等相关部门协商组织成立，其中技术专家的人数不应低于工程验收委员会总人数的 50%。

工程验收主要包括：技术验收、施工验收、资料审查。

（1）技术验收包括器材设备验收和系统验收两项内容。所有器材设备都应有符合国家标准或行业标准的质量证明；同时以系统检测报告为依据，对照工程设计任务书和设计文件检查系统性能和质量是否符合要求。

（2）施工验收分为设备安装、管线敷设、线缆连接和隐蔽工程等部分。设备安装验收通过现场检查、对照检验报告等方式，检查安装质量和安装工艺是否符合国家标准和有关施工安装规范的技术要求；管线敷设验收通过现场询问及检查、复核隐蔽工程随工验收单等方式检查敷设管线及接线盒、管井中缆线接头等部分施工工艺是否符合安装规范中的技术要求。

（3）在进行资料审查时，一级安全防范工程、二级安全防范工程必须具备以下验收文件（三级安全防范工程可视具体情况简化）：立项申请及批复文件、项目合同书、工程设计任务书、初步设计文件、初步设计文件的评审意见及整改落实文件、深化设计文件、工程变更资料、系统调试报告、隐蔽工程验收资料、试运行报告、竣工报告、初验报告、竣工核算报告、工程检验报告、使用维护手册、技术培训文件、竣工图纸等。

1.6　用户需求分析与现场勘察

1.6.1　用户需求分析

简单来说，用户需求分析就是分析用户的要求，以确定所要集成的安全防范系统的目标。用户需求分析包括收集和分析用户对安全防范系统的要求，了解用户需要什么样的安全防范系统，做什么样的安全防范工程。对用户需求分析的描述是安全防范工程设计的基础。通俗来讲，需求分析主要是考虑"做什么"，而不是考虑"怎么做"。

用户需求分析的结果是产生用户和设计者都能接受的需求说明书，需求说明书是设计的起点。用户需求分析的结果将直接影响后面各个阶段的设计。需求分析结果是否准确地反映用户的实际要求决定了设计结果是否合理和实用。

一般而言，用户需求分析过程可分解为需求描述、需求分析、需求验证和确认 3 个阶段。

1．需求描述

通常建设方对整个建设项目目标（建设项目档次定位、目标用户群、投资、进度、质量等）有明确的把握和深刻的理解，因而需求描述一般由建设方技术人员综合各部门意见，从用户角度出发，以简明扼要的方式提出。需求描述也可委托设计咨询单位完成（一般分为提出建议、共同讨论、用户认可 3 个步骤），进而编制工程设计任务书。提出的需求应以理性、实用、适用、成熟、性能稳定、便利为目标，并面向使用者与管理者。系统需求可对以下几个方面进行描述。

1）功能需求

功能需求就是明确表述系统必须完成的总体功能，如实现越界报警、某区域的视频监控覆盖等。

2）性能需求

性能需求就是系统服务应遵循一些约束和限制。例如，系统响应时间、可靠性、灵活性、安全性、健壮性等要求，以及系统通信和连接能力要求。

3）扩展性及兼容性要求

用户的需求总是随着时代进步而不断变化的，考虑到工程建设的工期及保证系统的技术生命期，必须预留一定的前瞻性需求，以适应将来可能要对系统进行的扩充和修改。

2．需求分析

建设方一般不具备安全防范专业方面的知识和经验，需要委托设计咨询单位，对需求描述进行细化和分析。需求分析的主要任务是将建设方需求描述中所表达的笼统意图转化为具体的专业的实现方法，并对该方法进行性能和效益分析。分析步骤可从整体规划入手，然后分系统、分部分地分解细化，最终形成规范文档。

系统整体规划包括系统设计原则、设计理念、实现目标及系统定位。系统整体规划要与建设方对整个建设项目的目标要求相适应，同时也要与当前主流技术、周围环境、相似项目建设情况、建设资金相适应。

分系统、分部分地分解细化可以借鉴软件工程学中的结构化分析（SA）方法，该方法是一种自顶向下、逐步求精的分析方法。由于安全防范系统是由若干个子系统组合而成的，而每个子系统又按地理位置分布于各个区域，相互之间存在一种高内聚、低耦合的关系，因此采用结构化分析方法十分合适。在进行结构化分析时，采用一些图形工具较为方便。常用的图形工具是层次方框图，它是用一系列树形结构和多层次矩形框描绘系统层次结构的。树形结构顶层单独是一个矩形框，它代表完整系统；下面各层矩形框代表这个系统的子集；底层各个框代表组成这个系统的实际元素，这些元素不能再进行分割。系统分析员从顶层系统分类开始，沿图中每条路径反复细化，直到确定系统全部细节，最后用详细文档（如用户需求说明书、需求分析报告等）对这些细节进行表述，作为需求分析的阶段性成果。

3．需求验证和确认

应对得到的需求分析结果进行一致性、完整性和可实现性 3 方面的验证，即需求分析报告中所列需求是一致的，不能相互冲突；需求报告中所列需求是完整的，能够充分覆盖用户意图或评估对于用户意图的响应程度；需求报告中所列需求（包括技术层面的和经济收益层面的）是可实现的。

建设方和设计咨询单位在对需求分析结果实行验证后（可以通过召开阶段性评审会的形式进行，评审人员至少应包括有决策性的用户和最终使用的用户、需求调研人员、项目负责人员各一名），双方都应在需求分析报告上签字确认，作为下一步工作的依据。

事实上，很难在项目早期就了解用户的所有需求，这意味着在项目的实施过程中不可避免地会出现需求的变更。因此在需求分析报告上签字确认只是需求分析工程环节完成的一种标志，并不意味着需求分析工作的结束。工程项目的设计者和建设者在项目实施过程中应不断主动完善对用户需求的分析，尽可能弥补早期阶段的遗漏与不足。当然，任何设计、施工内容的变更都应遵循建设者和设计者双方都认可的变更程序，并能很好地满足项目改进、需求误差，以及技术、周围环境和业务变化带来的新要求。

1.6.2 现场勘察

这里的现场勘察指在进行安全防范工程设计之前,对被保护对象所进行的与安全防范系统设计有关的各方面情况的了解和调查。现场勘察是设计的基础,因此,在进行安全防范系统的设计之前,应进行现场勘察。对于新建工程或无法进行现场勘察的工程项目,可省略现场勘察这一环节。

1. 勘察内容

现场勘察是进行工程设计的基础,主要勘察内容如下。

(1)全面调查和了解被保护对象本身的基本情况。

a. 被保护对象的风险等级与所要求的防护级别。

根据安全防范的风险状况及工程实际情况(包括资金投入等)综合确定安全防范系统需要达到的防护等级。国家公共安全主管部门对各类功能建筑的安全防护等级的规定及要求是在工程设计中确定防护等级的基本依据。

b. 被保护对象的物防设施能力与人防组织管理概况。

c. 被保护对象所涉及的建筑物、构筑物或其群体的基本概况:建筑平面图、使用(功能)分配图、通道、门窗、电(楼)梯配置、管道、供电线路布局、建筑结构、墙体及周边情况等。

(2)调查和了解被保护对象所在地及周边的环境情况。

a. 地理与人文环境。调查了解被保护对象周围的地形地物、交通情况及房屋状况;调查了解被保护对象当地的社情民风及社会治安状况。

b. 气候环境和雷电灾害情况。调查工程现场一年中温度、湿度、风、雨、雾、霜等的变化情况和持续时间(以当地气候资料为准);调查了解当地的雷电活动情况和所采取的雷电防护措施。

c. 电磁环境。调查被保护对象周围的电磁辐射情况,必要时,应实地测量其电磁辐射的强度和辐射规律,并将测量结果作为系统抗干扰设计的依据。

d. 其他需要勘察的内容。

(3)按照纵深防护的原则草拟布防方案,拟定周界、监视区、防护区、受控区的位置,并对布防方案所确定的防范区域进行现场勘察。

a. 根据安全防范工程的具体建筑的各功能区域的平面布置、用户对房屋的使用要求和防护区域内防护部位、防护目标的具体情况,准确划分一、二、三级防护区域和位置。

b. 对重点安全保卫部位(监视区、防护区、受控区)的所有出入口的位置、通道长度、门洞尺寸、用途、数量、重要程度等进行勘察记录。勘察数据可作为防入侵报警和出入口控制系统的设计依据。

c. 勘察确定受控区(如金库、文物库、中心控制室)的边界,要按照有关标准规定或建设方提出的防护要求,勘察实体防护屏障(该实体建筑所有的门、窗户、天窗、排气孔防护物、各种管线的进出口防护物也属于防护屏障)的位置、外形尺寸、制作材料、安装质量。

d. 勘察确定监视区外围警戒边界和形状、测量周界长度、确定周界大门的位置和数量、确定周界内外地形地物状况等并记录周界四周交通和房屋状态,根据现场环境情况提出周界警戒线的设置方式和基本防护形式,并将勘察结果作为周界防护设计的依据。

e. 勘察确定防护区域的边界,防护区域的边界应与室外警戒周界保持一定距离,所有分防护区域都应划在防护区域边界内。当防护边界需要设置周界报警或周界实体屏障时，要对设置位置进行实地勘察，并将勘察结果作为周界报警或周界屏障的设计依据。

f. 勘察确定防护区域的所有门窗、天窗、气窗、各种管线的进出口、通道等的情况，并标注其外形尺寸，并将勘察结果作为防盗窗栅的设计依据。

（4）勘察施工现场。

a. 勘察并拟定前端设备安装方案，必要时应做现场模拟试验。

探测器。对各种探测器的安装位置进行实地勘测，并进行现场模拟试验。探测器探测覆盖范围符合探测范围要求后方可作为预定安装位置。对探测器的安装高度、出线口位置应考虑周到并做记录。此外，还应对现场环境（如通风管道、暖气装置及其他热源的分布情况）做记录。

摄像机。对摄像机的安装位置进行实地勘测，并进行现场模拟试验。对摄像机监视现场一天的光照度变化和夜间提供光照度的能力、监视范围、供电情况进行记录，并将记录的数据作为选择摄像机安装方式及进行监视系统设计的依据。

出入口执行机构。对出入口执行机构的安装位置进行实地勘测。同时要确定出入口执行机构的设备形式。

b. 勘察并拟定线缆、管、架（桥）敷设安装方案。

c. 勘察并拟定监控中心位置及设备布置方案。

d. 其他勘察内容如监控中心面积、终端设备布置与安装位置、线缆进线与接线方式、电源、接地、人机环境等。

现场勘察的具体内容根据防范对象来确定，一般应包括地理环境、人文环境、物防设施、人防条件、气候（温度、湿度、降雨量、霜雾等）、雷电环境、电磁环境等。上述所列项目并不要求每项安全防范工程都要全项勘察。

2. 现场勘察报告

现场勘察结束后应编制现场勘察报告。现场勘察报告应包括下列内容。

（1）在进行现场勘察时，对上述相关勘察内容所做的勘察记录。

现场勘察记录作为安全防范工程设计的初始的文档资料，是核查现场工程设计的依据。现场勘察记录主要包括如下内容。

- 防护区域的区域划分平面图。
- 出入口、窗的位置和地下通道的走向平面图。
- 摄像机、探测器、报警照明灯等器材的数量和安装位置平面图。
- 管线走向图、出线口平面图。
- 中心控制室平面布置图及控制室管线进出位置图。
- 光照度变化数据表、电磁辐射强度数据表。
- 总体平面图。
- 系统方框图。

（2）根据现场勘察记录和工程设计任务书要求，对系统的初步设计方案提出的建议。

（3）现场勘察报告经参与勘察的各方授权人签字后作为正式文件存档。

1.7 安全防范工程设计的程序和深度

按照 GB 50348—2018《安全防范工程技术标准》等安全防范行业现行国家标准系列中的规定，安全防范工程的设计应按照工程设计任务书的编制→现场勘察→初步设计→方案论证→施工图设计文件的编制（深化设计）流程进行。在安全防范工程设计的不同阶段，对设计文件的要求是不同的，GA/T 1185—2014《安全防范工程技术文件编制深度要求》对此有具体的规定。

实际上，安全防范工程作为建筑电气弱电工程（建筑智能化系统工程）中一个重要的组成部分，其设计及实施往往需要与其他弱电系统工程相互配合，因此需要遵循建筑行业对工程设计的程序和深度的要求（可参考住建部 2008 年颁布的《建筑工程设计文件编制深度规定》中的相关规定）。

1.7.1 总则

（1）设计文件的编制必须贯彻执行国家有关工程建设的政策和法令；应符合国家现行的安全防范及建筑电气工程建设标准、设计规范和制图标准；并遵守设计工作程序。

（2）各阶段设计文件要完整、内容和深度要符合规定、文字说明和图纸等要准确清晰。整个文件要经过严格校审，避免"错、漏、碰、缺"，即避免设备表和材料表出现错误、遗漏设备或材料；避免设计图纸中的设备布置不当而造成的在实际安装时，设备、管线、电缆之间距离太近（俗称碰撞）；避免没有把应该表示在图纸中的设备或安装尺寸表示出来。

（3）民用建筑工程一般分为方案设计、初步设计和施工图设计 3 个阶段。对于大型和重要的民用建筑工程，在进行初步设计之前，应设计方案优选。对于小型和技术要求简单的建筑工程，经有关主管部门同意且合同中没有做初步设计的约定，可用方案设计代替初步设计，在方案设计审批完成后直接进行施工图设计。对于工程很小的项目，经技术论证允许后，可直接进行施工图设计。

（4）在进行设计之前应做好调查研究、搞清与工程设计有关的基本条件、收集必要的设计基础资料，并进行认真分析。

1.7.2 设计文件的内容与深度

1. 方案设计文件

方案设计文件主要是设计说明书和必要的简图，其深度应满足设计方案优选和设计投标的要求。在建筑行业的方案设计中，对安全防范工程领域的要求较为简略，一般只需要给出安全保卫设施、系统组成及功能要求的简要说明。

2. 初步设计文件

初步设计文件的深度应符合审定的方案设计，并包括主要设备及材料清单，同时可以提供工程设计概算、作为审批确定项目投资的依据、满足进行施工图设计和施工准备的要求。

初步设计文件根据工程设计任务书进行编制。初步设计文件由设计说明书（包括设计总说明和专业的设计说明书）、设计图纸、主要设备及材料清单和工程概算书 4 部分组成，其编排顺序一般为封面、扉页、初步设计文件目录、设计说明书、设计图纸、主要设备及材料清单、工程概算书。

其中，设计说明书应包括工程项目概述、设防策略、系统配置及其他必要说明。

设计图纸应包括系统图、平面图、监控中心布局示意图及必要说明。

主要设备及材料清单可按分系统或分区域编制，一般常按分系统列编。

工程概算书应根据 GA/T 70—2014《安全防范工程费用预算编制办法》等国家现行相关标准的规定编制。

3. 施工图设计文件

施工图设计文件作为初步设计文件的补充与完善，应根据已批准的初步设计文件进行编制，并包含方案论证中提出的整改意见和设计单位所做出的并经建设单位确认的整改措施。施工图文件在深度上比初步设计更进一步，它主要对设备材料、管线敷设等的施工工艺做出更为详细的说明，以满足下一阶段编制施工图预算、安排设备及材料采购、订制非标准设备、进行施工安装、工程验收的要求。

施工图设计文件应包括封面、图纸目录、首页说明、设计图纸、主要设备及材料清单和工程概算，具体内容以图纸为主。

（1）图纸目录与首页说明。

图纸目录应先列新绘制图纸，后列选用的标准图纸或重复利用图纸。

首页说明包括设计说明、主要设备及材料清单、图例。设计说明可按各安全防范子系统的要求分别说明以下内容。

- 施工时应注意的主要事项。
- 各子系统的施工要求，建筑物内布线、设备安装等有关要求。
- 平面图、系统图、控制原理图中所采用的特殊图形、图例符号（亦可标注在有关图纸上）。
- 各项设备的安装高度及与各专业配合条件的必要说明等（亦可标注在有关图纸上）。
- 各子系统情况概述，联动控制、遥控等控制方式和控制逻辑关系等的说明。
- 非标准设备等订货说明。
- 接地保护等其他内容。

（2）系统图（如立管图）应充实系统配置的详细内容，包括标注设备数量、补充设备接线图、完善系统内的供电设计等。

（3）平面图应包括下列内容。

- 前端设备设防图应正确标明设备安装位置、安装方式和设备编号等，并列出设备统计表。
- 前端设备设防图可根据需要提供安装说明和安装大样图。
- 管线敷设图应标明管线的敷设安装方式、型号、路由、数量，以及末端出线盒的位置高度等；分线箱应根据需要标明线缆的走向、端子号，并根据要求在主干线路上预留适当数量的备用线缆，并列出材料统计表。
- 管线敷设图可根据需要提供管路敷设的局部大样图。
- 其他必要的说明。

（4）监控中心布局图应包括下列内容。

- 监控中心布局图应标明控制台和显示设备的位置、外形尺寸、边界距离等。
- 根据人机工程学原理，确定控制台、显示设备、设备机柜及相应控制设备的位置和尺寸。

- 根据控制台、显示设备、设备机柜及相应控制设备的布置，标明监控中心内管线走向、开孔位置。
- 标明设备连线和线缆的编号。
- 说明对地板敷设、温度、湿度、风口、灯光等装修要求。
- 其他必要的说明。

（5）按照施工内容，根据 GA/T 70—2014《安全防范工程费用预算编制办法》等国家现行相关标准的规定完善工程概算。

1.8　安全防范工程的初步设计

1.8.1　设计步骤与要求

应依据现行国家、行业、地方相关标准、规范及法规，以及用户设计任务书和现场勘察报告进行安全防范工程的初步设计。

可按以下步骤进行设计。

（1）确定总体设计思想。总体设计思想的确定包括风险等级的确定、防护级别的确定、防护区域的确定（如银行系统的一号区、二号区、三号区）、防范措施或防范手段的确定（不同防护区域采用不同的防范措施。例如，金库内要有两种以上的探测器；有的部位在有入侵探测器的情况下还要进行图像与声音复核等）、系统构成的确定（如防盗报警与视频监控相结合的防范系统）等。

（2）根据防护区域的划定，画出整个系统的布防图。

（3）根据布防图清点各种设备的数量、种类、技术指标、所在位置、对应关系，并列表统计。对于设置的探测器、摄像机等，应给出其防范的覆盖面（区域）等。

（4）认真检查、核对、计算布防图及防范手段是否有漏洞或死角（盲区）。

（5）根据上述各步骤确定中心控制设备的型号与相配套设备的型号，以及这些设备的数量、种类、技术要求等。

（6）根据上述各步骤绘制出由前端（探测器、摄像机）至控制中心的信号传输系统及其他所有设备、部件的系统构成框图。

在系统构成框图中，必须标明（或能看出）设备与设备之间的关系、各种信号的流向、设备对应的位置、设备的种类和基本数量等。在系统构成框图中应用中文标明设备的名称（最好采用图例说明），而不能只写出某种设备的型号。系统构成框图应使阅览者对整个系统构成全貌一目了然，以起到指导工程实施的作用。

（7）根据系统构成框图做出设备、器材明细表及其概算。在设备、器材明细表中，应注明设备的型号、规格、主要性能、技术指标及生产厂家。

（8）做出工程总造价表（包含设备及器材概算、工程费用概算及其他税费等）。

（9）根据上述各步骤写出工程设计说明书。工程设计说明书一般应包括如下几方面内容。

- 工程名称。

- 任务来源。
- 设计依据（相关法律法规和国家现行标准、工程建设单位或其主管部门的有关管理规定、设计任务书、现场勘察报告、相关建筑图纸及资料等）。
- 总体设计思想（根据规范及用户要求阐述总体设计思想）。
- 系统的构成与功能说明，其中也可包括设备选型的原则及依据等。系统的构成与功能说明可参照上述步骤中的前 5 步，简明扼要地进行叙述。系统的构成与功能说明应能反映系统构成的情况，使人一目了然，并明确系统的主要功能及系统中各部分之间的关系。
- 列表标明入侵探测器、摄像机等前端设备所在位置、种类、型号、对应关系等。
- 设备器材清单（应含所采用设备的名称、型号、主要性能指标、数量、价格、产地及生产厂家等）及其汇总后的总价格。
- 工程税费及其他相关工程费用，并形成工程总造价。
- 施工组织实施方案、计划、工期、售后服务与维修保障措施等。
- 附有主要设备的型号、技术指标等内容的说明书的复印件。

在进行上述方案设计中，应注意前后之间的联系和统一，即应使布防图、系统图、设备和器材明细表、工程设计说明书和工程总造价等是一个完整的、没有矛盾的、能充分表达设计思想和设计方案的统一体。

1.8.2　安全防范工程设计应遵循的原则

安全防范工程的设计应遵循下列原则。
- 系统的防护级别与被保护对象的风险等级相适应。
- 技防、物防、人防相结合，探测、延迟、反应相协调。
- 满足防护的纵深性、均衡性、抗易损性要求。
- 满足系统的安全性、电磁兼容性要求。
- 满足系统的可靠性、维修性与维护保障性要求。
- 满足系统的先进性、兼容性、可扩展性要求。
- 满足系统的经济性、适用性要求。

1.9　安全防范工程信息文件

1.9.1　安全防范工程信息文件的分类

安全防范工程信息文件包括概略图、逻辑图、电路图、接线图等系统简图，也包括接线表、零件表、说明书等设计文件。安全防范工程信息文件作为安全防范工程技术信息的载体，其编制规则及其使用的图形符号都是安全防范工程的语言。只有规范化、国际化安全防范工程信息文件才能满足国内外技术交流的需要，才能保证并提高安全防范系统的工程质量，因此必须做好安全防范工程信息文件的编制。

安全防范工程信息文件可以分为功能性文件、位置文件、接线文件、项目表、说明文件和其他文件六大类。

（1）功能性文件可分为功能性简图和功能性表图两类。功能性简图可分为概略图、功能图和电路图等。功能性表图可分为功能表图和顺序表图等。

概略图即系统图，它是包括系统、分系统、装置、部件、设备、软件中各项目之间的主要关系的简图。采用方框符号编制的概略图也称框图。概略图主要作为教学、训练、操作和维修的基础性文件。对于用户、施工及相关人员从整体上理解、把握系统结构有极大帮助。

功能图是一种用理想电路（不涉及实现方法）来详细表示系统、分系统、装置、部件、设备、软件等的功能的简图。功能图用于解释系统的工作原理及如何实现系统功能等。功能图也称电路原理图。

电路图是一种表示系统、分系统、装置、部件、设备、软件等的实际电路的简图。电路图采用按功能排列的图形符号来表示各元件的连接关系。电路图只显示相关元件的功能而不显示其实体尺寸、形状或位置。电路图可为相关技术人员了解电路所起的作用、编制接线文件、测试和寻找故障、安装和维修等提供必要的信息。

端子功能图是一种表示功能单元的各端子接口连接情况和内部功能的简图。端子功能图与电路图结合使用，可为相关技术人员编制接线文件、测试和寻找故障、安装和维修等提供必要的信息。

功能表图、顺序表图等功能性表图都可用来描述系统的功能、特性和状态随着时间变化的过程。

（2）位置文件可分为总平面图、安装图（平面图）、安装简图、装配图和布置图等。

总平面图是表示建筑工程服务网络、通道、区域位置、进入方式等的总体布局平面图。

安装图（平面图）、安装简图用于表示各项目的安装位置、项目之间的连接。

装配图通常按一定比例表示一组装配部件的空间位置和形状。

布置图是一种经简化或补充以给出某种特定信息的装配图。

（3）接线文件可分为接线图（表）、单元接线图（表）、互连接线图（表）、端子接线图（表）和电缆图（表、清单）。

接线图（表）表示（列出）一个装置或设备的连接关系。

单元接线图（表）表示（列出）一个结构单元内接线的连接关系。

互连接线图（表）表示（列出）不同结构单元之间接线的连接关系。

端子接线图（表）表示（列出）一个结构单元的端子和该端子上的外部连接（必要时包括内部接线）的连接关系。

电缆图（表）提供相关电缆的识别标记、两端位置、特性、路径和功能等信息。

（4）项目表可分为元件表、设备表（零件表）和备用元件表。

（5）说明文件可分为安装说明文件、试运行说明文件、使用说明文件、维修说明文件、可靠性和可维修性说明文件。

编制安全防范工程信息文件的目的是以最简单的形式提供工程相关信息，一个实际的安全防范工程并不需要编制所有种类的安全防范工程信息文件，它可以通过将几种文件合而为一来表示必要的工程信息。一般安全防范工程中经常碰到的信息文件有概略图、电路图、平面图、安装简图、端子接线图（表）、设备表及必要的说明文件等。

1.9.2　安全防范工程信息文件的编制

由于同一工程信息经常需要使用不同类型的文件进行表达，因此一个工程会涉及许多种类及大量的工程信息文件。文件的编制应遵循由粗到细、从上到下的原则，即先编制概略级内容，而后编制一般内容，最后编制较特殊的更详细级内容。只有使用通用的图形和符号并按照一定规范绘制的安全防范信息文件才能被工程技术人员理解，因此在编制安全防范工程信息文件时应遵循相应的规范。例如，GA/T 74—2017《安全防范系统通用图形符号》、GB/T 4728—2018《电气简图用图形符号（系列）》、GB/T 5465.1—2009《电气设备用图形符号绘制原则》、GB/T 6988.X《电气技术用文件的编制（系列）》、GB/T 18135—2008《电气工程 CAD 制图规则》、GB 50348—2018《安全防范工程技术标准》等。

在绘制安全防范工程表图时，应认真执行绘图的相关规定，要求主次分明、突出线路敷设。在安全防范工程表图中，电器元件和设备等用中实线绘制；建筑轮廓用细实线绘制；凡是建筑平面的主要房间，都应标示房间名称；同时应绘出主要轴线标号。

应根据平面图，标出各类有关的防护区域，以检查防范手段及防护区域是否符合设计要求。探测器及摄像机布置的位置一定要准确，墙面或吊顶上安装的设备要标出距地面的高度（标高）。对于相同的平面、相同的防范要求，可只绘制一层（或单元一层）平面，当局部不同时，应按轴线绘制局部平面图。

比例尺的规定。凡在平面图上绘制多种设备，且数量较多时，宜采用 1∶100 比例。如果面积很大，但设备较少，在能够表达清楚的前提下可采用 1∶200 比例。剖面图复杂时，宜采用 1∶20 或 1∶30 的比例，必要时可采用 1∶5 比例，具体比例关系以细小部分清晰度而定。

施工图的设计说明要求语言简练、表达明确。凡在平面图中表示清楚的不必另在说明中重复叙述。凡施工图中未注明或属于共性的情况，以及施工图表达不清楚者，均需要补充说明，如防护区域、空间防范的防范角等。单项工程可以在首页图纸的右下方、图角的上侧方列举说明事项。系统子项较多属于统一性问题，对于这种情况，应编制总说明，排列在图纸的首页。说明内容一般按下列顺序列写。

- 探测器、摄像机等前端设备的选用、功能、安装。
- 报警控制器和视频矩阵切换主机等中心控制设备的功能、容量、特点及安装。
- 管线的敷设、接地要求；室外管线的敷设；电缆敷设方式等。

安全防范工程表图的设计和绘制必须与相关专业密切配合，做好电源容量的预留、管线的预埋和预留，以保证穿线和系统调试可正常进行。

1. 元件图形符号的表示方法

图形符号必须符合公安部颁布的《安全防范系统通用图形符号》中的相关规定，以及与电气工程相关的一些标准规范。图形符号可按国家标准的规则派生或组合，如果所需图形符号未被标准化，则应补充相关说明。

在选用图形符号时，应优先选用最新相关标准的推荐形式或简化形式。当表示同一类对象时，只能选用同一个图形符号。在实际应用中可以根据需要适当调整现有图形符号，如可按相同比例调整，也可在不同方向按不同比例调整。但调整后的图形符号要与原图形符号传递的信息相同。在不改变图形符号含义的前提下，图形符号可根据图画布置的需要旋转或镜像放置，但文字和指示方向不能倒置。

可用一个组合符号将元件中功能相关或无关的各部分列在一起表示；也可用多个符号画于不同位置分开表示，此时应通过项目代号表示元件各部分之间的关系。

元件在图中的布局方法有两种，即功能布局法和位置布局法。

使用功能布局法绘制的图形可使元件或其部分的功能关系易于理解。在功能性简图中，图形符号和电路应按工作顺序布局，功能相关的图形符号应分组并彼此靠近布置。在控制系统的简图中，主控系统功能组应布置在被控系统功能组的左边或上边。

使用位置布局法绘制的图形可反映出元件或其部分的实际相对位置，如平面图、安装图、装配图采用位置布局法。

元件图形符号的布置还应考虑信号流的方向。对概略图、功能图和电路图来说，信号流的主要流向应是从左至右的，或者是从上至下的。当单一信号流方向不明确时，应在连接线上画出表示流向的箭头，比如，当图中同时出现从右至左、从下至上的信号流时，就要在连接线上画上箭头，需要注意的是这些箭头不可以触及任一元件图形符号。

2. 线路的表示

用每一条图线表示每一根连接线的方法称为多线表示法，电路图大多采用多线表示法来绘制。

只用一条图线却可以表示两根或多根连接线的方法称为单线表示法，概略图大多采用单线表示法来绘制。

有时应注明连接线中信号的流向及使用的传输线缆类型。信号的流向用箭头表示。为了强调信号流，连接线应尽可能使用直线，并尽量按水平或垂直取向，尽量避免弯曲和交叉。连接线需要标记时，标记应放在水平连接线的上边及垂直连接线的左边，或放在连接线中断处。

计划预留的连接线可用虚线表示。

简图中多根平行线可采用一根被称为线束的连接线表示，具体表示方法如下。

- 平行线被中断，在少许间隔的短垂线之后画一根直线表示线束；
- 平行线中的每根线与表示线束的一根直线倾斜相连。

当平行线顺序相同但次序不明显时，应在第一根平行线端部标记一圆点；当平行线顺序不同时，应在每根平行线的每一端画出标记。必要时可标出连接线数目。

线路敷设方式的名称及字母符号如表 1-3 所示。

表 1-3 线路敷设方式的名称及字母符号

中 文 名 称	英 文 名 称	字 母 符 号	备 注
暗敷	Concealed	C	
明敷	Exposed	E	
铝皮线卡	Aluminum clip	AL	
电缆桥架	Cable tray	CT	
金属软管	Flexible metallic conduit	F（FMC）	
水煤气管	Gas tube（pipe）	G	
瓷绝缘子	Porcelain insulator（knob）	K	
钢索敷设	Supported by messenger wire	M	
金属线槽	Metallic raceway	MR	
电线管	Electrical metallic cubing	T（MT）	
塑料管	Plastic conduit	P（PC）	

续表

中 文 名 称	英 文 名 称	字 母 符 号	备 注
塑料线卡	Plastic clip	PL（PCL）	含尼龙线卡
塑料线槽	Plastic raceway	PR	
钢管	Steel conduit	S（SC）	
半硬塑料管	Run in flame-retardant semiflexible P.V.C conduit	（FPC）	
直接埋设	Direct burial	（DB）	

线路敷设部位的名称及字母符号如表 1-4 所示。

表 1-4　线路敷设部位的名称及字母符号

中 文 名 称	英 文 名 称	字 母 符 号
沿梁或跨梁敷设	Along or across beam	B（AB）
沿柱或跨柱敷设	Along or across column	C（AC）
沿墙面敷设	On wall surface	W（WS）
沿天棚面或顶板面敷设	Along Ceiling or slab surface	CE
吊顶内敷设	Exposed laying in hollow spaces of ceiling	SCE
暗敷设在梁内	Concealed in beam	BC
暗敷设在柱内	Concealed in column	CLC
墙内敷设	In wall	W
地板或地面下敷设	In floor or ground	F（FR）
暗敷设在屋面或顶板内	Concealed in ceiling or slab	CC

3．设计图纸的规定

（1）安全防范系统的总平面图。

标出安全防范系统在总建筑图中的位置，标出监控范围、控制室的位置、传输线的走向、系统的接地等。

（2）系统图。

确定用以完成安全防范任务的设备和器材的相互联系，确定探测器、摄像机和中心控制设备的性能、数量及安装的位置。

确定报警控制器和视频切换控制器的功能及容量。

确定所有主要设备的型号、数量、性能、技术指标，以满足订货要求。

（3）每层、每分部的平面图。

确定探测器和摄像机的安装位置并注明标号；确立传输线的走向、管线数量、管线埋设方法及标高。条件允许时可绘出探测器及摄像机的探测区域或范围。

（4）主要设备材料表。

（5）复杂部位安装的剖面图。

1.10　安全防范标准体系

1.10.1　安全防范标准化工作

安全防范工程建设的过程，就是工程质量的形成过程。一般来说，安全防范工程的建设过程可以分为立项、设计、施工和竣工验收 4 个阶段，然后交付使用。由于安全防范工程是用于保护财产和人身安全的，因此其运行管理非常重要，可以看作是工程建设的延伸。

工程项目具有整体性强、建设周期长、施工条件和方法不一、影响质量的因素多、质量检查不能解体和拆卸等一系列特点，标准化作为安全防范质量监督管理的基础，也是产品生产、销售、检验和工程设计、验收必须遵循的技术依据。

目前我国安全防范标准的分类方法主要有按约束力分类和按标准化分类。根据标准的适应领域和有效范围，安全防范标准分为四级，即国家标准（代号 GB）、行业标准（公安行业代号 GA）、地方标准（代号 DB）、企业标准（代号 QB）。

根据约束力标准分为强制性标准、推荐性标准（代号后有/T）。

1.10.2 安全防范行业的标准体系

安全防范的标准体系分为 4 个层次，约 300 个标准元素。安全防范行业标准体系结构框图如图 1-11 所示。

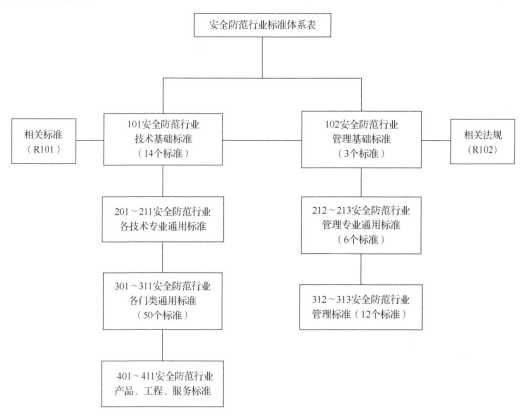

图 1-11 安全防范行业标准体系结构框图

第一层次：基础标准，包括名词术语、图形符号、产品分类、环境试验要求、电磁兼容试验要求、安全性要求、可靠性要求、工程设计业务规程等。

第二层次：专用通用标准，大致分为如下 12 个专业。

- 防爆安检系统（炸药探测、金属武器探测、X 射线安全检查、排爆）。
- 实体防护系统（各种防盗门、柜、锁具，防弹运钞车，防护材料等）。

- 入侵报警系统（周界入侵报警、建筑物内入侵报警、有线报警、无线报警等）。
- 视频监控系统（银行、文物博物馆、超市、珠宝店、旅馆、档案馆、医院等）。
- 出入口控制系统（门禁、巡查、可视对讲，磁卡、智能卡、指纹、掌纹、声纹、虹膜及其识别装置等）。
- 移动目标防抢劫报警系统（汽车防盗报警系统、GPS 定位系统、无线测距定位系统、地标定位联网报警系统等）。
- 要害部门紧急报警联网系统（与 110 联网的，如金融网点、核电站、文物博物馆等）。
- 社区安全防范与社会救助报警系统。
- 报警信号传输系统（无线形式如卫星、公用无线网；有线形式如电话线、专线）。
- 集成（综合）报警系统（消防与安全防范联动，智能大厦、商住楼）。
- 安全防范工程设计与施工。
- 安全防范工程验收与管理。

第三层次：门类通用标准。例如，入侵报警系统包括入侵探测设备，报警控制设备，报警显示、记录、复核设备等。

第四层次：产品标准。例如，入侵报警系统的入侵探测设备可分为超声、微波、红外、玻璃破碎等多种类型。

1.11　安全防范工程的质量技术要求

1. 安全防范系统的安全质量要求：高安全性和电磁兼容性

所谓安全性，就是指系统在运行过程中能够保证使用者的人身财产安全。高安全标准应做到防人身触电、防火和防过热、防有害射线辐射、防有害气体、防机械伤人（如爆炸、锐利边缘、重心不稳及运动部件伤人）等。

安全防范系统是用来保护人身安全和财产安全的，其本身必须具有安全性。安全防范系统必须能够保证设备、系统的运行安全和操作者的人身安全。

安全防范系统的安全性一方面指产品或系统的自然属性或准自然属性应具有高安全标准和高电磁兼容标准；另一方面指技防产品或系统应具有防人为破坏的安全性（如具有防破坏的保护壳体，具有防拆报警、防短路、防断路、并接负载、防内部人员作案的功能等）。

所谓电磁兼容性（EMC），就是指设备或系统在共同的电磁环境中能一起执行各自功能的共存状态。

人类在从电磁能获益的同时不得不承受电磁干扰的危害。一些无用的电磁场通过辐射和传导的途径，以场和电流的形式侵入敏感电子设备，使这些设备无法正常工作，甚至造成系统的瘫痪、环境的污染，影响人体健康。因此，电磁兼容问题是人类面临的一个新课题。

电磁兼容性就是要求设备和系统在其所处的电磁环境中，既能正常运行（设备本身具有足够的抗干扰能力），又能对在该环境中工作的其他设备或系统不产生电磁干扰（尽可能低地减少对其他设备的干扰数值）。

2. 安全防范系统的可信性要求：高可靠性、维修性与保障性

可信性是一个非定量概念，主要用作对安全防范工程质量的一般性描述。

所谓可靠性，是指在规定条件、规定时间内产品无失效工作的能力。可靠性可以反映产品的耐久性。

所谓维修性，是指产品在规定的使用条件下按规定的程序和手段对其实施维修时，产品保持或恢复执行规定功能状态的能力。维修性表示为保持或增强产品性能而进行维修和改进的难易程度。

所谓保障性，是指为达到可用性目标而提供的后勤保障和资源分配情况，也就是系统的设计特性和计划的保障资源能满足平时战备及战时使用要求的能力。

3．安全防范系统的环境适应性：高环境适应性

随着社会和经济的发展，安全防范系统使用的领域和范围越来越大。安全防范系统不仅要经受从热带到寒带、从平原到高山等各种自然环境的影响，同时还要经受振动、冲击、噪音、加速度等各种诱发环境的影响。因此，安全防范系统要有良好的环境适应性。

安全防范系统的设计和安装主要考虑以下环境条件。

- 自然环境因素：温度、湿度、气压、太阳辐射、雨、固体沉降物、雾、风、盐、臭氧、生物和微生物等。
- 诱发环境因素：沙尘、污染物、振动、冲击、加速度、噪音和电磁辐射等。
- 电磁辐射因素：无线电干扰、雷电、电场和磁场等。

4．安全防范系统的经济实用性要求：高性能价格比与良好的操作性

所谓性能价格比，就是系统的质量、功能等指标与系统价格的比值。

安全防范系统的设计和安装要考虑被保护对象的风险等级与防护级别，要在保证一定防护水平的前提下，争取最高的性能价格比。

所谓良好的操作性，就是从设计者的角度将操作设备的人和该设备看作统一的整体——人机系统，通过在人机系统中合理分配人和设备的职能，使设计的设备与系统能充分适应人的操作特点和要求，从而创造一个既能保证操作者安全，又具有良好的人机界面，且操作方便、工作舒适和高效的工作环境，充分发挥人和设备双方的积极性，以减少操作上的差错或失误。

如果在进行系统的设计时，忽视了操作性，操作者就容易产生操作上的差错或失误，如遗漏了必要的操作步骤、增加了多余的操作步骤、颠倒了操作程序等。严重的操作失误将引起人为的系统故障，甚至造成重大事故。因此，系统的操作性既是产品与系统的功能要求，也是安全要求。

思考题

1．如何理解公式：反应时间≤探测时间+系统延迟时间？试从安全防范的 3 种基本手段和 3 个基本要素进行分析。

2．建筑智能化系统与安全防范系统有何关系？这两者有哪些异同点？

3．如何合理控制风险？试举实例说明。

4．如何理解"周界""防护区""监视区""受控区"这 4 个防护区域类型？试举例说明。

5．安全防范系统的主要子系统包括哪些？你认为最有用的安全防范子系统是哪一个，为什么？

6．安全防范工程的主要环节有哪些？其与建筑工程有何区别？

7．安全防范系统的系统图绘制应包括哪些内容？

8．初步设计阶段与施工图设计阶段对平面图的要求有何不同？

9．安全防范系统的功能设计、安全性设计、电磁兼容性设计、可靠性设计之间的关系是怎样的？当它们之间出现矛盾时，应如何处理？

10．试说明安全防范工程设计应遵循的基本原则与工程建设质量的关系。

第 2 章

家庭入侵报警系统设计

内容提要

作为发展最早、最成熟的安全防范子系统，入侵报警系统一直在更新完善。本章介绍了入侵报警系统的构成、常用术语、家庭入侵报警需求分析、家庭入侵报警系统构建、防护区域划分、防护手段配备、控制设备选型与系统配置、系统图与系统管路设计等内容。最后总结了入侵报警系统设计规范与要求。

探测到一定的异常情况后（如发现无人现场有人员活动迹象、发现系统故障、发现物品的异常运动、发现用户的求救信号等），需要将异常信息发送给相关的系统或人员进行进一步处理，这一过程通常称为报警。另外，鉴于反应的主要手段还是人防，因而报警的具体形式可以有多种，如声、光、图像、振动、物体的运动、开关量信号、数据（包）信号等。

20 世纪 80 年代末，出现了通过总线技术对住宅中各种通信、家电、安全防范设备进行监控与管理的商用系统，这种商用系统就是智能家居的原型。家居安全防范是智能家居的一个重要模块，入侵报警则是家居安全防范中必不可少（有时就是全部）的功能。家庭入侵报警系统为人们提供了便捷、高效、安全的生活环境，市场价值可期。但就目前安全防范产业价值而言，入侵报警系统的市场份额相对较少。这主要是因为专业的独立入侵报警系统配置复杂、误报较多，加之与其配套的接警保安服务业不发达，所以入侵报警系统虽然最早在家居领域普及，但其市场发展却不是最成功的（相比而言远不如楼寓对讲系统）。

2.1 入侵报警系统概述

安全防范的应用领域经历了从国家要害部门到普通民用企事业单位，再到普通民众普通家庭的发展过程。入侵报警系统（Intruder Alarm System，IAS）是技术防范各类子系统中发展最早的，它在安全防范工作中有着特别重要的作用。

在 GB 50394—2007《入侵报警系统工程设计规范》中，入侵报警系统的定义为，利用传感器技术和电子信息技术探测并指示非法进入或试图非法进入设防区域（包括主观判断面临被劫持或遭抢劫或其他危急情况时，故意触发紧急报警装置）的行为、处理报警信息、发出报警信息的电子系统或网络。

2.1.1　入侵报警系统的构成

常用的入侵报警系统应包括前端设备、传输设备、控制设备、显示/记录设备等。

前端设备主要是各类探测器、紧急报警装置。探测器（也称报警探测器，俗称"报警探头"）是指在不正常情况下产生报警的装置。探测器采用了各种各样的传感技术和器件，可以组成不同类型、不同用途的传感探测装置，从而可以满足不同安全防范的需要。探测器是入侵报警系统的关键设备，入侵报警系统主要是依靠前端设备发挥其作用的。要了解入侵报警系统，首先要熟悉各类前端设备的性能、缺点、安装注意点等内容，在此基础上才能正确地分析入侵报警系统的合理性，评估系统的误报警、漏报警的可能性。

入侵报警系统的传输设备包括传输电缆及数据采集和处理器（或地址编解码器/发射接收装置）。传输设备的基本功能是将前端设备产生的报警信号实时、可靠地传送到后端的控制设备。入侵报警系统的传输设备还可传输一些控制信号，比如，控制设备发出的轮询信号等。从广义角度看，传输设备的功能还包括能量传输（从后端向前端设备供电）。

控制设备包括控制器/中央控制台，控制器/中央控制台应包含控制主板、电源、声光指示、编程、记录装置、信号联动及通信接口等。这里的控制器是指报警系统控制器，它通过对探测器的信号进行处理来判断是否应该产生报警及完成某些显示、控制、记录和通信。报警系统控制器可以使用操作键盘等手段实现入侵报警系统防区的布防和撤防操作。在受理报警事件时，报警系统控制器可以提供声光信号指示报警事件的发生；同时还可以通过电话线等传输媒体，将警情信息传送到上一级的报警控制中心。报警系统控制器还可以通过操作键盘的编程功能，对系统内的每个防区功能进行编程。

从技术组成的角度来看，典型的入侵报警系统组成如图 2-1 所示。

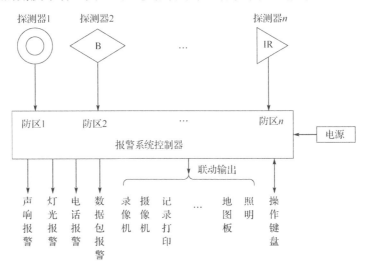

图 2-1　典型的入侵报警系统组成

一个完善而有效的入侵报警系统一定是技防与人防的完美结合。通过入侵报警系统优异的探测性能及时发现风险事件并向人防力量迅速发出准确的警报信息，人防力量的反应可以更快速、更准确。从向人防力量发送警报信息的角度看，入侵报警系统的组成如图 2-2 所示（图 2-1 中的内容包括在图 2-2 中的虚线框内）。

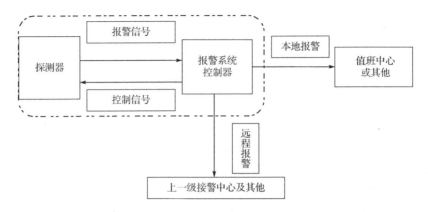

图 2-2 技防配合人防的入侵报警系统的基本组成

入侵报警系统及其设备涉及的标准比较多，主要应符合 GB 10408—2000《入侵探测器》、IEC 60839—5 系列标准、IEC 60839—7 系列标准、GB 12663—2001《防盗报警控制器通用技术条件》、GB 15209—2006《磁开关入侵探测器》、GB 15407—2010《遮挡式微波入侵探测器技术要求》等相关标准的技术要求，具体的标准要求参见本书附录。

2.1.2　入侵报警系统的功用

入侵报警系统根据各类建筑中的公共安全防范管理的要求和防护区域及部位的具体现状条件，设置红外或微波等类型的报警探测器和系统报警控制设备，从而对设防区域的非法入侵、火警等异常情况实现及时、准确、可靠地探测、报警、指示与记录等功能。

入侵报警系统在安全防范工作中的作用如下。

- 入侵报警系统协助人防担任警戒和报警任务，可以提高报警探测的能力和效率。
- 入侵报警系统通过及时探测和明确的反应指示，可以提高保卫力量的快速反应能力，并及时发现警情，迅速有力地制止侵害。
- 入侵报警系统具有威慑作用，可使犯罪分子不敢轻易作案或被迫采取规避措施，从而提高作案成本甚至减少发案率。

入侵报警系统采取"探测—反应"主动防范的思想，它是通过提高人防能力或弥补人防的不足来增强安全防范效果的。入侵报警系统是人防的有力辅助和补充，单纯依靠入侵报警系统或人防力量配备不到位等情况都将使入侵报警系统的作用降低到"威吓"这一等级。

2.1.3　常用术语及概念

下面介绍一些在入侵报警系统中常用的术语。

1. 防区（Zone）

报警系统控制器中的防区是指可以独立识别的报警输入，其数量反映了报警系统控制器的报警输入识别数量。对于入侵报警系统的使用者而言，一个防区代表了一个可以独立识别的安全事件。一个防区往往对应于一个特定的警戒范围，在这个警戒范围内，可以根据所选择的探测器的探测范围和防范要求安装一个报警探测器或许多个报警探测器。当特定的警戒范围内的任意一个探测器产生报警输出时，在报警系统控制器上都会显示这个警戒范围对应的防区产生了报警事件。

2．盲区（Blind Zone）

盲区是指在警戒范围内，安全防范手段未能覆盖的区域。

3．布防（Arm）

在入侵报警系统的工作中，需要报警系统控制器对某个或全部防区内的探测器的触发报警输出做出报警反应，对报警事件进行处理的工作状态，称为对系统或某个防区进行"布防"。

除了一些特殊防区（如 24 小时防区），报警系统控制器对未布防的防区出现的报警事件不做出反应和处理。

当系统需要对所有防区的报警事件都做出反应和处理时，称为对入侵报警系统的"全布防"，与之对应的还有"局部布防"。根据报警系统控制器的不同，布局的方式也略有不同。

4．撤防（Disarm）

当人们在探测器的探测范围内正常工作和生活时，会暂时需要入侵报警系统停止对报警事件的反应和处理，或者需要部分防区停止对报警事件的反应和处理工作。这时需要将布防的全部防区或部分防区设置为"撤防"状态。此时，报警系统控制器对"撤防"的防区内报警探测器探测到的情况不做出反应和处理（24 小时防区除外），使人们得以在探测区域内正常活动而不至于触发报警。

5．旁路（Bypass）

在入侵报警系统的工作中，有时需要不对某防区（包括 24 小时防区）进行戒备，比如，该防区一直被触发（如探测器监视区内有人活动）或防区出现故障，此时，可在布防之前将该防区旁路。

报警系统控制器对接在被旁路防区中的探测器发过来的任何信号不进行处理，该防区将不受入侵报警系统的保护。

一般只能对未布防的防区进行旁路操作。为增强系统安全性，报警系统控制器可设置成必须先输入正确的密码才能执行旁路操作的模式。

6．复位（Reset）

复位相当于对报警系统控制器断电后重上电。复位并不影响已有的编程。入侵报警系统在进入异常状态时，可利用复位功能在不使整个系统断电的情况下对报警系统控制器进行复位，以恢复正常状态。

7．正常状态（Normal Condition）

正常状态是指入侵报警系统处于完全可使用而不在任何其他限定情况下的状态。

8．故障状态（Fault Condition）

故障状态是指入侵报警系统无法按照相关标准的技术要求进行工作的状态。

9．报警状态（Alarm Condition）

报警状态是指入侵报警系统或其部分因对面临的危险做出响应而产生的状态。

10．试验状态（Test Condition）

试验状态是指系统的正常功能用作试验的报警状态。

11．断线状态（Disconnection Condition）

断线状态是指出于调试或其他目的，故意造成的报警状态。以使系统的部分不能工作。

12．报警信号（Alarm Signal）

报警信号是指由处于报警状态中的入侵报警系统发出的信号。

13. 故障信号（Fault Signal）

故障信号是指由处于故障状态中的入侵报警系统发出的信号。

14. 防拆装置（Tamper Device）

防拆装置是指用来探测拆卸或打开入侵报警系统的部件、组件或其部分的装置。

15. 防拆探测（Tamper Detection）

防拆探测是指使用防拆装置探测对入侵报警系统或其部分的故意干扰。

16. 防拆保护（Tamper Protection）

防拆保护是指使用电气或机械方法防止对报警系统或其部分的故意干扰。

17. 防拆报警（Tamper Alarm）

防拆报警是指由于防拆装置动作而发出的报警。

18. 紧急报警（Emergency Alarm）

紧急报警是指用户主观判断面临被劫持或遭抢劫或其他危急情况时，故意触发的报警。

19. 紧急报警装置（Emergency Alarm Switch）

紧急报警装置是指在紧急情况下，由人工故意触发报警信号的开关装置。

20. 漏报警（Leakage Alarm）

漏报警是指入侵行为已经发生，而入侵报警系统没有做出报警响应或指示。

21. 误报警（False Alarm）

误报警是指意外触动手动装置、自动装置对未设计的报警状态做出响应、部件的错误动作或损坏、操作人员失误等触发的报警信号。

22. 报警复核（Check to Alarm）

报警复核是指利用声音和/或图像信息对现场报警的真实性进行核实。报警复核是降低误报警不利影响的有效方法。

23. 系统响应时间（Response Time）

系统响应时间也称报警响应时间，指从探测器（包括人工启动开关、按钮或电键）探测到目标后产生报警状态信息到报警系统控制器接收到该信息并发出报警信号所需的时间。

24. 中央控制设备（中心控制台）（Central Control Equipment）

中央控制设备是指接收、处理、显示来自探测器、报警系统控制器的各种信息并发出控制指令的装置。

25. 报警接收中心（Alarm Receiving Center）

报警接收中心是指连续不断有人操纵的远程中心，接收一个或多个入侵报警系统的报警信息。

26. 远程中心（Remote Center）

远程中心远离受保护场所，在远程中心收集一个或多个入侵报警系统的状态信息，这些信息或用作报告（对于接收中心而言）或用作向前传输（对于卫星站或收集点而言）。

27. 操作者代码（Operator Code）

操作者代码是报警系统控制器进行操作识别的一种控制操作密码。按照赋予的权限的高低，操作者代码一般可分为不同等级。

2.2　家庭报警需求分析

在构建家庭入侵报警系统时，首先要明确"构建什么"，以下将通过资料收集、客户访谈、现场勘察等途径，对家庭报警进行需求分析。

2.2.1　客户群分析

1. 家居建筑形态分析

家庭住房的种类有很多，比如，单身公寓/宿舍楼、单元楼住宅、排屋/别墅、农居房等。不同种类的家庭住房，其安全需求有所不同，对系统功能、架构的要求及成本的承受能力也有所不同。

2. 地理位置与周边环境分析

需要认真分析家庭住房的地理位置与周边环境（如周边是否有道路、电线杆、树木、偏僻角落，周边的治安状态、邻里关系、对噪声的容忍态度等）因素对构建家庭入侵报警系统的影响。

3. 居住成员组成分析

用户的组成结构会对家庭入侵报警系统的需求产生影响，特别是一些特殊人群，比如，老人、小孩、病人、房客/出租户等，可能会产生一些关于救护、操作简易、操作安全性、保密等方面的要求。

4. 生活习性与个人偏好分析

了解客户家中是否经常有人、是否抽烟、哪些是经常活动的区域、哪些是可能活动的区域、家中是否饲养宠物，以及对希望采用的技术、产品、系统架构、功能有无偏好等问题是至关重要的。例如，主人偶尔需要去阳台晾晒衣服，这将会对周界的设置产生影响；主人经常开窗以利通风，这将会对窗户的防护产生影响；主人是否对电磁辐射有特别的担心，这将影响探测器或传输技术的选用。

2.2.2　限制与约束性分析

1. 工程时间与成本

需要明确用户可承受的经济成本和期望的经济成本，以及用户对工程完成的时间有什么要求。经济成本可通过比较分析或收益分析得出，即通过比较相同规模的工程案例、其他防范措施的成本或通过分析损失与收益关系得出。

2. 施工环节

需要明确用户对施工人员（如性别、着装、卫生习惯等方面）及允许施工的时间有无特殊要求；对管线明敷、设备安装、打孔、挖槽等影响装修外观的因素有无要求。

3. 相关系统的约束

应了解现有的电力供应条件和规定；了解楼寓对消防、对讲、照明、广播、电话、有线电视、网络及智能家居等其他系统的接口、服务条件和收费等的规定；了解原有的系统并考虑到未来可能的变更。

4．相关法律与规定

当地消防、公安等国家部门关于安装消防报警、入侵报警系统的管理及技术法规；住房所在小区、物业关于施工，以及关于报警服务的有关管理规定。

5．人防力量的约束

需要明确可供响应报警事件的处置力量有哪些。对于家庭住户来说，有业主自身、邻里互助、小区物业或房屋管理部门自有保安、专业报警服务保安公司、公安联防等不同的处置力量。此外还需要明确处置力量的处置权限和响应时间，比如，报警后物业保安是否拥有撤防的权限、有互助协议的邻里是否拥有进入业主房间查看的权限。

2.2.3 系统功能需求

家庭入侵报警系统主要有报警探测、报警响应、报警复核、记录与查询、防破坏保护、故障与维护、操作使用等方面的功能要求。

1．报警探测

根据报警事件性质的不同，可将报警事件分为入侵报警、紧急报警、救护报警、消防报警、设备安全报警等类别。报警事件的划分有利于接警处置力量提前做好应对准备，以便做出有针对性的反应。

报警探测是入侵报警系统的基础功能，系统设计首先需要明确报警触发的条件，具体来说，就是何时何地发生何种行为后，需要发出何种事件类别的报警。何时指防范生效的时间段；何地指防范覆盖的区域范围；何种行为决定发出何种类别的报警。一般来说，不同类别的报警事件应处于不同的防区。

2．报警响应

报警响应是入侵报警系统的关键功能，直接影响人防与技防配合的好坏。响应的形式多种多样，如声音报警、闪光报警、有线电话报警、短信报警、网络报警、联动报警等。其中，联动报警还有灯光联动、视频联动、广播联动、地图联动等多种形式。接警处置力量（处理报警事件的人）希望得到的报警形式，原则上来说一是要能引起注意；二是要清晰无误，有利于处理警情。本地的显式报警响应功能（如现场发出警报声）还可起到威慑作用，达到吓退并中止侵犯行为的效果，但很多时候并不适用。另外还需要考虑报警响应实现和运行之后的成本（如有线电话报警采用电信运营商的通信线路将会产生话费）、报警扰民、误报处理成本等问题。

3．报警复核

报警复核是为了降低误报所带来的处理成本而采取的一项有效措施。报警复核会导致反应时间略有加长，还有可能导致复核人员疏忽大意导致漏处理。报警复核的主要途径有声音复核与图像复核。在防护现场同时装有视频监控的场合，适合通过报警视频联动进行复核，无监控的场所可选择使用声音复核。相对而言，声音复核的实用性稍差，因为大多入侵行为都比较隐蔽。

4．记录与查询

初级用户对记录和查询功能并不重视，但这一功能对于事后分析非常重要，特别是对于准备签订商业接警服务合同的用户来说必不可少。入侵报警系统应能记录布防、撤防、报警、故障、配置参数修改等事件的关键信息，并且能在一定程度上保证记录数据的安全性与原始性。

入侵报警系统的查询功能则应方便快捷，查询条件应满足实用要求。

5．防破坏保护

防破坏保护是安全防范系统的一个特色功能，是明显区别于其他弱电系统的、最为独特的功能。这里的防破坏保护不同于普通的设备保护，需要考虑的不仅包括环境、电气层面的保护，更重要的是需要考虑如何防止人为破坏的问题。对于入侵报警系统的防破坏保护，除考虑构成系统的各部分组成设备外，还需要从系统的操作层面进行考虑。

6．故障与维护

入侵报警系统构建完成之后，还需要考虑故障与维护的问题。在系统设计阶段，除了考虑在出现故障时容易排除，还应考虑某点故障的影响范围尽可能小，不会产生严重的故障扩散现象。另外应尽可能考虑防护层面的冗余性，即纵深性，不应因为某处故障而导致整个防护体系出现无法补救的缺陷，这也要求设计者能给出可行的故障应急方案（或后备防范预案）。例如，在考虑设备的防破坏因素时，不宜导致设备的拆卸变得非常困难。又如，当某探测器电源出现故障时，不应导致整个系统出现电源故障。

7．操作使用与其他

这里主要考虑的是操作的可达性、简便性、私密性和容错性。可达性指所有的用户都能方便地接触需要操作的设备，一方面需要考虑用户的行为能力（如老幼病残），另一方面需要考虑用户的活动范围（如出租户）。简便性指用户使用的入侵报警系统的日常操作应尽可能简便，比如应考虑用户外出及回来的布防、撤防操作；又如布防、撤防除有本地的键盘操作外，还可设置定时自动布防、撤防及电话或短信远程控制布防、撤防等。私密性指不同权限用户的密码操作等。容错性指用户偶然的误操作不应产生系统设备的损坏或死机等现象，并且对用户能提供明显的提示，比如不应因误操作控制键盘导致系统故障（多次误操作会自锁保护）、不应有系统未能正确布防而不提示用户。

2.2.4　系统性能需求

现行的相关国家标准及行业标准中有一些对入侵报警系统性能指标的要求。

1．系统响应时间

系统响应时间也称报警响应时间，指从探测器（包括人工启动开关、按钮或电键）探测到目标后产生报警状态信息到报警系统控制器接收到该信息并发出报警信号所需要的时间。

2．进入延迟时间

为使用户进入已布防区域而不引起报警所设置的延迟时间，用户应当在这个时间段内将防区设置为撤防状态，否则将触发报警（比如小偷进入房间被探测器检测到，因不知道密码而无法在进入延迟时间内将系统撤防，从而引起报警）。为提高系统的安全性能，进入延迟时间不应设置过长，但应足够让用户从容撤防。

3．退出延迟时间

在用户下达布防命令后，系统并不是马上布防生效的，而是留有一段合适的时间，以便使用户能退出布防区域而不引起报警，这段时间称为退出延迟时间。在设定退出延迟时间时，应考虑用户正常退出所需要的时间，不宜设置过长。

注 当用户需要在布防区域内执行布防和撤防命令时，有必要设置退出延迟时间和进入延迟时间；当用户在布防区域外就可以布防和撤防时（比如利用定时自动布防和撤防、电话或短信远程控制布防和撤防、在防护区域之外通过按键布防和撤防），则不需要设置退出延迟时间和进入延迟时间。

4．报警声响

报警响应功能中普遍采用声音警报的方式，应视应用场合的不同及用户的实际要求合理设置声级（常用单位为 dBA）。

5．误报率

系统为保持一定的探测灵敏度、人为错误等因素经常会导致系统误报，从而产生额外的处理费用，进而导致用户对入侵报警系统产生负面评价，已经成为阻碍入侵报警系统推广应用的一个重要因素。

产生误报的原因非常复杂，除了器件质量不合格、设计不当和施工工艺不过关等因素，一些偶发概率性事件也会导致误报。因此应根据以往的工程经验提出误报率指标，这个指标可与系统规模大小、统计误报次数的时间段、用户熟练度、系统采用的探测技术等因素有关，而不宜与正常报警次数关联。

6．漏报率

最理想的情况是，入侵报警系统的漏报率为零。然而漏报指标很难在实际中进行严格的检测验证，因为要在各种环境条件下模拟各式各样的入侵行为基本属于不可能完成的任务。

7．密码复杂度

密码用于识别用户或用户的操作是否合法，其对系统的安全来说非常重要。一般的入侵报警系统支持 4 位或 6 位的数字密码，抗攻击能力有限，一些拥有远程控制功能的系统密码可以设置复杂一些。

8．用户权限等级

一般的入侵报警系统至少拥有系统管理员和普通用户两个级别。系统管理员（有的称安装员）拥有修改系统参数配置的权限；普通用户拥有布/撤防等日常使用的权限。有的入侵报警系统拥有能够管理普通用户的超级用户。

9．密码允错次数

为防止入侵者通过尝试密码使入侵报警系统功能失效，系统应有限制连续错误密码次数的功能，超过允许的次数后可触发报警或在一定时间段内停止密码输入设备的响应。

10．时钟精度

为保证多个入侵报警系统的联合及与其他弱电系统的联动集成，同时有利于对记录数据的分析管理，需要提高系统时钟的精度或增强其同步功能。

11．心跳时间

总线型、无线型及网络型的入侵报警系统经常采用"心跳"机制来保证核心控制设备与下级设备或探测器之间的正常连接，即每隔一段时间，核心控制设备就向下级设备发送一个询问信息，在规定时间段内相应的下级设备应有一个正常的回复，有的系统也由下级设备发送询问信息。

12．平均无故障时间

入侵报警系统采用的每个部件及系统本身都应有一定的可靠性，两次发生故障的时间间隔应满足相关规范标准及用户的要求。

13．后备电源供电时间

在主电源供电出现问题后，入侵报警系统应能持续工作一定时间。小型系统一般采用后备电池供电，大型系统通常采用 UPS 电源供电。

14．节能环保

家庭环境下提倡使用低功耗技术与产品、采用绿色环保材料，这样可提升系统品质，有利于获得用户好感，更有利于应用的推广。

2.2.5　系统扩展性及兼容性要求

用户可能会提出系统未来扩容、增强功能及与其他系统实现联动等要求。例如，为了日后扩大防护区域或使防护更加严密，有的用户会要求增加设置探测器，为此需要预留管路或线路；有的用户希望日后与某保安公司签订报警服务，为此需要预先选用有远程报警功能的控制设备；有的用户希望能集成消防报警功能，则系统还需要满足消防报警系统的相关要求等。

2.3　家庭入侵报警系统构建

2.3.1　入侵报警系统组建类型

入侵报警系统通常由前端设备（包括探测器和紧急报警装置）、传输设备、控制设备及显示/记录设备等构成。其中不同传输方式的选用往往决定了系统组成的最大特点。按照信号传输方式的不同，入侵报警系统组建模式通常可分为一体式、分线制、总线制、无线制和公共网络式等多种形式。

1．一体式入侵报警系统

一体式入侵报警系统将前端设备（探测器或紧急报警装置）、传输设备、控制设备及显示/记录设备的功能整合在一起，由一个设备完成"探测—处理—报警"全部功能。一体式入侵报警系统是最简单的报警系统（严格来讲并不是报警系统，只能称为报警装置或警报器），其传输功能由设备内部的电路来完成。一体式入侵报警系统的设计与施工均非常简单，其功能一般也非常简单，往往只能防范一个地点，适用于非常简单的应用场所。

2．分线制入侵报警系统

分线制入侵报警系统（见图 2-3）的探测器、紧急报警装置通过多芯电缆与报警系统控制器采用一对一专线（总线）相连，其优点是可靠性非常好：由于报警信号通过各自独立的专线进行传输，因此相互之间即便出现故障也互不干扰，且传输信号为开关信号，抗外界干扰强；另外通过连接终端电阻，其传输线路可获得优良的防破坏能力。但是当系统规模变大时，由于每个探测器都需要一根专用电缆连至报警主机，线材的使用量及敷设工程量将急剧增加，在报警系统控制器端的线路接入也将变得复杂。

一般分线制入侵报警系统的覆盖半径为 100m 左右，探测器传输线路数量控制在 20 路以下，比较适合单户家庭使用，并且其报警系统控制器一般具有电话、短信、网络等远程报警功能，在此基础上可实现区域联网报警服务。

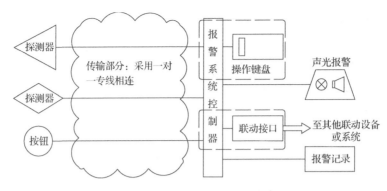

图 2-3　分线制入侵报警系统

3. 总线制入侵报警系统

总线制入侵报警系统的探测器、紧急报警装置通过相应的总线模块（编址模块）与报警系统控制器采用总线相连，其优点在于报警系统探测器与探测器共用一条传输线路（总线），极大地简化了传输部分的复杂度，特别是当探测器数量较多时优势更为明显。另外总线中传输的编码信号可以表达更为复杂的信息（分线制传输的开关信号只能表达"正常—报警"二元信息），实现更高级的系统功能（如自检、"心跳"功能等）。总线制入侵报警系统的覆盖半径为1000m 左右，探测器传输线路数量控制在 200 路以下。总线制入侵报警系统的劣势在于总线部分的脆弱性，一旦总线某处断路，在断点之后所连的探测器都将无法与报警系统控制器通信；一旦总线某处被短路，若没有分段安装短路保护装置，则全部探测器将无法与报警系统控制器通信。

图 2-4 为总线制入侵报警系统。探测器只需要连接两个总线端口和两个电源端口（若采用总线馈电技术，则只需要连接两个总线端口）。总线制入侵报警系统的施工安装非常简单，但是很难对敷设到前端的总线实现良好保护，因此其比较适用于不需要防人为破坏的弱电系统。另外探测器需要与报警系统控制器有共同的通信协议，这就导致在实际中往往需要购买同一厂家的设备，在探测器的选用方面十分受限。

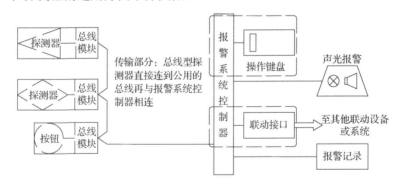

图 2-4　总线制入侵报警系统

总线制入侵报警系统一般选用探测器与总线模块分离的架构（见图 2-5），探测器与总线模块之间采用分线制连接，总线模块再通过总线串接到报警系统控制器。这样可以在前端利用分线制优良的防破坏能力，总线模块和总线可以通过设计与施工布置在安全的区域，提高了系统整体的安全性；同时前端的探测器可以选用通用型号，增加了探测器选用的灵活性。

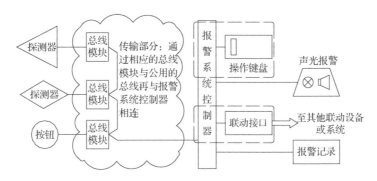

图 2-5 总线模块与探测器分离的入侵报警系统

图 2-6 展示了一种具有分控功能的总线制入侵报警系统，该系统将原有的总线模块升级为分控主机，由单纯的通信功能，增强为具备处理报警信息、独立操作（如系统配置、布防、撤防等）、报警响应等控制主机的功能。具有分控功能的总线制入侵报警系统拥有多级的用户管理（各级用户的位置、权限都可不同），适用于小区、集体公寓等场所。

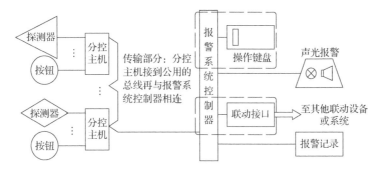

图 2-6 具有分控功能的总线制报警系统

4. 无线制入侵报警系统

无线制入侵报警系统（见图 2-7）的探测器、紧急报警装置通过相应的无线设备与报警系统控制器通信，由于取消了工程管线的施工，这种系统的安装非常简单，适用于布线困难、需要移动或临时性布设的场合。但由于无线制入侵报警系统取消了探测器的有线连接，探测器一般采用蓄电池供电（目前有采用太阳能电池供电的产品），为延长蓄电池使用时间（一般希望更换周期在一年以上），探测器的无线发射功率不可能做得很高。目前家用的无线制入侵报警系统一般覆盖半径为 20m～30m，无线制入侵报警系统的缺陷是容易受到外界的电磁干扰，相对于其他几种系统而言，其系统稳定性最差。

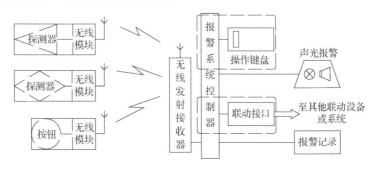

图 2-7 无线制入侵报警系统

5. 公共网络式入侵报警系统

公共网络式入侵报警系统（见图 2-8）的探测器、紧急报警装置通过现场报警控制设备/网络传输接入设备与报警系统控制器采用公共网络相连。公共网络可以是有线网络，也可以是有线—无线—有线网络，目前较为常见的公共网络有 PSTN 公共交换电话网络、GSM 和 GPRS 移动通信网络、局域网及互联网等。公共网络式入侵报警系统利用成熟的公共网络技术可轻松实现远距离的探测覆盖、远距离可移动的系统操作与管理、大规模的前端设备和用户数，它是组建远程报警系统、区域联网报警系统的优先选择。

如果用户自己没有建设有线电话、局域网等基础设施，则公共网络式入侵报警系统需要建立在通信运营商提供的通信服务基础之上。这将涉及运营商的设备接入条件和日后运营费用等问题，系统运行的稳定性也有赖于运营商。另外远程报警可能意味着处警人员距离报警现场较远，赶赴现场进行处置的时间较长，需要快速反应时需要有合理的人防配置。

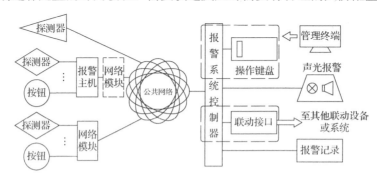

图 2-8　公共网络式入侵报警系统

前面提到的 5 种入侵报警系统类型还有许多变种，这 5 种系统之间也可相互组合组成多级系统，有的甚至可以与智能家居系统、楼寓对讲系统等其他系统整合在一起。设计人员应根据实际家庭环境和用户的需求选择（或创新）合适的报警系统类型。

2.3.2　系统方框图

系统方框图也称系统原理图，它通过给出系统主要设备及相互之间的连接关系（或逻辑关系）来阐明系统的大致构成和工作原理。

入侵报警系统的系统方框图应表达以下几方面信息：采取哪些探测技术，选用什么类型的传输方式，系统是几级架构，中央控制处理设备在系统中的作用，选用哪些报警输出方式，报警输出与接警人员的关系等。

在绘制系统方框图时，设备符号尽量使用国家规范定义的设备图符或采用在方框中标注文字的形式，也可使用简明易懂的通俗图符，但都需要在图中给出图例。设备图符在图纸中的位置应大致按信号流向或控制层级从左至右、从上至下布置；图中可用线条或箭头表示信号的传递关系或相互之间的连接关系（并不一定有物理连接，有时仅代表逻辑上的联系）。另外图中最好附有系统组成及工作原理的简要文字说明。

系统方框图一般不需要表达精确的设备型号与数量，也不需要表示设备的位置及安装连接方式。系统方框图在工程早期可以用于向用户、管理人员、评审专家等项目相关方说明系统架构与工作原理；在工程后期则可帮助负责施工、监理等的人员理解系统设计，以便进行工程的实施。

2.4　防护区域划分

在用户需求分析和现场勘查过程中，可初步形成系统整体防范体系的构建思路，监视区、周界、防护区、受控区这 4 种防护区域类型都可应用于家庭安全防范系统的构建中，对于家庭入侵报警系统则主要考虑周界及防护区的设置。

2.4.1　家庭周界设置

当用户所在活动区域需要具备入侵报警功能时，设置周界是最恰当的途径。周界有外周界、内周界和单向周界之分，应视不同应用场合合理选用。周界的防范思路是，当有人穿越周界所经过的边界线后立即报警。在设计周界的路由走向时，应充分考虑发生越界行为的可能性和需要保护区域的空间范围，除了考虑增补防护手段的简便性与有效性因素，一般尽量依照现有的物防障碍设施（如围墙、河沟等）走向设置周界。一来需要保护的内部空间往往由这些物防设施构成，再者穿越这些物防设施相对困难，有人越界的可能性较低，需要补救的防范措施相对简单（比如单元楼住宅的一堵外墙处可不再考虑增加其他任何人防、物防、技防等防范手段，可以认为这里会发生破墙而入的穿越行为）。

一般家庭建筑物外围、围墙等处可以考虑设置外周界，采用一些室外周界防护产品对容易发生越界行为的薄弱环节（如门、窗、洞、易攀爬处等）进行防护；也可采用一些物防设施（如金属栅栏、钩刺等）进行防护。需要注意的是这两种防范手段的防范思路是不一样的，周界技防手段是发现入侵越界行为并报警，提示主人及保卫力量注意防范；物防设施则是通过提高越界行为的困难度来降低或消除发生越界行为的可能。

对于一些特殊的功能区域，也可考虑设置内周界，比如，需要防护只有一扇门的封闭房间，除了这扇门，这个房间没有其他可能入侵路线，可依照该房间的墙壁和门设置一条内周界。

对于一些可能会发生偶然的合法越界行为的地方，可考虑选用单向周界，即从某方向穿越周界不触发报警，但反方向的穿越行为会触发报警。单向周界还可进行增强，比如，从某方向穿越周界不报警，并且可延时一段时间，在这段时间内反方向的越界也不报警，延时时间之后则恢复正常（这种方式比较适合主人需要短暂越界并返回的情况）。

2.4.2　家庭防护区设置

在很多情况下，周界防护所需要的探测器数量比较多，相对而言，防护区的探测器数量较少（合理设计可只使用一个探测器）。防护区通过探测需要保护的区域空间内部是否有异常活动（比如是否有人员移动、物体移动、异常声音产生等）来进行防护，一旦探测到异常活动就输出报警。由于防护区无法区分是用户还是入侵者触发了探测器，因此在防护区不允许用户进行活动（除非在撤防工况下或是需要用户触发的报警）。

为增强防护性能，有时一个区域空间内要求有两种以上不同探测原理的防护。在防护区域划分阶段可视为一个防护区；紧急按钮、压力开关等点控报警探测器可视为一个特殊的空间防护区；无线报警按钮的有效活动范围可视为一个特殊防护区。对于防护区的划分，一方面考虑可能的活动范围和入侵路线，另一方面也要预先考虑可能的探测器防护范围，尽量采用一个探测器来对防护区进行全面覆盖。

防护区不仅可以探测入侵行为，还可以发现预先隐藏在区域内伺机作案的行为及"钓竿"式偷窃。因而防护区的探测覆盖范围一定要合理，盲区尽可能地少且无害；设计合理时，还可起到"区域定位"的作用；若为消防设置防护区，则应符合消防火灾探测器的划分要求。

2.4.3 防护区域划分示意图

防护区域的划分是在充分分析用户需求的基础上进行的，是系统整体防护体系的重要环节，直接体现了系统的防范战略。根据防护区域划分示意图可以对现有的防范手段进行评估，规划下一步需要增强防范的地方和初步的防范手段（人防、物防、技防），并可根据防护区域划分示意图对安全防范示意图是否满足用户的要求进行检验。防护目标越重要，需要设立的纵深缓冲防护层级就越多，同时需要防护的入侵路线也要越全面。防护区域的划分可用图、表、文字的方式来说明。

1．防护范围的表示

防护区域划分示意图一般在建筑平面图上展开（为更好地展示防护范围的空间分布，还可使用立面图表示），注意其与探测器探测范围示意图并不相同。防护区域划分示意图表示的并非某一探测器的有效探测范围，而是某一周界或某一防护区的分布特征。在表达周界时可使用边界表示法，即采用标准规范的周界符号将周界的走向在图上标出来。在表达防护区时，可使用边界表示法，也可采用区域覆盖法（使用特定的线条覆盖表示该防护区的范围），具体使用的符号在原则上优先采用国家标准中规定的样式，也可自创，但都应当用图例注明。

2．防护区域的编号与分类

周界及防护区还可细分成多种，在一个入侵报警系统的具体设计中可能会用到其中的几种。可以对使用的几种防护区域类型进行编码，并对所有划分出来的防护区域进行编号，同时在图中标明。例如，用 O_PRM_002 表示 2#外周界，用 M_ZON_012 表示第 12 号多重防护手段防护区等，需要注意的是，这些编码也需要在图中举例说明。

3．防护区域的说明

每一个防护区域的设立都是有目的的，应当用表格及文字的方式，将每个编号的防护区域的防范目的、原有防护条件、拟增防护手段一一列出，如表 2-1 所示。

表 2-1 防护区域说明

序 号	防护区域编号	防范目的	原有防护条件	拟增防护手段
1	O_PRM_001	翻越围墙报警	东、西、南三面院落建有围墙，南面设有一处大门	围墙上设置人员翻越报警；大门处设置门开报警
2	O_PRM_002	进入室内报警	围墙及建筑外墙，设有北3、南2、东1、西1，共7处窗户及南北各一处门	南面窗户外设置人员穿越报警，其他窗户加装物防设施，门口处设置门开报警
……	……	……	……	……
14	M_ZON_012	进入书房报警	室内木门、玻璃双开窗各一扇	设置两种探测原理的人员移动侦测报警
……	……	……	……	……

4．防区的划分

报警主机能够识别的报警来源的最小单位是防区，针对每个预设的防护区域，按照确定的防护目标、防护手段、设置的缓冲纵深、现场勘察得到的可能入侵路线、建筑结构、警卫力量布置等因素再将防护区域细分为若干防区。防区设立的最高原则是应有助于警卫力量迅速判别入侵发生的地点，并能尽快赶到。一般地，防护不同的入侵路线（方法）宜设立不同的防区；同一个防护地点，不同性质的报警事件（如火警和劫持求助报警）应设为不同的防区；不同的警卫到达路线应分设不同防区。当然，防区数量也不是越多越好，比如，对于相近性质事件、不同的防护目标，若警卫力量到达路线相同，可以考虑将其归入同一防区。防区的划分可与确定的防护手段并行综合考虑。

2.5　防护手段配备

根据防护区域的设置，将需要增补的防护手段（这里主要是技防）逐一实现，主要是选择合适的探测器并设计合适的安装方式及位置。防护手段的配备通常与防区的划分是联系在一起的，应根据防区的范围、环境条件、可能的安装位置、可能的入侵路线（方法）选用类型适用、质量稳定可靠、价廉物美的优质防护产品。需要注意的是，一个防区可以由多个探测器共同担起防护重任，但是在选用探测器时，尽量优先选用探测器个数少的方案，一方面安装调试简单；另一方面探测器数量增多，系统故障率会相应提高。

探测器是用来探测安全防范现场的物理量变化的装置，其核心器件是传感器。采用不同原理的传感器件，可以构成不同种类、不同用途、用于实现不同探测目的的报警探测装置。

探测器安装在安全防范现场，其探测范围就是它的防护区域。当探测器被触发产生报警信号输出时，产生的报警信号通常为开关信号。探测器大多以电气触点的方式进行输出。应用于总线制、无线制及公共网络系统中的探测器的输出一般为编码信号。

2.5.1　探测器的分类

1．按用途或使用的场所分类

按用途或使用的场所划分，探测器可分为户内型探测器、户外型探测器、周界探测器、重点物体防盗探测器等。

2．按探测器的探测原理或采用的传感器种类分类

按探测器的探测原理或采用的传感器种类划分，探测器可分为雷达式微波探测器、微波墙式探测器、主动式红外探测器、被动式红外探测器、开关式探测器、超声波探测器、声控探测器、振动探测器、玻璃破碎探测器、电场感应式探测器、电容变化式探测器、视频探测器、微波-被动式红外双技术探测器、超声波-被动式红外双技术探测器等。

3．按探测器的警戒范围分类

按探测器的警戒范围划分，探测器可分为点控制型探测器、线控制型探测器、面控制型探测器及空间控制型探测器，具体如表 2-2 所示。

表 2-2　按探测器的警戒范围分类

警 戒 范 围	探测器种类
某一点位置	开关式探测器
某一条路径	主动式红外探测器、激光式探测器、光纤式周界探测器
某一个面	振动探测器、声控-振动型双技术玻璃破碎探测器
某一个空间	雷达式微波探测器、微波墙式探测器、超声波探测器、被动式红外探测器、视频探测器、声控探测器、声控型单技术玻璃破碎探测器、泄露电缆探测器、振动电缆探测器、电场感应式探测器、电容变化式探测器、微波-被动式红外双技术探测器、超声波-被动式红外双技术探测器、次声波-玻璃破碎高频声响双技术玻璃破碎探测器

（1）点控制型探测器。

点控制型探测器通常防范的是某一点位置，当这个点出现异常时，探测器即产生报警信号输出。例如，各种微动开关、紧急按钮报警开关和磁控开关探测器等。

（2）线控制型探测器。

线控制型探测器是以一条路径作为防护区域的，当这条路径上的任何位置出现异常时，探测器即产生报警信号输出。线控制型探测器通常用于周界防范。例如，主动式红外探测器和激光探测器等，它们的防护区域通常是一维空间，当入侵者挡住这条线上的任何一点的红外光或激光时探测器即产生报警信号输出。

（3）面控制型探测器。

面控制型探测器是以一个面作为防范探测区域的，当在这个面产生异常时，探测器即产生报警信号输出。例如，玻璃破碎探测器，它防范的是一面玻璃，当这面玻璃发生破碎或产生异常时，探测器即产生报警信号输出。

（4）空间控制型探测器

空间控制型探测器是以一个空间作为防护区域的，当这个空间范围内发生异常时，探测器即产生报警信号输出。空间控制型探测器多用于内部防范。例如，常用的被动式红外探测器、微波-被动式红外探测器等。

4．按探测器的工作方式分类

按探测器的工作方式划分，探测器可分为主动式探测器与被动式探测器。

（1）主动式探测器。

主动式探测器是由探测器本身向安全防范现场发射具有一定能量的探测信号，再由探测器接收这个信号进行分析判断的单探测装置。主动式探测器的工作原理：在正常状态下，主动式探测器发出并接收的是一个稳定的探测信号，这个稳定的探测信号不触发报警电路产生报警信号输出；当入侵者破坏了这个稳定的探测信号时，探测器接收的信号就会发生变化从而触发报警电路产生报警信号输出。例如，主动式红外探测器是由发射器和接收器两部分组成的，发射器和接收器分别安装在防范区域两端。由发射器发射出几束不可见的红外光，这几束红外光被安装在防范区域另一端的接收器接收。在正常状态下，发射和接收的红外光是稳定的，并构成一个红外光防范区域。当入侵者进入这个防护区域将红外光束挡住后，接收器就接收不到发射器发射的稳定的红外光束，此时接收器会产生报警信号输出。

（2）被动式探测器。

被动式探测器本身不发射能量，它是依靠接收安全防范现场的能量变化来进行探测的。在正常情况下，安全防范现场的物体都会产生相对恒定的能量辐射，被动式探测器会接收到相对稳定的辐射信号。当入侵者进入探测区域后，入侵者的移动使安全防范现场的能量平衡遭到破坏，被动式探测器接收到的稳定的辐射信号发生变化。这个信号变化经被动式探测器分析判断后，产生报警信号输出。例如，被动式红外探测器是依靠接收红外线变化来进行探测的，在安全防范现场的所有物体，如墙壁、桌椅等均能辐射红外线。在正常状态下，安全防范现场辐射的红外线能量是很稳定的，被动式红外探测器不产生报警信号输出；当入侵者进入安全防护现场时，会使安全防范现场红外线辐射发生较大变化（人体产生红外线辐射），被动式红外探测器检测到这个变化并产生报警信号输出。

5．按探测器的输出分类

按探测器的输出划分，探测器可分为编码输出式探测器、电平输出式探测器与开关量输出式探测器。总线型探测器和无线探测器属于编码输出式探测器。开关量输出式探测器又可分为常开型探测器、常闭型探测器及常开/常闭型探测器。常开型探测器和常闭型探测器如图 2-9 所示。

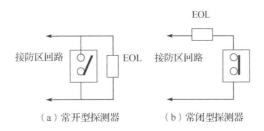

（a）常开型探测器　　　　　（b）常闭型探测器

图 2-9　常开型探测器与常闭型探测器

图 2-9 中的 EOL（End of Line）为线尾电阻，又称终端电阻，其阻值按照报警系统控制器的要求选用。在正常情况下，报警系统控制器的某路防区、传输线缆、探测器开关与终端电阻构成闭合回路。终端电阻可保证回路电流在规定范围内，一旦探测器开关动作或传输线缆被短接（或被剪断），都会使回路电流偏离正常范围，从而报警系统控制器发出声光报警信号。因此，终端电阻应该接在探测器内部，以保证传输线缆不受短接（或被剪断）的破坏。

当需要将几个探测器同时接在同一防区时，可采用如图 2-10 所示方式连接，只要其中任何一个探测器发出短路或开路的报警信号，报警系统控制器就可发出声光报警信号。

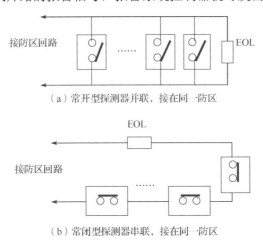

（a）常开型探测器并联，接在同一防区

（b）常闭型探测器串联，接在同一防区

图 2-10　几个探测器同时接在同一防区的情况

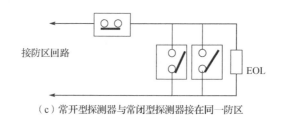

（c）常开型探测器与常闭型探测器接在同一防区

图 2-10　几个探测器同时接在同一防区的情况（续）

6．按探测器与报警系统控制器的连接方式不同来分类

探测器与报警控制器的连接方式有总线式、网络式、分线式和无线式，其中分线式还可按照有无电源、有无防拆分为两芯线连接、四芯线连接、五芯线连接或六芯线连接。

（1）探测器本身不需要供电，也无防拆要求。

某种紧急报警按钮的接线端子板如图 2-11 所示，其与报警系统控制器的连接仅需两芯电缆。

（2）探测器需要供电，但无防拆要求。

某种被动式红外探测器的接线端子板如图 2-12 所示。

图 2-11　某种紧急报警按钮的接线端子板　　图 2-12　某种被动式红外探测器的接线端子板

一般常规需要供电的探测器，如红外探测器、玻璃破碎探测器等均采用四芯电缆连接。

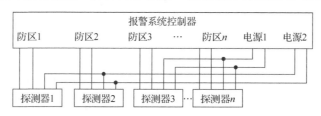

图 2-13　四芯线连接

（3）探测器需要供电，也需要防拆连接。

某种微波-被动式红外双技术探测器的接线端子板如图 2-14 所示。

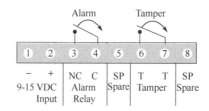

图 2-14　某种微波-被动式红外双技术探测器的接线端子板

在图 2-14 中，T 表示防拆开关的两个接线端子；SP 表示空余接线端子。

某种玻璃破碎探测器的接线端子板如图 2-15 所示。

图 2-15 某种玻璃破碎探测器的接线端子板

图 2-15 中的探测器与图 2-14 中的探测器的不同之处在于图 2-15 中的探测器既有常闭（NC）输出端，又有常开（NO）输出端，在使用时可根据需要将常闭输出端和 C 端或常开输出端和 C 端接至报警系统控制器的某一防区输入。

探测器的入侵报警信号和防拆报警信号通常采用两条线路分别传输，这两条线路可选择一根四芯电缆共缆传输，电源回路采用两芯电缆。探测器报警信号传输电缆通常选择六芯电缆与电源共缆传输，若共用入侵与防拆的公共端，可简化为五芯电缆。不建议报警输出端与电源接地端或正电源端共用一芯电缆。

除了以上划分方式，还有其他划分方式。例如，按照安装方式的不同，探测器可分为壁挂式探测器、吸顶式探测器、隐蔽式探测器等。在实际应用中，根据使用情况不同合理选择不同类型的探测器可以满足不同的安全防范要求。有些探测器产品按使用区域不同和防护区域要求不同，可作为不同类型的探测器使用。

2.5.2 探测器的主要技术性能指标

在选购、安装、使用探测器时，必须对各种类型探测器的技术性能指标有所了解，否则会为使用带来很大的盲目性，甚至达不到有效的安全防范的目的。

探测器的主要技术性能指标如下。

（1）漏报率。

（2）探测率。

（3）误报率。

（4）探测范围。

探测范围通常有以下几种表示方法。

- 探测距离。

- 探测视场角。

- 探测面积（或探测体积）。

例如，某一被动式红外探测器的探测范围为一立体扇形空间区域，则其可以表示为探测距离≥15m、水平视场角为120°、垂直视场角为43°；某一微波探测器的探测面积≥100m²；某一主动式红外探测器的室外探测距离为150m。

（5）报警信号传送方式与最大传输距离。

传送方式包括有线传送方式或无线传送方式。最大传输距离是指在探测器发挥正常警戒功能的条件下，从探测器到报警系统控制器之间的最大有线或无线的传输距离。

（6）探测灵敏度。

探测灵敏度是指能使探测器发出报警信号的最低门限信号或最小输入探测信号。探测灵敏度反映了探测器对入侵目标产生报警信号输出的反应能力。

（7）功耗。

功耗是指探测器在工作时间内的功率消耗，分为静态（非报警状态）功耗及动态（报警状态）功耗。

（8）工作电压。

工作电压是指探测器正常工作时的电源电压（交流或直流），单位为 V，一般为直流 12V。

（9）工作电流。

（10）工作时间。

（11）环境温度和湿度。

在室内应用时，环境温度为-10℃～55℃，相对湿度≤95%。

在室外应用时，环境温度为-20℃～75℃，相对湿度≤95%。

2.5.3 探测器的选用

探测器作为传感探测装置，用来探测入侵者的入侵行为及各种异常情况（如火灾发生和设备异常等），其自身应具有防拆动、防破坏等功能。当探测器的传输线短路或断路，以及试图非法打开其防护罩时，探测器应能产生报警信号输出。

探测器应具有一定的抗干扰功能。用于防止入侵行为的探测器应具有防止外界干扰的能力，以防止出现各种错误报警现象，比如，小动物骚扰、因环境条件变化而产生的误报干扰等。

探测器的灵敏度和可靠性是相互影响的。合理选择探测器的探测灵敏度，同时采用不同的抗外界干扰的措施可以提高探测器性能。了解各种探测器的性能和特点，根据不同应用场合合理配置探测器是构建入侵报警系统的关键。在各种各样的智能建筑和普通建筑物中，需要进行安全防范的场所有很多，这些场所有各种各样的安全防范目的和要求。根据实际现场环境和安全防范要求，合理地选择和安装各种类型的探测器，能较好地实现安全防范的目的。当选择和安装的探测器不合适时，有可能出现安全防范漏洞，无法实现安全防范的严密性，为入侵者提供可乘之机，从而为安全防范工作带来损失。

安全防范工程中常用的探测器主要有微波探测器、红外探测器、双技术探测器、开关式探测器、振动探测器和玻璃破碎探测器等。

1. 微波探测器

微波是电磁辐射的一种形式，其波长范围从 1mm（可归于红外）到 120mm（接近于无线电波）。微波射频为 300MHz～300GHz，属于电磁波频谱中的有限频段。微波具有似光性、穿透性和非电离性。微波对一些非金属材料（如木材、玻璃、墙、塑料等）有一定的穿透能力；金属物体对微波进行良好的反射。

利用微波技术探测运动目标的探测器可分为微波多普勒探测器与墙式微波探测器。微波多普勒探测器也称雷达式微波探测器，在入侵报警系统中应用较多。GB 10408—2000《入侵探测器》对微波多普勒探测器的技术要求及检测方法有明确规定，比如，规定微波多普勒探测器应用的微波频率应大于 1GHz。

微波多普勒探测器的主要特点及安装使用要点如下。

（1）微波多普勒探测器的探测范围。

微波多普勒探测器的防护区域为立体防范空间。微波多普勒探测器的防护区域比较大，可以覆盖 60°～95° 的水平辐射角，控制面积可达几百平方米。微波多普勒探测器的防护区域图形如图 2-16 所示。

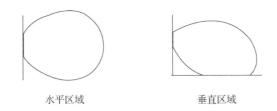

水平区域   垂直区域

图 2-16 微波多普勒探测器的防护区域图形

（2）微波多普勒探测器的发射能图与所采用的天线结构有关，如图 2-17 所示。

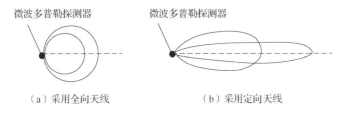

微波多普勒探测器   微波多普勒探测器

（a）采用全向天线   （b）采用定向天线

图 2-17 微波场形成的控制范围

微波多普勒探测器的发射天线与接收天线通常采用收发共用的工作方式。

（3）微波对非金属物质的穿透性。

微波多普勒探测器通常悬挂在高处（距地面 1.5m～2m），且稍向下俯视，指向地面，探测器的防护区域要限定在所要保护的区域之内，这样可将微波所具有的穿透性能造成的不良影响降至最小，如图 2-18 所示。

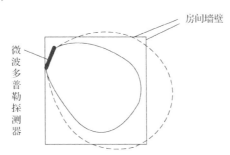

图 2-18 微波多普勒探测器的安装

图 2-18 中的实线表示的区域显然比虚线表示的区域更可靠。

（4）微波多普勒探测器不应对着大型金属物体或具有金属镀层的物体（如金属档案柜等），如图 2-19 所示。

（5）微波多普勒探测器不应对着可能会活动的物体。

（6）微波多普勒探测器不应安装在易出现振动、摇晃的地方。

（7）在探测区域内不应有体积过大、外壁过厚的物体，更不能有金属物体，否则容易出现盲区。

（8）微波多普勒探测器对径向运动最敏感，对切线方向运动最不敏感。

（9）微波多普勒探测器不应对着日光灯、水银灯等光源。

（10）微波多普勒探测器属于室内应用型探测器。当在同一室内需要安装两台以上的微波多普勒探测器时，它们之间的微波发射频率应当有所差异（一般相差 25MHz 左右），同时不能相对放置，以防止交叉干扰，产生误报警。

（11）微波多普勒探测器不应对着自来水管，尤其是 PVC 等非金属管件。

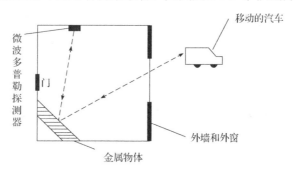

图 2-19　微波多普勒探测器不应对着大型金属物体

2．主动式红外探测器

主动式红外探测器由发射器和接收器两部分组成。发射器有单源和双源之分，双源发射器需要两个接收器。为降低电源功耗，同时具备更强的抗干扰能力，主动式红外探测器发射的光源是经过调制的红外光源。主动式红外探测器既可以作为点警戒或线警戒，也可以构成光墙或光网形成面警戒。主动式红外探测器的安装使用需要注意以下要点。

（1）根据发射器及接收器设置的位置不同，主动式红外探测器的安装方式可分为对向型安装方式及反射型安装方式两种。

（2）将多组发射器和接收器合理配置，可以构成不同形状的红外线周界封锁线。当需要警戒的直线距离较长时，也可采用多组接收器和发射器接力的形式，如图 2-20 所示，此时应注意两对探测器之间不能出现重叠干扰的情况。

图 2-20　用接力方式加长探测距离

（3）若防范区域为平面，可用多光束栅栏式主动式红外探测器，构成防护墙或防护网，如图 2-21 所示。

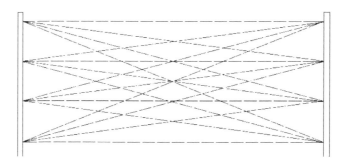

图 2-21　多光束栅栏式主动式红外探测器示意图

（4）反射型安装方式利用反光镜将红外光束反射到接收器，如图 2-22 所示。

采用反射型安装方式，一方面可缩短发射器与接收器之间的直线距离，便于就近安装与管理；另一方面也可通过反射镜的多次反射，将红外光束的警戒线扩展成红外警戒面或警戒网，如图 2-23 所示。

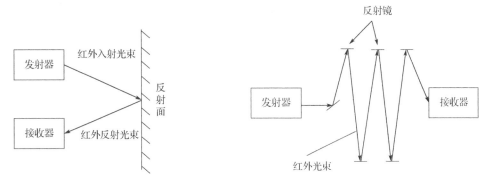

图 2-22　反射型安装方式　　　　　图 2-23　利用反射型安装方式所形成的红外警戒网

利用反射型安装方式还可轻松解决非直线防护问题，如图 2-24 所示。

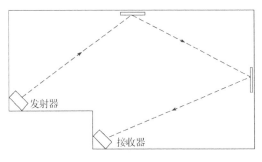

图 2-24　室内主动式红外探测器布置图

需要注意的是，采用反射型安装方式的主动式红外探测器的累计探测距离小于采用对向型安装方式的主动式红外探测器的直线探测距离（红外光束经过反射会有损耗），因此，在实际安装时应留有充分的余地。

（5）主动式红外探测器应用的其他要点。

- 主动式红外探测器属于线控制型探测器，其防护区域为线状分布的、狭长的空间。
- 主动式红外探测器的探测距离较远，可达几百米，其室内应用距离可比室外应用距离更远。
- 由主动式红外探测器构成的警戒线或警戒网可随环境需要随意配置，应用灵活、方便。
- 主动式红外探测器在用于室内警戒时，其工作可靠性较高；在用于室外警戒时，受环境气候影响较大，如雨、雪、大雾、落叶、飞扬的杂物等都可能导致探测器误报。
- 由于光学系统的透镜表面是裸露在空气中的，因此主动式红外探测器极易被尘埃等杂物所污染。
- 当防护区域的外周界线平直度较差、曲折过多或地面高低起伏不平时，采用主动式红外探测器比较困难。

3．被动式红外探测器

被动式红外探测器属于空间控制型探测器。被动式红外探测器是通过感测环境的红外辐射变化来发出报警信号的，不需要发射器。在正常情况下，人的体表温度为 36℃，发出的红外波长集中在 8μm～12μm。当入侵者进入防护区域后，会引起红外辐射的变化，被动式红外探测器接收到这种变化后就发出报警信号。被动式红外探测器多使用热释电传感器将红外光强转化为电量。一般被动式红外探测器感测范围有限，为了加长其探测距离，必须附加光学系统来收集红外辐射。通常采用塑料镀金属膜的光学反射系统或用塑料制成的菲涅耳透镜作为红外辐射的聚焦系统。菲涅耳透镜将防护区域分隔为一系列不连续也不交叠的视场，人体顺序地进入某一视场又走出这一视场，热释电传感器根据是否检测到人体的红外线辐射输出相应信号。热释电传感器输出的频率为 0.1Hz～10Hz，这一频率范围由被动式红外探测器中的菲涅尔透镜、人体运动速度和热释电传感器的特性决定。

为了消除其他波段红外光的干扰，在被动式红外探测器前端装有波长为 8μm～14μm 的滤光片。为了更好地发挥光学视场的探测效果，光学视场的探测模式常设计成多种方式。例如，多线明暗间距探测方式（可分上、中、下 3 个层次），即广角型探测方式；呈狭长形的长廊型探测方式。

被动式红外探测器可以安装在墙上、顶棚或墙角。被动式红外探测器对横向切割（垂直于）防护区域方向的人体运动最敏感，在布置时尽量利用这种特性以达到最佳探测效果。图 2-25 中的 A 点的探测效果好，而 B 点正对大门，其探测效果差。

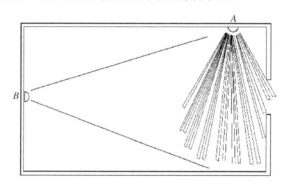

图 2-25　被动式红外探测器的布置

为了防止误报警，被动式红外探测器不要对准强光源和受阳光直射的门窗。被动式红外探测器也不要对准任何温度会快速改变的物体，尤其是发热体，比如，被动式红外探测器不要对准加热器、空调出风口管道。防护区域内最好不要有空调或热源，如果无法避免，被动式红外探测器应与热源保持至少 1.5m 的距离。

由于红外线的穿透性能较差，因此在防护区域内不应有障碍物，否则会出现探测"盲区"。防护区域内不要有电风扇的干扰，也不要将被动式红外探测器安装在强电线路和强电设备附近。

由于红外线可被玻璃吸收，因此被动式红外探测器检测不到玻璃后面的人体移动。当窗户外面环境比较复杂或有阳光直射时，被动式红外探测器最好不要对着此类窗户，以免产生误报。

如果被动式红外探测器安装在墙面或墙角，其安装高度应为 2m～4m。

被动式红外探测器通常应用在环境条件变化不大的场所，如家庭或办公室。被动式红外探测器具有如下优点。

- 由于被动式红外探测器是被动发射红外线的，因此其功耗非常小。
- 与主动式红外探测器相比，它不需要发射器，不需要对发射器和接收器进行严格校准，因而安装简单、维护方便。

- 红外线不能穿越由砖头、水泥等构成的一般建筑物，在室内使用不会产生由室外的移动目标而导致误报的问题。
- 被动式红外探测器属于室内应用型探测器，在较大面积的室内安装多个被动式红外探测器不会产生相互干扰的问题。
- 被动式红外探测器在工作时不受声音影响，噪声不会使其产生误报。

目前较先进的被动式红外探测器采用全数字探测技术：将被动式红外探测器的传感器输出的微弱模拟信号直接转换为数字信号，利用微处理器对数字信号进行分析。所有信号的转换、放大、滤波等过程都由微处理器完成。这种探测器不使用模拟电路进行信号的放大、滤波和逻辑运算，从而可以用较少的元件获得更高品质的信号，其信噪比可达 60dB 且不存在变形、移相、削波、噪声增加和饱和等问题。这种探测器利用软件对数据进行实时处理（如放大和滤波）、移动分析、背景分析和防射频/电磁干扰。数字滤波不受温度影响，不会产生变形，可以达到比模拟滤波更好的效果。移动分析是指对人体在移动时产生的一组特有信号（振幅、时间长度、峰值、极性、能量、始达时间、次序）进行分析计算，并将计算所得数据与固化内置的"移动/非移动信号特性数据库"中的数据进行比较。如果该特定信号为移动信号则对其进行分析，找出移动的种类（慢速行走、常速行走、跑步等），探测器根据分析结果决定是否报警。背景分析是指软件不断分析环境温度和噪声，由此产生控制码，数字放大器根据该控制码调整临界水平，以保证在整个工作温度范围内获得稳定的灵敏度和较高的信噪比。这种探测器利用传统的金属防护罩来防射频/电磁干扰，其微处理器进行高频率和高频宽的数字采样，记录大量没有削波和变形的射频信号，并由软件系统进行分析，这样可以有效地将干扰信号与移动信号分离，提高探测精度。

4. 双技术探测器

表 2-3 给出了环境干扰及其他因素引起的多种探测器的误报情况。为了克服单技术探测器的缺点，人们提出了互补的双技术，即将两种具有不同探测原理的探测器相结合，组成双技术探测器（又称双鉴探测器）。

表 2-3　环境干扰及其他因素引起的多种探测器的误报情况

环境干扰及其他因素	超声波探测器	被动式红外探测器	微波探测器	微波-被动式红外双技术探测器
振动	平衡调整后无问题，否则有问题	少许问题	可能成为主要问题	没有问题
湿度变化	若干问题	无	无	无
温度变化	少许问题	有问题（温度补偿后有少许问题）	无	少（当被动红外已温度补偿后）
大件金属物体的反射	极少问题	无	可能成为主要问题	无
门窗的抖动	需要仔细放置、安装	极少问题	可能成为主要问题	无
帘幕或地毯	若干问题	无	无	无
小动物	接近式有问题	接近式有问题	接近式有问题	一般无问题
薄墙或玻璃外的移动物体	无	无	需要仔细放置	无
通风、空气流动	需要仔细放置	温差较大的热对流有问题	无	无

环境干扰及其他因素	超声波探测器	被动式红外探测器	微波探测器	微波-被动式红外双技术探测器
窗外射入的阳光及移动光源	无	需要仔细放置	无	无
超声波噪声	听不见的噪声可能有问题	无	无	无
火炉	极少问题	需要仔细放置、设法避开	无	无
开动的风扇、叶片等	需要仔细放置	极少问题(不能正对)	安装时要避开	无
无线电波干扰、交流瞬态过程	严重时有问题	严重时有问题	严重时有问题	可能有问题
雷达干扰	极少有问题	极少有问题	探测器接近雷达时有问题	无

双技术组合不是随意的,应符合下列条件。

● 组合中的两种探测器具有不同的误报机理,同时两种探测器对目标的探测灵敏度必须相同。

● 当上述原则不能满足时,应选择对警戒环境的误报率最低的两种探测器。如果两种探测器对警戒环境的误报率都很高,当两者结合成双技术探测器时,并不会显著降低误报率。

● 选择的两种探测器应具有相近的探测范围,且对外界经常或连续发生的干扰不同时敏感。

目前常用的双技术探测器主要有微波-被动式红外双技术探测器和超声波-被动式红外双技术探测器。例如,将微波探测器与被动式红外探测器相结合,两者同时对人体的移动和体温进行探测并相互验证之后才发出报警。由于两种探测器的误报原因基本上已知,而两者同时发生误报的概率又很小,所以误报率大大下降。据统计,超声波-被动式红外双技术探测器的误报率只有单技术探测器误报率的1/270。微波-被动式红外双技术探测器的误报率更低,仅为单技术探测器误报率的1/420。上面两种双技术探测器通过采用温度补偿措施弥补了单技术被动式红外探测器灵敏度随温度变化的缺点,使双技术探测器的灵敏度可以不受环境温度的影响,同时也使双技术探测器得到了更广泛的应用。双技术探测器的缺点是价格高,在安装时将两种探测器的灵敏度都调至最佳状态较为困难。

图 2-26 为某种微波-被动式红外双技术探测器的防护区域图形,图 2-26(a)为顶视图,图 2-26(b)为侧视图。微波的中心频率为 10.525GHz,微波探测距离可调。这种双技术探测器的灵敏度约为 4 步/s,探测范围为 6m×6m 到 18m×18m。

图 2-27 为某种吸顶式双技术探测器的防护区域图形,该种双技术探测器是一种微波-被动式红外双技术探测器,其探测半径为 6m~8m、分为 72 个视区、3 个 360°视场、安装高度为 2.4m~5m。由于这种双技术探测器可实现嵌入式安装,探测器外壳大部分安装在天花板内,因此其隐蔽性好,同时还可降低损坏的可能性。

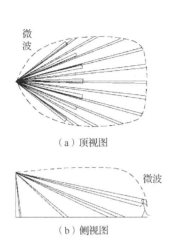

（a）顶视图

（b）侧视图

图 2-26　某种微波-被动式红外双技术探测器的
防护区域图形

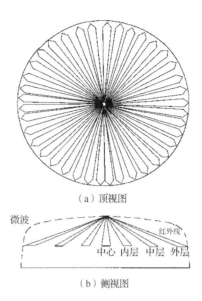

（a）顶视图

微波　　　　　　　　　　红外线

中心　内层　中层　外层

（b）侧视图

图 2-27　某种吸顶式双技术探测器的
防护区域图形

在布置和安装双技术探测器时，要求在警戒范围内的两种探测器的灵敏度能够保持均衡。微波探测器一般对沿轴向移动的物体最敏感，而被动式红外探测器则对横向切割探测区的人体最敏感。为使这两种探测传感器都处于较敏感状态，在安装微波-被动式红外双技术探测器时，应使探测器轴线与被防范对象的行进方向成 45° 夹角。最佳夹角与视场图形结构有关，在安装时应根据产品要求而定。

5．开关式探测器

开关式探测器属于点控制型探测器。常用的开关式探测器有磁控开关、微动开关、紧急报警开关、压力垫，以及金属丝、金属条、金属箔等。这些开关式探测器可以将压力、磁场力或位移等物理量的变化转换为电压或电流的变化。

触发报警系统控制器发出报警信号的方式有两种：一种是开路报警方式；另一种是短路报警方式。

在入侵报警系统中，磁控开关常用于门、窗的防护，分别称为门磁开关、窗磁开关。磁控开关主要利用磁簧开关、霍尔开关等磁性探测器材作为探测体。在磁场范围内，磁控开关保持吸合状态，当离开磁场时则断开，以产生报警信号输出。磁簧开关安装在门框上，高强磁铁安装在门上，当门合上时，高强磁铁与磁簧开关吸合，当门打开时，高强磁铁离开磁簧开关，从而产生报警信号输出。

磁控开关的主要特点及安装使用要点如下。

（1）磁控开关磁控管的金属簧片要具有较好的弹性且易于吸合，同时永久磁铁的磁性必须具有足够的强度和寿命，以易于安装并减少误报。

（2）要经常注意检查永久磁铁的磁性是否减弱，永久磁铁磁性减弱会导致开关失灵。

（3）一般普通的磁控开关不宜直接安装在钢、铁物体上，因为这样会使其磁性削弱，缩短永久磁铁的使用寿命。必要时应选用铁质门窗专用磁控开关。

（4）磁控开关有明装式（表面安装式）和暗装式（隐藏安装式）两种安装方式，应根据防范部位的特点和要求进行合理选择。

（5）磁控开关的触点可靠通断的次数可达几十万次。

（6）由于磁控开关体积小、耗电少、使用方便、价格低、动作灵敏（触点的释放与吸合时间约为 lms）、抗腐蚀性能好、比其他机械触点的开关寿命长，因此得到广泛应用。

（7）在选用磁控开关时，应注意其分隔间隙的大小是否满足实际要求。

其他常用的开关式探测器还有紧急报警按钮开关、脚挑开关和防抢钱夹等，它们常用作金融柜台等场所的紧急报警装置。紧急报警按钮开关、脚挑开关一般安装在柜台隐蔽处，当出现紧急情况时，柜台操作人员可进行手动报警。开关式探测器可以是常闭开关或常开开关，一般为常闭开关。有的开关具有按下锁紧装置，当开关被按下后，只有使用专门工具（如钥匙）才能使其复原。防抢钱夹一般为常开开关，钱夹之间还夹有一张钞票或纸张，当出现抢钱事件时，抢匪若将夹在钱夹之间的钞票或纸张抽出，钱夹触点会闭合并触发报警信号输出。

6．振动探测器

振动探测器是将入侵者的走动或各种破坏活动所产生的振动信号作为报警依据来进行探测的。例如，入侵者在进行敲击、凿墙、钻洞、锯割、破坏门窗、撬保险柜等破坏活动时，都会引起被破坏物体的振动，这些振动信号会触发振动探测器产生报警信号输出。各种振动产生的信号波形和频率是不同的，要根据现场可能产生的振动类型来选择相应类型的振动探测器。

常用的振动探测器形式有机械式、惯性棒、电动式、压电晶体等。此外，MEMS 传感器也属于振动探测器。

机械式振动探测器可以看作一种振动型的机械开关。机械式振动探测器适合探测较强的打击型振动，保护面积较小，可用于门、窗、墙壁、天花板和箱子的防护。机械式振动探测器通过簧片接触来感应振动，调节簧片的松紧可以调节其灵敏度。

惯性棒振动探测器是根据惯性棒振动原理进行探测的。在正常情况下，交叉的金属杆接触惯性棒，构成闭合回路。相比机械式振动传感器，惯性棒振动传感器动作灵敏、快速，可对振动进行多重计数（如 30s 内可计数 1～8 次），能够提高探测器在干扰较多情况下的可靠性。

电动式振动探测器是根据电磁感应定律进行探测的：将一根圆柱形永久磁钢经二根小弹簧吊在感应线圈内，当外界产生振动时，感应线圈与永久磁钢便产生相对运动，切割磁力线。在安装电动式振动探测器时，要注意安装方向，并严格按使用要求进行安装。

压电晶体振动探测器是根据压电晶体的压电效应进行探测的。压电晶体是一种特殊的晶体，可以将施加于其上的机械作用力转变为相应的电信号，该电信号的频率及幅度与机械振动的频率及幅度成正比，当信号值达到设定值时，探测器就发出报警信号。

MEMS 传感器是一种采用微电子技术和微机械加工技术制造的传感器，与传统的传感器相比，它具有体积小、重量轻、成本低、功耗低、可靠性高、适于批量化生产、易于集成和实现智能化的特点。

振动探测器的主要特点及安装使用要点如下。

（1）振动探测器属于面控制型探测器。

（2）振动探测器安装要牢固。

（3）振动探测器安装的位置应远离振动源（如旋转的电动机）。

（4）电动式振动探测器主要用于室外掩埋式周界报警系统。

7. 玻璃破碎探测器

玻璃破碎探测器是探测玻璃破裂时发出的声音和振动的探测器。当入侵者打碎玻璃时，玻璃破碎探测器对玻璃破碎时产生的特有的高频声波和低频振动进行分析，进而产生报警信号输出。玻璃破碎探测器主要用于防护玻璃窗、玻璃门、玻璃展柜等装有玻璃的保护场所。玻璃破碎探测器采用的分析技术与普通传感器件采用的分析技术不一样，两者的安装要求也不相同。在使用时，应按说明书的要求进行安装才能达到较好的探测效果。

玻璃破碎探测器主要分为声控型的单技术玻璃破碎探测器和双技术玻璃破碎探测器（包括声控型与振动型的双技术玻璃破碎探测器和次声波及玻璃破碎高频声响型的双技术玻璃破碎探测器）。

因为常用的玻璃破碎探测器的主要功能是探测玻璃破碎时产生的音频信号，所以玻璃破碎探测器产生报警输出的基本条件是玻璃一定要破碎，而且要发出破碎的声音。在安全防范工程设计中，玻璃破碎探测主要作为防止非法入侵的一种辅助手段，具体要视实际情况而定。玻璃破碎探测器的主要特点及安装使用要点如下。

（1）玻璃破碎探测器适用于所有需要警戒玻璃破碎的场所。

（2）在安装时应将声电传感器正对警戒的主要方向。

（3）在安装时要尽量靠近所要保护的玻璃，尽可能远离噪声干扰源，以减少误报警。

（4）不同种类的玻璃破碎探测器的安装位置不一样。例如，有的玻璃破碎探测器需要安装在窗框旁边（一般与框的距离为 5cm 左右）；有的玻璃破碎探测器可以安装在玻璃附近的墙壁或天花板上，但要求玻璃与墙壁或天花板之间的夹角不得大于 90°，以免降低其探测效果。在具体安装时应仔细查看产品使用说明书。

（5）当玻璃面积过大，超过单个玻璃破碎探测器的探测范围时，可以使用多个玻璃破碎探测器。

（6）窗帘、百叶窗或其他遮盖物会吸收部分玻璃破碎时发出的能量，这会减小探测器的有效探测范围。

（7）玻璃破碎探测器不要装在通风口或换气扇的前面，也不要靠近门铃，以确保其工作可靠。

（8）在安装时，需要使用专用的玻璃破碎仿真器对玻璃破碎探测器的探测灵敏度进行调试和检验。

入侵报警系统中常用的探测器还有声音探测器、超声波探测器、烟雾感应探测器、温度感应探测器、视频探测器，以及各种类型的周界防御报警探测器（如振动电缆探测器、电场式探测器、泄漏电缆探测器、光纤探测器、机电式探测器、压电式探测器、振动式探测器）等。各种类型的探测器在探测及处理入侵信号方面各有所长，在安装、使用前，必须仔细阅读使用说明书。可以通过实际工作经验的积累，对探测器的特性进行更深刻的了解，以更好地发挥各种探测器在安全防范工程中的作用。

2.5.4 设备平面布置图

根据防护区域的划分说明及每个防护区域的拟增防护手段，选择合适的探测器类型，设计合理的安装方式（位置、方向），之后可进行前端设备平面布置图的绘制。完整的设备平面布置图还应包括中间传输设备及管路、后端控制及输出设备的安装位置信息。

设备平面布置图一般在建筑平面图的基础上进行绘制，首先在每个设备拟安装的平面位置处画上代表该设备类型的特定图符，然后标注安装高度信息（有时还需要标注设备编号）。另外，设备平面布置图还需要给出该图所画建筑区域内的设备统计表（可与图例结合在一起）。设备统计表的内容主要包括序号、图符、设备名称、数量、备注等栏目。其中，备注栏可说明安装方式及安装高度等内容，有的设备统计表还给出具体设备型号。

入侵报警系统的设备平面布置图要直接表达设备的方向信息是比较困难的，也是不实用的。可通过说明文字描述探测器的探测范围和特殊设备（如操作键盘、声光警号、报警系统控制器）的朝向来表达设备的方向信息。其中，探测范围的描述除了需要包括水平范围要求，还需要包括垂直方向的范围要求，因为有些探测器对于直立行走和匍匐前进的有效探测范围是不一样的，必要时可通过立面图加以说明。

对于设有专门控制室的情况，需要给出控制室设备布置图，详细描述控制室内的中央控制设备、后端处理设备、报警联动及输出设备等的布置情况。在设备平面布置图中，只需要给出这些后端设备的大致位置（如能明确该设备安装于哪个房间）。

对于总线制入侵报警系统，还需要明确一些中间传输设备（如总线模块、公共网络接入模块等）的安装布置信息。由于这些中间传输设备往往跟随线路走向进行布设，因此可以在进行管路设计时一并考虑。

2.6　控制设备选型与系统配置

应根据防区数量、系统布线条件、用户功能要求、确定的入侵报警系统类型等选用合适的报警系统控制器，此步骤也会影响前端探测器的选用。假如使用无线系统方案，则选用的探测器均应为无线型的，且探测器能够与选定的报警系统控制器进行正常通信（在实际中往往意味着报警系统控制器与探测器同属一个公司的产品）。入侵报警系统能够正常运行并发挥预想的作用，离不开系统主机的编程设置，高级系统还涉及管理计算机的软件安装。设计人员要规划确定报警系统控制器（也称为报警控制主机）满足本系统的运行要求，如各防区分配、防区类型、报警输出方式、用户管理等方面的要求，还要编写系统设置说明和使用操作说明。

2.6.1　报警系统控制器与入侵报警系统

在入侵报警系统中，报警系统控制器是一种具备设置警戒、解除警戒、判断、测试、指示、传送报警信息，并且可以实现某些控制功能的设备。简言之，报警系统控制器是一种对探测器信号进行接收、分析、处理的装置。对探测器报警信号的处理包括显示、传递、响应。其中，对报警信号的响应就是对报警执行设备发出控制信号，驱动本地声光报警输出装置和报警联动设备，通过通信方式向上一级报警中心发送警情信息等。

报警系统控制器是入侵报警系统的关键设备，属于我国强制认证（属于3C认证）的产品。GB12663—2001《防盗报警控制器通用技术条件》对报警系统控制器这类产品的功能有很多具体、细致的要求。

报警系统控制器按防护功能可分为如下3种级别。

- A级：较低保护功能级。

- B 级：一般防护功能级。
- C 级：较高防护功能级。

报警系统控制器按分区规模可分为如下 3 种类型。

- 单一探测器集成型报警系统控制器。
- 小型报警系统控制器。
- 大中型报警系统控制器。

入侵报警系统有多种形式，能够以不同方式实现对探测器报警信号的传输、收集、分析及处理等。探测器与报警系统控制器之间、报警系统控制器与远程中心的信号传输方式有无线传输方式和有线传输方式两种，有线传输方式有总线、分线两种形式。

报警系统控制器一般安装在保卫部门的值班室、报警控制室或报警控制中心。对于家庭环境，报警系统控制器的安装位置应方便与电力供电、电话/网络等对外通信系统的连接；方便与本地系统其他设备（如前端探测器、操作键盘等）的连接；不易遭受人为破坏并方便日后维护；同时应考虑美观及对日常生活的影响等。

2.6.2 分线制报警系统控制器

分线制报警系统控制设备包括分线制报警系统控制器、报警接收机、计算机及相关的报警专用软件、报警辅助设备（如打印机、警灯、警号、报警联动控制器）等。其中，分线制报警系统控制器是组成入侵报警系统的基本控制设备，其作用是对系统进行编程、对防区进行布防或撤防、对前端探测器进行供电、对接收的前端探测器发出的报警信号进行处理、响应或不响应报警。在响应报警时，分线制报警系统控制器发出报警信号，驱动辅助设备进行警情处理。例如，驱动警灯、警号发出警报；驱动打印机打印警情报告；驱动报警联动设备执行报警操作，通过电话线向上一级报警中心发出警情报告等。

分线制报警系统控制器的工作原理方框图如图 2-28 所示。

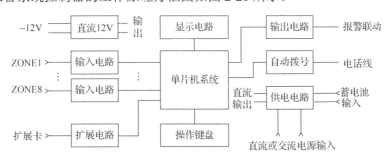

图 2-28 分线制报警系统控制器的工作原理方框图

分线制报警系统控制器一般采用单片机系统作为主控制电路，在单片机内存（ROM）中存储系统控制软件。分线制报警系统控制器可以带一个或多个操作键盘，利用操作键盘可以对系统进行程序设定（系统编程），可以设定日期和防区类型、存储自动报警电话号码、对系统进行布防或撤防设定等。

分线制报警系统控制器拥有直流 12V 供电端口，该供电端口用于为前端探测器供电。分线制报警系统控制器的供电能力是有限定的，一般分线制报警系统控制器的供电能力为 500mA～1A。当探测器数量较多，超出分线制报警系统控制器的供电能力时，应外加辅助供电电源，以保证探测器的正常供电。为避免单点电源故障影响整个探测器供电回路，可以对前端设备进行分区供电（可按照地理区位进行分区，也可按照防护纵深性进行分区）。

防区输入电路用于与前端探测器的连接，单片机的输入接口电路与其相连。单片机巡回检测每个防区输入电路的工作状态，当出现报警时，执行报警处理子程序。当某个防区处于撤防状态时，单片机不检测这个防区输入端口的状态。

防区输入电路为前端探测器的终端电阻提供一定的偏置电流，使防区输入电路的输入电平维持在一定范围（如 3V～9V）。当超出这个范围时，防区输入电路输出报警状态的电平。不同生产厂家生产的报警系统控制器的防区输入电路设计不同，防区输入电路的输入电平范围也不同。在实际连接时，应按报警系统控制器要求在防区中加设终端电阻，以保证报警系统控制器能够正常工作。当传输线阻抗较大（长距离传输）时，终端电阻数值中应包括传输线阻抗，即实际终端电阻值为报警系统控制器要求终端电阻值减去传输线阻抗。应将终端电阻接在前端探测器外壳内，这样当中间传输线路短路或断路时，报警系统控制器也能感知报警。

报警系统控制器一般按防区输入数量进行分类，比如，有 4 路防区输入报警系统控制器、6 路防区输入报警系统控制器、8 路防区输入报警系统控制器等基础型主机。当防区数量大于基础型主机（如 8 路防区以上）时，一般采用对基础型主机加装扩充防区板的办法，即在基础型主机上增加防区路数，构成较大防区的报警系统控制器。例如，在 8 路防区输入报警系统控制器上加装一块 8 路防区扩充板，构成 16 路防区输入报警系统控制器。扩充防区的方式有有线扩充（加装有线扩充板）和无线扩充（加装无线扩充板）两种。无线扩充防区用于安装无线探测器。

在报警系统控制器的基本防区中，一般会有一个防区被设定为专用火警防区，用于连接烟雾感应探测器和温度感应探测器等火灾探测装置。在一般情况下，专用火警防区在火灾报警发生后，系统进行复位时能自动断开火灾探测装置的供电电源，断开状态持续时间为 5s 以上，以满足在复位时火灾探测装置断开供电电源的要求。当在其他防区安装火警防区时，则必须由人工断开供电电源，或将火灾探测装置的供电端口另接至报警系统控制器带复位功能的电源端口，以实现火灾探测装置的复位。

报警输出电路提供报警输出电压和电流，用于驱动警灯、警号等报警设备。报警输出电路一般采用继电器有源输出方式，以直接驱动警号和警灯等负载。当需要连接无源开关等设备（如打印机等）时，应加装继电器联动箱或继电器进行变换。当外接负载时，应注意报警输出电路能够提供的电压值和电流值，避免过载使用报警系统控制器或外接设备。

电话线拨号电路用于自动报警拨号。报警系统控制器一般可连接公用电话线和公用电话机，在编程时，报警系统控制器可存储 2 个或 3 个电话号码。假如存储了 2 个电话号码，当系统报警时，电话线拨号电路会自动拨打存储的第 1 个电话号码向上级发出警情报告。当第 1 个电话号码占线或无法接通时，电话线拨号电路会自动拨打第 2 个电话号码进行报警。在使用某些报警系统控制器时，当未接电话线或电话线出现故障时，会指示故障状态，此时应检查电话线并排除故障。当不需要连接电话线时，应在编程时将电话线状态设定为不使用状态。

报警系统控制器箱内接有电源变压器和备用蓄电池，可以在断电情况下保证入侵报警系统的正常工作。电源供电电路为整个入侵报警系统供电，在使用时，电源输入端子连接电源变压器输出端，蓄电池端子连接备用蓄电池。需要注意的是，一般入侵报警系统电源输入端子连接交流电源（十几伏），也可以连接直流电源，但不可以直接将直流 220V 电源接入，应经过电源变压器变压为交流电源后接入。

　　由于分线制报警系统控制器的每路防区都需要占用一条独立的传输线路，当防区数量较多时系统接线很复杂、线材费用很高，因此分线制报警系统控制器只适用于中小型的入侵报警系统。但是分线制报警系统控制器响应迅速，技术成熟，安全性、可靠性、兼容性都较好，应用非常广泛。

2.6.3　总线制报警系统控制器

　　总线制入侵报警系统中的报警系统控制器与前端探测器利用总线进行通信。普通的常开常闭型探测器通过总线通信模块与总线相连，专用的总线型探测器则可直接与总线相连（前提是要有合适的通信协议）。常用的总线有四线制总线和两线制总线两种类型，目前两线制总线占据主要市场份额。DS7400XI 是一种大型报警系统控制器，具有功能全、质量稳定的优点，广泛应用于小区、大楼、工厂等场合的入侵报警系统。下面对 DS7400XI 的功能、系统配置及其实际应用进行简要介绍。DS7400XI 报警系统配置图如图 2-29 所示。

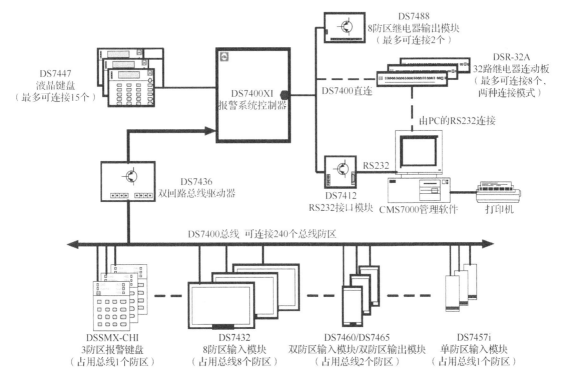

图 2-29　DS7400XI 报警系统配置图

　　对图 2-29 中的 DS7400XI 报警系统基本组成说明如下。

　　（1）DS7400XI 报警系统自带 8 个防区，可用双回路总线驱动器 DS7436 以两芯总线方式（不包括探测器电源线）扩展 240 个防区，共 248 个防区。总线长度达 1.6km（$\phi1.0mm^2$），可接总线放大器以延长总线长度。若不使用总线，可在 DS7436 插槽位置改接 DS7433，此时 DS7400XI 为一台 16 防区的分线制报警系统控制器。DS7433 为 8 防区扩充模块，它与 DS7430/DS7436（单回路总线驱动器/双回路总线驱动器）不能共用一台 DS7400XI 报警系统控制器。

（2）总线可接多种总线模块及带地址码的探测器。

单防区输入模块 DS7457i 适用于位置分散的单个防区报警输入，不需要直流 12V 电源。

双防区输入模块 DS7460 可接收两个防区报警输入，可用于周界防护中具有相邻的两台红外对射装置的场合，不需要直流 12V 电源。

8 防区输入模块 DS7432 适用于位置相对集中的多个防区报警输入，需要直流 12V 电源。

DS3MX、DS6MX 系列报警键盘在系统中只占用一个防区地址。若前端报警位置相对集中，并且需要具备独立的报警主机管理功能，DS3MX、DS6MX 系列报警键盘可替代 DS7432 8 防区输入模块。

双防区输出模块 DS7465 可用于前端需要输出开关量的场合，在系统中占用两个防区地址（一个用于输入，一个用于输出）。

（3）大型入侵报警系统往往有上百个防区，且在多个地点（或一个地点多个操作人员）同时管理这些防区。DS7400XI 可将 248 个防区分为 8 个独立分区，这 8 个独立分区分别独立进行布防和撤防等操作（为此，DS7400XI 设有 200 组个人操作密码，并具备 30 种可编程防区功能）；并可按需要接 15 个（最多）键盘（使用 $\phi1.0mm^2$ 非屏蔽键盘总线，键盘总线长度为 350m，但其总长度不得大于 1830m）。

（4）DS7400XI 具有齐全的管理、输出功能。

DS7400XI 主板上有 3 个可编程输出口，即 Bell（警铃）、Output1（输出口 1）、Output2（输出口 2），可编程设置跟随系统的状态和系统事件输出信号。DS7400XI 主板还拥有辅助输出总线接口，可接继电器输出模块 DS7488、DS7412、DSR-32B 等外围设备，可实现防区或分区的报警与输出一对一、多对一、一对多等多种对应关系。

DS7400XI 可通过 DS7412 实现与计算机的直接连接，或通过 RS232 接口连接的设备与 LAN 相连。CMS7000 管理软件用于管理计算机，其操作界面默认语言为全中文，所有报警系统控制器的编程设置工作都可由 CMS7000 管理软件完成，并由计算机实现布防和撤防。DS7400XI 与计算机相连可实现报警信号的声音、文字和电子地图的显示，还可实现报警历史资料的备份、查询、打印等；支持计算机串口二次开发协议，提供系统集成功能；同时可实现许多 DS7400XI 原本不具备的功能。

此外，DS7400XI 可通过 PSTN 与报警中心相连，支持 4+2、Contact ID 等多种通信方式；可实现键盘编程或远程遥控编程；可接无线扩充防区。

在总线制入侵报警系统中，各前端探测器与报警系统控制器的通信采用的是总线连接方式。与分线制入侵报警系统相比，虽然总线制入侵报警系统的总线通信模块较多，但是当前端探测器数量较多时，较多的总线通信模块可极大简化系统布线，从而节省系统成本。目前总线制报警系统控制器广泛应用于大中型入侵报警系统。但是总线制报警系统控制器对报警信号的响应速度稍慢（因为使用总线存在竞争），同时总线是否安全可靠直接决定了整个系统是否安全可靠。一旦总线遭到破坏（如被短接或剪断），由于总线制报警系统控制器无法像分线制报警系统控制器一样区分具体哪个防区遭到了破坏，因此在进行总线制入侵报警系统设计时，需要特别注意总线的走向与防护。

2.6.4　无线报警系统控制器

无线报警系统控制器与分线制报警系统控制器及总线制报警系统控制器的基本功能大致相同，但增加了对报警信号进行无线传输的功能与要求。

1. 无线入侵报警系统通信频段

无线入侵报警系统的基本组成如图 2-30 所示。探测器与无线报警发射机组成无线探测器。探测器和无线报警发射机可以是各自独立的，在使用时两者以有线方式相连（限制在 10m 之内）；也可以是组装在一起的，作为二合一的部件。

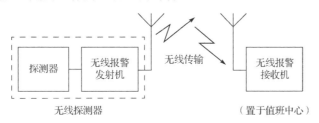

图 2-30　无线入侵报警系统的基本组成

GB/T 31132—2014《入侵报警系统无线（射频）设备互联技术要求》规定，入侵报警系统无线（射频）互联设备使用的频段为 314.0MHz～316.0MHz、430.0MHz～432.0MHz、433.0MHz～434.79MHz、779MHz～787MHz、868MHz～868.6MHz。为符合电磁兼容要求，无线报警设备所发射的电场强度在距设备 3m 处不得超过 6000μV/m。实际的无线报警设备收发芯片频段还有 915MHz（国内不适用），以及蓝牙、ZigBee、Wi-Fi 等所占频段。

2. 无线入侵报警系统的主要技术指标

（1）无线报警接收机和无线报警发射机共同的技术指标。

① 无线通信方式，即调制与解调的方式。

无线报警发射机的模拟调制方式通常有幅度调制（调幅、双边带调制）和角度调制（调频、调相）；数字调制方式主要有脉冲调制（脉幅调制、脉宽调制等）及增量调制等。

无线报警接收机采用对应的信号解调方式。

② 报警频点：工作频率（MHz）。

③ 频率准确度（±kHz）。

④ 频率稳定度（±PPM）。

（2）无线报警接收机的主要技术指标。

① 接收机的灵敏度（μV）。

② 控制距离（m 或 km）。

③ 最大容量。

④ 无线报警接收机可显示的报警类型。

（3）无线报警发射机的主要技术指标。

① 报警方式：触点开报警或触点闭报警。

② 无线报警发射机的发射功率（W）。

③ 无线报警发射机的探测器输入接口的个数和要求。

④ 无线报警发射机静态警戒电流，即无线报警发射机在非报警状态时的工作电流（mA）。

⑤ 无线报警发射机发射工作电流，即无线报警发射机在报警状态时的工作电流（mA）。

⑥ 无线报警发射机向探测器提供的电源。

3．无线联网入侵报警系统

无线入侵报警系统的联网可以根据防护区域大小、防范要求的等级及防范的功能等进行合理配置，将有线入侵报警系统及无线入侵报警系统有机组合在一起，构成无线联网入侵报警系统。图 2-31 给出了四级无线联网入侵报警系统示意图。

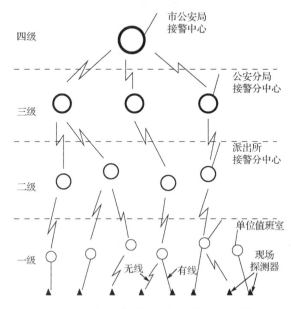

图 2-31　四级无线联网入侵报警系统示意图

在布线困难的场合，无线入侵报警系统具有很大优势。无线入侵报警系统本质上是一种总线制入侵报警系统，因而也有总线制入侵报警系统固有的一些缺陷。由于无线入侵报警系统使用的信号是小功率的无线信号，因此系统覆盖面小（一般覆盖半径不大于 500m），无线信号也更容易遭受无线干扰而导致系统通信延误、中断甚至欺骗。目前在实际工程中，无线入侵报警系统的成功应用案例并不多。未来随着光伏能源、无线传感器网络技术及无线通信技术的应用，无线网络稳定性、覆盖范围、抗干扰、保密安全等方面存在的问题将得到改善，无线报警入侵系统的应用或将更加广泛。

2.6.5　区域联网报警中心系统

区域联网报警中心系统是指依托现代通信网络、计算机技术，由探测器、报警系统控制器和接警中心设备组成的报警网络系统。自 20 世纪 90 年代以来，区域联网报警技术得到迅速发展，在全国形成了大批的区域联网报警中心。其中，采用 PSTN 联网的入侵报警系统应用最为普遍，对稳定当地的社会治安，预防、制止犯罪发挥了积极作用。图 2-32 给出了区域联网报警中心系统的常用架构。

区域联网报警中心系统目前主要有两种架构。一种是采用专用的报警接收机+控制计算机的架构，用于该结构的主流报警接收机有博世 D6600/D6100、霍尼韦尔 FE100、MX8000 系列等。例如，博世 D6600/D6100 报警接收机采用数字信号处理技术 DSP 接收和分析各类报警数据和监察数据，并且具有目前流行的各种报警通信方式，可以兼容市场上绝大部分报警系统控制器。博世 D6600 最多可配置 8 张线路卡，每张线路卡可接 4 条电话线路，博世 D6600 可同时接收 32 条电话线路输入的信号。博世 D6100 为两线式报警接收机，最多可接 2 条电话线路。

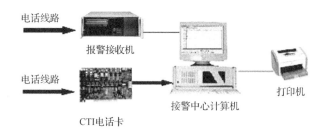

图 2-32　区域联网报警中心系统的常用架构

　　另一种是采用 CTI 电话卡+工控机的架构。CTI（Computer Telephony Integration）技术是一种利用计算机来处理电话相关业务的技术。目前有许多公司推出了 PCI 系列多功能模拟语音卡，这种模拟语音卡普遍采用数字信号处理（DSP）技术，具有高集成度及强大的多功能业务处理能力。这种模拟语音卡一般采用主板+功能模块的结构。主板通过 PCI 总线与通用计算机相连，通过选配不同的功能模块可以满足不同的语音处理需求。常用的功能模块有外线、电话录音、麦克风录音等。

　　基于计算机系统固有的低成本、高性能和丰富灵活的平台软件，以及信息产业（IT）和电子商务的蓬勃发展，CTI 技术相关产业得以迅速发展，并广泛应用于人们生活的各个方面。例如，168 声讯业务、110 报警中心、证券委托业务、电话银行业务、呼叫中心（Call Center）、增值业务、VOIP 等。CTI 技术在改善服务质量、提高企业效率方面起到了重要作用。电话语音卡作为连接计算机网络和电话网络的纽带，是 CTI 技术的硬件基石。利用电话语音卡，并结合计算机软件处理技术，可以非常灵活地构建各种交互语音应答（IVR）系统、自动排队（ACD）系统、呼叫中心系统、客户关系管理（CRM）系统、中小型企业网络电话系统等。

　　区域联网报警中心系统具有报警接收、警情显示/处理/存储/查询/统计、信息输出等功能，具体如下。

- 接收、显示前端报警设备发送的警情信息和各种状态（如开/关机、报警、旁路、断电、欠压、故障信息等）报告。
- 对警情信息完成记录、处理并转发给相应出警部门；对状态信息做出正确分析、监控并转发给相关工程维护部门，以保证前端报警设备的正常运行。
- 主动监察前端报警设备的运行状态并远程控制前端报警设备（远程编程、远程开/关机、远程故障诊断等）。
- 在报警基础上发展其他增值服务，比如，视频联动和报警复核、网络登录自助服务和其他服务（如向用户提供使用记录清单、医疗急救服务等）。

　　随着网络报警的推广应用，网络接警功能成为安全防范网络综合管理平台的一种主要功能，但有线电话报警、短信报警仍然是联网报警必要的辅助功能。

　　在报警运营服务中心进行联网报警服务平台的设置。联网报警服务平台主要由报警信息接收设备、显示/存储设备、控制设备、服务器及核心软件等组成，对技术系统的设备、用户信息、网络、安全等进行综合管理。联网报警服务平台支持多级、多中心架构，支持本地或跨区域的报警运营服务。联网报警服务平台的主要功能包括实时图像点播、历史图像的检索与回放、视频切换、远程控制、语音、报警接收与分发、联动、设置、数据维护、电子地图、用户与权限管理、日志管理、多网络通信（有线、无线、电话）等，同时支持数据云，并支持手机下载。

联网报警服务平台的建设一般需要满足如下要求。

- 具有互通性、兼容性、扩展性、可移植性，对运行环境有一定适应性。
- 支持对平台内视频、音频、报警等信息资源进行处理，对设备、用户信息、网络、安全等进行综合管理，对关键设备、数据、程序冗余进行备份。
- 具有多级多域的逻辑结构，可以实现多级多域互联和管理，支持分布式数据库。平台基于 C/S 或 B/S 架构提供第三方接口。
- 控制协议、传输协议、接口协议、音视频信号编解码、音视频文件格式符合 GB/T 25724—2017《公共安全视频监控数字视音频编解码技术要求》和 GB/T 28181—2016《公共安全视频监控联网系统信息传输、交换、控制技术要求》等相关国家标准及行业标准的规定。
- 满足运营流程审核管理、财务管理、维修管理、工程加装及迁机管理、运营管理等的相关要求。

2.6.6 报警系统控制器编程

报警系统控制器除了有正常使用时的布防状态、撤防状态、报警状态、测试状态及发生故障时的故障状态，还有一种用于配置系统参数的特殊工作状态——编程状态。这里的"编程"并不是指软件编程，而是指修改特定内存中的数值。报警系统控制器一般在连续的内存空间中（通常采用 EPROM）存放控制系统运行的参数。报警系统控制器功能越强大，其可供选择的参数就越多。例如，CC488 可编程地址号最大为 910，DS7400 可编程地址号则可达 6920。报警编程就是找到特定的内存地址，并将该处的数值修改为合适的数值。

报警系统控制器编程是指运用操作键盘在系统撤防状态下，输入正确的安装员码后使报警系统控制器转为编程状态，进而对报警系统控制器相关参数进行设置。遥控编程是指接警中心（或安装员）通过电话线路等对报警系统控制器进行编程、维护、控制。遥控编程必须提供安装员码，否则报警系统控制器不予接受。

1. 操作者代码

除了对报警系统控制器进行编程需要使用的安装员码，还有普通用户码及高级或特殊用户码，它们统称为操作者代码。操作者代码是报警系统控制器进行操作识别的一种控制操作密码，它是一种对系统进行控制、对防区进行布防和撤防操作的识别标志。操作者代码可在系统编程时自行设定。按照赋予权限的高低及赋予功能的不同，操作者代码可分为不同等级。通常报警系统控制器的操作者代码按权限由高到低为安装员码、主码、用户码。

（1）安装员码。

- 可对报警系统控制器的所有指令进行修改。
- 当接警中心对报警系统控制器进行遥控时，必须提供安装员码，否则报警系统控制器不予接受。
- 如果设定断电后安装员码不自动恢复出厂值，或者遗忘了安装员码，则无法再对报警系统控制器编程（但不影响其正常使用，如布撤防、旁路等），一般该报警系统控制器须送修处理。

- 安装员码无权对报警系统控制器进行布防、撤防。在布防状态下无法对报警系统控制器编程。

（2）主码。

- 可对报警系统控制器布防、撤防、旁路、复位、启动遥控编程等。
- 使用主码可自行更改主码。
- 无须提供安装员码，使用主码就可自行更改、注销、添加用户码。

（3）用户码。

- 可对报警系统控制器进行布防、撤防、旁路、启动遥控编程（权限由安装员码设定）。
- 无权对报警系统控制器进行复位。

对不同类型的密码进行权限分配、限制，是为了确保入侵报警系统的安全运行。报警系统控制器只有在正确输入操作者代码的情况下，才能执行相应的操作。如果使用错误的操作者代码，报警系统控制器将不进行响应。当输入错误的操作者代码的次数超过报警系统控制器设定的允许输入错误的次数时，还会引发报警或在设定的时间内锁死操作键盘。

2. 防区属性的设置

报警系统控制器的主要功能是处理探测器发来的报警信号。报警系统控制器是以防区为最小单位来管理各个探测器报警信号的。在入侵报警系统的实际应用中，往往要求报警系统控制器对防区的探测器报警信号进行不同的处理，这时对防区属性的设置就显得非常重要。防区属性包括防区类型，防区使能，防区所接设备类型，防区报警有效时对应的报警信号类别、报警电话号码、报警是否锁定/复位等。在这些属性当中，防区类型决定了报警系统控制器如何处理探测器的报警信号。一种报警系统控制器往往有多种防区类型，不同的报警系统控制器产品会有不同的防区类型。典型的防区类型有如下几种。

（1）即时防区（立即防区）。

在布防状态下，该防区探测器被触发后，马上引起报警系统控制器报警，没有延时时间。安装于边界的探测器（如用于建筑物四周或门窗的防护）一般编为即时防区。有的报警系统控制器中的周界防区（或周边防区）就是即时防区。

（2）延时防区（延迟防区）。

延时防区是指在布防状态下，该防区探测器被触发后，报警系统控制器并不马上报警，而是开始进入一段预设的延时时间。在延时过程中，若该防区（或系统）被正常撤防，报警系统控制器不进行报警处理；若超过了预设的延时时间，该防区（或系统）仍未被撤防，报警系统控制器才进行报警处理。

延时防区常用于出入口、周界内部等防护区域，以实现用户进入已布防的入侵报警系统而不致引起报警。延时防区也用于在报警需要确认的场合，以提供确认所需的时间。

（3）传递防区（跟随防区）。

当直接触发传递防区时，传递防区与即时防区的动作一样。如果传递防区在延迟防区后触发，则传递防区与延时防区的动作一样，即传递防区也将延时一段时间，直到被触发的延时防区完成其延迟时间传递防区才动作。

传递防区常用于延时防区首先被触发后需要延时的场合。传递防区多设在休息室或大厅内。如果延时防区没有首先被触发，当触发传递防区时会立即产生报警。传递防区的延时时间与延时防区的延时时间一致。传递防区主要用于对通道进行防护。

注意　使用传递防区的前提条件是入侵报警系统必须设有延时防区,否则应使用延时防区。

（4）24 小时防区。

24 小时防区是唯一不受系统撤防和布防影响的防区。一旦触发 24 小时防区,不管系统有无布防,只要该防区未被旁路,入侵报警系统将立即做出报警处理。

按照防护用途不同,24 小时防区还可细分为 24 小时救护防区、24 小时紧急防区、24 小时挟持防区、24 小时防拆防区、24 小时盗警防区、24 小时火警防区、24 小时辅助报警防区等。

一般紧急按钮、脚跳开关等所在防区应设为 24 小时防区。

（5）火警防区。

火警防区用于装有烟雾探测器、温度感应器或紧急报警按钮开关的 24 小时设防区域。火警防区被触发后会发出火警信号。系统警告设备显示防区号并触发警报,同时向控制中心报告。火警防区没有延时时间。

（6）日夜防区（布防时有效,撤防时警告）。

日夜防区用于门窗或敏感部位,如商品库、金库等场所,或者其他需要密切注意出入口的控制进入区。

在撤防状态下,当触发日夜防区时,系统警告设备会快速鸣叫并显示防区号,以及检查显示（必要时可向上一级报告）,用于人员进入或其他事故（如探测器失灵等）提示。在布防状态下,触发日夜防区会产生报警,报警系统控制器或外部警号会发出警报、通信设备也会报告警情。日夜防区没有延时时间。

（7）其他类型防区。

报警系统控制器除具有以上几种基本类型的防区外,还具有其他类型的防区,具体参看各报警系统控制器的说明。例如,适用于出入口区域防护的出入防区,该防区可用于主要出入口路线（如正门、走廊、主要出入口等）。出入防区在布防后产生外出延时时间,在这段时间内人们离开不触发报警;当外出延时时间结束后,探测器进入正常布防状态,探测器被触发后产生报警事件响应。外出延时时间一般可在编程时设定,通常设定为布防后人员可正常离开的时间。在进入出入防区,触发有进入延时时间的探测器时,必须在进入延时时间结束前对系统完成撤防操作,否则会产生报警。报警系统控制器一般会在进入延时时间内发出蜂鸣,提醒进入人员撤防系统。

对入侵报警系统的设计者而言,仅仅确定防护区域、具体探测手段是不够的,还应指定每个防护区域所对应的防区号,明确如何处理每个防护区域产生的报警信息。对于无线入侵报警系统、总线制入侵报警系统等,还要确定系统通信协议、每个前端设备及报警系统控制器等其他通信设备的通信地址之类的内容。以上内容可以在设备平面布置图中列表展示,也可在说明文档中清楚说明。

2.6.7　报警系统控制器附属设备

在一般情况下,报警系统控制器还需要操作键盘、蓄电池、报警输出装置（如声光警号、

GSM 模块、报警电话线等）等附属设备协同配合，这些设备的型号选择和安装设计也需要综合考虑。除需要满足要求及方便使用外，还需要进行防破坏保护，这些设备失效会比某个探测器失效带来更大的问题。例如，对于利用现场声音警报提醒主人防备的场合，若入侵者先行剪断声光报警器的线路，则入侵报警系统将成为有口难言的"哑巴守卫"，丧失向主人发出警告的功能。

2.7　系统图与系统管路的设计

2.7.1　系统图

方案设计阶段的系统框图可以表达系统的主要构成与工作原理，进入初步设计阶段后还需要在系统框图的基础上深入细化，形成所谓的系统图。一般而言，系统图应包含以下几方面的信息。

- 系统中所有设备的名称、类型、数量。
- 所有设备相互之间的连接关系。
- 用于连接设备的各类线缆的型号与数量。
- 有关设备安装、线缆敷设的信息。

在绘制系统图时，系统设备在图纸中的位置通常按照其所处的地理位置分区，总体上可按照系统框图的绘制方式绘制。

2.7.2　系统管路的设计

系统管路的设计主要包括有线系统中传输线路的布置。设备平面布置图可以清楚表达系统每个设备具体的安装位置，系统图则可以清楚表达系统每个设备之间的连接关系、线缆的敷设方式等信息，但是尚缺少线缆的具体安装位置信息，即还需要完成管路、线缆的路由设计。

1. 管路的设计

入侵报警系统的管路可分为室外管路和室内管路两种。室外管路一般采用套管直埋或利用现有电缆沟道的方式敷设，极少采用架空线路。室内管路可以采用桥架、预埋管路、套管暗敷、明敷线槽、明敷套管等方式敷设，可以沿梁、沿墙面、在地板下敷设（参见表 1-4）。

应根据现场勘察记录与系统图进行管路设计，在美观、方便施工的前提下，充分考虑一根管路可供多条线缆共用等情况，确保不遗漏任何一个设备。

管路的设计应充分考虑电磁干扰及标准规范的要求；要考虑管路与强电、其他弱电线路的区分、隔离，相互距离应符合规范要求；注意电源、防雷、电磁兼容等方面的要求；管路转弯处应满足线缆的最小转弯半径要求等。入侵报警系统的管路设计特别要注意传输线路的防破坏能力，最理想的情况是，所有破坏传输线路的行为都能被入侵报警系统发现（若实现有困难，则宜采取适当的布线工艺加以防护，如暗装、穿铁管等）。管路设计还应考虑布线及日后维护的方便，在间隔一定距离或一些拐弯、交叉处设置检修口/检修盒。

2. 线缆路由的设计

线缆路由的设计往往是与管路设计综合并行考虑的。线缆路由的设计应满足防破坏的要求，同时与其他线路保持安全距离且满足自身最小弯曲半径的要求，还应考虑以最低的工程成本完成设计。由于线缆长度并不是影响工程成本的主要因素（一般敷设管路的成本往往是影响工程成本的主要因素），因此在传输距离不影响传输效果时，不以追求线路最短为目标，而宜优先考虑管路的复用，最后依据线缆尺寸和数量合理选择管材、线槽或桥架的数量及规格。

入侵报警系统的管路设计内容可以在设备平面布置图中展示，若系统线路复杂宜分开展示，必要时往往还需要用文字加以说明。

2.8　入侵报警系统设计规范与要求

GB 50348—2018《安全防范工程技术标准》、GB 50394—2007《入侵报警系统工程设计规范》和 GA/T 368—2001《入侵报警系统技术要求》明确规定了设计入侵报警系统应遵循的标准，并给出了入侵报警系统设计的规范与要求。

2.8.1　入侵报警系统的设计要求

一个可实施的入侵报警系统设计方案需要具有包含如下内容的文档：防区布置图或划分说明、探测器布置图、入侵报警系统框图、各设备接线图、线路布设说明、典型部位的安装图、系统设备清单、软件设置（安装）说明、系统使用操作说明等信息。

一般来说，入侵报警系统设计要关注以下 6 个方面，这 6 个方面是相关入侵报警系统标准或关联标准中明确要求的。

1．系统设计要规范、实用

入侵报警系统的设计必须基于对现场的实际勘察，根据环境条件、防范对象、投资规模、维护保养及接处警方式等因素进行设计。系统的设计应符合相关风险等级和防护级别标准的要求，符合相关设计规范、设计任务书及建设方的管理和使用要求。设备选型应符合相关国家标准、行业标准和相关管理规定的要求。

2．要根据标准规定保证系统的先进性和冗余性

入侵报警系统的设计在技术上应有适度超前性和互换性，为系统的增容或改装留有余地。根据一般经验，系统应留有 20%的冗余。

3．系统的准确性

入侵报警系统应能准确、及时地探测入侵行为或触发紧急报警装置，并发出入侵或紧急报警信号；对入侵、紧急、防拆、故障等报警信号的来源应有清楚和明显的指示。

入侵报警系统应能进行声音复核，与视频监控系统联动的入侵报警系统应能同时进行声音复核和图像复核。

需要特别注意的是，入侵报警系统不允许有漏报警。

4．系统的完整性

系统应对设防区域的所有路径采取防范措施，入侵路径中可能存在的实体防护薄弱环节应加强防范措施。所防护目标的 5m 范围内应无盲区。

系统的完整性需要进行严密、周到的考虑。实际上，很多入侵报警系统都存在漏洞，这主要是因为在设计时没有考虑系统的完整性。对系统完整性的保证需要依靠设计人员对标准内容的充分理解及对报警工程经验的丰富积累。

5．系统的纵深防护性

入侵报警系统的设计应采用纵深防护机制，应根据被保护对象所处的风险等级和防护级别，对整个防护区域进行分区域、分层次的设防。一个完整的防护体系应包括周界、监视区、防护区和受控区 4 种类型的防护区域，不同类型的防护区域应采取不同的防护措施。应注意系统的纵深防护性，一个孤立的、缺乏层次性的入侵报警系统是很难实现预警效果与系统成本的统一的。

应优先在防护区域内设立控制中心，必要时还可设立一个或多个分控中心。控制中心宜设置在禁区内，至少应设置在防护区域内。

6．联动兼容性

入侵报警系统应能与视频监控系统、出入口控制系统等联动。当入侵报警系统与其他系统联合设计时，应进行系统集成设计，各系统之间应既能相互兼容又能独立工作。入侵报警的优先权仅次于火警。

2.8.2　入侵报警系统基本技术要求

1．系统基本功能

（1）探测功能。

相关标准对入侵报警系统的探测功能有专门的规定。总结而言，入侵报警系统应对下列可能的入侵行为进行准确、实时的探测并产生报警输出。

- 打开门、窗、空调百叶窗等。
- 用暴力通过门、窗、天花板、墙及其他建筑结构。
- 破碎玻璃。
- 在建筑物内部移动。
- 接触或接近保险柜等重要物品。
- 紧急报警装置的触发。

同时应根据具体的环境和要求选择合理的探测范围和内容。

（2）响应功能。

当一个或多个设防区域出现报警时，入侵报警系统的响应时间一般应满足如下要求。

- 分线制入侵报警系统，不大于 2s。
- 无线入侵报警系统和总线制入侵报警系统的任一防区首次报警，不大于 3s。其他防区后续报警，不大于 20s。

当通过公共网络传输报警信号时，报警信息在前端触发到服务平台响应的时间应符合下列要求。

- 经由 PSTN 网络传输的，小于或等于 20s。
- 经由 IP 网络传输的，小于或等于 4s。
- 经由无线网络采用 GPRS 及以上速率传输的，小于或等于 5s。

（3）系统状态显示功能。

入侵报警系统应能对下列状态的事件来源和发生的时间给出指示。

- 正常状态。
- 试验状态。
- 入侵行为产生的报警状态。

- 防拆报警状态。
- 故障状态。
- 主电源掉电状态、备用电源欠压状态。
- 设置布防/撤防状态。
- 信息传输失败状态。
- 胁迫报警状态。
- 非法操作信息状态。

（4）控制功能。

入侵报警系统应能进行编程设置，一些老旧入侵报警系统或目前市场上流通的一些简易入侵报警系统无法进行编程设置。

一般来说，编程设置应能实现以下功能。

- 瞬时防区和延时防区。
- 全部或部分探测回路的布防与撤防。
- 向远程中心传输信息或取消。
- 向辅助装置发送激励信号。

（5）记录和查询功能。

入侵报警系统事件记录和事后查询主要包括如下内容。

- 状态指示、编程设置的信息。
- 操作人员的姓名、开关机时间。
- 警情的处理。

简易入侵报警系统不具备记录和查询功能。

（6）信号传输功能。

- 入侵报警信号的传输可采用有线和（或）无线传播方式。
- 入侵报警系统应具有自检、巡检功能。
- 入侵报警系统应具有与远程中心进行有线和（或）无线通信的接口，并能对通信线路的故障进行监控。
- 入侵报警信号传输的技术要求应符合 IEC 60839-5。
- 入侵报警系统串行数据接口的信息格式和协议应符合 IEC 60839-7 的要求。

2．设备安装

设备安装是入侵报警系统建设的关键环节，其质量与入侵报警系统的总体质量有着非常密切的关系。一些误报、漏报就是因为设备安装不规范产生的。

对于入侵报警系统的设备安装，目前只能在相关标准体系中找到一些通用的内容，并没有专门的、严格规范的入侵报警系统设备安装标准，设备安装更多的是遵循相关产品说明书。

3．电源

入侵报警系统的电源配置可以参照 GB/T 15408—2011《安全防范系统供电技术要求》的相关要求。入侵报警系统应有备用电源，久用电源的容量要能保证系统正常工作的时间大于 8 小时。备用电源可以是免维护电池及充电器、UPS 电源、发电机，或者这些供电装置的组合。

4．防雷接地要求

（1）在设计入侵报警系统时，选用的设备应符合电子设备的雷电防护要求。

（2）入侵报警系统应有防雷击措施，应设置电源避雷装置及信号避雷装置。

（3）入侵报警系统应等电位接地，单独接地电阻的阻值不大于 4Ω，接地导线截面积应大于 $25mm^2$。

入侵报警系统应用的建筑不同，安全防范的要求也不同，因而每一个入侵报警系统的构成也不同。有一个探测器和一台报警系统控制器构成的入侵报警系统，也有几百个甚至上千个探测器和若干报警系统控制器构成的入侵报警系统。

某些大型报警系统控制器的功能有很多。例如，带有出入口管理功能；拥有几百个使用者密码，可以实现分级别控制；利用键盘可以实现密码锁控制；利用多个子系统可以实现多个用户共享一台报警系统控制器，各子系统可独立布防和撤防操作且不影响其他子系统的状态，也可以设定分级别控制，确定子系统之间的控制关系等。

有的报警系统控制器具有巡查功能，可以代替巡更系统完成巡更操作等。有的入侵报警系统还包含无线系统、时间表控制系统、继电器控制系统，可以方便地构成家居及办公自动化系统。

总之，入侵报警系统在向多功能、大容量、智能化方向发展，并逐渐成为集安全防范、自动化控制等为一体的综合管理系统。

思考题

1．防区的划分应考虑哪些因素？试举实例说明。

2．常开型探测器和常闭型探测器与分线制报警系统控制器的连接有何不同？为什么？

3．目前常见的入侵报警系统的输出方式有哪些？这些输出方式各自都有哪些用途？有没有其他的输出方式？

4．试说明分线制入侵报警系统、总线制入侵报警系统、无线入侵报警系统的异同点及其各自的优缺点。

5．什么是即时防区、延时防区、24 小时防区？举例说明这些防区的应用。

6．简述微波-被动式红外双技术探测器的工作原理，并说明其选购及使用的注意事项。

7．在选用报警系统控制器时应考虑哪些因素？

8．在使用主动式红外探测器构建周界防护报警系统时应注意哪些方面？尝试为你身边的某建筑物设计一个周界防护报警系统。

9．试设计一个家庭入侵报警系统，分析其用户群及推广难点？并说明如何解决推广难的问题。

10．试分析入侵报警系统所应用技术的发展方向。

第3章

校园视频监控系统的设计

内容提要

视频图像的基础知识对于视频监控系统前端、显示部分等的设计具有指引作用。视频监控系统的设计主要用到了模拟、数字、网络3种技术。本章介绍了视频监控系统的概念演进及其差异；结合校园这一典型环境，对视频监控系统的设计需求进行了分析；介绍了视频监控系统组建类型及系统框图绘制；分析了监视区设置，以及前端、传输设备、后端设备的选配，并对视频监控系统设计的规范要求进行了总结。

信息化技术作为建设高效的教育管理体系的重要手段，越来越多地被运用到"数字校园"的建设中。随着学校信息化建设的不断深入，网络和计算机已成为学校集中处理管理、服务等重要环节大量数据的重要平台。另外，随着信息化技术应用的深入，很多校园对安全提出了越来越高的要求，并纷纷开始建立校园视频监控系统，以便为整个学校的教学管理工作、安全保卫提供一个可以实现实时视频监控、事件视频取证的平台。

3.1 视频监控系统概述

视频监控系统（Video Surveillance System，VSS）的定义：利用视频探测技术监视设防区域并实时显示、记录现场图像的电子系统或网络。视频监控系统特指通过对监视区域进行视频探测、视频监视、控制、图像显示、记录和回放的，用于安全防范的视频信息系统或网络。

视频监控系统可以对现场信息在空间维度或时间维度上进行完美再现，其广泛应用于安全防范、事务管理、智能交通、生产安全等各个领域。视频监控系统已经成为安全防范领域中占据市场份额最大的一类安全防范子系统。视频监控系统的发展方向是大型化、网络化、智能化，视频监控系统的视频采集前端也向更高的清晰度、更强的环境适应性、更多样的视觉感知能力（如红外成像）等方向发展。

3.1.1 视频监控系统的构成

视频监控系统主要包括前端设备、传输设备、控制/处理设备和记录/显示设备4部分。

前端设备主要是指摄像机及与之配套的辅助设备（如镜头、云台、云镜解码器、防护罩、补光灯等)。摄像机是前端的核心设备,它利用固体光电成像器件将被摄物体的图像(光线强弱)转换为电信号,电信号经滤波、放大处理后,形成视频信号输出。为使摄像机适用于更多的监控场合,其成像所需的光学系统(镜头部分)一般可以自行组配。云台可使摄像机的拍摄角度实现上下、左右旋转,云镜解码器则可以根据后端的控制指令向云台及镜头等提供其运动所需的驱动电力。此外前端设备还包括防护罩、补光灯等可增强摄像机环境适应能力的附属设备。

传输设备主要负责将前端设备产生的视频信号(通常也包含音频信号)传输至后端的控制/处理设备、记录/显示设备。传输设备还包括将后端控制/处理设备的控制信号传输至前端的云镜控制器、解码驱动器等设备。在高级应用中,前端设备还有控制信号需要传输至后端设备,如具有智能图像分析功能的摄像机产生的报警信号、网络摄像机发出的心跳信号等。控制/处理设备、记录/显示设备之间也存在信号的传输(属于短距离的传输)。从广义角度看,传输设备的功能还包括从后端设备向前端设备供电的能量传输。值得注意的是,从设备的地理位置来看,有的传输设备与摄像机一样位于监控现场的前沿(如前端光端机等),有的传输设备甚至集成到摄像机内部,成为摄像机的一个功能组件。

控制/处理设备接收经传输设备传送来的前端信号、控制人员的操作指令,以及来自其他设备的各类信号,并按照设定的规则(或选定的功能)对音视频信息、系统控制信息加以控制和处理。常见的控制/处理包括信号分配、视频切换、云镜控制、多画面组合、图像信息叠加、报警输入联动、报警检测输出、视频格式转换、视频转发等。控制/处理设备是视频监控系统的核心,可以体现或代表整个系统的技术水平。常见的控制/处理设备有操作键盘、视频分配器、视频切换器、多画面分割器、视频矩阵、报警联动箱、硬盘录像机、音视频解码器、网络视频服务器、系统管理平台软件等。在实际应用中,控制/处理设备往往还集成了传输、存储、显示等功能,其他设备也集成了部分的控制/处理功能,设备功能的相互融合逐渐成为一种趋势。例如,在移动视频监控系统中,移动终端可能既是系统的前端图像采集设备,又是终端的图像显示设备,并具有一定的图像控制及处理功能,此时要区分一台设备是属于前端还是属于后端比较困难而且没有实际意义。在实际应用中,可根据设备功能在系统中的主次进行划分。

记录/显示设备包括两大类,即记录设备和显示设备。除了在便携式应用场合会将记录、显示功能集成在一个设备,通常这两种设备是相互独立的。在早期的视频监控系统中,记录设备与显示设备往往是视频信号流向的终点,因而常将记录设备与显示设备归于一类。但随着技术应用的进步,记录设备不但具备视频转发的功能,还具备生成存储状态信息、存储报警信息的功能,记录设备已经不再是信息流的终点。未来,显示设备可能也不再是信息流的终点,比如,触摸屏显示器的应用,但严格来讲,触摸屏显示器只是显示设备中集成的输入设备,还不能说它不是信息流的终点。

图 3-1 展示了视频监控系统的前端设备、控制/处理设备和记录/显示设备之间信号传输的可能情况。其中,箭头代表信号传输的方向,粗实线代表音视频信号的传输,细虚线代表控制信号的传输。控制信号的成分非常复杂,可以包括云镜控制、图像切换、报警信号、联动处警命令、自检信息、故障信息、系统/设备配置信息等,具体要根据实际系统来判断。图 3-1 中的信号传输只是表示可能的情况,而不是表示每个视频监控系统都要具备所有的信号传输。

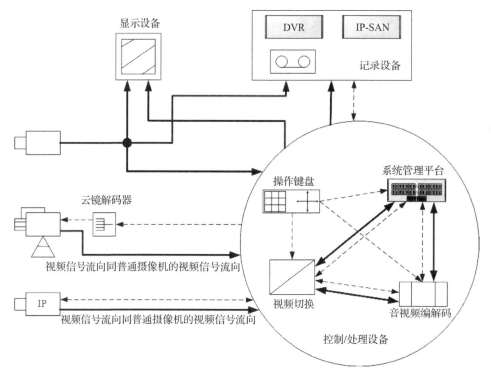

图 3-1　视频监控系统构成框图

3.1.2　视频监控系统的发展阶段

视频监控经历了本地模拟信号监控阶段、基于 DVR 的多媒体监控阶段、基于网络服务器的远程视频监控阶段 3 个发展阶段。对应的视频监控系统分别为模拟视频监控系统、数字视频监控系统、网络视频监控系统（或称为模拟视频监控系统、模数混合视频监控系统、纯数字视频监控系统）。

1．模拟视频监控系统

在 20 世纪 90 年代以前,视频监控系统主要是以模拟设备为主的闭路电视监控系统(Closed Circuit Television，CCTV)，称为第一代模拟视频监控系统。模拟视频监控系统主要由摄像机、视频矩阵、监视器、录像机等组成。摄像机采集现场图像并输出模拟视频信号（规格与闭路电视信号规格相同），视频传输线将来自摄像机的视频信号传输到后端设备（如监视器、录像机等）。

模拟视频监控系统的摄像机与监控主机一般采用点对点连接（75Ω阻抗），构成了以监控主机为中心的星形网络，形成了所谓的集总式系统。监控主机一般由视频切换器或视频矩阵主机构成，采用操作键盘进行切换和控制等。使用云镜控制器或云镜解码器控制摄像机朝向和镜头光圈焦距。视频同轴电缆传输距离有限，可采用视频放大器延长传输距离，在需要远距离传输图像的场合可改用双绞线传输或光纤传输。为了能够同时对多画面进行实时监控，可设置画面分割器，当系统较大时可由多个监视器组成电视墙。早期的模拟视频监控系统使用磁带长延时录像机进行录像，通过建立磁带库长期保存现场录像，并配备磁带放像机等设备以备录像查询、回放使用。模拟视频监控系统一般还支持对报警开关信号、音频信号的处理。其中，报警开关信号可以来自前端的探测器或其他系统的联动开关量输出，音频信号可以来自安装于现场的监听设备。图 3-2 为模拟视频监控系统框图。

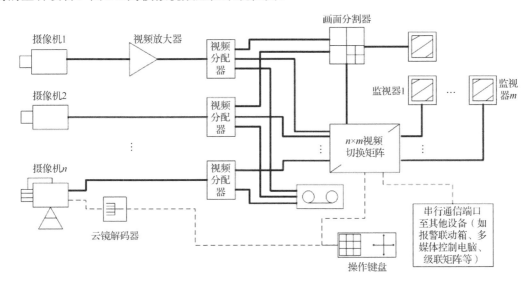

图 3-2 模拟视频监控系统框图

模拟视频监控系统采用非常成熟的闭路电视技术，具有前端成本低、实时性好、技术成熟简单等优点，同时也有如下局限性。

- 有线模拟视频信号的传输对距离十分敏感。
- 有线模拟视频监控系统无法联网，只能以点对点的方式监视现场，并且布线工程量极大。
- 有线模拟视频数据的存储会耗费大量的存储介质（如录像带），查询取证十分烦琐。
- 图像处理功能有限，即便字符、日期叠加等简单功能也必须依靠专门的硬件电路才能实现。
- 图像清晰度难以达到高清，常规产品的水平电视线在 700TVL 以下。

2．数字视频监控系统

20 世纪 90 年代中期，随着数字视频压缩编码技术的发展，基于计算机技术、多媒体技术、数字图像压缩技术的数字视频监控系统逐渐流行起来。数字视频监控系统与模拟视频监控系统的前端和传输部分基本一样。数字视频监控系统的前端有若干摄像机、各种探测器与数据设备。数字视频监控系统通过前端获取图像、音频、报警信息，并通过传输线路汇集到多媒体监控终端。多媒体监控终端可以是硬盘录像机，也可以是计算机或专用的工业控制机。在计算机的扩展插槽加上一块视频编码卡（也称视频采集卡）并安装相应的驱动及软件（对系统稳定性、可靠性要求较高的场合可用工业控制机替代计算机。随着数字视频监控系统对可靠性、安全性、易用性、经济性要求的不断提高，专业化的嵌入式系统被开发出来，即硬盘录像机）可将前端传来的模拟视频压缩编码为数字视频。利用计算机强大的图像处理能力和数据存储能力，不但可以更好地实现常规的视频实时监看、录像存储及调阅，还可以轻松实现图像增强、移动侦测、图像缩放/平移/翻转/反色/遮盖等各式变换。多媒体监控终端可通过计算机网络实现数字视频的共享，在多个监控终端之间构成更大的、可进行统一管理的系统，或者构建远程的多级系统。图 3-3 为数字视频监控系统框图。

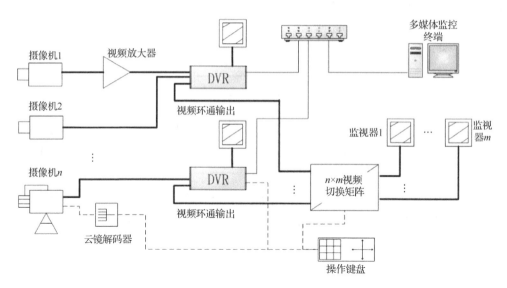

图 3-3　数字视频监控系统框图

数字视频监控系统功能较强，操作简便，录像与回放管理方便，多媒体监控终端具备一定的网络功能，视频前端及传输仍采用模拟技术，后端的大屏幕显示、多画面切换一般也为模拟方式，具有模拟系统的优点。数字视频监控系统与模拟视频监控系统相比有如下优势。

- 数字视频监控系统可以在计算机网络（局域网或广域网）中传输图像数据，基本不受距离限制，信号不易受干扰，可大幅度提高图像品质和稳定性。
- 数字视频监控系统可利用计算机网络联网，网络带宽可复用，无须重复布线。
- 数字视频监控系统可实现数字化存储，经过压缩的视频数据可存储在磁盘阵列中或保存在光盘中，查询简便、快捷。
- 利用计算机图像处理技术可轻松实现图像增强、移动侦测、图像变换等图像处理功能。

数字视频监控系统可以看作网络视频监控系统的初期形态，其已具备一定的网络功能，但更多的是将网络作为后级传输视频信号、控制信号的一个通道。数字视频监控系统的核心功能并不完全依赖计算机网络（如视频数据存储在多媒体监控终端，而不存储在网络），其主要通过网络实现一些扩展功能，并且对这些功能的要求并不高，比如，同时访问的网络用户不多、大多数系统操作（如系统设置、视频实时监看、录像调阅等）发生在多媒体监控终端本地，而不是通过网络远程访问实现。

当高清数字分量串行接口技术（HD-SDI）应用于视频监控领域后，由于其属于实时无压缩的高清广电级数字视频技术，与网络视频监控技术区分不明显，因此数字视频监控系统的概念发生了变化，特指采用了 SDI 技术的视频监控系统。SDI 视频监控系统的数字视频信号均为实时无压缩的数字视频信号（实时性与模拟视频信号无异），且采用与模拟视频监控系统相同的同轴电缆作为传输线缆，可以极大简化模拟视频监控系统的升级改造工作。由于数字视频信号具有传输不失真、抗干扰的优点，并且采用 HD-SDI 技术可获得 1920（H）×1080（V）的高清画质，因此 SDI 视频监控系统一度成为模拟视频监控系统升级改造的首选。由于数字视频在存储、显示、后期应用方面仍然依靠网络视频技术等其他技术，同时 SDI 视频监控系统总体成本不具备优势，目前仅在成本敏感度不高，对系统升级、系统实时性有特殊要求的场合有所应用。

3．网络视频监控系统

20 世纪 90 年代末，随着嵌入式技术、网络技术及音视频编解码技术的发展，通过网络传输音视频实时流的技术难题得到解决，基于嵌入式 Web 服务器技术的网络视频监控系统逐渐得到推广应用。

网络视频监控系统的前端采用了与模拟视频监控系统、数字视频监控系统均不相同的 IP 摄像机。IP 摄像机不是输出兼容电视制式的模拟视频信号，而是通过 IP 摄像机内置的嵌入式系统（通常为 DSP 系统）将来自图像传感器的视频信号进行数字化、图像压缩处理，并编码为实时视频数据流，通过特有的网络通信协议（如 RTP、RTCP、RTSP 等）送至指定的网络存储设备或图像解码设备进行存储或监看。IP 摄像机内设有 Web 服务器，用户远程访问 Web 服务器页面可以实现参数配置、PTZ 控制、图像监控等功能。对于前端仍然使用模拟摄像机的场合，可先将模拟摄像机产生的视频信号输出到网络视频服务器，由专用的网络视频服务器实现IP 摄像机输出实时视频数据流、提供 Web 访问服务等功能。对于需要在前端实现长期录像存储功能的场合，可将网络视频服务器替换为硬盘录像机，利用硬盘录像机的网络功能实现网络视频监控的功能。

网络视频监控系统通过有线或无线计算机网络传输视频图像及控制信号，可与其他应用共用一个网络。在接入互联网后，网络视频监控系统所能覆盖的范围几乎不再受限。网络视频监控系统的后端包括视频管理平台服务器、网络存储服务器、视频转发服务器、数字视频矩阵等各种服务器和各级管理控制终端、远程网络客户端等硬件，还包括运行在这些硬件之上的网络视频监控管理软件。网络视频监控系统可以实现用户权限管理、图像监看、录像管理、录像存储、点播转发、系统设备配置、系统联动管理、图像处理、电子地图显示等各种功能。图 3-4 为网络视频监控系统框图。

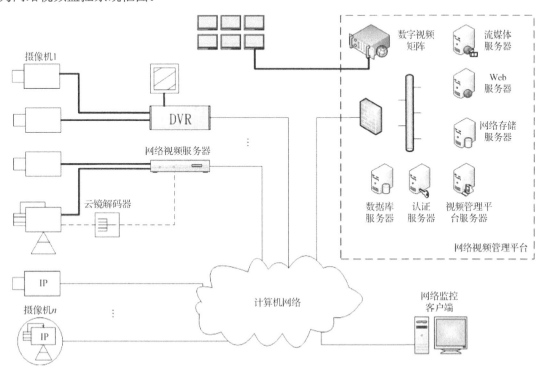

图 3-4　网络视频监控系统框图

网络视频监控系统实现了数据、图像和语音的统一，使计算机网络中的每一台计算机（包括使用无线网络的笔记本电脑）均可对监控信息进行相应权限的管理和调用。用户不再被限定在规定的几个地点（如监控中心或分控中心）操作系统，极大提高了管理水平并提升了管理效率。不过事物总有两面性，用户数量及操作地点自由度的扩大会造成系统管理困难并带来安全性问题。

网络视频监控系统的发展方向主要有分布采集与集中管理、高品质图像压缩处理、开放标准统一接口、统一认证确保安全，以及操作人性化、功能集成化、结构模块化和传输多样化。随着计算机图像处理技术与网络技术的发展，网络视频监控系统的功能将越来越强大。从网络视频监控系统发展过程中的几种形态来看，DVR 出现之后，无论是初期的 PC-DVR 还是嵌入式 DVR，它们组成的都是小范围的本地监控系统。随着 Net DVS 的出现，构建范围更大的监控系统成为可能。目前常用的网络硬盘录像机（NVR）可视为带硬盘本地存储功能的 NVS。IP 摄像机功能强大，成本较模拟机高，适用于单个远距离重要部位监控。对于多个位置相对集中的应用场合，可采用模拟摄像机与 NVS 的组合。网络视频监控主要设备如表 3-1 所示。

表 3-1 网络视频监控主要设备

设　　备	优　　点	缺　　点	定　　位
DVR	本机操作功能丰富，支持本地存储	网络功能弱，扩展性差	适用于本地监控、监控点密度高的场合
NVS	体积小巧，网络功能强大，网络扩展性好，适合在野外、无人值守条件下工作	本地操作功能简化，通常不支持本地存储	适用于分布监控、集中管理的网络监控
IP 摄像机	集摄像机与NVS功能于一身，施工、维护方便	网络性能相对 NVS 较弱，可选择的高性能的 IP 摄像机较少，价格高	适用于监控点分散、高清监控应用场合

网络视频监控系统在高清图像监控、监控点数量多且分散及一些高端用户等场合应用较多。目前网络视频监控系统仍存在不少问题，比如，海量数据的传输和存储对网络带宽硬件功能的要求、设备管理要求的提高、图像质量问题、信息安全问题、服务质量等都是需要进一步分析的课题。

3.2　视频图像基础知识

3.2.1　人眼视觉特性

1. 人眼的视觉惰性

当一定强度的光突然作用于视网膜时，不能在瞬间形成稳定的视亮度，而有一个短暂的过渡过程。随着光作用于视网膜的时间的增长，视亮度由小到大，达到最大值后又降低到正常值。另一方面，当光消失后，视亮度也并不会马上消失，而是按近似指数函数的规律逐渐减小。人眼的这种视觉特性称为视觉惰性。

在早期的电影当中，一幅静止的图像被称作一"帧（Frame）"。因为人眼存在视觉惰性（发光体对人眼的视觉残留时间约为 0.1s），人眼感觉不出发光体闪烁时的最低频率（临界频率）为 48 帧/s，人眼感觉到流畅动画效果时的最低频率（临界频率）为 24 帧/s。所以电影正常播放的速度是 24 帧/s（每幅图像曝光两次）。

2．人眼的分辨力

人眼的分辨力是指人在观看景物时，人眼对景物细节的分辨能力。当景物与人眼相隔一定距离时，人眼分辨不出两个黑点，而只感觉两个黑点是连在一起的一个黑点。

被观察物体上人眼能分辨的相邻最近两点的视角 θ 的倒数称为人眼的分辨力或视觉锐度。人眼的分辨力与垂直视角的关系如图 3-5 所示。

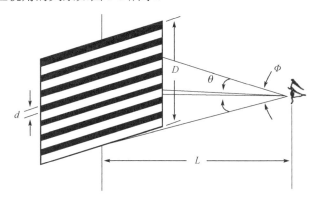

图 3-5　人眼的分辨力与垂直视角的关系

在图 3-5 中，L 表示人眼与图像的距离；d 表示人眼能分辨的相邻最近两点距离；θ 表示被观察物体上人眼能分辨的相邻最近两点的视角。若 θ 以分为单位，则有如下计算公式

$$\theta = 360 \times 60 \times \frac{d}{2\pi L} \approx 3438 \times \frac{d}{L} \tag{3-1}$$

人眼的分辨力会因景物和观察条件的不同而发生变化。例如，被观察物体在视网膜上成像的位置、亮度、景物相对对比度及被观察物体的运动速度等因素都会影响人眼的分辨力。

通常，具有正常视力的人，在中等亮度和中等相对对比度条件下观察静止图像时，视角 θ 为 $1'\sim1.5'$。

3．人眼的视觉范围

影响人眼的视觉效果的因素有两个，即有效视角因素和心理因素。就人眼的视觉范围而言，$10°$ 以内是视力敏锐区，即中心视野，在该范围内，人眼对图像的颜色及细节的分辨能力最强。人眼在 $10°\sim20°$ 区间能正确识别图形等信息，该视觉范围称为有效视野。在 $20°\sim30°$ 区间，虽然人眼的视力及颜色辨别能力开始降低，但对活动信息比较敏感。在 $30°$ 之外，人眼视力很低。在观看一幅宽大的画面时，当视角达到一定值后，观看者会感到和画面同处一个空间，并有一种身临其境的感觉。

人的视觉活动主要由锥状细胞来完成，锥状细胞既可辨别光的强弱，又可辨别色彩。由于人眼中的锥状细胞是接近圆形的，因此人眼的垂直分辨力与水平分辨力近似相同。我国高清晰度数字电视的分辨率选择的是 1920×1080，宽高比为 16∶9。若我们选择垂直方向的视角 ϕ 为 $20°$（见图 3-5），则水平方向的视角为 $20×16/9\approx35.6°$，可以获得很好的临场感。这时垂直方向相邻两行扫描线所形成的视角为 $20×60/1080=1.11'$，正好落于人眼分辨力的极限处，是一个合理的选择。

3.2.2　视频信号

1.图像的表示法

根据人眼的视觉特性，自然界景物的色彩可以用 3 个基本参量来描述，即亮度 L、色调 H 和饱和度 S。此外，景物的形状可用空间坐标 x、y、z 表示。如果是活动景物，那么其外形和相应的色彩都是时间 t 的函数。也就是说亮度 L、色调 H、饱和度 S 都是空间坐标 x、y、z 与时间 t 的函数。综上所述，任何自然景物都可以用下列方程组表示

$$\begin{cases} L = f_L(x,y,z,t) \\ H = f_H(x,y,z,t) \\ S = f_S(x,y,z,t) \end{cases} \tag{3-2}$$

如果传送的只是二维空间平面图像，则式（3-2）将变为 x、y 和 t 的函数。对于传送黑白图像的简单情况，式（3-2）只有亮度方程，即

$$L = f_L(x,y,t) \tag{3-3}$$

2.图像的顺序传送

将任何一幅黑白图像（如照片、图画、报纸上的画面等）置于放大镜下仔细观察，都会发现这些黑白图像都是紧密相邻的、黑白相间的小点的集合体。这些小点是构成一幅图像的基本单元，称为像素。像素越小，单位面积上的像素数目越多，图像就越清晰。

如果将要传送的图像分解成许多像素，并同时将这些像素转变成电信号，再分别用各自的信道传送，接收端又同时将这些电信号在屏幕的对应位置上变换成光，那么发送端所摄取的景物光像就能在屏幕上得到重现。

但是这样做过于复杂，比如，在我国的黑白广播电视标准中，一幅图像包含 40～50 万个像素，这就需要 40 多万条信道，而高清晰度图像的像素数是标准图像的像素数的 4～5 倍。从技术角度来看，这种同时传输系统既不经济，也难以实现。根据人眼的视觉特性，可以采用时间与空间分割的传送方式，使重现的景物与原景物具有等效的视觉效果。

一种方法是将被传送图像的各像素的亮度按一定顺序转变成电信号，并依次将这些电信号传送出去（这相当于将亮度转变成单一变量时间的函数）。在接收端的屏幕上，再按同样顺序将这些电信号在对应位置上转变为光。只要这种顺序传送进行得足够快，那么由于人的视觉惰性和发光材料的余辉特性，就会使观察者感觉整幅图像是同时发光而不是顺序显示的。

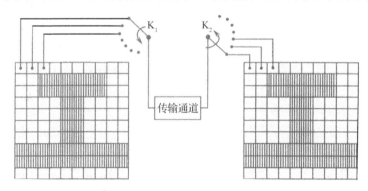

图 3-6　顺序传送图像

图像的这种顺序传送必须迅速而准确，每一个像素一定要在轮到它的时候才被发送和接

收，且接收端每个像素的几何位置要与发送端一一对应。这种工作方式称为接收端和发送端同步（同频、同相）工作，简称同步。如果无法满足上述要求，即接收端画面的每行或每幅画面的像素相对发送端画面的每行或每幅画面的像素发生错位而不同步，则重现画面将发生畸变甚至什么也分辨不出来。

将图像转变成顺序传送的电信号的过程称为扫描。如同阅读书籍一样，扫描是自左至右、自上而下、一行行、一页页进行的，而一个字就相当于一个像素。

在图像的顺序传送过程中，每个像素也是按照自左至右、自上而下的顺序进行发送和接收的。水平方向的扫描称为行扫描，垂直方向的扫描称为场扫描。图 3-6 中的开关 K_1 和 K_2 是一种机械扫描装置，当它们接通某个像素时，这个像素就被发送和接收，K_1 和 K_2 运转速度相同，接通像素位置一一对应。

从左至右将一行像素逐个传送或接收的扫描过程称为行扫描正程；从右端迅速返回左端准备下一行扫描的过程称为行扫描逆程。同样，从上至下将一列像素逐个传送或接收的扫描过程称为场扫描正程，从下端迅速返回上端准备下一场扫描的过程称为场扫描逆程。在电视系统中，实际采用的是电子扫描装置。

通过扫描与光-电转换，可以将反映图像亮度的空间、时间函数 $L = f_L(x, y, t)$ 转换为用时间函数表示的电信号 $u_L = f(t)$。

实际上，上述扫描过程是根据人眼的生理特点对实际图像进行三重抽样的过程：行扫描是对图像的水平方向进行空间抽样；逐行扫描是对垂直方向连续的图像进行垂直空间抽样；逐场（帧）扫描是对时间上连续的图像进行时间轴抽样。将经过抽样得到的信号按行、场依次发送就成为视频信号。

3. 模拟黑白视频信号

鉴于电视的广泛应用，对于视频监控系统，要求其视频信号与电视系统的视频信号保持一致。我国广播电视为 PAL 制式，采用隔行扫描方式，其主要扫描参数如下。

- 行扫描周期：$T_H = T_{HS} + T_{HR} = 64\mu s$。式中，行正程时间 $T_{HS} = 52\mu s$，行逆程时间 $T_{HR} = 12\mu s$。
- 行频：$f_H = 1/T_H = 15625Hz$。
- 场扫描周期：$T_V = T_{VS} + T_{VR} = 20ms$。式中，场扫描正程时间 $T_{VS} \approx 18.4ms$，场扫描逆程时间 $T_{VR} \approx 1.6ms$。
- 场频：$f_V = 1/T_V = 50Hz$。
- 帧周期：$T_Z = 40ms$。
- 帧频：$f_Z = 25Hz$。

一帧扫描的总行数为 625，其中，帧正程扫描行数为 575，帧逆程扫描行数为 50。

当采用隔行扫描方式时，每场扫描 312.5 行，场正程扫描 287.5 行，场逆程扫描 25 行。

扫描光栅的宽高比为 4∶3。

一帧图像的总像素个数为 $\left(\dfrac{4}{3} \times 575\right) \times 575 \approx 44.1 \times 10^4$。

由于一帧图像总像素约为 44 万个，每秒传送 25 帧，每帧传送时间为 1/25s，所以一个像素点的传送时间为 $t \approx 1/(25 \times 441000)s \approx 9.1 \times 10^{-8}s$。两个像素点的传送时间为一个周期（一黑一白交替一次），故图像信号的最高频率为 $f_{max} = 1/(2t) \approx 5.5MHz$。实际视频传输通道需要留有裕量，因而视频传输通道的通频带规定为 6MHz。

黑白电视信号中除了包含传送图像的亮度信号，还包含一些其他控制信号（如帧、场同步信号，消隐信号等）。黑白全电视信号的波形示意图如图 3-7 所示。黑白全电视信号由图像信号，以及行同步信号、场同步信号、行消隐信号、场消隐信号、槽脉冲信号和均衡脉冲信号六种辅助信号组成。图 3-7 给出了相邻两场的负极性黑白全电视信号波形图，其中，图像信号波形是示意性的。另外，为了便于对奇、偶两场信号的波形进行比较，图 3-7 中两场场同步脉冲前沿是上下对齐的。

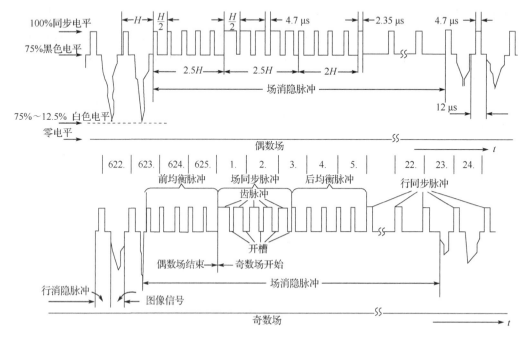

图 3-7　黑白全电视信号的波形示意图

4．常见彩色视频信号

任意一种彩色光均可用 3 个特性来描述，即亮度、色调、色饱和度。

亮度是指彩色光作用于人眼时所引起的明亮程度的感觉，与光源能量或与被观察物体的发光强度有关。若彩色光的强度降低至人眼看不到时，则与黑色对应，反之与白色对应。

色调是人眼看到一种或多种波长的光时产生的感觉。色调反映彩色光颜色的类别，也是彩色光最基本的特性。

色饱和度是指彩色纯度，即颜色掺入白光的程度或指颜色的深浅程度。白光掺入越多色饱和度越低，反之越高。当白光为零时色饱和度为 100%，反之，色饱和度为 0%。

色度：通常把色调与色饱和度通称为色度。

色度学中的三基色原理：自然界的一般颜色均可以分解成 R（红色）、G（绿色）、B（蓝色）三种基色，而利用 R、G、B 三种基色进行不同比例的组合也可以混合出自然界中各种不同的颜色。

（1）RGB 分量视频。

只要在黑白视频信号基础上将单个的黑白亮度信号扩展为 R 信号、G 信号、B 信号 3 个基色信号，就可以构成最基本的彩色视频信号，通常称为分量视频。同步信号与图像信号通常有如下 4 种组合方式。

RGsB：同步信号附加在 G 通道，使用 3 根 75Ω同轴电缆传输。

RsGsBs：同步信号附加在 R 通道、G 通道、B 通道 3 个通道，使用 3 根 75Ω同轴电缆传输。

RGBS：同步信号作为一个独立通道，使用 4 根 75Ω同轴电缆传输。

RGBHV：同步信号作为行、场的两个独立通道，使用 5 根 75Ω同轴电缆传输。

（2）色差分量视频。

在对视频信号进行传输时，RGB 分量视频的方式并不是带宽利用率最高的方式，因为 3 个基色信号均需要相同的带宽。

人类视觉对亮度细节变化的感受比对色彩变化的感受更加灵敏，我们可以将整个带宽用于传输亮度信息，把剩余可用带宽用于传输色差信息，以提高视频信号的带宽利用率。

将视频信号分量处理为亮度信号和色差信号可以减少应当传输的信息量。用一个全带宽亮度通道（Y）表示视频信号的亮度细节，两个色差通道（R-Y 和 B-Y）的带宽限制在亮度带宽的一半，仍可提供足够的色彩信息。采用这种方法，可以通过简单的线性矩阵实现三种基色与 Y、R-Y、B-Y 的转换。色差通道的带宽限制在线性矩阵之后实现，在将色差信号恢复为 RGB 分量视频显示时，亮度细节按全带宽得以恢复，而色彩细节会限制在可以接受的范围内。

（3）复合视频。

分量视频可以产生从摄像机到显示终端的高质量图像，但传输这样的图像信号至少需要 3 个独立通道，并且需要保证各通道的信号具有相同的增益、直流偏置、时间延迟和频率响应。为降低传输成本并减小传输线路对画质的影响，可利用频分复用，将 3 个通道的图像信号（可以包含同步信号等控制信号）复合到一个通道进行传输。

为使彩色广播电视系统与黑白广播电视系统相互兼容，可先将 RGB 分量视频信号转换为一路亮度信号与两路色度信号。亮度信号与黑白广播电视系统相互兼容，同样占有 6MHz 的带宽。两路色度信号经正交调制后，间插在视频通带的高端。这样就可以在黑白电视的有限带宽内实现彩色信号的传输。

目前世界各地使用的电视制式不完全相同，这些电视制式的帧频、分辨率、信号带宽、载频、亮度信号与色度信号的复合方式等都有所不同。现行的彩色电视制式主要有 NTSC 制、PAL 制和 SECAM 制 3 种。美国、加拿大、日本、韩国、菲律宾等国家采用 NTSC 制式；德国、英国、中国、新西兰等国家采用 PAL 制式；东欧、中东一带采用 SECAM 制式。

3.2.3 数字视频

随着数字通信技术及计算机图像技术的发展，模拟电视系统开始向数字电视系统过渡。数字电视制式具有抗干扰能力强，可以减小发射功率，提高频谱资源的利用率，易于将视频信号与其他信号交织传输，便于实现数字系统与数字通信网和计算机网络的互操作性等许多优点。

彩色电视信号数字化的实现有全信号编码和分量编码两种方式。

全信号编码是对彩色全电视信号直接进行编码，形成数字视频信号。全信号编码的抽样频率 f_s 一般采用 $f_s = 4f_{sc}$（式中，f_{sc} 为副载频，PAL 制式信号的 f_{sc} 约为 4.43MHz），这样可使 NTSC 制式和 PAL 制式的信号形成便于进行行间、场间和帧间信号处理的正交抽样结构。全信号编码一般采用 10 位量化。由此可算出彩色电视信号数字化后产生 $10\text{bit} \times f_s \approx 177.2\text{Mb/s}$ 的数据流量。

分量编码是对彩色电视信号的 3 个分量（Y、R-Y、B-Y 或 3 个基色信号）分别进行数字化处理和编码。主观实验表明，当亮度信号 Y 的带宽为 5.8MHz～6MHz，两个色差信号的带宽均为 2MHz 时，可以获得较高的图像质量。若要获得高质量的彩色效果，色差信号的带宽应达到 3MHz。

为便于国际间的电视节目交换，国际无线电咨询委员会（International Radio Consultative Committee，CCIR）于 1982 年通过了 601 号建议（现称 ITU-RBT.601-A），确定了电视演播室分量编码的国际标准。考虑到抽样频率对 525 行制和 625 行制的兼容性，标准规定 Y/（R-Y）/（B-Y）的抽样频率为 13.5MHz/6.75MHz/6.75MHz。由于两个色差信号的抽样频率均为亮度信号的 2/4，因此 ITU-RBT.601-A 标准简称 4∶2∶2 标准。

对于 PAL 制式数字视频，每帧有 625 行，行频为 15625Hz，每行有 13.5MHz/15625Hz＝864 个采样点；对于 NTSC 制式数字视频，则每行有 858 个采样点。但是 ITU-RBT.601-A 规定，无论 525 行制还是 625 行制，数字有效行的亮度信号样点数都是 720，色差信号样点数都是 360，每行中的"有效"样点必须进行存储或其他处理。这样，就可以消除信号制式间的差别。另外，525 行制每帧有效抽样行数为 480，625 行制每帧有效抽样行数为 576。分量编码一般也采用 10 位量化。4∶2∶2 标准数字化后产生 10bit×（13.5MHz＋6.5MHz＋6.5MHz）＝270Mb/s 的数据流量。

4∶2∶2 标准是为演播室制定的要求较高的分量编码标准。在某些应用场合为压缩编码后的比特率，可采用较低档次的编码标准，常用的有 4∶2∶0 标准和 4∶1∶1 标准。在 4∶2∶0 标准中，亮度信号与色差信号的抽样频率与 4∶2∶2 标准相同，但两个色差信号每 2 行取 1 行，即两个色差信号在水平方向和垂直方向的分解力均取亮度信号在水平方向和垂直方向分解力的 1/2。在 4∶1∶1 标准中，Y/（R-Y）/（B-Y）的抽样频率为 13.5MHz/3.375Hz/3.375MHz，即两个色差信号在垂直方向的分解力与亮度信号在垂直方向的分解力相同，在水平方向的分解力则为亮度信号在水平方向分解力的 1/4。以上这些标准的幅型比都是 4∶3。表 3-2 给出了分量编码抽样标准。

表 3-2 分量编码抽样标准

编码标准及视频参数		4∶2∶2 标准		4∶2∶0 标准		4∶1∶1 标准	
		625 行制	525 行制	625 行制	525 行制	625 行制	525 行制
每帧有效行数	亮度	576	480	576	480	576	480
	色度	576	480	288	240	576	480
每行有效像素	亮度	720	720	720	720	720	720
	色度	360	360	360	360	180	180
帧频（Hz）		25	30	25	30	25	30
幅型比		4∶3	4∶3	4∶3	4∶3	4∶3	4∶3

宽屏幕电视的幅型比为 16∶9，为此，电影和电视工程师学会（SMPTE）提出了 13.5MHz 标准和 18MHz 标准两种抽样标准。13.5MHz 标准与 4∶3 幅型比的信号相同，只是在显示时，13.5MHz 的信号的像素约为 4∶3 幅型比的信号的像素在水平方向的 1.33 倍。18MHz 标准则增加了水平方向信息，数字有效行有 960 个亮度信号样点，在降清晰度收看高清晰度节目时有较好的质量。

　　HDTV 规定视频必须满足 720 有效行逐行扫描或 1080 有效行（DVD 标准为 480 有效行）隔行扫描，屏幕纵横比为 16∶9，音频输出为 5.1 声道（杜比数字格式），同时能兼容接收其他较低格式的信号并对其进行数字化处理重放等要求。

　　HDTV 有 3 种显示格式，分别是 720P（1280×720P）、1080 i（1920×1080i）、1080P（1920×1080P）。其中，P 表示逐行扫描，i 表示隔行扫描。HDTV 的视频信号采用 MPEG2 压缩，其音频信号则采用 AC3 压缩。

　　在模拟系统中普遍采用 75Ω同轴电缆和 75ΩBNC 连接器传输视频信号，为使数字视频信号也能在模拟系统原有硬件上进行传输，国际电信联盟（ITU）制定了 SDI 标准，即数字分量串行接口标准。在 SDI 标准基础上衍生出了 HD-SDI 接口标准，该标准可以实现在不改变模拟系统传输硬件的基础上传输 1080P50/59.94 格式的高清视频信号，串行带宽可达 3Gbit/s（SMPTE424M 协议）。与网络传输方案相比，HD-SDI 接口标准在实时性方面有巨大优势，所需成本也更为合理，是数字视频传输的不二选择。

3.2.4　视频压缩

　　数字图像信息的数据量很大，而数字视频信息的数据量更大。例如，普通 PAL 制式数字视频每秒可传输 25 帧，每帧有 720×576 个像素，每个像素的信息用 16bit 数据表示，则其数据量为 $16\text{bit} \times 720 \times 576 \times 25\text{Hz} \approx 165.9\text{Mbit}/\text{s}$，也就是说存储时长为 1s 的视频大约需要 20.7MB 的容量，一张容量为 600MB 的光盘只能存储时长为 30s 的视频。为了方便对大数据量的数字视频信息进行传输、存储及处理，必须对其进行压缩编码处理。

　　视频压缩的目的是在尽可能保证视觉效果的前提下减少视频数据量。视频是连续的静态图像，其压缩编码算法与静态图像的压缩编码算法有一些共同点。但视频还具有运动的特性，在压缩时必须考虑其运动特性。由于视频信息中各画面之间有很强的信息相关性，相邻画面又有高度的相容性（连贯性），所以数字视频信息的数据量可压缩几十倍甚至几百倍。视频压缩编码的方法有很多，一般在选择或设计视频压缩编码算法时需要掌握一些视频压缩的基本概念。

1．无损压缩和有损压缩

　　无损压缩指压缩前和解压缩后的数据完全一致。多数的无损压缩都采用 RLE 行程编码算法，这种算法特别适用于由计算机生成的图像，这些图像一般具有连续的色调。但是无损压缩算法一般对数字视频和自然图像的压缩效果不理想，因为数字视频和自然图像色调细腻，不具备大块的连续色调。

　　有损压缩意味着解压缩后的数据与压缩前的数据不一致。有损压缩在压缩的过程中要丢失一些人眼和人耳所不敏感的图像信息或声音信息，而且丢失的信息不可恢复。几乎所有高压缩的算法实现的都是有损压缩，这样才能达到低数据率的目的。丢失的数据与压缩比有关，压缩比越大，丢失的数据越多。此外，某些有损压缩算法采用多次重复压缩的方式，这样还会引起额外的数据丢失。

2．帧内压缩和帧间压缩

　　帧内压缩也称空间压缩。同一景物表面各采样点的颜色之间往往存在空间连贯性，但是基于离散像素采样来表示景物颜色的方式通常没有利用景物表面颜色的空间连贯性，从而产生了空间冗余。当压缩一帧视频时，仅考虑本帧的数据而不考虑相邻帧之间的冗余信息，这实际与静态图像压缩类似。由于在进行帧内压缩时，各帧之间不会相互影响，所以压缩后的视频数据仍能以帧为单位进行编码。帧内压缩一般达不到很高的压缩率。

由于视频具有运动的特性，故还可以采用帧间压缩的方法。帧间压缩方法是基于视频或动画的连续前后两帧具有很大的相关性（前后两帧信息变化很小）的特点实现的。例如，在演示一个球在静态背景前滚动的视频片段中，连续两帧的大部分图像是基本不变的（背景不变），即连续的视频的相邻帧之间具有冗余信息。根据这一特性，压缩相邻帧之间的冗余就可以进一步提高压缩率。帧间压缩也称时间压缩，它通过比较时间轴上不同帧之间的数据进行压缩。帧差值算法是一种典型的时间压缩算法，它通过比较本帧与相邻帧之间的差异，然后仅记录本帧与相邻帧的差值，这样可以大大减少数据量。例如，如果一段视频不包含大量超常的剧烈运动景象，而由一帧一帧的正常运动构成，采用帧差值算法就可以达到很好的效果。

3．对称编码和不对称编码

对称性是压缩编码的一个关键特征。对称意味着压缩和解压缩占用相同的计算处理能力和时间。对称算法适用于需要实时压缩和传送视频的场合，如视频会议。而在电子出版和其他多媒体应用中，一般预先对视频进行压缩，在需要时才播放，可以采用不对称编码。不对称或非对称意味着压缩时需要花费大量的时间并需要较强的处理能力，而解压缩时则能较好地实时回放，即以不同的速度进行压缩和解压缩。一般地，压缩一段视频的时间比回放（或解压缩）该视频的时间要多。例如，压缩时长为 3min 的视频可能需要 10min，而该视频实时回放只需要 3min。

目前，国际标准化组织制定的有关视频压缩编码的几种标准及其应用范围如表 3-3 所示。

表 3-3　视频压缩编码的标准及其应用范围

标　准　名　称	源图像格式	压缩后的码率	主　要　应　用
MPEG-1	CIF 格式	1.5Mbit/s	适用于 VCD
CCITT H.261	CIF 格式	P×64kbit/s	应用于视频通信，如可视电话、会议电视等
	QCIF 格式	P=1 或 2 时支持 QCIF	
		P≥6 时支持 QIF	
MPEG-2	720×576×25Hz	5Mbit/s～15Mbit/s	DVD 等
	352×288×25Hz	<5Mbit/s	交互式多媒体应用
	1440×1152×50Hz	80Mbit/s	HDTV 领域
MPEG-4	多种不同的视频格式	最低可达 64kbit/s	虚拟现实、交互式视频等
H.264	多种不同的视频格式	比 MPEG-2 平均节约 64% 的码率	视频服务、媒体制作发行、IPTV、设备终端等
H.265	最高 8K（8192×4320）	最多比 H.264 节约 50%的码率	超高清视频应用

3.2.5　视频监控网络协议

网络摄像机提供多种基于 IP 网络的传输协议，以保证音视频数据、PTZ 控制数据的网络传输质量。实时视频流利用 IP 网络进行传输，通过多种协议的组合，实时视频流可以适应各种复杂的网络传输环境。

（1）RTP 协议（Realtime Transport Protocol，实时传输协议）针对实时流媒体而设计。RTP

协议的基本功能是将几个实时数据流复用到一个 UDP 分组流中，该 UDP 分组流可以被传送至一台主机（单播模式），也可以被传送至多台目标主机（多播模式）。RTP 协议仅封装成常规的 UDP，理论上路由器不会对分组有任何特殊对待，但现在的高级路由器都有针对 RTP 协议的优化选项。RTP 协议的时间戳机制不仅可以减少抖动的影响，而且允许多个数据流同步，这样可以很方便地基于 I/O 事件在视频图像中添加字幕。网络摄像机往往将音视频编码数据封装成 RTP 分组。

（2）RTCP 协议（Realtime Transport Control Protocol，实时传输控制协议）是 RTP 协议的姊妹协议。RTCP 协议处理反馈、同步和用户界面等，但是不传输任何数据。RTCP 协议的主要功能是向源端提供有关延迟、抖动、带宽、拥塞和其他网络特性的反馈信息，以使编码进程可以充分利用这些信息。当网络状况较好时，RTCP 协议可以提高数据传输速率；而当网络状况不好时，RTCP 协议可以减少数据传输速率。通过连续的反馈信息，编码算法可以持续地进行相应调整，从而在当前条件下提供最佳质量。

（3）RTSP 协议（Real Time Streaming Protocol，实时流协议）利用推式服务器（Push Server）使音视频浏览端发出请求。网络摄像机不停地向音视频浏览端推送封装成 RTP 分组的音视频编码数据，网络摄像机可以用很小的系统开销实现流媒体传输。

（4）HTTP 协议（HyperText Transfer Protocol，超文本传输协议）。网络摄像机通过 HTTP 协议提供 Web 访问功能，音视频数据可以很方便地通过复杂网络传输，但音视频实时传输很不理想。

（5）UDP 协议（User Datagram Protocol，数据报协议）是最基本的网络数据传输协议，它利用 IP 协议提供网络无连接服务。UDP 协议常用来封装实时性强的网络音视频数据，即使网络传输过程中发生分组丢失现象，在客户端也不会影响音视频的浏览。

（6）TCP 协议（Transmission Control Protocol，传输控制协议）利用 IP 协议提供面向连接网络服务。TCP 协议可以为不可靠的互联网络提供可靠的端到端字节流。由于 TCP 协议往往要在服务端和客户端经过多次"握手"才能建立连接，因此利用 TCP 协议传输实时性较强的音视频流开销较大，如果网络不稳定，音视频抖动的现象明显。利用 TCP 协议的可靠性可以传输网络摄像机管理命令，如 PTZ 命令及 I/O 设备控制命令。

网络摄像机往往将 RTSP 协议、RTP 协议、RTCP 协议、HTTP 协议、UDP 协议、TCP 协议进行不同组合来传输实时性较强的音视频流。常见的协议组合如下。

RTP 协议+RTSP 协议组合。在正常网络环境里，这种协议组合（RTP 协议可以用 TCP 协议、UDP 协议封装，RTSP 协议可以用 TCP 协议封装）可以保证客户端浏览实时音视频。厂商往往推荐网络摄像机采用这种协议组合。一些网络设备也支持 RTP 协议+RTSP 协议多播模式。

RTP 协议+RTSP 协议组合，RTP 协议分组封装成 RTSP 协议分组。有些网络防火墙只允许 RTSP 协议分组通过，但网络摄像机需要利用 RTP 协议提供实时音视频，这种协议组合增加了网络负载和客户端管理系统的复杂度。

RTP 协议+RTSP 协议+HTTP 协议组合。这种协议组合在 RTP 协议+RTSP 协议的数据基础上增加了 HTTP 协议封装，主要用于适应网络防火墙只允许使用 HTTP 协议的网络环境。虽然这种协议组合会使网络负载加大，但可以使网络摄像机适应更复杂的互联网环境。

UDP（TCP）协议。一些网络摄像机为了适应国内网络带宽状况不佳的情况，没有利用 RTP

协议+RTSP 协议封装音视频数据，而只采用 UDP 协议或 TCP 协议封装音视频数据。这样就可以利用很小的网络带宽传输音视频数据。这种协议组合也可以提供类似 RTP 协议+RTSP 协议的高级功能，但无法利用网络路由设备基于 RTP 协议+RTSP 协议组合优化特性。

UDP（TCP）协议+HTTP 协议组合。这种协议组合将音视频数据封装成 HTTP 协议数据分组，然后利用 UDP（TCP）协议将 HTTP 协议数据分组传输到客户端。这种协议组合可适应复杂的互联网环境，可以穿透大多数网络防火墙。

各种传输层协议组合可以保证音视频数据和 PTZ 数据实时传输的可靠性，但网络摄像机内置的处理器计算能力有限，使得并发访问的用户数量有限，这样无法满足并发访问要求较高的应用环境。网络摄像机通常利用具备多播功能的网络传输设备，来响应更多的并发访问要求。有些网络摄像机客户端软件功能强大，利用数据转发机制，可以充当能够响应更多并发访问用户的"虚拟网络摄像机"，这种方式也适用于 PTZ 网络摄像机，对大规模数字化视频监控网络建设具有重要意义。

（7）NTP 协议（Network Time Protocol，网络时间协议）。众多网络设备的时间同步可通过 NTP 协议自动进行。NTP 协议可以使网络设备根据事先设置的时间源服务器自动进行时间校正。时间校正精准度，LAN 上与标准间相差小于 1ms，WAN 上与标准间相差几十毫秒，且可以通过加密确认的方式来防止恶意协议的攻击。

（8）DDNS 协议（Dynamic Domain Name System，动态域名系统协议）。由于多数用户使用的是动态 IP 地址，因此当用户需要通过公共网络访问网络视频监控设备时，需要获得即将访问的网络视频监控设备当前的有效 IP 地址，这就产生了如何获取该 IP 地址的问题，而 DDNS 协议可以有效解决这一问题。在正确设置支持 DDNS 协议的网络视频监控设备后，该设备一旦连通公共网络，就会向预先设置的运营商服务器发送其当前 IP 地址进行注册登记，之后当用户需要访问该设备时，通过相同的运营商服务器查询设备地址即可。

（9）ONVIF 协议（Open Network Video Interface Forum，开放型网络视频接口论坛协议）。随着网络视频监控系统的不断普及，一个网络视频监控系统可能需要集成众多厂家的网络设备。为实现不同厂家视频监控设备的互联互通，安讯士公司联合博世公司及索尼公司共同成立了一个国际开放型网络视频产品标准网络接口开发论坛，取名为 ONVIF，并以公开、开放的原则共同制定开放性行业标准。ONVIF 协议现已成为网络视频监控领域的统一标准，该协议保证了系统可以集成不同厂商的产品，使终端用户和集成用户不再被某些设备的固有解决方案所束缚，提高了行业的标准化建设和公平竞争。

3.2.6　视频结构化技术

视频结构化技术是一种用来提取视频图像中的目标对象及其运动轨迹，并实现视频内容（人、车、物、活动目标）高层结构化属性特征自动提取的技术。视频结构化技术主要采用目标分割、时序分析、对象识别、深度学习等处理手段分析和识别目标信息，并按照语义关系将目标信息组织成可供计算机和人理解的文本信息。从数据处理的流程看，视频结构化技术能够将监控视频转化为人和机器可理解的信息，并进一步转化为用于生产管理、安全防范的情报，实现视频数据向信息、情报的转化，在此基础上进行大数据分析、检索、报警、挖掘，从而构建视频大数据的深度应用平台。

3.3　校园监控需求分析与现场勘查

3.3.1　视频监控系统需求分析

1．监控目标分析

需要监控的目标可能是某个人、某个物体、某个空间、某个活动。通过对监控目标进行分析可以进一步得出需要监控的视场范围，并确定是否需要 PTZ 控制等要求。

2．监控时间段分析

对不同的监控目标进行监控的时间段是不同的，可能是长期性的、临时的、连续不间断的、间歇性的或周期性的。监控时间段的不同对图像采集条件、手段的选择不同。例如，有的应用只需要在上班时间进行监控，有的应用需要 24 小时全天候监控，有的应用需要在大雾等环境中进行监控等。

3．监控质量分析

监控质量分析内容包括监控清晰度和监控实时性。监控清晰度反映的是空间层面的图像质量。视频产品的图像清晰度常用水平电视线来表示。但在需求分析阶段，不宜采用这种表示方法，可以使用"有无探测""分类识别""特征识别"3 个层次来体现对监控目标的辨识能力。例如，当监控目标是人时，"有无探测"需要能够辨别目标对象是否为人；"分类识别"则需要能够判断目标对象大致属于哪一类人（如高矮胖瘦，男女老幼等）；"特征识别"则要求能够辨识出目标对象是哪个人。

监控实时性反映的是时间层面的监控质量。监控实时性包括两方面的要求：一方面是对监控画面的连续性要求，即是否允许出现"跳帧"的现象；另一方面是对图像再现的延时是否敏感，即用户是否介意监控屏幕上出现的画面是几秒钟前发生的事情。现有的网络监控技术在图像再现的延迟上还不够完善，特别是在大规模应用时图像再现的延迟问题更为突出。在同时存在音频监控的情况下，监控实时性还包括对音视频信号同步的要求。

4．监控信息要求

需要监控的信息包括图像、声音等。其中，图像又可分为彩色、黑白、红外成像、X 光成像等。对于监控信息的要求直接决定了图像采集设备的选择。

5．监控用户分析

需要明确使用视频监控系统的用户数量、用户使用方式、使用权限的要求等。例如，同时使用系统进行实时监控的用户数量多少决定了监控控制台工位的数量；用户使用方式包括远程操作/本地操作、固定地点/多点切换（或移动漫游），用户使用方式还包括单个/集体监控（决定了是否需要采用大屏幕显示技术）；使用权限的要求决定了系统的管理配置和安全策略的制定。

6．系统控制功能分析

分析是否需要进行视频图像的切换，切换方式是手动还是自动，切换过程的响应时间要求等；分析是否存在对前端设备的云镜控制要求，前端设备对控制终端的控制响应时间及响应精度要求；分析是否存在多级分控的功能要求，明确各级的优先级，避免出现控制冲突。

7. 记录与回放功能分析

应当明确哪些音视频信号需要被记录、存储，这些音视频信号存储的时间有多长，存储及回放的图像质量有何要求，采用集中存储方式还是分布存储方式，记录存储的触发方式（如手动录像、定时录像、报警录像、联动录像）有无要求，对于回放录像的检索条件有无特殊要求，存储的媒介有无保密及备份等方面的要求。

8. 系统报警功能要求

为增强视频监控系统的主动防范功能，视频监控系统通常具备各种报警功能，比如，智能图像分析报警、视频信号丢失报警、视频移动报警、视频遮挡报警、视频信号异常报警、输入/输出视频制式不匹配报警、非法访问报警、网络断开报警、IP 冲突报警、硬盘错误报警及硬盘满报警、非法设备接入报警和设备丢失报警等报警功能。在需求分析阶段应明确系统报警功能的要求。

9. 联动功能要求

为获得更好的安全防范效果，视频监控系统通常与其他系统进行联动，比如，联动辅助照明以获得更佳的监控图像，联动接入报警信号以实现方便的报警复核等。在客户需求分析阶段需要明确视频监控系统与其他系统有何联动需求，常见的联动有与灯光联动、与报警联动、与电子地图联动、与门禁/对讲联动、与消防联动、与电梯联动、与广播系统联动等。

10. 系统管理功能要求

系统管理功能要求包括用户管理、设备管理等方面的要求。例如，用户权限的具体分配、非法人员访问、意外系统操作等安全管理的要求，识别、管理系统现有设备的要求，系统参数配置方式的要求，系统是否需要具备事件记录、信息统计、应急备份及快速恢复等功能。

3.3.2 视频监控系统现场勘查

现场勘查实际是需求分析的一种形式，但由于其同时具备一些初步设计的特征，因此非常重要。除了现场核实前期资料，还有如下与视频监控系统相关的现场勘查内容。

1. 现场环境对摄像机的影响

现场环境中对摄像机成像质量影响最大的因素是现场光照条件。应当选择合适的时机对现场光照条件进行实地评估，评估内容包括在监控时间段内光照强度的变化情况、强光照射的角度方位。此外，现场环境的温度、湿度、雷电、酸碱度、粉尘含量、振动情况、腐蚀性物质、易燃易爆物质也会对摄像机的防护及安装产生影响。

2. 现场环境对系统传输方案的影响

现场环境的电磁干扰情况、其他系统管路的占用情况、实际建筑布局和结构等对不同系统传输方案的影响程度是不一样的，应根据实际情况选择最佳的视频传输方案。

3. 人文环境对视频监控系统的影响

根据被监控现场的人文环境的具体情况选择隐蔽监控还是公示警告。同时需要确定监控前端设备是否存在扰民因素（如夜晚补光灯所引起的光污染），是否存在监控设备对景观的影响或破坏，是否存在隐私关切问题，是否需要采用防暴力破坏的设备或防护措施，是否存在监控信号中途被拦截、监视的可能等。

4. 监控中心现场勘查

监控中心是工作人员使用视频监控系统的主要场所，同时也是显示设备、控制设备、记录设备、处理设备集中安装的地方。在勘查监控中心的过程中，应主要关注监控中心功能布局、装修条件、进出管路位置、光照条件、供电情况、工作噪声容限、操作人员工作方式等对系统方案及实施过程的影响。

3.4　校园视频监控系统的构建

3.4.1　校园视频监控系统组建类型

视频监控技术的发展非常迅速，且其种类有很多（如闭路电视监控技术与网络视频监控技术）。这些技术各有优劣，在实际的工程应用中都有成功的案例。这些技术不断进行融合，构成了多种多样的视频监控系统。根据系统前端图像采集设备与后端显示设备间的数量关系，可将视频监控系统分为一对一系统、一对多系统、多对一系统、多对多系统 4 种类型。根据系统应用的核心技术不同，可将视频监控系统分为模拟视频监控系统、数字视频监控系统、网络视频监控系统及模数混合系统。根据系统采用的核心设备不同，可将视频监控系统分为基于视频切换器、画面分割器、DVR、矩阵、网络交换的视频监控系统。GB 50395—2007《视频监控系统工程设计规范》中根据系统对视频图像信号处理/控制方式的不同，将视频监控系统分为简单对应、时序切换、矩阵切换、数字视频网络虚拟交换/切换 4 种类型，与这种划分方法类似，下面根据视频信号切换方式的不同，将视频监控系统分成无切换系统、时序及画面分割切换系统、矩阵切换系统、网络切换系统 4 种类型并加以介绍。

1．无切换系统

无切换系统的前端图像采集设备与后端显示设备之间属于简单对应模式，一对一系统、一对多系统多为无切换系统。若采用模拟技术构成无切换系统，需要利用视频分配器将一路视频信号分成多路送至多个显示设备及录像设备；也可采用单路的视频编码卡（或视频编码器）与网络监控技术构成无切换系统。无切换系统是最简单的视频监控系统，其功能一般非常简单，适用于只需要监控单路图像的应用场所。图 3-8 给出了无切换系统的 4 种实现方式。

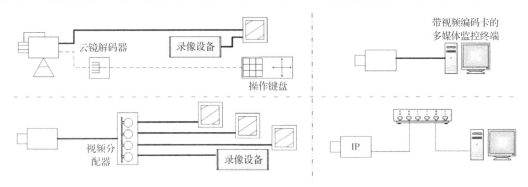

图 3-8　无切换系统的 4 种实现方式

2．时序及画面分割切换系统

当用户需要监控数量不多的多路视频时，为提高设备利用率并降低系统成本，通常采用在一个显示设备轮流观看多路视频的方式，即利用视频切换器实现时序切换或手动切换。若观看的图像清晰度可暂时降低，但希望多路图像能够同时得到监控，可利用画面分割器实现这种功能。对于数字系统，可采用多路视频采集卡、硬盘录像机或网络视频服务器实现时序及画面分割切换的功能。图 3-9 给出了时序及画面分割切换系统的 6 种实现方式。

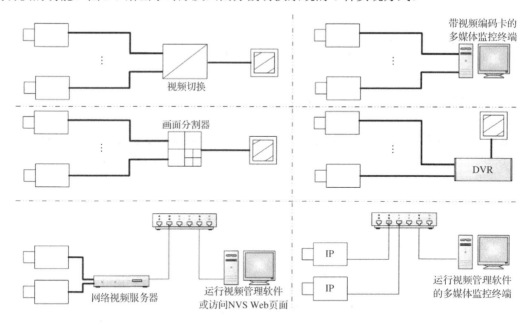

图 3-9　时序及画面分割切换系统的 6 种实现方式

3．矩阵切换系统

当用户同时监控的图像画面数量较多，通过一个监视器显示无法满足画面质量要求，只能增加显示设备时，就会产生在任意一台监视器能监控任意一路图像画面的要求。通常采用矩阵切换系统解决此类多路输入对应多路输出的问题。矩阵切换系统实现框图可参考图 3-2。矩阵切换系统具有多级管理功能和分控功能（地理位置不同的多用户控制管理功能），但这些功能较为局限，且系统实施比较麻烦，多级管理的级数和分控的数量十分有限，不能适应大型系统和用户灵活多变的要求。

4．网络切换系统

网络切换系统即网络视频监控系统，该系统是利用计算机网络强大的数据交换能力实现视频图像的切换的。网络切换系统实现框图可参考图 3-4。

3.4.2　视频监控系统框图

系统框图通常用于说明系统的框架与工作原理。对于视频监控系统，其系统框图应具备以下几方面的信息。

（1）主要设备类型及配置数量。

主要设备包括前端摄像机、云镜控制设备、图像控制/处理设备、记录设备、显示设备及主要的传输设备。要求能够标明体现系统规模（如前端摄像机的数量、硬盘录像机的数量、监视器的数量等）及涉及资源共享的设备数量。

（2）信号传输方式及设备连接关系。

采用何种方式传输视频信号、控制信号对于说明系统工作原理和系统所具备的特性是非常关键的，信号传输方式应当符合用户的需求和现场环境的限制条件。设备连接关系可以表达系统设计的正确性、合理性，并给出信号可能的流向。

（3）供电方式。

在系统框图中可以用说明文字的形式简要表示系统所采用的供电方式。

（4）与其他系统的接口关系。

与其他系统的联动是视频监控系统的一项非常重要的功能。在系统框图中应说明视频监控系统与哪些系统有联动机制，系统间通过何种途径实现信息交换，具体来说就是通过何种接口实现系统间的通信及联动。

（5）其他有助于说明系统框架和工作原理的必要说明。

3.5　监视区设置与前端设备选配

3.5.1　监视区设置

根据用户需求分析结果与现场环境条件合理设置监视区。一般而言，监视区的设置应注意以下几个方面。

- 监视区的范围应当满足用户要求，不能遗漏或留有死角。
- 相邻且清晰度要求、时间段要求相同的区域可以设置为一个监视区。
- 相邻但具有不同防护目的的区域宜分设为不同的监视区。
- 监视区先按监控目的、清晰度要求、时间段要求等进行分类，再按地理位置编号。
- 一个监视区可由几个监控点位配合实现该区域的监控要求。
- 一个监控点位可以满足几个监视区的监控要求（比如快球点位）。

通过设置监视区，可以很好地检查设计要求是否得到了满足，并可以对接下来的点位设计起到很好的指导作用，甚至还可反推前期的用户需求分析是否到位。在实际设计工作中，往往由于设计要求描述不明或设计要求非常简单而忽略了设置监视区，这为校验之后的设计是否满足前面的要求带来了许多不确定性。

3.5.2　摄像机

随着 CMOS 技术的发展，CMOS 图像传感器与 CCD 图像传感器的性能的差距越来越小。CMOS 图像传感器已广泛应用于网络摄像机及高清摄像机，但在视频监控系统中，CCD 图像传感器并未消失，而是更多地应用在高灵敏度、低噪声、高速等领域。图像传感器中植入的微小光敏物质称作像素（Pixel）。一块图像传感器包含的像素数越多，其提供的画面分辨率就越高。图像传感器的作用与胶片相似，但前者用于将图像像素转换成数字信号。被摄物体的图像经过镜头聚焦至图像传感器芯片，图像传感器根据光的强弱积累相应比例的电荷，各个像素积累的电荷在视频时序的控制下，逐点外移，经滤波、放大处理后，形成视频信号输出（通常与电视系统一致，我国广播电视为 PAL 制式，隔行扫描）。视频信号连接至监视器或电视机的视频输入端便可以显示与原始图像相同的视频图像。

摄像机按成像色彩可划分为彩色摄像机和黑白摄像机两种，这两种摄像机除色度处理方面不同，其他原理基本一致。摄像机主要由光学系统、光电转换系统、信号处理系统组成。其中，光电转换系统是摄像机的核心。

自然图像经光学镜头成像于摄像机的光靶面，彩色摄像机的光学系统使用相关分色棱镜或特殊条状滤色镜将光信号分成红、绿、蓝三色光信号，光电转换系统利用图像传感器并通过电视扫描方式将光图像信号转换为随时间变化的视频电信号，视频电信号再经放大、处理、编码而成为全电视信号。

1. 摄像机主要性能指标

摄像机的功能有很多，其中，区分摄像机档次的主要指标是水平清晰度、最低照度（灵敏度）和信噪比。

（1）清晰度。

清晰度是衡量摄像机优劣的一个重要参数。模拟视频图像通常以水平电视线为单位（垂直电视线受电视制式的限制，产品间区分度不大），水平电视线指的是当摄像机摄取等间隔排列的黑白相间竖向平行条纹时，在监视器（应比摄像机的分辨率高）的显示屏幕上能够看到的最多线数。当超过水平电视线线数时，在屏幕上只能看到灰蒙蒙的一片而无法辨黑白相间的线条。工业监视用摄像机的清晰度通常为380～460线，广播级摄像机的清晰度则可达到700线。摄像机的清晰度是由摄像器件像素多少决定的，摄像器件的像素越多，得到的图像越清晰，摄像机档次越高，反之越低。

数字视频图像分辨率通常以像素表示，如 PAL 制式数字视频图像对应 720（水平）×576（垂直）像素，NTSC 制式数字视频图像对应 720（水平）×480（垂直）像素。数字视频信号突破了模拟视频信号扫描行数的限制，其垂直方向的像素点数除了有标清的 480 点及以下、高清的 720 点，还有全高清的 1080 点及 4K 的 2160 点。像素仅代表显示基本单元的规模。图像分辨率与单位长度上有多少像素直接相关，其通常以像素每英寸 PPI（Pixels Per Inch）为单位，如近距离显示设备常见的像素密度为300PPI。

与像素不同，电视线带有主观成分。摄像机的电视线一般应小于对应的像素点数，原因如图 3-10 所示。

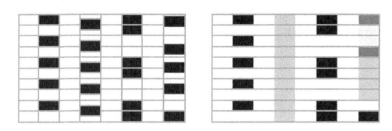

图 3-10　垂直清晰度与像素的几种情形

鉴于各种因素导致的图像清晰度下降（实测电视线小于产品对应像素点数），设计工作中可选用 0.7～0.95 折算系数，如当系数选为 0.7 时，800×600 像素画面的水平电视线约为560TVL。

（2）最低照度。

最低照度是当被摄景物的光亮度低至一定程度而使摄像机输出的视频信号电平低至某一规定值时的景物光亮度值。一般彩色摄像机的最低照度为2lx。由于照度的测定是以一定的镜头光圈系数为前提的，因此，不能以摄像机说明书中标明的最低照度为准，应以摄像机在同一镜头光圈系数下其照度值的大小为准。最低照度越小，摄像机档次越高。相比彩色摄像机，黑白摄像机由于没有色度处理而只对光线的强弱（亮度）信号敏感，所以黑白摄像机的照度比彩色摄像机的照度低，一般为 0.1lx（在 F1.4 时）。微光摄像机的最低照度则更低。

全视频信号的标准值为 1Vp-p，视频分量标准值为 0.7Vp-p，最低照度时的视频信号值为 1/3～1/2 全视频信号的标准值，因而摄像机在最低照度时的图像，决不会"如同白昼一样"。另外，摄像机在最低照度时的图像清晰度是用电视信号测试卡测试的，要求黑白相间条纹的黑色反射率基本为 0%，白色反射率大于 89.9%。而在现场观察时有时不具备这样的条件，比如，树叶和草地的反射率很低，反差很小，不易获得清晰图像。因而在实际使用摄像机时，不能以摄像机标称的最低照度作为衡量现场环境照度的标准。一般工程要求监视目标的最低环境照度应高于摄像机最低照度的 10 倍（国家标准要求为 50 倍）。

最低照度按照灵敏度可分为 1～3lx 的普通型、0.1lx 左右的月光型、0.01lx 以下的星光型，以及原则上可以为 0lx 采用红外光源成像的红外照明型。表 3-4 给出了自然环境照度参考值。表 3-5 给出了人工环境照度参考值。

表 3-4 自然环境照度参考值

自 然 条 件		环境照度（lx）
夏日阳光下	太阳直射	100000
阴天室外	晴朗白天	10000
电视台演播室	阴天	1000
距 60W 台灯 60cm 桌面		300
室内日光灯	黄昏	100
黄昏室内	黎明	10
20cm 处烛光		10～15
微明		1
全月晴空		0.5
半月晴空	夜间路灯	0.1
无月阴云晴空		0.1

表 3-5 人工环境照度参考值

监 控 现 场		环境照度（lx）
银行	大厅	20
	办公室	50
	配有灯光或红外光的金库	20～50
	光线比较好	100～300
	光线适中	50
	光线比较暗	20
	饭厅	10
其他场所	医院房间	50
	医院手术台	1800
	试验台	50

续表

监 控 现 场		环境照度（lx）
其他场所	室外停车场（晚）	1
	室内停车场（微弱灯光）	5
	走廊（含宾馆）	5

（3）摄像器件靶面尺寸。

摄像器件靶面尺寸按照摄像机摄像器件（CCD、CMOS）靶面对角线的尺寸可分为1in（英寸）、1/2in、1/3in、1/4in等。其中以1/3in和1/4in较为常见。表3-6给出了长宽比为4∶3的靶面常用尺寸。

表3-6　长宽比为4∶3的靶面常用尺寸

靶面尺寸 感光靶面尺寸	1in （25.4mm）	2/3in （16.9mm）	1/2in （12.7mm）	1/3in （8.47mm）	1/4in （6.35mm）	1/5in （5.08mm）
对角线（mm）	16.0	11.0	8.0	6.0	4.0	3.6
水平（mm）	12.7	8.8	6.4	4.8	3.2	2.9
垂直（mm）	9.6	6.6	4.8	3.6	2.4	2.2

一般来说，大尺寸的图像传感器的像素面积也较大。图像传感器接收所摄光的面积增大，会使像素输出电荷增多，灵敏度上升，从而使摄像机在弱光条件下具有较好的拍摄能力，这样可以使摄像机整体质量提高，并使图像细部细腻自然。光学系统聚焦影像时的焦平面越小，则成像过程中丢失的细节越多，得到的影像放大后细部过渡就可能出现突变现象，显得不自然。另外，小尺寸图像传感器拥有更多的像素和更高的分辨率，这会导致单个像素的感光面积缩小，有曝光不足的可能。单个像素的面积越小，其感光性能越低，信噪比越低，动态范围越窄。每个像素上的信息趋于与其附近的像素的信息混合，易形成色度亮度干扰。

（4）信噪比。

信噪比也是摄像机的一个重要性能指标。当摄像机摄取较亮场景时，监视器显示的画面通常比较明快，观察者不易看出画面中的干扰噪点；而当摄像机摄取较暗的场景时，监视器显示的画面就比较昏暗，观察者此时很容易看到画面中雪花状的干扰噪点。干扰噪点的强弱（干扰噪点对画面的影响程度）与摄像机信噪比指标的好坏有直接关系，即摄像机的信噪比越高，干扰噪点对画面的影响就越小。

信噪比指的是信号功率对于噪声功率的比值，通常用符号 S/N 来表示。由于在一般情况下，信号功率远高于噪声功率，前者对于后者的比值非常大，因此，实际在计算摄像机信噪比时，通常是对均方信号电压与均方噪声电压的比值取以 10 为底的对数再乘以系数 20，信噪比的单位用 dB 表示。

一般摄像机给出的信噪比均是在 AGC（自动增益控制）关闭时的值，这是因为当 AGC 接通时，会对小信号进行提升，使得噪声电平也相应提高。摄像机信噪比的典型值一般为 45dB～55dB。测量信噪比参数时，应将视频杂波测量仪直接连接在摄像机的视频输出端子上。

（5）AGC。

AGC 是 Automatic Gain Control 的缩写。所有摄像机都有一个将来自 CCD 的信号放大至可以使用水准的视频放大器，其放大量即增益，等效于有较高的灵敏度，可使其在微光下灵敏，然而在亮光照的环境中放大器将过载，使视频信号畸变。为此，需要利用摄像机的 AGC 电路来探测视频信号的电平，适时地开关 AGC，从而使摄像机能够在较大的光照范围（动态范围）内工作，即在低照度时自动增加摄像机的灵敏度，从而提高图像信号的强度来获得清晰的图像。具有 AGC 功能的摄像机，当 AGC 开关置于 ON 位时，在低亮度条件下完全打开镜头光圈，自动增加增益以获得清晰的图像（在低照度时的灵敏度会有所提高，但此时的噪点也会比较明显，这是由于信号和噪声被同时放大的缘故）；当 AGC 开关置于 OFF 位时，在低亮度下可获得自然而低噪声的图像。

（6）背景光补偿。

背景光补偿（BackLight Compensation，BLC）也称逆光补偿或逆光补正，它可以有效补偿摄像机在逆光环境下拍摄时，画面主体黑暗的缺陷。

通常，摄像机的 AGC 工作点是通过对整个视场的内容进行平均来确定的。但如果视场中包含一个很亮的背景区域和一个很暗的前景目标，则此时确定的 AGC 工作点有可能对前景目标来说是不合适的，这种情况下，背景光补偿可以改善前景目标显示状况。

当引入景背光补偿功能时，摄像机仅对整个视场的某个子区域（如第 80～200 行的中心区域）进行检测，通过求此区域的平均信号电平来确定 AGC 工作点。由于子区域的平均电平很低，因此 AGC 会有较高的增益，使输出视频信号的幅值提高，进而使监视器呈现的主体画面明朗，此时的背景画面会更加明亮，但其与主体画面的主观亮度差会大大降低，整个视场的可视性可以得到改善。

当背景光补偿为开启状态时，摄像机仅对整个视场的某个子区域求平均信号电平来确定其 AGC 工作点，此时，如果前景目标位于该子区域内，则前景目标的可视性可以得到改善。

当图像的最亮部分与最暗部分的照度比值（动态变化范围）较大时，引入背景光补偿功能难以确保全画面的清晰成像，宽动态摄像机综合运用低照度成像器件、背景光补偿、动态曝光控制、图像增强等技术，可达到高亮度反差同时清晰成像的效果。

（7）电子快门。

电子快门（Electronic Shutter，ES）是对比照相机的机械快门功能提出的一个术语，它相当于控制图像传感器的感光时间。由于感光的实质是信号电荷的积累，因此感光时间越长，信号电荷的积累时间就越长，输出信号电流的幅值也就越大。通过调整光生信号电荷的积累时间（调整时钟脉冲的宽度），可以实现控制图像传感器感光时间的功能。某些场合需要人为控制感光时间。例如，在使用摄像机以 1/50s 速度摄取运动速度比较快的物体时，会产生拖尾现象，严重影响图像质量。为此许多摄像机提供了手动电子快门功能，使图像传感器的电荷耦合速度固定在某一值（如 1/500s、1/1000s、1/2000s 等），此时图像传感器的电荷耦合速度提高，这样采集的图像的拖尾现象不会太明显。对于观测高速运动物体或电火花类物体，必须使用手动电子快门。

（8）自动亮度控制/电子光线控制（ALC/ELC）。

若需要使用自动光圈，摄像机应具有 ALC 功能。当选择 ELC 方式时，电子快门根据射入的光线亮度而连续自动改变图像传感器的曝光时间（一般从 1/50s 到 1/10000s 连续调节）。单选择 ELC 方式时，可以用固定光圈镜头或手动光圈镜头替代 ALC 自动光圈镜头。

需要注意的是，在室外或明亮的环境下，由于 ELC 方式的控制范围有限，这时应该选择 ALC 自动光圈镜头。在某些独特的照明条件下，可能出现在聚光灯或窗户等高亮度物体上有强烈的拖尾或模糊、图像显著地闪烁和色彩重现性不稳定、白平衡有周期性变化等现象，如果出现这些现象，应使用 ALC 自动光圈镜头。

以固定光圈镜头形式使用 ELC 方式时，获得的图像的景深可能小于使用 ALC 自动光圈镜头所获得图像的景深，而且图像上远处的物体可能不在焦点上。当使用的镜头是自动光圈镜头时，需要将开关拨到 ALC 方式。

（9）镜头控制信号选择开关（VIDEO/DC）。

ALC 自动光圈镜头的控制信号有两种，即直流控制信号与视频控制信号。当需要将直流控制信号的自动光圈镜头安装在摄像机上时，应选择 DC 位置；当需要安装视频控制信号的自动光圈镜头时，应选择 VIDEO 位置。

当选择的是 ALC 自动光圈视频驱动镜头时，有时还需要调节视频电平控制（VIDEO LEVEL L/H）器，用以控制镜头光圈的开大和缩小。

（10）白平衡。

白平衡（White Balance，WB）只用于彩色摄像机，其用途是实现摄像机图像精确反映景物状况，有手动白平衡和自动白平衡两种方式。

自动白平衡（Automatic White Balance，AWB）又分为连续白平衡和自动控制白平衡。连续白平衡也称为自动跟踪白平衡（Automatic Tracking White balance，ATW），可以实现随着景物色彩温度的改变而连续地调整，调整范围为 2800～6000K。连续白平衡适用于景物的色彩温度在拍摄期间不断改变的场合，可以使色彩表现自然，但当景物中白色很少甚至没有白色时（如场景大部分是蓝天、白云、夕阳等高色温物体，或者场景比较昏暗），连续白平衡不能产生最佳的彩色效果。若要实现自动控制白平衡（Automatic White balance Control，AWC），需要先将摄像机对准诸如白墙、白纸等白色参考目标，然后通过菜单或开关将手动方式变为自动方式，停留在该位置几秒钟或至图像呈现白色为止，在白平衡被执行后，将自动方式切换为手动方式以锁定该白平衡的设置，此时白平衡设置将保持在摄像机的存储器中，直至再次执行被改变为止，在此期间，即使摄像机断电也不会丢失该设置。自动控制白平衡的调整范围为 2300～10000K。以按钮方式设置白平衡最为精确和可靠，适用于大部分应用场合。

手动白平衡关闭自动白平衡：通过手动调节红色调整装置或蓝色调整装置，以改变红色状况或蓝色状况，一般可调等级多达几十个，如增加或减少红色各一个等级、增加或减少蓝色各一个等级。除此之外，有的摄像机还具有将白平衡固定在 3200K（白炽灯水平）和 5500K（日光灯水平）等档次的功能。

（11）同步方式。

摄像机的同步方式一般有内同步、电源同步和外同步 3 种。

内同步（INT）是利用摄像机内部的晶体振荡电路产生同步信号来实现同步的。

电源同步（Line Locked，LL），也称为线性锁定或行锁定，是利用摄像机的交流电源来完成垂直驱动同步的，即摄像机和电源零线同步。

外同步（EXT）利用外同步信号发生器产生同步信号，并将该同步信号送至摄像机的外同步输入端来实现同步。同步信号可以是 VBS 信号（彩色复合视频信号或黑色突发信号）和 VS 信号（黑白复合视频信号或复合同步信号），也可以是矩阵等外部设备的复用垂直驱动信号（VD2 信号）和复合视频输出信号。

（12）细节电平选择开关。

细节电平选择开关用以调节输出图像是清晰（SHARP）还是平滑（SOFT）的，通常出厂设定在 SHARP 位置。

（13）无闪动方式。

在电源频率为 50Hz 的地区，CCD 积累时间为 1/50s，如果使用 NTSC 制式摄像机，其垂直同步频率为 60Hz，这样会造成视觉影像不同步，监视器上的图像出现闪动；同样，在电源为 60Hz 的地区使用 PAL 制式摄像机也会出现此现象。为避免出现上述现象，在电子快门设置了无闪动方式，对 NTSC 制式摄像机提供 1/100s、对 PAL 制式摄像机提供 1/120s 的固定快门速度，可以防止监视器上的图像出现闪烁。

（14）摄像机其他参数。

扫描制式：有 PAL 制式和 NTSC 制式，隔行和逐行之分。

电源：交流有 220V、110V、24V，直流有 12V、9V。

视频输出：典型值为影像输出电平 1Vp-p，阻抗为 75Ω，采用 BNC 接头。

2．一体化摄像机

对厂商而言，发展一体化特殊型摄像机的本意是为消费者提供一种使用方便、安装简单、功能齐全的产品。厂商将镜头内建于摄像机，可以使客户免除另外购买镜头及装配的步骤。一体化摄像机便于设计小型或特殊的外观并增加多种附加功能（如防水、防弹或计算机遥控、电源自动侦测等）。

一体化摄像机大致可分为特殊型及一般型。特殊型一体化摄像机强调产品具备特殊防护功能，以免除防护罩的使用为设计出发点，其产品外壳多为圆柱体，包括防水型摄像机、防爆型摄像机、防弹型摄像机、防暴型摄像机等。以防水型摄像机为例，其采用特殊材质（如铝合金）以增强外壳防水等级，不需要外加防护罩。为了提升产品附加价值，某些一体化摄像机还具有自动对焦功能，或提供 IR 光源（在夜间也能提供清晰的图像）。

一般型一体化摄像机则从原有的传统摄像机发展而来，具备四方外表，而镜头内建，体积较小。相较于特殊型一体化摄像机或传统摄像机，一般型一体化摄像机具备各式基本功能，如自动光圈、自动变焦、高清晰度、自动白平衡、背景光补偿等。

3．球型摄像机

球型摄像机是指将摄像机、镜头等设备组合内置在球型防护罩内的摄像设备。球型摄像机按球型防护罩可划分为全球型摄像机和半球型摄像机；按球型摄像机的性能可划分为定焦镜头球型摄像机、定焦镜头球罩型摄像机和内置摄像机、变焦镜头、云台、解码器等设备的一体化智能球型摄像机；按安装方式可划分为悬吊式球型摄像机、吸顶式球型摄像机和嵌入式球型摄像机等；按应用环境可划分为室内型球型摄像机和室外型球型摄像机。

球型摄像机造型美观、安装隐秘、使用方便、功能齐全，深受广大用户的青睐。特别是一体化智能球型摄像机以单一设备取代了传统的摄像机、变焦镜头、云台、解码器等设备的组合，在性价比方面具有很大的优势，我们常说的智能球机实际就是指这种一体化智能球型摄像机。

（1）一体化智能球型摄像机的功能。

由于一体化智能球型摄像机是多个前端设备组合的替换产品，因此它需要具备这些前端设备所具备的大部分功能。一般来说，作为高端产品的一体化智能球型摄像机应具有较高的摄像清晰度、自动电子快门、自动白平衡、电子与数码变焦、自动光圈与自动聚焦、水平连续旋转、高转速、预置位等功能。

一体化智能球型摄像机根据使用环境的不同还具备多项辅助功能以满足不同的气候条件，如内置风扇、加热器等。

（2）一体化智能球型摄像机的优势与不足。

相较于传统的摄像机、变焦镜头、云台、解码器等的组合，一体化智能球型摄像机安装简单，需要连接的线缆数量少，几乎不需要调试的特点降低了安装难度，同时也减少了故障发生率；一体化智能球型摄像机外观精美，体积小巧，便于隐蔽监视，并且不影响现场美观程度；具有快速旋转能力，能准确快速追踪目标；造价相对低廉；镜头变焦倍数较大，常见的有 18 倍、22 倍；起始焦距较小，一般为 4mm；最大焦距可达 100mm，监视范围可近可远。随着网络的普及，已有产品能通过网络进行控制并可以与现有的视频监控系统兼容。

一体化智能球型摄像机也存在一定的不足之处：由于整机体积小，摄像机、镜头体积也相应变小，摄像机以 1/4in 靶面居多，其清晰度和光通量不及 1/2in 和 1/3in 靶面的摄像机的清晰度和光通量；由于防护罩外形为半球形或球形，且多未加装雨刷器，长时间使用后会因为积垢影响图像质量；球形罩对加工材料、光洁度、平整度、曲率、均匀度等加工工艺要求很高，劣质球形罩会产生重影、透光率下降、反光、弧形失真等现象，影响监视效果。

4．低照度摄像机

顾名思义，低照度摄像机是指在较低光照度的条件下仍然可以摄取清晰图像的摄像机。目前 CCTV 产业在技术规格方面对低照度并无统一标准，因此也无法定义摄像机最低照度为何值时可称其为低照度摄像机。由于最低照度的数值与镜头的光圈大小（F 值）、电子灵敏度、红外线开关状态等因素均有关系，因此需要在相同测试条件下测量摄像机的最低照度。

低照度摄像机在市场的不同发展阶段的具体产品可以简单概括为以下三种不同形式的摄像机。

（1）昼夜型摄像机（白天彩色/晚上黑白）。

昼夜型（COLOR/MONO）摄像机目前在市场上仍有其特定的需求。昼夜型摄像机是利用黑白图像对红外线感度较高的特点，在一定的光源条件下，利用线路切换的方式将图像由彩色转为黑白的。昼夜型摄像机采用单一 CCD（彩色）设计，在白天或光源充足时为彩色摄像机，当夜晚降临或光源不足时（一般为 1～3lx）会打开红外照明，并利用数字电路将彩色信号消除，提供黑白图像。为了感应红外光，昼夜型摄像机会"切除"彩色摄像机的红外线滤除器，这样可在夜晚达到"低照度"的目的，但在白天却会使图像模糊、色彩不自然，并且摄像机的摄像距离会受到红外灯照射距离的限制。

（2）低速快门（SLOW/SHUTTER）摄像机。

低速快门摄像机又称（画面）累积型摄像机，是利用计算机记忆体技术，将连续几个因光线不足而模糊的画面累积成为一个图像清晰的画面的摄像机。例如，有产品运用 SLOW SHUTTER 技术将摄像机照度降至 0.008lx/F1.2（×128 帧），并且画面能够累积的帧数越多照度相对越低。此类型低照度摄像机适用于禁止红外线、紫外线破坏的博物馆；夜间军事海岸线等静态属性场所的监视。若对夜间活动物体进行拍摄，则易产生拖影。

（3）超感度摄像机。

超感度（EXVIEW/HAD）摄像机又称 24 小时摄像机，其彩色照度可达 0.05lx，黑白照度可达 0.001lx（亦可搭配红外线以达 0lx），不仅可以清晰地辨识影像，还可以实现实时连续的画面。由于超感度摄像机所使用的图像传感器的制造成本较高,因此相应的成品制造商研发此类摄像机的技术门槛也较高。

5. 网络摄像机

目前业界对网络摄像机也没有统一的标准定义。有两种流行的说法:第一种,直接连接网络的摄像机就是网络摄像机;第二种,使用网络来传输图像的摄像机就是网络摄像机。

典型的网络摄像机包括镜头、滤光器、嵌入式图像感测器、图像数字转换器、图像压缩机和具有网络连接功能的服务器。

每一个网络摄像机都有其 IP 网址,并具有数据处理功能和内置应用软件,可担当 Web 服务器、FTP 服务器、FTP 用户端和邮箱用户端等。许多高级的 IP 网络摄像机还包括其他特殊功能,比如,智能分析、移动探测、警报信号输出/输入和邮件支持等功能。网络摄像机不仅支持标准模拟 CCTV 摄像机功能,还为使用者提供更多的系统功能并能降低成本。

网络摄像机采用先进的摄像技术和网络技术,具有强大的功能。网络摄像机内置的系统软件能实现真正的"即插即用",使用户不需要进行复杂的网络配置;内置的大容量内存存储警报触发前的图像;内置的 I/O 端口和通信口便于扩充外部周边设备,如门禁系统、红外线感应装置、全方位云台等;提供软件包便于用户自行快速开发应用软件。

网络摄像机的显著优势有两个:集中管理和远距离。集中管理是指监控点很多(如上千个点)的系统采用模拟 CCTV 系统是难以控制的(或成本很高,稳定性差);远距离是指范围超过 50km 的系统,采用传统模拟 CCTV 系统(如光纤)将使成本大大增加。网络摄像机除了能通过互联网进行远端监控,还能通过网络监控有效地降低成本,其具有的"即插即用"功能使其不需要像模拟摄像机一样必须安装同轴电缆,只要利用现有的网络就可以使用,这些都是网络摄像机的优势。

网络摄像机需要改进的地方:一是视频图像数字化后会产生巨量数据,而无论在局域网还是在其他媒体中传输高品质的图像都会受到带宽的限制,这就导致图像品质与带宽要实现平衡同时还要兼顾网络摄像机选择正确图像压缩格式的两难(目前,网络摄像机产品大多采用 H.265、H.264 和 MPEG4 等压缩格式);其次,由于网络摄像机需要提供网络、数据压缩等高级功能,因此与其他类型的摄像机相比其成本较高。

相较于其他模拟 CCTV 或 DVR 等监控产品,网络摄像机的主要优势如下。

(1)节省费用。普通网络图像解决方案通常需要复杂的系统,这会涉及 PC、附加软件和硬件、工作站,有时还需要视频电缆系统。而网络摄像机系统往往不需要这些复杂的设备和安装投入,它可以通过网络直接实现远端监控,由于不需要闭路电视,因此大幅度减少了线材及人力费用,降低了成本。

(2)即插即看。网络摄像机具备所有需要用来建立远程监控系统的构件,其内置 Web server 功能,只需要接入以太网,并分配一个地址,就可以通过网络直接实现远端监控,并可以随时利用浏览器观察远程传输过来的图像。

(3)系统性能高。网络摄像机系统画面设置灵活,可根据应用不同及用户喜好自行设定画面的大小、解析度及监控的地点,达到多点网络控制的目的。通过灵活定制计算机网络软件,可轻松实现多用户同时访问某个网络摄像机,当触发报警时,可自动存储报警前后一定时间段内的活动图像等。

(4)网络中易于使用。基于全球业界标准,网络摄像机可以与各种类型的以太网设备无缝连接。在某种意义上，网络摄像机是一个标准的网络设备，易于使用、价格低廉等都是网络摄像机具有的优势。

（5）灵活集成。网络摄像机系统可以方便地联动其他安全防范设备，如湿度报警器、温度报警器、烟感报警器、入侵报警器等；同时还可以联动灯光、警号、锁具等动作设备，这使得网络摄像机系统可以方便地组成一套功能强大的安全防范系统。

3.5.3　镜头

在视频监控系统中，一般的摄像机是不带镜头（LENS）的。根据现场被监视环境正确选用摄像机镜头是非常重要的，因为摄像机镜头的好坏直接影响监视区的画面效果（画面范围、图像细节等）。根据监控要求，需要先选定镜头类型（如普通镜头、红外镜头、高清镜头）。

1．镜头的视场角的确定

所谓视场角，是指摄像机有效成像平面与镜头后节点形成的夹角。视场角近似为被拍摄画面四边与镜头构成的角度：在水平方向称水平视场角；在垂直方向称垂直视场角。水平视场角大于垂直视场角（如普通电视画面的水平视场角与垂直视场角不同，前者与后者的比为 4：3），我们通常所讲的视场角一般是指镜头的水平视场角。

在一般的应用场合，根据视场角的不同，镜头大致可分为如下几类。

（1）广角镜头：视场角在 60°以上，一般用于电梯轿厢、大厅等小视距大视角场所，近处图像有变形。

（2）标准镜头：视场角在 30°～45°，一般用于走道及小区周界等场所。

（3）长焦镜头：视场角在 20°以内，焦距的范围从几十毫米到上百毫米，用于监视远距离目标。

（4）变焦镜头：镜头的焦距范围可变，可从广角变到长焦，用于景深大、视角范围广的区域的监视。

（5）针孔镜头：用于隐蔽监控。

视场角主要受成像尺寸和镜头焦距这两个因素的制约。一般在选择镜头时摄像机已经选定，因而此时成像靶面固定，所以工程中通过选用合适的镜头焦距以达到所需的视场角。

对于摄像机而言，距离不变、被摄对象不变，焦距改变，画面成像面积和背景范围也改变（实际是视场角改变）。镜头焦距越长（长焦），视场角越窄；镜头焦距越短（短焦），视场角越宽。镜头视场角与被摄对象在画面中的成像效果成反比。

2．镜头焦距的确定

在实际应用中，摄像机能看清楚多远的物体或摄像机能看清楚多宽的场景主要由所选用的镜头的焦距来决定，另外还与所选择的摄像机的分辨率及监视器的分辨率有关。按照透镜成像原理，根据被摄景物大小、物距与镜头成像尺寸可计算所需的镜头焦距，公式如下

$$\begin{cases} f = u \times D/U \\ f = h \times D/H \end{cases} \tag{3-4}$$

式中：f 表示镜头焦距；H 表示景物实际高度；U 表示景物实际宽度；D 表示镜头至景物实测距离（物距）；h 表示图像高度；u 表示图像宽度。

常用镜头焦距有 2.5mm、2.8mm、3.5mm、3.6mm、4.0mm、4.5mm、4.8mm、6.0mm、8.0mm、12mm、16mm、25mm 等。式（3-4）中两个公式的计算结果以较小值为准，在选用品牌的产品

目录中选用相关参数值与该值最接近的产品,如计算得到镜头焦距为 3.67mm,则应选择 3.6mm 焦距镜头。镜头成像示意图如图 3-11 所示。

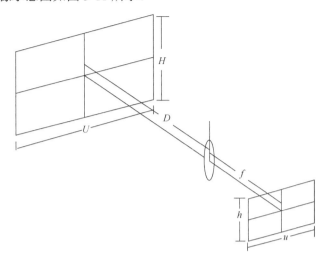

图 3-11　镜头成像示意图

3. 镜头成像尺寸的选择

为了与摄像机的成像靶面尺寸系列相匹配,镜头也有规定系列的成像尺寸(如 1/4″、1/3″、1/2″ 和 2/3″ 等)。一般情况下镜头的成像尺寸应与摄像机的成像靶面尺寸相等。图 3-12 给出了两种镜头成像尺寸与摄像机成像靶面尺寸不相等时的情况(方形表示摄像机成像靶面,圆形表示镜头成像)。

在图 3-12 中,左图为小尺寸摄像机成像靶面(1/3″)匹配大尺寸镜头成像(1/2″),此时进光量变大,色彩会变好,图像效果也会变好,但是视场范围变小了;右图为大尺寸摄像机成像靶面(1/2″)匹配小尺寸镜头成像(1/3″),此时进光量变小,色彩会变差,另外摄像机成像靶面四角因为得不到有效曝光,得到的图像四角会变黑,最好避免出现这种情况。

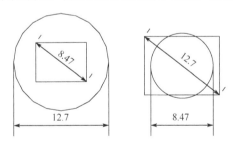

图 3-12　镜头成像尺寸与摄像机成像靶面尺寸不匹配

小尺寸靶面的图像传感器可使用大尺寸成像的镜头,反之则不行。

4. 镜头安装接口的确定

镜头的安装方式有 C 型安装和 CS 型安装两种。在镜头规格及镜头焦距一定的前提下,CS 型安装镜头的视场角大于 C 型安装镜头的视场角。图 3-13 给出了 CS 型安装镜头与 C 型安装镜头的接口部位示意图。在视频监控系统中常用的镜头是 C 型安装镜头(in32 牙螺纹座),是一种国际公认的标准镜头,这种镜头安装部位的口径是 25.4mm,从镜头安装基准面到焦点的距离是 17.526mm。大多数摄像机的镜头接口为 CS 型。将 C 型镜头安装到 CS 接口的摄像机时需要增配 5mm 厚的接圈，而将 CS 镜头安装到 CS 接口的摄像机时则不需要接圈。

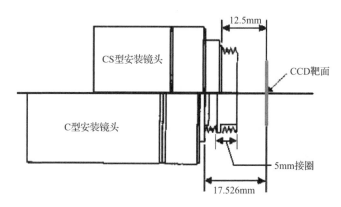

图 3-13　CS 型安装镜头与 C 型安装镜头的接口部位示意图

在实际应用中，如果误对 CS 型镜头加装接圈并将其安装到 CS 接口摄像机，会因为镜头的成像面无法落到摄像机的成像靶面而不能得到清晰的图像。而如果对 C 型镜头不加接圈就直接接到 CS 接口摄像机，则可能使镜头的后镜面碰到图像传感器靶面的保护玻璃，造成摄像机的损坏，在实际应用中需要特别注意。

5. 镜头光圈的选择

为了控制通过镜头的光通量的大小，在镜头的后部设有光阑。假定光阑的孔径为 d，由于光线折射，镜头实际的有效孔径为 D，比 d 大。通常定义 D 与焦距 f 之比为相对孔径 A，即 $A=D/f$，相对孔径的倒数称为光阑系数，记为 F。在相同光照条件下，镜头的相对孔径决定被摄像的照度，像的照度 E 与镜头的光阑系数 F 的平方成反比。通常用光阑系数 F 来表示镜头光圈的大小。F 值越小，光圈越大，到达图像传感器芯片的光通量就越大。在焦距 f 不变的情况下，F 值越小，表示镜头越好。

每个镜头都有最大 F 值，如 6mm/F1.4 表示最大孔径为 4.29mm。镜头光圈指数（光阑系数）序列的标值为 0.75、1.2、1.4、2、2.8、4、5.6、8、11、16、22 等，其规律是前一个标值对应的曝光量正好是后一个标值对应曝光量的 2 倍。

6. 镜头的选用

光圈与焦距是镜头的两个关键性能指标。按照光圈或焦距的可调与否镜头又可分为多种，每一种镜头都有其特点。功能与结构不同，这些镜头的价格也不同，甚至价格相差非常大，如电动变焦镜头要比普通定焦镜头的价格高约 10 倍。只有正确了解各种镜头的特性，才能更加灵活地选用镜头。

（1）固定光圈定焦镜头。

固定光圈定焦镜头是较为简单的一种镜头，该镜头只有一个可手动调整的对焦调整环（环上标有若干距离参考值），左右旋转该环可调节图像传感器靶面上呈现的图像的清晰度。

由于固定光圈定焦镜头是固定光圈镜头，因此在镜头上没有光圈调整环，也就是说该镜头的光圈是不可调整的，进入镜头的光通量大小的调整是不能通过简单地调整镜头来实现的，而只能在其他环节实现。例如，通过改变被摄现场的光照度来调整（如增减被摄现场的照明灯光等），或使用带有自动电子快门功能的摄像机（目前市面上绝大多数的摄像机均带有自动电子快门功能），通过电子快门的调整来模拟光通量的改变。固定光圈定焦镜头一般应用于光照度比较均匀的场合，如电梯轿厢、封闭走廊、无阳光直射的房间等全天以灯光照明为主的场合。

（2）手动光圈定焦镜头。

手动光圈定焦镜头与固定光圈定焦镜头相比增加了光圈调整环，其光圈调整范围一般可从 F1.2 或 F1.4 到全关闭，能很方便地适应被摄现场的光照度。然而由于光圈的调整是通过手动进行的，一旦摄像机安装完毕，位置被固定，再频繁地调整光圈就不那么容易了。因此，手动光圈定焦镜头一般应用于光照度比较均匀的场合，而在其他场合（如早晚与中午、晴天与阴天等光照度变化比较大的场合）则需要与带有自动电子快门功能的摄像机结合使用，通过电子快门的调整来模拟光通量的改变。手动光圈定焦镜头因性价比较高、适用范围较大而得到广泛应用。

（3）自动光圈定焦镜头。

自动光圈定焦镜头相当于在手动光圈定焦镜头的光圈调整环上增加一个由齿轮啮合传动的微型电动机，并从该电动机的驱动电路引出 3 芯（或 4 芯）线传送给自动光圈镜头，使镜头内的微型电动机进行相应的正向转动或反向转动，从而实现光圈大小的调整。虽然自动光圈镜头对监控点的光线变化适应性较强，但其价格高于相同焦距的手动光圈定焦镜头。现在绝大多数的摄像机都具有电子快门功能，室内的光源也较为稳定，因而智能建筑项目中不需要大量采用自动光圈定焦镜头。但当工程中的监控点在室外时，采用自动光圈定焦镜头是必要的，因为室外光线的动态范围变化较大，夏日阳光的照度为 50000～100000lx，夜间路灯的照度仅为10lx，变化幅度非常大。在光线的动态范围非常大（通过摄像机本身的电子快门已不能适应的照度范围）时，摄像机无论是否具有自动调整灵敏度的功能都无法达到控制图像效果的作用。

自动光圈定焦镜头还可分为含放大器（视频驱动型）与不含放大器（直流驱动型）两种规格。视频驱动型自动光圈定焦镜头通过三根线来控制镜头，其中一根线为视频触发信号线，用于控制光圈大小，另外两根线为直流 12V（或直流 24V）电源线，用于驱动电动机。直流驱动型自动光圈镜头通过四根线来控制镜头，其中两根线为直流 12V（或直流 24V）电源线，用来驱动镜头中的电动机，另外两根控制线通过镜头内的光感应点感应外部光源的照度来控制光圈的大小。

目前市场上大多数黑白（或彩色）摄像机虽然有自动光圈定焦镜头接口，但除了少数摄像机可以兼容直流驱动型自动光圈定焦镜头和视频驱动型自动光圈定焦镜头，大多数摄像机只支持其中一种，在选配镜头时需要注意。

（4）手动变焦镜头。

顾名思义，手动变焦镜头的焦距是可变的，它有一个焦距调整环，可以在一定范围内调整镜头的焦距，其变比一般为 2～3 倍，焦距一般为 3.6mm～8mm。在实际工程应用中，通过手动调节镜头的焦距调整环，可以方便地选择监视现场的视场角，如可选择对整个房间的监视或对房间内某个局部区域的监视。当对监视现场的环境情况不十分了解时，大多采用这种镜头。

对于大多数视频监控系统工程来说，当摄像机的安装位置固定后，再频繁地手动变焦是很不方便的，因此，工程完工后，手动变焦镜头的焦距一般很少再去调整，这样手动变焦镜头就只起定焦镜头的作用。因而手动变焦镜头一般用于要求较为严格而用定焦镜头又不易满足要求的场合。但手动变焦镜头却备受工程人员的青睐，这是因为在施工调试过程中，使用这种镜头通过在一定范围内焦距调节，一般总可以找到一个可使用户满意的观测范围（不用反复更换不同焦距的镜头），这在室外施工时尤为方便。

（5）自动光圈电动变焦镜头。

自动光圈电动变焦镜头与自动光圈定焦镜头相比增加了两个微型电动机：其中一个电动机与镜头的变焦环啮合，当其受控而转动时可改变镜头的焦距；另外一个电动机与镜头的对焦环啮合，当其受控而转动时可完成镜头的对焦。由于自动光圈电动变焦镜头增加了两个可遥控调整的功能（焦距及聚焦可调、光圈自动），因此这种镜头也称电动两可变镜头。若焦距、聚焦、光圈均可调，便是所谓的电动三可变镜头。电动三可变镜头的调整自由度大，这也意味着其使用起来比较麻烦，一般用于大范围监视需要局部特写的场合，应用较少。

自动光圈电动变焦镜头一般引出两组多芯线，其中一组为自动光圈控制线，其原理和接法与前述的直流驱动型自动光圈定焦镜头的控制线完全相同；另一组为控制镜头变焦及对焦的控制线，一般与云台镜头控制器及解码器相连。当操作远程控制室内的云台镜头控制器及解码器的变焦或对焦按钮时，将会在控制镜头变焦及对焦的控制线上施加或正或负的直流电压，该电压加在相应的微型电动机上，使镜头完成变焦及对焦功能。

（6）镜头选用举例。

在狭小的被监视环境中（如电梯轿厢、狭小房间）均应采用短焦距广角或超广角定焦镜头。例如，选用 CS 型接口，成像尺寸为 1/2″，焦距为 3.6mm、2.6mm（或成像尺寸为 1/3″，焦距为 2.8mm、2.2mm）的镜头，镜头视场角不小于 96°（或 127°），当摄像机在狭小空间里标高为 2.5m 左右时，其镜头的视场角范围足以覆盖整个近距离狭小被监视空间。也可根据现场实际情况选用手动变焦镜头，如选用成像尺寸为 1/3″，CS 型接口，焦距 2 倍可调（手动调焦），调焦范围为 2.8mm～6.0mm，视场角变化范围为 96°～47.2° 的镜头，这种镜头非常适用于狭小的被监视环境，在使用时可根据实际需要，方便、灵活地对被监视场景实现"点"或"面"的监视效果。

对于一般变焦（倍）镜头而言，由于其最小焦距通常为 6.0mm，故其最大视场角为 45°，如将此种镜头用于狭小的被监视环境中，其监视死角必然增大，虽然通过对前端云台进行操作控制可以减少监视死角，但这样会增加系统的工程造价（系统需要增加前端解码器、云台、防护罩等）及系统操控的复杂性，所以在狭小的被监视环境中，不宜采用变焦（倍）镜头。

在开阔的被监视环境中，应以被监视环境的开阔程度、用户要求在系统末端监视器上所看到的被监视场景画面的清晰程度，以及被监视场景的中心点到摄像机镜头之间的直线距离为参考依据，在直线距离一定且满足覆盖整个被监视场景画面的前提下，尽量选用长焦距镜头，这样可以在系统末端监视器上获得一幅具有较清晰细节的被监视场景画面。在开阔的被监视环境中也可考虑选用变焦（倍）镜头，可根据系统的设计要求及系统的性价比选用，在选用时应考虑两点：在调节至最短焦距时（看全景）应能满足覆盖主要被监视场景画面的要求；在调节至最长焦距时（看细节）应能满足观察被监视场景画面细节的要求。通常情况下，在室内的仓库、车间、厂房等环境中一般选用 6 倍或 10 倍镜头即可满足要求，而在室外的库区、码头、广场、车站等环境中，可根据实际要求选用 16 倍、22 倍或 36 倍镜头（一般情况下，镜头倍数越大，价格越高，可在综合考虑系统造价允许的前提下，适当选用高倍数变焦镜头）。

3.5.4　前端附件

1．防护罩

防护罩是防护摄像机的装置，是视频监控系统中常用的设备之一，其常见类型如表 3-7 所示。

表 3-7　防护罩常见类型

划分依据	适 用 场 所			密 封 性 能			结 构 强 度				复 合 功 能	
类　型	室内常温	室外全天候	特殊环境	一般防护	防爆	防灰尘	防拆卸	抗破坏	耐高温	耐高压	带云台半球型	带摄像机云台一体型

室内防护罩结构简单、价格便宜，其主要功能是防尘、防破坏，可悬挂或安装于天花板，也可安装于支架或云台。可选用不同大小和长度的防护罩以满足摄像机连接不同长度的镜头的要求。

室外防护罩要能经受风沙、霜雪、夏日、严冬等较恶劣环境，因而其功能较多，价格也更高。室外防护罩的密封性能一定要好，以保证雨水无法进入防护罩内部而侵蚀摄像机。有的室外防护罩还带有排风扇、加热板、雨刮器，可以更好地保护设备。

在挑选防护罩时应先看整体结构，安装孔越少越利于防水，然后看内部线路是否便于连接，最后还要考虑外观、重量、安装座等。注意选用的防护罩尺寸应大于镜头和摄像机尺寸之和。另外，若选用带温度自动调节功能的防护罩，应考虑温度调节部分的供电问题；若选用具有雨刷的防护罩，则应考虑雨刷的控制问题。

2．云台

云台是承载摄像机进行水平方向和垂直方向转动的装置，通过控制系统可以在远端控制其转动方向，一般水平方向可实现 360°旋转，垂直方向可进行-90°～90°的运动。通过自带或另配支架，云台可安装（吊装）在天花板或安装（侧装）在墙壁上。使用云台可以扩大摄像机的摄像范围，云台常用于需要巡回监视的场所，如大厅、操场、广场等处。云台常见类型如表 3-8 所示。

表 3-8　云台常见类型

划分依据	适 用 场 所			负 重 能 力				扫描方位		转动速度		功　　能			电　　源	
类　型	室内	室外	防爆	轻型	中型	重型	超重型	水平	水平与俯仰	低速	高速变速	限位切换	带预置位	云台系统	交流24V	交流 220 V

（1）云台按适用场所可分为室内型云台、室外型云台及其他特殊场合型云台。

室外型云台密封性能好，防水，防尘，耐温性能好，承重负载大。室内型云台承重量为 1.5kg～7kg，室外型云台承重量为 7kg～50kg。

（2）云台按外形可分为普通型云台和球型云台。

球型云台是将云台安置在一个半球形或球形防护罩中，可以防止灰尘干扰图像，并且隐蔽、美观、快速。

（3）云台的主要技术参数。

输入电压：大多为交流 24V，我国还有交流 220V 可选。

输入功率：视云台承重能力及旋转速度而定。

承重能力：也称负载，云台上的摄像机整体（含镜头、防护罩等）的质量不能超过额定值，否则水平方向的旋转响应速度会变慢，垂直方向容易出现镜头下垂现象。一般要求所选云台的最大承重能力应不小于实际负荷质量的 1.2 倍。

转角限制：水平方向一般可进行 360° 旋转，有的产品在垂直方向无法实现-90°～+90° 俯仰，选择产品时应注意。一般产品在其运动范围内还可进行机械限位，以满足具体需求。

旋转速度：在对目标进行快速定位跟踪时，要求云台的旋转速度高，定位准确。云台的转速越高，电动机的功率就越大，价格也越高。目前有的产品转速可达 200°/s，但高速云台一般只用于一体机中。普通云台的转速是恒定的，一般水平旋转速度为 3°/s～10°/s，垂直旋转速度为 4°/s 左右。

限位、定位功能：云台的限位切换、限位方式、位置预置等功能，关系到云台的扫描方式和控制方式，以及云台与控制器或解码器的接口关系。高档的云台一般都有位置预置功能，即预先让云台"记住"若干个位置（水平方位角及垂直俯仰角），并编号，之后就可利用预置位编号迅速使云台旋转到该位置。预置云台对某些要害部位的监视和防范非常方便、有效，并可以节省摄像设备。

在挑选云台时既要考虑安装环境、安装方式、工作电压、负载大小，也要考虑性价比的高低和外形是否美观。

3．支架

如果摄像机只是固定监控某个位置而不需要转动，那么使用普通摄像机支架就可以满足要求。普通摄像机支架安装简单，价格低廉，而且种类繁多，有短的、长的、直的、弯的，根据不同的要求选择不同的型号。室外支架主要考虑负载能力是否合乎要求，另外还要考虑安装位置，因为很多室外摄像机安装位置比较特殊，比如，有的安装在电线杆上，有的安装在塔吊上，有的安装在铁架上，这时支架一般需要另外加工或改进。

4．红外射灯

许多场合需要在较低光照度的条件下摄取清晰图像，一种比较常用的方法是利用黑白图像传感器对红外线敏感的特点，加装红外照明设备，即红外射灯。

加装红外射灯需要考虑两个方面：照射距离和照射角度。红外射灯照射距离是固定的，必须和摄像机、镜头匹配应用，才能较准确地标定其照射距离。红外射灯照射角度是影响红外射灯的关键因素：角度大，有效照射距离必然变短；角度小，当匹配大角度镜头时，又易出现"手电筒"效应。

目前有许多的"低照度"摄像机内置红外射灯，简化了设计与施工。但是目前这些产品还存在一些不足：红外射灯发热量大，需要考虑整体散热；红外射灯寿命有限，一旦损坏，需要整体更换摄像机。

3.5.5　前端控制器

视频监控系统的前端主要有摄像机、镜头、云台、防护罩、射灯、支架等。支架一般是固定的，用户不需要进行控制。但是镜头最多可有焦距、聚焦、光圈 3 个控制量，云台有上、下、左、右 4 个控制量，防护罩有雨刮 1 个控制量，射灯有 1 个控制量，必须配有合适的控制器使这些设备实现相应的动作。

1．云镜控制器

由于云台、镜头、防护罩、射灯的 9 个控制量都属于开关量，因此可以在远离监控现场的系统后端（如控制室）加装若干个开关分别进行控制。将这些开关及所需的电源等其他电路元件进行整合，便可以组成所谓的云镜控制器（若只提供云台控制功能则称为云台控制器）。云镜控制器的使用如图 3-14 所示。

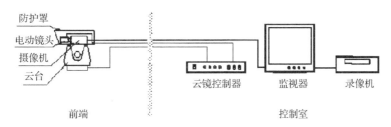

图 3-14　云镜控制器的使用

云镜控制器的输入电压一般为交流 220V，输出电压的种类则较多，有交流 24V、220V 及直流 8V、12V 等规格，应按照所控制的前端设备要求选用。按照云镜控制器所控制的前端点位数可将其分为单路云镜控制器和多路云镜控制器。

云镜控制器安装在远离监控现场的控制室，每个控制量都需要一对线缆传输，虽然可用合用地线等技术手段减少线缆用量，但当控制距离远、控制点位多时，系统布线的成本会很高并且线路也会很复杂。

2．云镜解码器

云镜解码器用于控制视频监控系统的前端设备（如摄像机、镜头、云台、防护罩、射灯等）。云镜解码器与云镜控制器的不同在于其并不是将各个开关量控制信号直接从控制室通过各自的线缆传输到前端的。云镜解码器的工作原理为，控制端先将各个控制量转换为编码信号，通过工业控制总线将编码信号传输到安装在前端的云镜解码器，云镜解码器将编码信号解码（翻译）成各个开关控制信号以控制前端各个设备。云镜解码器按其接收代码的形式不同，通常可分为直接接收由切换控制主机发送来的曼彻斯特码的云镜解码器、由操作键盘传送来或将曼彻斯特码转换后接收的 RS 总线输入型云镜解码器、经同轴电缆传送代码的同轴视控型云镜解码器、支持网络云镜控制协议的网络云镜解码器。

简单来看，云镜解码器将云镜控制器上供使用者操纵的面板开关换成解码器控制的开关，并添加了一个总线解码模块。云镜解码器的使用如图 3-15 所示。

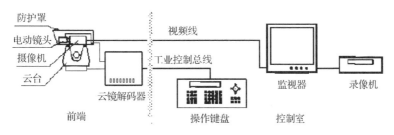

图 3-15　云镜解码器的使用

安全防范工程设计

由于云镜解码器安装在前端，控制室与前端间的信号传输由工业控制总线完成，因此与云镜控制器相比，云镜解码器极大简化了系统布线，可以更好地支持众多前端设备的控制。

云镜解码器的输入电压和输出电压与云镜控制器的规格相同。在选择云镜解码器时需要考虑其支持的总线传输协议是否能与后端控制设备支持协议相匹配，还要根据使用场合选用室内型云镜解码器或室外型云镜解码器。在安装云镜解码器时，要按系统统一规划、设置工业控制总线传输所需的地址。

3.5.6　前端点位设计示例

某大楼门厅监视区划分示意图如图 3-16 所示。

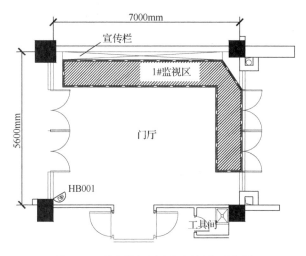

图 3-16　某大楼门厅监视区划分示意图

用户对门厅内的监控要求：能掌握大门处人员进出情况；能兼顾门厅宣传栏前 1m 范围内的人员活动情况；录像回放清晰度要求能大致分辨进入大门人员的脸部特征；监控时段为全天候 24 小时。根据用户对监控的要求，前端点位设计可按以下步骤展开。

1．确定监视区，初定摄像机类型、数量和位置

按照用户需求确定监视区，如图 3-16 中阴影部分所示，据此选择摄像机类型为日夜型星光级红外半球网络摄像机，数量为一台，初定安装在图 3-16 中的 HB001 位置。

2．根据需求确定水平视场角，并比照摄像机类型初定摄像机型号

可按照摄像机位置及监控区范围，画出必要的水平视场角（本例为 78.33°），据此选择某 XYZ 型摄像机，为定焦镜头，系列有 2.8mm、4mm、6mm、8mm。4mm 系列摄像机对应水平视场角为 81°，垂直视场角为 43°，可满足本例要求。

3．校验清晰度

根据监控要求，画一条清晰度校验弧，只要进入该弧确定的扇形区域，就能满足用户对清晰度的要求，本例的清晰度校验弧如图 3-17 中的弧 AB 所示。

设人脸宽度为 200mm，弧 AB 长度经测量为 10963mm，查得某 XYZ 型摄像机的画面尺寸为 1280×720（拟采用的录像画面尺寸），选取折算系数为 0.7，可得水平电视线为 896TVL，

垂直电视线为 504TVL，根据公式人脸宽度/弧长=人脸占据电视线/画面水平电视线，可计算出人脸在水平方向上占据电视线为 16.3TVL，满足目标分类需要的 16TVL 的标准，考虑到折算系数及人员仍有可能走近摄像机，此处可满足用户要求。

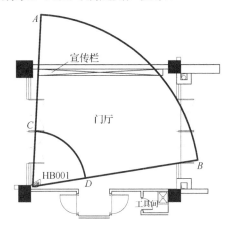

图 3-17　某门厅监控点位扇面图

4．校验盲区

假设已知门厅吊顶高度（半球为吸顶安装）为 2750mm，清晰度校验弧的半径为 8019.5mm，设视场在清晰度校验弧处的上限高度为 2200mm，则根据摄像机的垂直视场角，可得到摄像机的盲区立面分布图（见图 3-18），由此可在平面图中近似得出盲区弧（图 3-17 中的弧 CD），此处忽略空间投射偏差，校验结果也符合用户的监控需求。

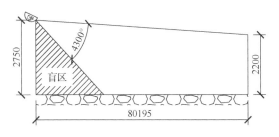

图 3-18　摄像机的盲区立面分布图

以上 2、3、4 步骤中的任一步骤若不能得到满意的结果，都需要综合考虑前面的设计要素，可适当改进优化后再重复以上步骤。在确保设计结果可以满足用户要求时，并不需要进行以上步骤的设计。

3.6　传输方式与管线路由设计

视频监控技术繁多，系统组建灵活多变，比如，图像传输部分可采用同轴视频电缆、射频电缆、双绞线、光纤、无线、以太网络等，拓扑结构有星形、树形、总线形、环形等。设计人员需要根据监视区分布的环境条件和监控要求，选择最为合适的传输技术，设计最为优化的系统传输方案。

3.6.1 视频监控系统传输拓扑分析

1．星形拓扑结构的视频监控传输方案

每路前端视频信号均通过专一信道直接传输至系统后端，其优点是每个摄像机独占一条传输线缆，信号相互间没有干扰，其中一条线缆出现故障只影响出故障线路图像，技术相对成熟、系统层次简单；缺点是线缆用量相对较大、特别是信号传输终端（如监控中心处）线缆数量较多，给布线及管理造成一定困难。树形拓扑结构在星形拓扑结构基础上发展而来。

2．总线型拓扑结构的视频监控传输方案

各路前端视频信号均通过同一信道（总线）传输至系统后端，即一条线路上需要传输多路信号。为此一般要进行信号变换，比如，各路摄像机图像被送至一一对应的传输模块支路接口，传输模块将支路视频信号调制变换后插入干路信号中向前传输，下一个传输模块收到干路信号后插入其支路信号再继续向前传输，直至传输终端将收到的干路信号解调，得到需要传输的每个支路视频信号供实时监控及录像。这里的传输模块起到信号调制、信号插入、信号中继的作用。

总线型拓扑结构具有线路简单、维护方便等优点，但是其信号传输需要增加特殊的传输模块，接收端还需要经信号解调后才能正常使用，系统结构相对复杂，其设备增加的成本很有可能超出线缆节省的费用，信号经调制→中继→解调多次变换后保真度也会有所下降。总线型拓扑结构最大的缺陷在于其干线上存在多个设备、多段线缆，一旦其中任一个环节出现故障将影响其后端信号的传输。

环形拓扑结构在总线型拓扑结构的基础上发展而来，环形拓扑结构将总线两端连接成闭环。令牌机制是环型拓扑结构中应用最为广泛的传输机制。与总线型拓扑结构相比，环形拓扑结构的干路中某环节一旦出现故障，后端信号即可迅速自动反向继续传输。

3.6.2 图像传输技术比较

图像传输技术有电信号传输与光信号传输、模拟信号传输与数字信号传输、平衡传输与不平衡传输之分，不管采用哪种传输技术，既可以组建为星形拓扑系统，也可以组建为总线型拓扑系统。

1．电信号传输与光信号传输

光信号在远距离传输及抗电磁干扰等方面有着天然的优势，但是普通摄像机输出的都是电信号（不管是模拟摄像机还是网络摄像机），终端视频设备（如监视器、DVR、矩阵等）一般也只接收电信号。因此光信号传输需要增加光端机等设备以便在前端将电信号转换为光信号，传输至后端再将光信号转换为电信号。这样一方面增加了设备成本，另一方面信号经多次变换后存在一定的转换失真（这种失真与电信号在电缆中的衰减相比要轻微得多）。对于距离远的摄像机可以考虑采用光信号传输；对于安装在室外的摄像机，为了防雷而选用光信号传输意义不大，因为雷电不仅会影响摄像机的视频传输线路，还会影响摄像机的供电回路，在实际中，雷电对摄像机供电回路产生侵害的可能性更大。

（1）电信号的星形拓扑架构。

最常见的电信号的星形拓扑架构是采用同轴视频电缆传输的系统架构：摄像机输出基带模拟图像信号，直接通过同轴电缆传输到后端视频处理设备上。例如，传至监视器实时监控或传至硬盘录像机进行数字化压缩编码后再存储/转发，也可传至视频分配器或画面分割器/矩阵组成一级监控点。电信号的星形拓扑架构技术成熟，实时性好，后端组建灵活，属于现行主流方案。

基于双绞线的网络传输方式和平衡传输方式也可构成星形拓扑系统。

（2）电信号的总线型拓扑架构。

电信号的总线型拓扑架构属于传统的有线电视传输方案，也称为共缆传输：前端采用模拟摄像机，每个摄像机连至一个调制器，将摄像机的视频基带信号调制到设定的有线电视频道，采用射频电缆作为传输干线，通过频分复用方式在一根射频电缆上同时传输多路视频信号，在后端将射频信号解调，获得所需的视频图像。可以串联的调制器个数取决于级联混合器的插入损耗。因为实用调制频道数的限制，一般一根电缆可传输不超过 30 路视频。

电信号的总线型拓扑架构技术成熟，目前工程中应用的共缆传输方案可以实现视频、音频、数据都由一根射频电缆传输，可节省主干道线材与设备成本，在监控点位比较紧密的环境下（前后两个监控点相隔仅 40m 左右），节省的线材有限，采用共缆传输成本可能会更高。共缆传输在调制解调及信号传输中继中会有失真，但考虑到调制后传输的是高频信号，抗干扰能力比基带视频信号强，与常用的同轴视频电缆传输相比，其综合图像传输质量更多地取决于设备质量与施工工艺。

（3）光信号的星形拓扑架构。

光信号的星形拓扑架构也是一种比较常见的系统架构，比较适合远距离传输视频图像的场合。如果前端有若干个监控点位分布比较集中，而距离传输后端较远，可将前端几路视频通过同轴视频线集中到一台光端机，充分利用光纤的传输带宽，在一根光纤上同时传输多路图像到后端。对于图像传输平均距离不远的应用，采用光纤星形传输方式并不经济，传输图像的质量也不会有大的改善。

（4）光信号的总线型拓扑架构。

光信号的总线型拓扑架构属于级联型光纤传输的系统架构：系统前端采用模拟摄像机，每个摄像机接至数字视频光端机发射机，采用级联型光纤传输信号，通过单模光纤连至下级光端机发射机，最终连到数字视频光端机接收机，还原为多路（如 10 路）模拟视频。级联型光纤传输与采用射频电缆的共缆传输类似，但其传输距离、传输质量及系统成本都比共缆传输方式高出许多，多用于高速公路等场合。

2. 模拟信号传输与数字信号传输

随着计算机技术、网络技术在视频领域的应用趋势越来越明显，采用计算机网络技术传输监控图像视频流的系统应用也越来越多，其系统拓扑结构取决于网络的拓扑结构（也有星形和总线型、环型），既可以采用传统的双绞线作为传输介质（电信号传输），也可以直接组建光以太网（光纤传输+以太网组网模式）来传输信号。

（1）Base-T 以太网。

从传统以太网（10Base-T）到快速以太网（100Base-T）再到千兆以太网（1000Base-T），占据局域网主导地位的组网技术采用的一直是星形拓扑结构。与采用同轴电缆线的总线型以太网相比，星形网络采用专用的网络设备（如集线器或交换机）作为核心节点，通过双绞线将局域网中的各台主机连接至核心节点，星形网络虽然需要的线缆比总线型网络多，但布线和连接器比总线型的要便宜。此外，由于星形拓扑结构可以通过级联的方式方便地将网络扩展至很大的规模，因此得到广泛应用，绝大部分的以太网采用的就是星形拓扑结构。

目前采用以太网技术的网络视频监控系统日益流行，但其应用需要注意几个方面：在采用双绞线传输组建以太网时，单段双绞线的长度不能超过100m，远距离传输需要采用光纤；若采用POE供电，在选用网线时需注意线缆的材质；网络的时间延迟与偶发性的掉帧导致网络监控的实时性尚无法超越模拟视频监控系统和数字视频监控系统的技术指标。

（2）以太环网。

在交换式的网络中，提高网络可靠性的主要手段是部署一些冗余链路。这样，当主链路失效时可以使用冗余链路。在使用冗余链路的情况下，网络的保护与恢复能力便成为关键，尤其是语音与视频等实时业务的开展，对网络的故障恢复能力提出了更高的要求。传统的以太网通常是通过OSPF路由协议、BGP（边界网关协议）和STP（生成树协议）来实现故障恢复的，但这种故障恢复方式的自愈速度太慢，需要以分钟和秒计，无法满足语音与视频等实时业务的要求。以太环网采用类似光纤分布式数据接口（FDDI）或SONET/SDH的技术，其网络恢复能力有了极大改善。目前普通的以太环网可以在50ms内，从任何链路故障或节点故障中恢复过来（与之相比较，实时视频为25帧/s，即每隔40ms换一幅画面），基本可以满足语音及视频的实时性要求。

以太环网是基于以太网技术实现的，不需要增加任何新硬件，实现十分简单。相比SDH/RPR等环网，以太环网组网成本低廉。以太环网和链路无关，它不仅支持以太链路，还支持链路聚合。以太环网的应用不会破坏IP分组交换的功能，如带宽控制、链路复用等。在网络覆盖方面，监控点间距需要考虑以太网对单段双绞线的距离要求，并且监控点的串联个数取决于视频图像码流大小与网络带宽的比值（假设视频图像码流为700kbit/s，在百兆网中可同时传输 $100Mbit/s \times 50\% \div 700kbit/s \approx 71$ 路图像，以上计算考虑了局域网50%的有效带宽使用率）。可以预见，在解决了监控画质与网络延迟等实时性问题后，采用以太环网技术构建视频监控系统有很好的发展前景，未来采用网络接口的报警探测器及网络广播可以通过以太环网交换机构建以太环网安全防范系统，实现报警、监控、广播的一体化，并可以实现多种多样的联动功能。

3．平衡传输与不平衡传输

发送端将信号调制成对称的信号并用双线发送，称为平衡发送。发送端将信号调制成对称的信号并采用单线（另一线为参考电平）发送，称为不平衡发送。接收端采用对称接收称为平衡接收。接收端采用不对称接收（一线接收信号，另一线接收基准电平）称为不平衡接收。平衡传输可以有效降低共模干扰，若采用双绞线传输，抗共模干扰能力会更强。

传统的同轴视频电缆采用芯线传输视频信号、采用同轴屏蔽层传输参考电平，因此采用同轴视频电缆的传输技术为不平衡传输方式，与采用双绞线的平衡传输方式相比，其信号衰减性能优于采用双绞线的平衡传输方式，但其抗干扰能力大大低于采用双绞线的平衡传输方式。

采用双绞线传输视频信号需使用双绞线视频传输设备，一方面实现单线信号与对称信号之间的转换，另一方面对信号进行放大和补偿，以弥补高出同轴视频线的衰减。现有的双绞线传输技术可以将图像传输1km～2km并保持一定的图像质量。

由于双绞线和双绞线视频传输设备的价格都很低，在距离较远时，使用双绞线与使用同轴电缆相比要更经济。另外采用双绞线可以最大限度地利用综合布线技术，并可实现在一根网线（4对双绞线）中分别传送视频信号、音频信号、控制信号、电源信号或其他信号，能够提高线缆利用率，而且使用一根网线内的几对双绞线分别传送不同的信号，信号相互之间不会发生干扰。

由于双绞线传输具有以上优点，因此其广泛应用于许多建筑内部的视频监控系统。

3.6.3　电缆及连接器

电缆及连接器是视频监控系统中必不可少的部分，如果选择不当，会影响整个工程的质量。例如，若视频电缆的特性阻抗选择不当（如选择 50Ω 电缆），将会使监视器上重现的图像出现重影及波纹；若控制电缆长度过长且线径过细，将会使控制器输出的控制电压在线路上损耗过大而无法对前端的云台或电动镜头实施控制。因此，在工程设计与施工中，选择合适的电缆及连接器是十分重要的。

1．视频电缆

在视频监控系统中，视频电缆应选用 75Ω 的同轴电缆，通常使用的电缆型号为 SYV-75-3 和 SYV-75-5，这两种电缆对视频信号的无中继传输距离一般为 100m 和 300m。当传输距离更长时，可选用 SYV-75-7、SYV-75-9 或 SYV-75-12 的粗同轴电缆（在实际工程中，粗同轴电缆的无中继传输距离可达 1km），当然也可考虑使用视频放大器。一般来说，传输距离越长信号的衰减越大，频率越高信号的衰减也越大，但线径越粗则信号衰减越小。在进行长距离无中继传输时，视频信号的高频成分被过多地衰减而使图像变模糊（表现为图像中物体边缘不清晰、分辨率下降），而当视频信号的同频头被衰减至不足以被监视器等视频设备捕捉到时，图像便无法稳定显示。同轴电缆芯线有单股铜芯与多股铜芯，其电缆型号分为-1 与-2 两种，如 SYV-75-3-1 表示芯线为单股铜芯、3mm 线缆外径、特性阻抗为 75Ω 的聚乙烯绝缘聚氯乙烯护套射频同轴电缆。

视频电缆实际所能传输的距离与线缆的质量、所用的摄像机及监视器均有关。另外当摄像机输出电阻、同轴电缆特性阻抗、监视器输入电阻这三个参数值不能完全保证为 75Ω 时，就会在同轴电缆中产生回波反射（驻波反射），使图像出现重影及波纹甚至使图像跳动（同步头被衰减或回波反射都可能使图像产生跳动）。因此，在实际工程中，尽可能一根电缆一贯到底，中间不留接头，因为中间接头很容易改变接点处的特性阻抗，还会引入插入损耗。从工程实际来看，常用的 BNC 连接器（俗称 Q 九头/座）的阻抗特性可以忽略。在实际工程中也有使用 RCA 连接器的（俗称莲花头/座）。

视频同轴电缆的外导体用铜丝编织而成。不同质量的视频电缆其铜丝编织层的密度（所用的细铜丝的根数）是不一样的，如 80 编、96 编、120 编，有的电缆编数少，但在编织层外增加了一层铝箔。传输电路的外导体接地，内导体（铜芯线）接信号端，内、外导体之间填充有绝缘介质，这样，传输的电磁能可以被限制在内、外导体之间，从而可以避免辐射损耗和外界杂散信号的干扰。

2．音频电缆

音频电缆通常选用 2 芯屏蔽线，虽然普通 2 芯线也可以传输音频，但在长距离传输时容易引入干扰噪声。在一般应用场合，屏蔽层仅用于防止干扰，并与中心控制室内的系统主机处单端接地，但在某些特殊应用场合，屏蔽层也可用于传输信号，如用于传输立体声的公共地线（2 芯线分别对应立体声的两个声道）。常用的音频电缆有 RVVP-2×0.3 和 RVVP-2×0.5。

音频监听与公共广播系统的声音传输方式不同。公共广播系统采用的是高压（120V）定压方式传输，其音频电缆采用总线式布线，这与视频监控系统中用于将监听头的音频信号传到中控室的点对点式布线截然不同。由于公共广播系统采用高压小电流来传输音频，因此采用非屏蔽的 2 芯电缆即可，如 RVV-2×0.5 等。

音频电缆通常采用 RCA 连接器与设备相连。专业音频设备通常采用卡侬连接器与音频电缆相连，个别设备也有采用普通 6.5mm（或 3.5mm）的杰克插头/座与音频电缆相连的。公共广播系统的音频电缆一般不需要专门的连接器，而是直接与音箱或功放设备的接线柱相连。

3．通信总线电缆

通信总线电缆指的是接于系统主机与解码器之间的 2 芯电缆，可以选用普通的 2 芯护套线。但一般来说，带有屏蔽层的双绞 2 芯线的抗干扰性能较好，更适合进行强干扰环境下的远距离传输。

选择通信总线电缆的基本原则是距离越长，线径越粗。例如，RS-485 通信规定的基本通信距离是 1200m，但在实际工程中选用 RVVP-2×1.5 的屏蔽护套线，可以将通信距离扩展到 2000m。当通信线过长时，需要使用 RS-485 通信中继器对控制信号进行放大整形，否则，长距离通信控制指令无法被解码器稳定接收或根本不能接收。

4．控制电缆

控制电缆通常指的是用于控制云台及电动三可变镜头的多芯电缆，其一端连接于控制器或解码器的云台、电动镜头的控制接线端，另一端则直接接至云台、电动镜头的相应端子上。由于控制电缆提供的是直流电压或交流电压，而且通常距离很短（有时还不足 1m），基本不存在干扰问题，因此不需要使用屏蔽线。常用的控制电缆大多采用 6 芯电缆或 10 芯电缆，如 RVV-6×0.2、RVV-10×0.12 等。其中 6 芯电缆分别接于云台的上、下、左、右、自动、公共 6 个接线端。10 芯电缆除了接云台的 6 个接线端，还接电动镜头的变倍、聚焦、光圈、公共 4 个接线端。

在视频监控系统中，由于从摄像机到解码器的空间距离比较短（通常为几米），因此从解码器到云台及电动镜头之间的控制电缆一般不做特别要求。而从控制器到云台及电动镜头的距离少则几十米，多则几百米，在这样的视频监控系统中，对控制电缆有一定的要求，即线径要粗。这是因为导线的直流电阻与导线的截面积的平方成反比，而控制信号经长距离导线传输时会因其导线电阻（几欧姆至几十欧姆甚至更高）而产生压降，线径越细或传输距离越长则导线电阻越大，控制信号压降越大，这会导致控制信号到达云台或电动镜头时不能驱动负载电动机动作。

对于低电压控制信号，控制信号无法驱动负载电动机动作的现象很明显，如对于交流 24V 驱动的云台及直流 6V～12V 驱动的电动镜头，可能会经常出现云台被"卡"住而无法启动（特别是在大转矩情况下）、电动镜头动作极慢或干脆不动作的现象。其原因就是由于控制电流会因为导线电阻而产生压降，使得控制器输出电压减去该压降后作用于云台或电动镜头的实际电压降低。因此，控制信号的长距离传输必须用粗线径的导线，如选用 RVV-10×0.5 或 RVV-10×0.75 等。

5．电源线

视频监控系统中的电源线一般都是单独布设的，在监控室设有总开关，以对整个监控系统进行集中控制。

一般情况下，流经电源线的是 220V 的交流电，在摄像机端再经电源变换器变换成直流

12V 或交流 24V，这样做的好处是可以采用总线式布线方式且不需要很粗的线，当然在防火安全方面要符合规范（穿钢管或阻燃 PVC 管），并与信号线隔开一定距离。

有些小型系统可以采用 12V 直接供电的方式，即在监控室内用大功率的直流稳压电源对整个系统供电。在这种情况下，就需要选用线径较粗的电源线，且电源与负载之间的距离不能太长，否则就不能使系统正常工作。这是因为供电电源的功率一定时，电压越低电流越大，而大电流在线路电阻较小时也能产生较大的压降，使摄像机电源端口的实际电压值达不到要求值。在这种情况下，摄像机的图像要么抖动、无彩色，甚至无图像（此时在摄像机加载，即不断开摄像机电源的前提下，其电源端口处的电压值可能只有 10V 左右）。遇到这种情况，一种简单的解决办法是采用可调直流电源将供电电压提升到 14V，以保障摄像机端口处的工作电压达到 12V。但需要注意的是，当各摄像机与中心控制室的距离较远时，可能会损坏近处正常工作的摄像机（因为该摄像机到控制室的电源线的长度较短，导线电阻较小，不会产生太多的压降）。遇到这种情况，只能采用多个电源分别供电的方式，即近距离用标准电压供电，远距离用较高的电压供电。

3.7　视频监控系统后端设备选配

3.7.1　视频处理设备

在模拟视频监控系统中，通常需要使用许多视频处理设备。例如，可以实现多路信号只输出一路信号的视频切换器、可以将多路信号合成一路输出的画面分割器、可以将一路信号分配成几路信号输出的视频分配器、可将微弱信号放大整形的视频放大器等。

1．视频切换器

若需要将多路视频信号送到同一处监控或录像，可以采用一台监视器/录像机对应一路视频的方式，但监视器占地大，价格贵，如果不要求全天候监控，可以在监控室增设一台视频切换器，将摄像机输出信号接到视频切换器的输入端，视频切换器的输出端接监视器/录像机。视频切换器的工作电压为 220V 交流电压。视频切换器的输入端分为 2 路、4 路、6 路、8 路、12 路、16 路；输出端一般为单路（也有 2 路的）。视频切换器的每个视频通道均为 1Vp-p/75Ω/BNC 接口，带宽一般为 10MHz。有的视频切换器还可以同步切换音频。

视频切换器有手动切换、自动切换两种工作方式。手动切换方式是想看哪一路视频就将开关拨到哪一路；自动切换方式是让预设的视频按顺序延时切换，各路视频的显示顺序和显示停留时间可由用户程序设置或修改（通过一个旋钮调节，一般为 1s～35s）。视频切换器应能消除监视器上的图像闪烁、抖动或滚动。若要得到无滚动切换的效果，接入的所有摄像机需要进行同步。为了监控的需要，有的视频切换器还带有报警切换功能，即发生报警时，该视频切换器会自动将设定（一般为报警区域）的摄像机图像切换输出到监视器进行显示。

随着数字视频的普及，VGA 切换器在视频监控系统中的应用也越来越多。

2．画面分割器

视频切换器的价格便宜，连接简单，操作方便，但在一个时间段内只能监看多路输入信号中的一路信号。若要在一台监视器上同时监看多个摄像机图像，则需要使用画面分割器。四画面分割器的使用如图 3-19 所示。

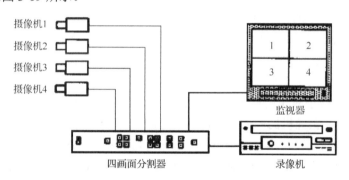

图 3-19 四画面分割器的使用

画面分割器有四分割画面分割器、九分割画面分割器、十六分割画面分割器等多种，可以在一台监视器上同时显示 4 路、9 路、16 路视频图像，也可以送到录像机进行记录。四分割画面分割器是常用的设备之一，其性价比也较高，图像的质量和连续性也较好。另外还有六分割画面分割器、八分割画面分割器、双四分割画面分割器。大部分画面分割器除了可以同时显示图像，还可以显示单幅画面、叠加时间和字符、设置自动切换，支持报警输入和联动及画中画功能。

画面分割器主要有两种方式可以实现将多路视频信号合成一路视频信号。一种方式是将每路画面等比缩小，然后按顺序将多路画面合成一幅画面，这样输出的是一路完整的视频信号，该视频信号存储到录像机后还可以直接在监视器进行回放。这种画面分割器用于输出视频信号到监视器或录像机的端口可混用，缺点是原始画面等比缩小后，画质变差，而且不可修复。另一种方式是将输入的多路视频信号顺序逐帧间隔组合，这种方式不会造成画质变差，但是输出的不是完整的视频信号。这种画面分割器的信号输出端只能接至录像机，若接至监视器，屏幕将出现闪烁，也就是说，此方式下的录像回放仍需要画面分割器的参与，并且每幅图像会出现卡通样的回放效果。

3. 视频放大器

当视频传输距离较远时，一般采用线径较粗的视频线，同时可以在线路中增加视频放大器，增强信号强度以实现远距离传输。视频放大器对视频信号具有一定的放大作用，并且还能通过均衡调整分别对不同频率成分的视频信号进行不同大小的补偿（所谓的加权视频放大器），以使接收端输出的视频信号失真变小。视频放大器可以增强视频的亮度、色度和同步信号，但也会放大线路内的干扰信号，因此，视频放大器并不能无限制级联，一般在一个点到点系统中同轴视频放大器最多只能级联 2 个或 3 个，否则会出现饱和现象，无法保证视频传输质量，并且调整起来也会很困难。

4. 视频分配器

一路视频信号对应一台监视器或一路录像机，若需要将一台摄像机的图像传送给多个管理者，或者需要边看边录像，则需要将一路视频信号复制成多路视频信号，输出到不同的设备，而视频分配器就可以实现此功能。若直接将并联视频信号送给多个输出设备，会因并联信号衰减较大，以及输入阻抗不匹配等原因，使图像严重失真，线路也会不稳定。视频分配器除了具有阻抗匹配功能，还具有视频增益功能，可以使视频信号同时传送给多个输出设备而不受影响。

选用视频分配器主要应考虑一路视频信号可分成几路输出、共可支持几路的分配任务。

5. 视频矩阵切换控制主机

所谓视频矩阵切换是指可以选择任意一台摄像机的图像在任一指定的监视器上输出显示。例如，M 台摄像机和 N 台监视器构成的 $M×N$ 矩阵，一般视应用需要和装置中模板数量的多少，矩阵切换系统可大可小，小型系统是 $4×1$，大型系统可以达到 $1024×256$ 或更大。

在以视频矩阵切换控制主机为核心的系统中，每台摄像机的图像都需要经过单独的同轴电缆传送到视频矩阵切换控制主机。对云台与镜头的控制，一般由视频矩阵切换控制主机将控制信号经由双绞线或多芯电缆先送至解码器，解码器先对传来的控制信号进行译码，再确定执行何种控制动作。

视频矩阵切换控制主机是闭路电视监控系统的核心，多为插卡式箱体，内有电源装置，插有含微处理器的 CPU 板、数量不等的视频输入板、视频输出板、报警接口板等，有众多的视频 BNC 插座、控制连线插座及操作键盘插座等。

视频矩阵切换控制主机具备的主要功能如下。

（1）接收各种视频装置的图像输入，并根据操作键盘的控制指令将这些图像有序地切换到相应的监视器显示或记录，并完成视频矩阵切换功能，编制视频信号的自动切换顺序和间隔时间。

（2）接收操作键盘的指令，控制云台的上下、左右的转动，镜头的变倍、调焦、光圈，室外防护罩的雨刷。

（3）操作键盘有口令输入功能，可防止未授权者非法使用本系统，多个操作键盘之间有优先等级安排。

（4）对系统运行步骤可以进行编程，有数量不等的编程程序可供使用，可以按时间来触发运行所需程序。

（5）有一定数量的报警输入端和继电器接点输出端，可接收报警信号输入，可编程控制输出。

（6）有字符发生器，可在屏幕上生成日期、时间、场所、摄像机号等信息。

（7）提供与计算机连接的接口，可以衔接视频管理系统软件。

（8）有的产品集成了音频矩阵切换功能。

普通视频矩阵与前端可控设备（如云台、镜头等）之间除了同轴视频电缆，至少还需要一根控制总线。为简化系统布线，可以使用同轴视控矩阵切换控制产品。

同轴视控有两种实现方法。一种是采用频率分割实现同轴视控，即将控制信号调制到与视频信号不同的频率范围，然后将控制信号与视频信号复合在一起传送，之后在现场进行解调将两者区分开。另外一种是在视频信号场消隐期间传送控制信号，类似于电视图文传送。同轴视控切换控制系统除了需要特定的矩阵主机，还需要相应的特殊解码器。随着模拟视频监控的衰落，目前同轴视控切换控制系统的实际应用案例不多。

随着数字视频监控系统的不断完善，原来由视频矩阵所实现的摄像机与监视器的交换功能已改为由计算机网络实现。大型模拟视频矩阵因其系统复杂度、成本都较高已逐渐退出市场。中小型视频矩阵在增加了数字视频信号处理功能后，在大屏幕投影显示工程、电化教学、指挥控制中心、多媒体会议室等需要电视墙的场合得到了广泛应用。

3.7.2 显示设备

前端摄像机传送到终端的视频信号由显示设备再现为图像以供监看。监视器是传统视频监控系统的标准输出设备。近年来显示技术发展很快，已经市场化的显示技术有显像管显示技术、薄膜晶体管液晶显示屏（TFT-LCD）显示技术、PDP（等离子体显示屏）显示技术、OLED（有机发光二极管）显示技术、场发射显示器（FED）显示技术、投影显示技术（CPT、LCD、LCOS、DLP）、小间距 LED 显示技术等，此外还有表面传导电子发射显示（SED）技术。

1. 直视式显示设备

直视式信息显示主要有两种方式，即 CRT（Cathode Ray Tube，阴极射线管，其中，彩色电视使用显像管，计算机显示器使用显示管）及 FPD（Flat Panel Display，平板显示器件）。

（1）CRT。

CRT 的生产技术成熟、驱动方式简单、动态响应迅速，只要带宽够大，分辨率、色彩还原度理论上可以无限大。CRT 的缺点是辐射大，画面有闪烁易使人眼疲劳，耗能高，体积、质量偏大，因而逐步被 FPD 所取代。

（2）PDP。

PDP 与 CRT 相比具有体积小、厚度小、质量小、图像无闪烁、无 X 射线辐射、视野开阔、视角宽广、图像不会产生畸变、不存在聚焦的问题等优点。与 LCD（液晶显示屏）相比，PDP 具有亮度高、色彩还原性好、灰度丰富、动态画面响应速度快、屏幕大型化相对容易等优点；但在分辨率、功耗、厚度、寿命等方面不如 LCD。PDP 还有残像的缺陷。

（3）LCD。

LCD 具有低电压、微功耗、平板化等特点。LCD 与 CMOS 集成电路匹配，使用电池作为电源，适用于便携式显示。但 LCD 存在的视角、响应速度等问题极大地影响了其发展。近年来人们开发了光学补偿膜技术、共面转换技术（IPS）、多畴垂直排列技术（MVA）、轴对称多畴技术（ASM）等，这些技术极大地改善了液晶显示的视角问题（目前水平视角已能达到170°）。液晶材料的发展、液晶盒间距的缩短及控制方面的改进使响应速度问题得到了较大改善。LCD 的清晰度、亮度不断完善，LCD 的响应速度也在不断提高。随着响应时间、瑕疵亮点、背光源、大尺寸等方面不断得到完善，LCD 的应用会更加普遍。

（4）OLED。

OLED 是自发光器件，不需要背光、柔光镜、偏光器或其他任何 LCD 所需的附件，具有超轻薄、全固化、自发光、响应速度快、温度特性好、可实现柔软显示等诸多突出优点，可以应用于仪器、仪表等显示终端，以及手机、PDA、数码相机等信息终端。

2. 投影显示设备

投影显示设备按芯片的工作原理可分为 CRT、LCD、DLP、LCOS 这 4 种。CRT 作为其中技术最成熟的产品，其宽广的色域是其他几种投影设备所无法媲美的，但其昂贵的价格、笨重的体积、烦琐的调整使其推广受限，但凭借着优异的显示性能，CRT 还可应用于高端领域（如航空、航海等领域的模拟器）。目前在商业及家用市场，LCD、DLP 这两种投影设备占据主导地位。但 LCOS 投影设备的发展前景十分广阔。

（1）CRT 投影机。

CRT 投影机又称三枪投影机，其主要由 3 个 CRT 组成。CRT 主要由电子枪、偏转线圈及管屏组成。为了使 CRT 在屏幕上显示图像信息，CRT 投影机将输入的信号源分解到 R（红）、G（绿）、B（蓝）3 个 CRT 的荧光屏上，荧光粉在高压作用下发光，并经过光学系统放大和会聚，进而在大屏幕上显示出彩色图像。

（2）LCD 投影机。

液晶显示技术利用了液晶的光电效应。液晶的光电效应是指液晶分子的某一排列状态在外加电场的作用下而改变液晶单元的透光率或反射率。LCD 投影机利用金属卤素灯或 UHP（冷光源）提供外光源，将液晶板作为光的控制层，通过控制系统产生的电信号控制相应像素的液晶，液晶透明度的变化控制通过液晶的光的强度，产生具有不同灰度层次及颜色的信号，显示输出图像。LCD 投影属于被动式投影方式。

LCD 投影机有三片机和单片机两种类型。单片机具有体积小，质量轻，操作、携带方便，价格低廉等优点，但因其具有液晶单色开孔率低，混色原理为空间混色，颗粒感较明显等缺点，目前已经基本被淘汰，仅在低档投影机中使用。

（3）DLP 投影机。

DLP 技术专利为美国德州仪器公司拥有，目前 DMD 芯片、DMD 控制器等核心部件还是由美国德州仪器公司独家提供。DLP 技术的应用领域还在不断扩张，其应用领域包括数字电影、大屏幕拼接显示、前投式投影机及背投电视等诸多大屏幕显示领域。

DLP 技术的优点：DLP 技术以反射式 DMD 为基础，是一种纯数字的显示方式，图像中的每一个像素点都是由数字式控制的 3 原色生成的，每种颜色有 8 位到 10 位的灰度等级，DLP 技术的这种数字特性可以获得精确数字灰度等级并实现颜色再现。与 LCD 技术相比，使用 DLP 技术投射出来的画面更加细腻；不需要偏振光，在光效率的应用上较高。此外，DLP 技术投影产品投射影像的像素间距很小，可以形成几乎无缝的画面图像。DLP 投影机对比度较高，黑白图像清晰锐利，暗部层次丰富，细节表现丰富；在表现计算机信号黑白文本时，画面精确、色彩纯正、边缘轮廓清晰。

根据 DLP 投影机中包含的 DMD 数字微镜的片数，DLP 投影机可分为单片 DLP 投影机、两片 DLP 投影机和三片 DLP 投影机。单片 DLP 投影机主要适用于各种便携式投影产品。两片 DLP 投影机主要应用于大型的显示墙，适用于一些大型的娱乐场合和需要大面积显示屏幕的场合。三片 DLP 投影机则通常用于对亮度要求非常高的特殊场合。

（4）LCOS 投影机。

LCOS（Liquid Crystal On Silicon，硅上液晶或片上液晶）投影机的基本原理与 LCD 投影机的基本原理相似。LCD 投影机是利用光源穿过 LCD 进行调变，属于穿透式投影机；而 LCOS 投影机利用的是反射架构，光源发射出来的光并不会穿透 LCOS 面板，属于反射式投影机。LCOS 面板以 CMOS 芯片为电路基板及反射层，液晶被注入 CMOS 芯片和透明玻璃基板之间，CMOS 芯片被磨平抛光后用作反射镜，光线透过玻璃基板和液晶材料，经调光后从 CMOS 芯片表面反射出来。

采用透射式液晶技术的投影机的光源利用率不高，仅有 3%～10%，故理论上 LCOS 不论是在分辨率方面还是在开口率方面都比穿透式 LCD 高（目前市场上的 LCOS 投影机的分辨率通常都是 1365×1024 或更高）。LCOS 投影机投射画面的像素栅格结构几乎不可见，光利用效率可达 40%，可以实现更大的光输出和更充分的色彩体现。相比 DLP 微镜带来的锐利的数字画面，LCOS 投影机的像素边缘显得更加平滑，有效消除了图像的锯齿现象，适合喜欢自然、柔和画面的用户。采用 LCOS 技术的投影机通常都采用三片 LCOS 面板。

LCOS 投影机目前在产品技术方面还存在以下问题：首先，LCOS 投影机的对比度通常为 500：1～800：1，不及 DLP 投影机；LCOS 投影机的重量也无法同便携式 LCD 投影机和 DLP 投影机相比，目前最轻的 LCOS 投影机重约 5.5kg，相较于 LCD 投影机和 DLP 投影机，LCOS 投影机更适用于位置固定的会议室或家庭影院。

CRT、LCD、DLP 及 LCOS 这 4 种投影技术，各有其技术特点。LCD 与 LCOS 的投影的色域范围要远大于 CRT 及 DLP 的投影的色域范围，CRT 次之，DLP 最末。三片式 LCD 投影芯片及 LCOS 投影芯片是对色域范围敏感的应用领域的首选。DLP 的特点是高对比度及高可靠性。CRT、LCD、DLP、LCOS 4 种投影技术性能对比如表 3-9 所示。

表 3-9　CRT、LCD、DLP、LCOS 4 种投影技术性能对比

对 比 项 目	CRT	LCD	DLP	LCOS
色域	中等	宽广	狭小	宽广
生产工艺	成熟	成熟	较成熟	不成熟
寿命	中等	短	长	短
亮度	低	中等	高	中等
对比度	中等	低	高	低
便携性	困难	一般	容易	差
开孔率	高（注 1）	低	高	高
连续工作性	好	差	好	差
分辨率	极高	高	低	高
寿命最短元件	投影管	LCD 板	色轮电动机（注 2）	LCOS 面板
消耗元件	无	灯泡	灯泡	灯泡

注 1：CRT 没有开孔率这一参数，该参数为比照后三者的类比参数。

注 2：色轮电动机仅存在于单片 DLP 投影机及两片 DLP 投影机，三片 DLP 投影机无此元件。

3．大屏幕拼接系统

一般用户在同时观看的信源较少时，适合单机使用。但在较为复杂的应用环境中，如大型邮电通信系统、道路交通管理、能源分配输送、过程控制、110 报警等领域，需要全景浏览、统一指挥，就必须使用大屏幕拼接系统。大屏幕拼接系统不受单机分辨率的影响。例如，一个 2×2（四个单机）的拼接系统，单机分辨率为 800×600，亮度为 500lm，则拼接后的系统分辨率为 1600×1200，亮度为 500lm。大屏幕拼接系统主要由三部分组成：大屏幕投影墙、投影机阵列、控制系统。其中，控制系统是核心部分。目前世界上流行的大屏幕拼接系统主要有三种：硬件大屏幕拼接系统、软件大屏幕拼接系统、软件与硬件相结合的大屏幕拼接系统。

4．LED（发光二极管）显示屏

LED 显示屏利用 LED 拼接成大屏幕显示点阵，克服了投影仪无法在自然光下使用的缺陷，是一种可直接播放电视、录像、VCD 等设备的视频信号及显示文字、图像的公众信息显示屏。LED 显示屏具有很多优点：视角大、亮度高、色彩艳丽（三色 LED 的色域是现行传统的彩色电视色域的 1.8 倍）、工作电压低、功耗小、易于集成、驱动简单、寿命长、耐冲击且性能稳定。LED 显示屏的应用十分广泛。例如，在体育场馆，大屏幕 LED 显示系统可以显示比赛实况并实现精彩回放等；在交通运输业，LED 显示屏可以显示道路运行情况；在金融行业，

LED 显示屏可以实时显示金融信息，如股票、汇率、利率等；在商业邮电系统中，LED 显示屏可以向广大顾客显示通知、广告等。LED 显示屏正朝着更高亮度、更高耐气候性、更高发光密度、发光均匀性、全色化方向发展。

LED 显示屏有室内型和室外型，单基色、双基色和三基色之分。P2.5 以下的小间距 LED 显示屏广泛应用于室内大屏幕。LED 点阵间距主要有 P2.5、P2.0、P1.8、P1.5 等。

3.7.3　数字硬盘录像机

数字硬盘录像机（Digital Video Recorder，简称 DVR）是一种典型的将视频图像以数字方式记录保存在硬磁盘中的录像存储设备。当前 DVR 主要有两类：一类是基于计算机的 DVR，采用工业 PC 机和 Windows 操作系统作为平台，在 PC 机中插入图像采集压缩处理卡，再配上专门的操作控制软件，从而构成基本的硬盘录像系统；另一类是非计算机类的嵌入式数码录像机（Stand Alone DVR）。

DVR 除了能记录视频图像，还能在一个屏幕上以多画面方式实时显示多个输入视频图像，实现了集图像的记录、分割、显示功能于一身。DVR 在记录视频图像的同时，还能对已记录的图像进行回放或备份，属于一机多工设备。

由于 DVR 是以数字方式记录视频图像的，因此需要对图像采用 Motion JPEG、H.264、MPEG4 等各种有效的压缩方式进行数字化，而在回放时则需要解压缩。这种数字化图像是数字化视频监控系统的重要组成部分，其能通过网络进行图像的远程传输，非常符合未来信息网络化的发展方向。

DVR 系统采用的技术主要表现在图像采集速率、图像压缩方式、硬磁盘信息的存取调度、解压缩方案、系统功能等诸多方面。

DVR 的主要技术指标如下。

（1）采用的图像压缩标准。

压缩率更高、图像更清晰、动态效果更好是图像压缩的发展方向。目前主流 H.265 压缩算法占用的带宽和需要的存储量比 H.264 占用的带宽和需要的存储量下降最多 50%。

有观点认为，在 DVR 的硬盘容量、网络传输问题得到解决后，人们关注的焦点将是图像的画质。因而 MJPEG 和小波压缩仍会作为 DVR 实现图像数字化的主流压缩方式，而能够保持较高图像质量的 MPEG2 压缩标准将得到更广泛的应用。此外，具有无损压缩和有损压缩两种优势的双码流压缩方式被认为是较理想的图像压缩方式。

（2）图像回放的清晰度。

实现 800×600 像素以上的高品质画面，同时能够对每路的清晰度进行动态分配将是 DVR 的主要目标。

（3）可同时输入摄像机的路数。

一般多为 4 路、8 路、16 路，但也有 32 路及更多路数的产品。

（4）图像回放的显示速度。

在某些场合要求"实时"时，图像回放的显示速度要能满足要求，如 8 路应达到 200 帧/s，16 路应达到 400 帧/s，24 路应达到 600 帧/s，但在一般应用场合，则不必过分强调"实时性"。

（5）可记录图像的时间。

目前单体硬盘容量可达 8T，一般硬盘录像机可接 4 个以上硬盘（数量视具体型号而定）。记录时间长度视录像内容而定，硬盘录像机一般支持变码率压缩方式，即视频图像动态变化大，图像压缩比率就低，相应可录时间就短，码流位率就高。常见的码流位率（单位为 kbit/s）上限有 32、48、64、80、96、128、160、192、224、256、320、384、448、512、640、768、896、1M、1.25M、1.5M、1.75M、2M，此外还有 8M。可按选择的码流位率上限计算录像文件占据的空间，如按照 4CIF 压缩质量最大码流为 4Mbit/s 计算，在硬盘容量为 4×500GB 并采用 16 路视频定时录像方式同时录像时，每路可记录 $(4×500G×8b)/16×4Mbit/s = 250ks ≈ 69.4$ 小时，在实际情况下，若采用 CIF 图像质量一般可记录的图像的时间为 7～15 天。

（6）DVR 的稳定可靠性。

DVR 的稳定可靠性主要取决于硬盘的性能，使用 SATA 硬盘、专门用于监控的硬盘等优质硬盘可以提高 DVR 的稳定可靠性。

（7）联网性能。

联网性能取决于 DVR 的主要用途，要考虑 DVR 是以记录图像为主，还是以图像传输或远程监控为主，要实现记录图像和传输特性的平衡。理论上 DVR 都可以联网，当采用局域网传输时均表现良好，但许多产品在使用 ISDN、DDN、xDSL 等公网传输媒体时的表现却不尽如人意（连通性差、实时性差、带宽无法随时保证、只能传送多分割图像画面而不能传送单一大图像画面等）。既能记录和控制模拟视频信号又能记录和控制网络视频信号的 DVR 称为混合型 DVR，即网络视频录像机（Network Video Recorder，NVR）。

（8）图像切换能力。

从功能方面来看，当前 DVR 是以"录"为主，以"控"为辅的，属于数字式监控设备，但已出现同时具有 DVS（数字视频服务器）和带切换功能的 DVX 的 DVR 产品。

（9）报警处置功能。

入侵报警系统需要结合音频或视频复核手段来减少误报，而视频监控系统需要利用报警信号来提高监管效率。在实际应用中，DVR 需要具有报警主机功能，以降低系统成本及复杂性、提高联动性能。

（10）综合节点功能。

作为"云—边"架构的一个特殊节点，DVR 集图像智能分析、SDI 图像输入、录像存储、网络接入、网络传输等功能于一体。

3.7.4　网络视频服务器

在许多场合，只需要网络远程的实时图像传输功能，现场的硬盘录像功能可有可无甚至是不必要的（如电力部门无人值守基站、高速公路的路面监控等），通常可使用网络摄像机。但是网络摄像机一般只有一路视频，通常还受其本身镜头与机身功能的限制，并不是最佳选择。而网络视频服务器可以很好地弥补硬盘录像机与网络摄像机的不足。

网络视频服务器的结构大体与网络摄像机的结构相似，是由一个或多个模拟视频输入口、图像数字处理器、压缩芯片和具有网络连接功能的服务器构成的。从某种角度来看，网络视频服务器可以等效为不带镜头的网络摄像机，或者等效为不带硬盘的 DVR。网络视频服务器将输入的模拟视频信号进行数字化处理后，将数字化的视频信号传送至网络，从而实现远程实时监控的目的。网络视频服务器可以将模拟摄像机成功"转化"为网络摄像机，是实现网络监控系统与 CCTV 模拟系统整合的最佳选择。网络视频服务器可以实现与网络摄像机相同的功能，但其在设备的配置上更灵活。网络视频服务器除了可以与普通的摄像机连接，还可以与一些具有特殊功能的摄像机连接，如低照度摄像机、高灵敏度的红外摄像机等。

目前市场上的网络视频服务器以 1 路视频输入和 4 路视频输入为主，可以通过网络远程控制云台和镜头。另外，网络视频服务器还支持音频实时传输和语音对讲，有的网络视频服务器还具有动态侦测和报警功能。

3.7.5　视频解码器

支持视频解码功能的解码器称为视频解码器。由于网络视频监控系统中的视频图像信号均通过压缩编码储存在硬盘或以视频流（复合流）的形式在网络中传输，常规的显示设备一般仅支持模拟视频信号或非压缩的数字编码信号，若要对编码信号进行显示，还需要先将其解码还原。

视频解码器获取需要解码的视频流的方式主要有两种，一种由视频解码器发起获取视频流，另一种由视频源设备发起输送视频流，目前后者为主流方式。可通过视频解码器的网络端口、专用串行端口对其参数进行配置，有的视频解码器还支持 Web 登录管理。视频解码器可支持多路同时解码输出，常见规格有 1 路、4 路、8 路、16 路。视频解码器所能处理的视频流格式有高清和标清两种，有的高清视频解码器并不支持所有的高清格式。视频解码器的运算能力有高低之分，有的多路视频解码器并不能在所有的通道同时进行最高规格的解码，而只能支持其中的一路或几路。

3.7.6　网络存储设备

网络摄像机一般不具备录像存储功能，有的网络摄像机可利用其 SD 卡实现短时存储功能。在小规模的网络视频监控系统中，可由后端的服务器、客户端进行存储，但是普通计算机的硬盘容量十分有限。有的硬盘录像机支持对网络视频流的录像存储，但是对于大规模的网络视频监控系统来说，单个硬盘录像机的容量太小，若采用多个硬盘录像机堆叠扩容可以解决存储容量问题，但这又会带来设备数量增多、管理复杂的问题，并且也无法满足集中存储的应用要求，最为关键的是硬盘录像机的主要功能并不是存储，而只使用其存储功能无疑是十分不经济的，此时采用专门的网络存储设备更具优势。

目前主流的网络存储技术为 IP SAN（Storage Area Network，存储局域网络）。以 IETF 的 iSCSI 标准构建的 IP SAN 系统具备低成本、高数据流量、低延迟、高数据安全及系统级高容错等优点，属于块级存储系统。还有一种应用较多的网络存储技术为 NAS（Network Attached Storage；网络附加存储），属于文件级的存储访问技术，适用于多用户网络环境中的档案集中化分享管理。NAS 产品能通过 SAN 与存储设备相连。

若要利用网络存储设备对外提供存储服务，需要使用 RAID（Redundant Array of Independent Disk，独立冗余磁盘阵列）技术先将多个物理磁盘创建为一个或多个 RAID 组（逻辑磁盘），并通过虚拟化管理技术构建虚拟存储池，再通过创建 iSCSI 和 NAS 网络盘的形式对外提供存储服务。RAID 技术是通过硬件形式或软件形式的 RAID 控制器将多个硬盘整合成虚拟的单个大容量硬盘使用的。按照组成磁盘阵列的方式不同可以将 RAID 分为不同的级别，常用的 RAID 级别有 RAID0～RAID5。在视频监控系统的存储应用中通常采用 RAID5。RAID5 的读出效率很高，写入效率一般，特别适用于块式的集体访问。构建一个 RAID5 一般需要三块以上的物理硬盘，利用异或编码和校验特性，RAID5 可以允许单个磁盘出错或失效，而不影响数据的正确读取和存储，这进一步提高了存储的安全性。每个 RAID5 还可单独配置一个热备盘。

3.7.7　网络视频管理平台软件

在网络视频监控系统中，虽然许多设备支持 Web 登录进行参数配置、实时监控、录像调阅、云镜控制等功能，但是当设备数量很多时，让用户逐个设备进行登录使用显然会非常烦琐，用户也很难快速找到所要监控的图像资源。这就需要一套管理软件帮助用户进行统一管理、使用网络视频监控系统中的各类设备，并且在综合各个设备功能的基础上实现新的实用功能，进而实现"1+1>2"的效果。

网络视频管理平台软件可以采用 B/S 架构或 C/S 架构。对于 B/S 架构，一般需要使用单独的服务器开通 Web 服务。而 C/S 架构可以利用各个网络设备本身具备的网络服务功能提供 Web 服务，不需要运行专门的服务器，当然这种方案的系统容量、可用功能都是非常有限的。网络视频管理平台软件可以实现远程参数配置、远程实时监控、远程 PTZ 控制、图像切换、电视墙控制、录像查询及回放、视频智能分析、视频报警联动、用户权限配置等多种功能。

3.8　视频监控系统技术规范与要求

与视频监控系统有关的技术规范有很多，包括国家的、行业的、地方的，其中，许多是安全防范工程、智能建筑、综合布线、有线电视、电气设备等领域的相关标准规范。下面介绍 GB50198—2011《民用闭路监视电视系统工程技术规范》和 GA/T 367—2001《视频安防监控系统技术要求》。GB 50395—2007《视频安防监控系统工程设计规范》自 2007 年 8 月 1 日起实施。GB/T 28181—2016《公共安全视频监控联网系统信息传输、交换、控制技术要求》对视频监控系统联网互通功能的实现提出了完整的技术要求。

3.8.1　视频监控系统设计的原则要求

1. 规范性和实用性

视频监控系统的设计应基于对现场的实际勘察，应对环境条件、监视对象、投资规模、维护保养及监控方式等因素进行统筹考虑。视频监控系统的设计应符合有关风险等级和防护级别的要求，符合有关设计规范、设计任务及建设方的管理和使用要求。

2. 先进性和互换性

视频监控系统的设计在技术方面应具有适度超前性和设备的互换性，为系统的增容和/或改造留有余地。

3．准确性

视频监控系统应能利用所选设备并在现场环境下，对防护目标进行准确、实时的监控，应能根据设计要求，清晰显示和/或记录防护目标的可用图像。

4．完整性

（1）视频监控系统应保持图像信息和声音信息的原始完整性和实时性，即无论中间过程如何进行，应使最后显示/记录/回放的图像和声音与原始场景保持一致。视频监控系统在色彩还原性、图像轮廓的还原性（灰度级）、事件后继性、声音特征等方面均应与现场场景保持最大相似性（主观评价），并且后端图像和声音的实时显示与现场发生事件之间的延迟时间应处于合理范围。

（2）应对现场视频探测范围进行合理分配，以获得现场图像的完整信息，减少目标区域的盲区。

（3）当需要复核监视现场声音时，系统应配置声音复合（音频探测）装置。

5．联动兼容性

视频监控系统应能与入侵报警系统、出入口控制系统等联动。当视频监控系统与其他系统联合设计时，应进行系统集成设计，各系统之间应能够相互兼容同时也能够独立工作。

大中型视频监控系统应能提供相应的通信接口，从而实现与上位管理计算机或网络的连接，形成综合性的多媒体监控网络。

3.8.2　视频监控系统的功能要求

视频监控系统应具有对图像信号进行采集、传输、切换控制、显示、分配、记录和重放等基本功能。

1．视频探测与图像信号采集

（1）摄像机应能清晰、有效地（基于良好配套的传输设备和显示设备）摄取现场的图像，并能保证图像质量不低于四级。对于电磁环境特别恶劣的现场，其图像质量应不低于三级。

（2）摄像机应能适应现场的照明条件。当环境照度不满足视频检测要求时，应配备辅助照明设备。

（3）摄像机的防护措施应与现场环境相协调，具有相应防护等级的防护设备。

（4）摄像机应与观察范围相适应，必要时，固定目标监视与移动目标跟踪配合使用。

（5）音频探测范围应与其监测范围相适应。

2．控制

（1）监控室可根据视频监控系统规模灵活配置，也可设置为与其他系统共用的联合监控室。监控室内应放置控制设备，并为值班人员提供值守场所。

（2）监控室应有保障设备和值班人员人身安全的防范设施。

（3）视频监控系统的运行控制和功能操作应在控制台进行。

（4）大型视频监控系统应能对前端视频信号进行监测，并能给出视频信号丢失的报警信息。

（5）视频监控系统应能进行手动操作或自动操作，并可以对摄像机、云台、镜头、防护罩等设备的各种动作进行遥控。

（6）视频监控系统应能进行手动切换或编程自动切换，并能将所有视频输入信号在指定的监视器上进行固定显示或时序显示。

（7）大中型视频监控系统应具有存储功能，以实现在市电中断或关机时，所有编程设置、摄像机号、时间、地址等信息均可保持。

（8）大中型视频监控系统应具有与报警控制器联动的接口，在报警发生时能对相应部位摄像机的图像予以显示和记录。

（9）视频监控系统的其他功能配置应能满足使用要求和冗余要求。

（10）大中型视频监控系统应具有与音频同步切换的能力。

（11）根据用户使用要求，视频监控系统可设立分控设施，通常应包括控制设备和显示设备。

（12）视频监控系统联动响应时间应不大于 4s。

3．信号传输

（1）信号传输可采用有线介质和/或无线介质，并辅以调制解调等方法，比如，可以利用专线或公共通信网络传输信号。

（2）各种传输方式都应能保证视频信号的输出与输入的一致性和完整性。

（3）信号输出应能保证图像质量和控制信号的准确性（响应及时和防止误操作）。

（4）信号传输应有防泄密措施，有线专线传输应有防信号泄漏和/或加密措施，有线公网传输和无线传输应有加密措施。

4．图像显示

（1）视频监控系统应能清晰显示摄像机所摄取的图像，即显示设备的分辨率应不低于系统图像质量等级的总体要求。

（2）视频监控系统应有图像来源的文字提示，以及日期、时间和运行状态的提示。

5．信号的处理和记录/回放

（1）可根据用户的使用要求增加必要的视频移动报警设施与视频信号丢失报警设施。

（2）当需要多画面组合显示或编码记录时，应提供视频信号处理装置（如多画面分割器）。

（3）根据实际需要，下列视频信号和现场声音应使用图像和声音记录系统进行存储。

- 事件发生的现场及全过程的图像信号和声音信号。
- 在预定地点发生报警时的图像信号和声音信号。
- 用户需要掌握的动态现场信息。

（4）应能对图像的来源、记录的时间、日期和其他的系统信息进行全部或有选择的记录。对于特别重要的、固定区域的报警录像宜提供报警前的图像记录。

（5）图像数据的保存时间应根据应用场合和管理需要进行确定。

（6）图像信号的记录可采用模拟式和/或数字式。应根据记录成本和法律取证的有效性（记录内容的唯一性和不可改性）等因素综合考虑。

（7）视频监控系统应能正确回放记录的图像和声音，回放的效果应满足完整性的要求。视频监控系统应能正确检索信息的时间、地点。

3.8.3 前端设备要求

（1）摄像机镜头的选择应符合下列规定。

- 镜头的焦距应根据视场大小和镜头与监视目标的距离而定。在摄取固定监视目标时，可选用定焦距镜头；当视距较小而视角较大时，可选用广角镜头；当视距较大时，可选用望远镜头；当需要改变监视目标的观察视角时，宜选用变焦距镜头。

- 当监视目标照度不固定时，应选用自动光圈镜头。
- 当需要遥控摄像时，可选用具有光对焦、光圈开度、变焦距的遥控镜头装置。

（2）摄像机的选择应遵循以下原则。

- 应根据监视目标的照度选择相应灵敏度的摄像机。监视目标的最低照度应高于摄像机最低照度的 10 倍。
- 应根据工作环境选配相应的摄像机防护罩，防护罩可根据需要设置调温控制系统和遥控雨刷等。
- 固定摄像机在特定部位的支撑装置可采用摄像机托架或云台。当一台摄像机需要监视多个不同方向的场景时，应配置自动调焦装置和遥控电动云台。
- 当摄像机需要隐蔽时，可将其设置在天花板内或墙壁内，可采用针孔镜头或棱镜镜头。对于防盗系统，可将附加的外部传感器与系统进行组合，以实现联动报警。
- 用于监视水下目标的系统设备应采用高灵敏度的摄像管和密封、耐压、防水的护套，以及渗水报警装置。

（3）摄像机的位置、摄像方向及照明条件应符合下列规定。

- 摄像机宜安装在监视目标附近且不易受外界破坏的地方，不应影响现场设备运行和人员正常活动。对于摄像机安装的高度，室内宜距地面 2.5m～5m，室外宜距地面 3.5m 以上，但不超过 10m。
- 电梯厢内的摄像机应安装在电梯厢顶部、电梯操作器的对角处，并能监视电梯厢内全景。
- 摄像机镜头应避免强光直射，并能保证摄像管靶面不受损伤。镜头视场内不得有遮挡监视目标的物体。
- 摄像机镜头应顺着光源方向对准监视目标，应尽量避免逆光安装。当需要逆光安装时，应降低监视区域的对比度。

3.8.4 传输设备要求

（1）视频监控系统图像信号的传输方式应符合下列规定。

- 若传输距离较近，可采用同轴电缆传输视频基带信号。
- 当传输的黑白电视基带信号在 5MHz 点的不平坦度大于 3dB 但不超过 6dB 时，宜加装电缆均衡器；当不平坦度大于 6dB 时，应加装电缆均衡放大器。当传输的彩色电视基带信号在 5.5MHz 点的不平坦度大于 3dB 但不超过 6dB 时，宜加装电缆均衡器；当不平坦度大于 6dB 时，应加装电缆均衡放大器。
- 当传输距离较远、监视点分布范围广或需要进入电缆电视网时，宜采用同轴电缆传输射频调制信号。
- 长距离传输或需要避免强电磁场干扰的传输宜采用传输光调制信号的光缆传输方式。当有防雷要求时，应采用无金属光缆。
- 视频监控系统的控制信号可采用多芯线直接传输，或者对遥控信号进行数字编码后用电（光）缆进行传输。

（2）传输电（光）缆的选择应满足下列要求。

- 在满足衰减、屏蔽、弯曲、防潮要求的前提下，宜选用线径较小的同轴电缆。
- 光缆的选择应满足衰减、带宽、温度特性、物理特性、防潮等要求。
- 当光缆采用管道、架空方式敷设时，宜采用铝-聚乙烯粘结护层。
- 当光缆采用直埋方式敷设时，宜采用充油膏铝塑粘结加铠装聚乙烯外护套。
- 当光缆在室内敷设时，宜采用聚氯乙烯外护套或其他塑料阻燃护套。当采用聚乙烯护套时，应采取有效的防火措施。
- 当光缆在水下敷设时，应采用铝塑粘结（或铝套、铅套、钢套）钢丝铠装聚乙烯外护套。
- 无金属的光缆线路应采用聚乙烯外护套或纤维增强塑料护层。
- 当解码器、光部件在室外使用时，应具有良好的密闭防水结构。光缆接头应设接护套，并应采取防水、防潮、防腐蚀措施。

（3）传输线路的路由设计应满足下列要求。

- 路由应短捷、安全可靠、施工维护方便。
- 应避开恶劣环境或易造成管线损伤的地段。
- 路由与其他管线等障碍物不宜交叉跨越。

（4）室外传输线路的敷设应符合下列要求。

- 当采用通信管道敷设时，不宜与通信电缆共管孔。
- 当电缆与其他线路共沟敷设时，两者的最小间距应符合如表 3-10 所示的规定。

表 3-10 电缆与其他线路共沟敷设的最小间距

种　类	最小间距（m）
220V 交流供电线	0.5
通信电缆	0.1

- 当电缆与其他线路共杆架设时，两者的最小垂直间距应符合如表 3-11 所示的规定。

表 3-11 电缆与其他线路共杆架设的最小垂直间距

种　类	最小垂直间距（m）
1kV～10kV 电力线	2.5
1kV 以下电力线	1.5
广播线	1.0
通信线	0.6

- 当线路在城市郊区、乡村敷设时，可采用直埋方式敷设。
- 当线路经过建筑物时，可采用沿墙方式敷设。
- 当线路跨越河流时，应采用桥上管道或槽道方式敷设。当没有桥梁时，可采用架空方式或水下方式敷设。

（5）室内传输线路敷设方式的选择应符合下列要求。

- 无机械损伤的建筑物内的电（光）缆线路可沿墙明敷。
- 在要求管线隐蔽或新建的建筑物内可采用暗管方式敷设。
- 下列情况可采用暗管配线：
  - ➢ 易受外界损伤的线路。

> ➤ 当线路周围其他管线和障碍物较多时，不宜进行明敷的线路。
>
> ➤ 在易受电磁干扰或易燃易爆等危险场所的线路。

- 当电缆与电力线平行或交叉敷设时，两者的间距不得小于 0.3m。当电缆与通信线平行或交叉敷设时，两者的间距不得小于 0.1m。

（6）同轴电缆宜穿管暗敷或采取线槽敷设。当线路附近有强电磁场干扰时，电缆应在金属管内穿过，并埋入地下。当必须采取架空方式敷设时，应采取防干扰措施。

（7）在敷设线路时，可参考国家标准《工业企业通信设计规范》的相关规定。

3.8.5 监控中心要求

（1）应根据视频监控系统的大小设置监控点或监控室。监控室的设计应符合下列规定。

- 监控室宜设置在环境噪声较小的场所。
- 监控室的使用面积应根据设备容量而定，宜为 $12m^2 \sim 50m^2$。
- 监控室的地面应光滑、平整、不起尘，门的宽度应不小于 0.9m、高度应不小于 2.1m。
- 监控室内的温度宜为 16℃～30℃，相对湿度宜为 30%～75%。
- 监控室内的电缆、控制线的敷设宜设置地槽。当属于改建工程或监控室不宜设置地槽时，也可敷设在电缆架槽、电缆走道、墙上槽板内，或采用活动地板。
- 根据机柜、控制台等设备的相应位置，设置电缆槽和进线孔，槽的高度和宽度应满足敷设电缆的容量和电缆弯曲半径的要求。
- 监控室内设备的排列应便于维护与操作，并应满足安全、消防的要求。

（2）监控室根据需要宜具备下列基本功能。

- 能提供系统设备所需的电源。
- 可以进行监视和记录。
- 可以输出各种遥控信号。
- 可以接收各种报警信号。
- 可以同时输入、输出多路视频信号，并可以对视频信号进行切换。
- 可以实现时间、编码等字符显示。
- 可以进行内外通信联络。

（3）当在电梯厢安装摄像机时，应在监控室内配置楼层指示器，用于显示电梯运行情况。

（4）监视器的选择应符合下列规定。

- 监视器的屏幕大小应根据监视者与屏幕墙之间的距离来确定，在一般情况下，监视距离为屏幕对角线的 4～6 倍较合适。
- 若采用射频传输方式，可采用电视接收机作为监视器。
- 当有特殊要求时，可采用大屏幕监视器或投影电视。

（5）录像机的选择应符合下列规定。

- 在同一系统中，录像机的接口和存储媒介（如硬盘）规格宜一致。
- 录像机的输入/输出信号、音视频指标均应与整个系统的技术指标相适应。
- 当长时间记录监视画面时，可采用长时间记录的录像机（如大容量硬盘录像机）。

（6）对于需要对几台摄像机的信号进行频繁切换并录像的系统，宜采用主从同步方式或外同步方式稳定信号。

（7）用于安保的闭路监视电视系统应留有接口并配有安全报警联动装置，在需要时可选用图像探测装置报警。

（8）当监控室距离监视场所较近时，对各控制点可采用直接控制方式。当监控室距离控制点较远或控制点较多时，可采用间接控制方式或脉冲编码的微机控制方式。

（9）系统的运行控制和功能操作宜在控制台进行，相应操作部分应方便、灵活、可靠。控制台装机容量应根据工程需要留有扩展余地。

（10）放置显示设备、测试设备、记录设备等的机架的尺寸应符合现行国家标准《面板、架和柜的基本尺寸系列》的相关规定。

（11）控制台的布局、尺寸，以及台面及座椅的高度应符合现行国家标准《电子设备控制台的布局、形式和基本尺寸》的相关规定。

（12）控制台正面与墙的净距应不小于 1.2m。控制台侧面与墙或其他设备的净距在主要走道不应小于 1.5m，在次要走道不应小于 0.8m。

（13）机架背面和侧面距离墙的净距不应小于 0.8m。

（14）显示设备的朝向应注意光线条件，以及观看人员可能的方位，避免让值机人员背对监控室入口。

3.8.6 系统性能指标

根据 GB 50198—2011《民用闭路监视电视系统工程技术规范》和 JG J16—2008《民用建筑电气设计规范》，监控电视系统的技术指标和图像质量应满足如下要求。

（1）在摄像机的标准照度下，CCTV 系统的技术指标应满足如表 3-12 所示的要求。

表 3-12　CCTV 系统的技术指标

指　标	指　标　值	指　标	指　标　值
复合视频信号幅度	1 V_{pp}±3 dB　VBS（注）	灰度	8 级
黑白电视水平清晰度	≥400 线	彩色电视水平清晰度	≥270 线

注：VBS 为图像信号、消隐脉冲和同步脉冲组成的全电视信号的英文缩写。

（2）系统在标准照度的情况下使用时，对应 4 分图像质量的信噪比应符合表 3-13 的规定。系统在低照度的情况下使用时，其信噪比不得低于 25dB。

表 3-13　4 分图像质量的信噪比（dB）

指　标	黑白电视系统	彩色电视系统	达不到指标时引起的现象
随机信噪比	37	36	出现画面噪波，即"雪花干扰"
单频干扰	40	37	图像中有纵、斜、人字形或波浪状的条纹，即"网纹"
电源干扰	40	37	图像中有上下移动的黑白间置的水平横条，即"黑白滚道"
脉冲干扰	37	31	图像中有不规则的闪烁、黑白麻点或"跳动"

（3）系统各部分信噪比的指标分配应符合表 3-14 的规定。

表 3-14　系统各部分信噪比的指标分配（dB）

指　　标	摄 像 部 分	传 输 部 分	显 示 部 分
连续随机信噪比	40	50	45

（4）在摄像机的标准照度下，可采用五级损伤制评分等级（见表 3-15）评定监视电视的图像质量，系统的图像质量应不低于表 3-13 中的 4 分图像质量的要求，摄像机的照度选择应符合表 3-16 的要求。

表 3-15　五级损伤制评分等级

图像质量损伤的主观评价	评 分 等 级
图像上觉察不出存在损伤或干扰	5
图像上稍有可觉察的损伤或干扰，但并不令人讨厌	4
图像上有明显的损伤或干扰，令人感到讨厌	3
图像上损伤或干扰较严重，令人相当讨厌	2
图像上损伤或干扰极严重，不能观看	1

表 3-16　摄像机的照度选择要求

监控目标的照度	对摄像机最低照度的要求（在 F/1.4 情况下）
<50 lx	≤1 lx
50～100 lx	≤3 lx
>100 lx	≤5 lx

（5）系统的制式宜与通用的电视制式一致，系统采用的设备和部件的视频输入和视频输出的阻抗及电缆的特性阻抗均应为 75Ω；音频设备的输入阻抗、输出阻抗应为高阻抗或 600Ω。

（6）系统设施的工作环境温度应符合下列要求。

- 寒冷地区室外工作的设施：-40℃～+35℃；
- 其他地区室外工作的设施：-10℃～+55℃；
- 室内工作的设施：-5℃～+40℃。

3.8.7　系统其他要求

1. 电源

视频监控系统的供电范围包括系统所有的设备及辅助照明设备。系统应有稳压电源和备用电源。

稳压电源应具有净化功能，其标称功率应大于系统总功率的 1.5 倍，性能符合 GB/T 15408—2011《安全防范系统供电技术要求》的相关规定。

备用电源（可根据需要不对辅助照明设备供电）的容量至少应能保证系统正常工作时间不小于 1 小时。备用电源可以是下列之一或其组合：二次电源及充电器、UPS 电源、备用发电机。

前端设备（不含辅助照明设备）供电应合理配置，宜采用集中供电方式。

电源应具有防雷和防漏电措施，并安全接地。

2. 安全性要求

视频监控系统所用设备应符合 GB 16796—2009《安全防范报警设备　安全要求和试验方

法》和相关产品标准规定的安全要求。

视频监控系统在设备机械结构、传输过程的信息安全、健康防护和环保、系统接地等方面应符合相关安全性要求。

3．防雷接地要求

（1）在设计视频监控系统时，选用的设备应符合电子设备的雷电防护要求。

（2）视频监控系统应有防雷击措施。应设置电源避雷装置，宜设置信号避雷装置或隔离装置。

（3）视频监控系统应等电位接地。接地装置应满足系统抗干扰和电气安全的双重要求，并且不可以与强点的电网零线短接或混接。当系统单独接地时，接地电阻的阻值应不大于 4Ω，接地导线截面积应大于 $25mm^2$。

（4）室外装置和线路的防雷和接地设计应结合建筑物防雷要求统一考虑，并符合相关国家标准、行业标准的要求。

4．环境适应性要求

在易燃易爆等危险环境下运行的系统设备应有防爆措施，并符合相关国家标准、行业标准的要求。在过高/过低的温度、过高/过低的气压环境、腐蚀性强、湿度大的环境下运行的系统设备，应具有相应的防护措施。

5．系统可靠性要求

（1）视频监控系统所使用设备的平均无故障间隔时间（MTBF）应不小于 5000 小时。

（2）视频监控系统验收后的首次故障时间应大于 3 个月。

6．电磁兼容性要求

7．标志、标牌，说明文档的要求

思考题

1．在观看录像时，若需要使画面具有流畅的效果，画面的播放速度应为多少？分辨率为 720×576、色深为 8bit 的彩色视频，每秒可以产生多少数据量？

2．简述常见的视频信号规格及其常用接口，并按照清晰度由高到低的顺序将它们排序。

3．摄像机分辨率的水平像素点数与清晰度（水平解析力）是否等同？两者的关系如何？

4．在选用镜头时需要考虑哪些因素？

5．摄像机的自动增益控制、背景光补偿、自动亮度控制/电子亮度控制、镜头控制信号选择开关、白平衡、同步方式等功能在实际中应如何运用？

6．简述云镜控制器与解码器的异同点，两者各自适用于什么场合？

7．数字硬盘录像机、网络视频服务器、网络摄像机这三者有什么联系与区别？

8．某控制中心需要设计一面电视墙，要求控制台与电视墙之间的距离为 4m、电视墙能同时显示 16 路单独的视频且能显示任一路的整幅图像。试写出设计方案。

9．视频传输技术有哪些？试分析这些技术的优缺点。

10．试说明视频结构化技术对视频监控系统的实际意义。

第4章

小区出入口控制系统的设计

内容提要

本章介绍了出入口控制系统的构成、常用术语、智能识别技术，重点介绍了射频识别卡的技术特点与应用。针对小区这一场景介绍了门禁管理系统、楼寓对讲系统、车辆出入管理系统的相关内容。

不管是在现实生活中还是在计算机信息系统中，对用户的权限进行管理，使用户可以访问且只能访问其被授权的资源，不仅可以提高办事效率、明确责任义务，同时还可以提高整体安全、保障各种业务合理有序地运行。由此引出了身份识别和安全规则（或安全策略）两大问题，继而催生了许多用于解决这两种问题的技术。出入口的控制可以理解为对某些空间资源的权限进行管理，而由此发展起来的系统也可应用于其他资源的权限管理。出入口控制系统拥有多样的实际应用形态，基于此系统又发展出许多其他应用系统。

小区的智能化系统从简单的楼寓对讲系统逐步发展到计算机网络、小区公共安全防范系统、小区设备管理自动化系统及物业管理系统，从单一的系统发展为有机集成的多个智能化系统。小区公共安全防范系统利用出入口控制系统实现对车辆、人员的智能化管理，使得各项管理工作更加高效、科学，为人们的工作和生活带来了便利。门禁管理、楼寓对讲、车辆进出管理是小区出入口控制系统的核心，该系统还包括电梯管理、信箱管理等。

4.1 出入口控制系统概述

在 GB 50396—2007《出入口控制系统工程设计规范》中，出入口控制系统的定义为：利用自定义符识别或/和模式识别技术对出入口目标进行识别并控制出入口执行机构启闭的电子系统或网络。GB/T 37078—2018《出入口控制系统技术要求》也给出了相似定义。出入口控制系统的概念非常广泛，任何人员、物品、车辆、信息均可成为所谓的出入口目标。根据所应用的识别技术不同和执行机构的形态不同，出入口控制系统的实际应用形式也多种多样。

从安全防范的角度来看，出入口总是与周界联系在一起的，只有同时实现对两者的有效防范才能保证防范区域的安全。周界的防范理念相对简单，即一旦有越界事件发生，便发出报警，提示相关人员进行处理，其实现的核心在于对越界事件的判定。出入口的管理（或控制）相对复杂，其不但要具备对异常事件（包括非法越界）的报警，更要具备对出入口目标的有效识别并实现相应的响应，因而其核心在于对出入口目标的识别。

4.1.1 出入口控制系统的构成

出入口控制系统主要由识读部分、传输部分、管理/控制部分和执行部分及相应的系统软件组成，其原理框图如图 4-1 所示。

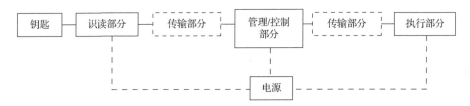

图 4-1 出入口控制系统的原理框图

在 GB 50396—2007《出入口控制系统工程设计规范》中，钥匙的定义为："用于操作出入口控制系统、取得出入权的信息和 / 或其载体"，相关解释为："钥匙所表征的信息可以具有表示人和 / 或物的身份、通行的权限、对系统的操作权限等单项或多项功能"。这里的钥匙应当具备某种可供识别的特征，并且这一特征必须具有唯一性、代表性，在最为理想的情况下，钥匙应为出入口目标本身或目标不可分割的一部分，这样可以避免顶替或遗失钥匙的问题。在实际应用中，钥匙的具体形式有机械锁钥匙（通常所指的钥匙）、密码、条码、磁卡、光学卡、智能卡、指纹、掌形、虹膜、人脸、声纹等。虽然钥匙并不是出入口控制系统的组成部分，但其对出入口控制系统的正常运行具有非常重要的作用。

识读部分对钥匙所具备的特征进行读取、识别，并将提取到的特征信息通过传输部分送给管理/控制部分。管理/控制部分根据事先配置好的规则对该特征读取事件进行响应，并通过传输部分控制执行机构完成实际的响应。有的钥匙（如智能卡）还具备存储数据的功能，相应的识读设备（如读写器）也具备向智能卡写入数据的功能。若响应为向智能卡写入数据（如在计时、计费等应用中），则该读写器既是识读设备又是执行机构。

管理/控制部分是整个系统的中枢，不仅负责连接系统的其他各个部分，还是连接其他系统及实现人机交互的接口。一般管理/控制部分为双层架构。底层主要负责与识读设备、执行机构、其他设备及外部系统联动接口的硬件连接，同时负责控制规则的实际执行，并向上一层实时汇报系统的状态。上一层接收来自底层的系统信息数据并对其进行初步处理，然后存储，用户通过良好的人机界面可对这些数据进行查询、统计或进行更高级的应用，用户也通过这一层制定、修改出入口的控制规则并将这些规则下发至底层执行，也可通过这一层手动控制底层的执行机构进行动作。

4.1.2 常用术语及概念

1. 目标

通过出入口且需要加以控制的人员和/或物品。

2. 目标信息

赋予目标或目标特有的、能够识别的特征信息。数字、字符、图形图像、人体生物特征、物品特征、时间等均可作为目标信息。

3．人员编码识别

通过编码识别（输入）装置获取目标人员的个人编码信息的一种识别。

4．物品编码识别

通过编码识别（输入）装置读取目标物品附属的编码载体而对该物品信息的一种识别。

5．人体生物特征信息

目标人员个体与生俱有的、不可模仿或极难模仿的体态特征信息或行为，且可以被转变为目标独有特征的信息。

6．人体生物特征信息识别

采用生物测定（统计）学方法获取目标人员的生物特征信息并对该信息进行的识别。

7．物品特征信息

目标物品特有的物理、化学等特性且可被转变为目标独有特征的信息。

8．物品特征信息识别

通过辨识装置对预定物品特征信息进行的识别。

9．误识

系统将某个钥匙识别为该系统其他钥匙，包括误识进入和误识拒绝，通常用误识率表示。

10．错误接收率（又称认假率、误识率）（False Accept Rate，FAR；False Match Rate，FMR）

在来自不同类别的样本的比对中，比对结果误为同类的比对次数占不同类别的样本比对总次数的比例。

11．拒认

系统对某个经正常操作的该系统钥匙未做出识别响应，通常用拒认率表示。

12．错误拒绝率（又称拒真率、拒认率）（False Reject Rate，FRR；False Non-Match Rate，FNMR）

在来自同类样本的比对中，比对结果误为不同类的比对次数占同类样本的总比对次数的比例。

13．相似度

对于大部分识别比对算法，在给出两个样本识别结果的同时，也将计算出两个样本的相似程度的数值，该数值被称为这两个样本的相似度。

14．识别阈值

对于能够给出相似度阈值的识别比对算法，小于识别阈值的样本对将被判定为同一类别，大于或等于识别阈值的样本对将被判定为不同类别。

15．等错误率（又称等误率）（Equal Error Rate，EER）

对于能够给出相似度阈值的识别比对算法，选取特定的阈值，使错误接受率和错误拒绝率相等，则此时的错误拒绝率的值称为等错误率。

16．防护面

设备在安装完成后，在识读现场可能受到人为破坏或被实施技术开启而需要加以防护的设备的结构面。

17. 防破坏能力

系统完成安装后，具有防护面的设备（装置）抵御专业技术人员使用规定工具实施破坏性攻击的能力，即出入口不被开启的能力（用抵御出入口被开启净工作时间表示）。

18. 防技术开启能力

系统完成安装后，具有防护面的设备（装置）抵御专业技术人员使用规定工具实施技术开启（如各种试探、扫描、模仿、干扰等方法使系统误识或误动作而开启）的能力，即出入口不被开启的能力（用抵御出入口被开启净工作时间表示）。

19. 防目标重入

能够限制经正常操作已通过某出入口的目标未经正常通行轨迹而再次通过该出入口的一种控制方式。

20. 复合识别

系统对某目标的出入行为采用两种或两种以上的信息识别方式并进行逻辑相与判断的一种识别方式。

21. 多重识别控制

系统采用某一种识别方式，需要同时或在约定时间内对两个或两个以上目标信息进行识别后才能完成对某一出入口实施控制的一种控制方式。

22. 异地核准控制

系统操作人员（管理人员）在非识读现场（通常为控制中心）对能通过系统识别、允许出入的目标进行再次确认，并针对此目标实现遥控关闭或开启某出入口的一种控制方式。

23. 受控区、同级别受控区、高级别受控区

如果某一区域只有一个（或具有同等作用的多个）出入口，则该区域视为这一个（或这些）出入口的受控区，即某一个（或具有同等作用的多个）出入口所限制出入的对应区域，就是它（它们）的受控区。

具有相同出入限制的多个受控区互为同级别受控区。

具有比某受控区的出入限制更为严格的其他受控区是相对于该受控区的高级别受控区。

4.2 智能识别技术

出入口控制系统的识别方式可分为以下三大类。

（1）基于标志的身份识别：如代码（密码）识别，即通过检验输入的密码是否正确来识别进出权限。

（2）基于外加标志的身份识别：如各类卡片识别，通过读取卡片中记载的特征代码识别其是否拥有进出权限。卡片又分为磁卡、条码和感应卡等。

（3）基于目标自身特征（如生物特征）的身份识别：通过识别检验人员视网膜、虹膜、面部特征或指纹等人体特征的方式识别其是否拥有进出权限。

4.2.1 卡片识别技术

卡片具有轻便、易于携带、不易被复制、使用起来安全方便的优点，是传统钥匙理想的替代品。卡片由读卡器中的读卡机阅读其密码，解码后送至控制器进行判断。读卡机与控制器的连接一般采用工业总线，近距离一般用 RS-232，远距离（1000m 以上）用 RS-422 或 RS-485 等。目前已出现免刷卡接近式感应读卡技术，此外还可以结合指纹辨识机来进行更安全的管制。

随着卡片材料的不断更新和研发技术的不断发展，读卡器的系统已发展为生物辨识系统。下面介绍几种常见的卡片。

1. 光学卡

光学卡通常为打孔的塑料卡或纸卡，利用机械系统或光学系统读卡。光学卡非常容易被复制，目前已被淘汰。

2. 磁矩阵卡

磁性物质按矩阵方式排列在塑料卡的夹层中，以便读卡机阅读。磁矩阵卡也容易被复制，而且易被消磁。

3. 磁码卡

磁码卡是将磁性物质贴在塑料卡上的。磁码卡容易改写，用户随时可更改密码，应用方便；其缺点是易被消磁、不耐磨损。磁码卡价格便宜，应用广泛。

4. 条码卡

条码卡是在塑料片上印有黑白相间的条纹（就像商品上贴的条码一样）的卡片。条码卡在出入口系统中已逐渐被淘汰，因为它可以被复印机等设备轻易复制。

5. 红外线卡

用特殊的方式为卡片设定密码，用红外光读卡机阅读。红外线卡易被复制，也容易破损。

6. 铁码卡

铁码卡又称金属码卡。这种卡片用特殊的细金属线排列编码，基于金属磁扰原理工作。如果铁码卡遭到破坏，卡内的细金属线也会遭到破坏，因而很难被复制。因为读卡机不是采用磁方式阅读卡片的，铁码卡片的细金属丝也不会被磁化，所以它可以有效地防磁、防水、防尘，可以长期在恶劣环境下使用，是一种安全性较高的卡片。

7. 感应式卡

感应式卡是采用电子回路及感应线圈与读卡机产生的特殊振荡频率产生共振的方式来工作的，感应电流使电子回路将信号发射到读卡机，读卡机将接收到的信号转换成卡片资料，并将该资料送到控制器进行对比。感应式卡不需要在刷卡槽内刷卡，使用很方便。由于感应式卡是用感应式电子电路制成的，所以不易被仿制，同时它还具有防水功能且不用更换电池，是非常理想的卡片。

几种读卡机性能比较如表 4-1 所示。

表 4-1 几种读卡机性能比较

比 较 项 目	感应式读卡机	金属码读卡机	磁条读卡机
读取装置	无接触读头	无接触读头	接触磁头
读取方式	接近感应式，可免手持刷卡	需要刷卡或插入读取	需要刷卡或插入读取
卡片信赖度	高度安全且防水	安全性高且防水	易消磁及磨损磁条
工作环境	−35℃～+66℃	−40℃～+70℃	0℃～60℃
相对湿度	0%～95%	10%～95%	0%～95%

续表

比 较 项 目	感应式读卡机	金属码读卡机	磁条读卡机
接线方式	4芯或5芯	5芯	4～8芯
配线距离（m）	7～1650	60～305	10～1650
在卡片内存取资料	能（写入型卡片）	不能	能（读写两用型读卡机）

4.2.2　生物特征识别技术

1. 指纹机

指纹机利用对比辨识检测每个人的指纹差别，是比较复杂、安全性很高的门禁系统。指纹机可以配合密码机或刷卡机使用。

2. 掌形机

掌形机利用图形对比检测人的掌形和掌纹特征，类似于指纹机。

3. 视网膜辨识机

视网膜辨识机利用光学摄像对比检测每个人的视网膜分布差异，其所用技术非常复杂。视网膜辨识机也能检测出正常人和死人的视网膜分布差异，其安保性能极好。视网膜辨识机有两个缺点：当出现睡眠不足导致的视网膜充血或糖尿病引起的视网膜病变（或视网膜脱落）时，无法实现网膜分布差异对比；摄像光源对眼睛会有不同程度的伤害。

4. 虹膜识别机

虹膜识别机利用专门的数字摄像器材与软件相结合的方法获取虹膜数字化编码信息，在进行具体验证时将采集到的虹膜编码信息与预先存入的样板信息进行比对，从而实现个人身份的自动认证。与视网膜识别相比，虹膜识别更加精确，虹膜组织不易损坏，可以进行活体检测，虹膜信息的采集不需要身体接触。

生物辨识技术安全性极高，尤其是虹膜识别，其错误率在生物特征识别中是最低的，在公共安全、信息安全等领域拥有十分广阔的应用前景。

5. 声音辨识设备

声音辨识设备对每个人声音及所说的指令内容进行比较以实现身份识别。但由于声音可以被模仿，并且人在感冒时其声音会发生变化，所以声音辨识设备安全性并不高。

6. 人脸识别

随着深度学习这一人工神经网络在人脸识别领域应用的不断成熟，其应用成本不断降低，目前已处于实用化阶段，识别方式包括离线式和在线式两种。离线式识别方式不需要与后台服务器网络连通，仅靠前端设备就可实现检测、识别、比对，但由于前端设备的计算能力有限，其识别率较低。在线式识别方式采用前端感知、云端研判、终端应用的方式进行识别，前端需要与智能平台网络连通，可实现较高的识别率，在理想条件下识别率可达99%。

目前的生物识别技术只能实现大概率识别，难以实现绝对性识别。

4.2.3　智能卡简介

智能卡又称IC卡（Integrated Circuit Card）。智能卡按照信息的读写方式可分为接触型智能卡和非接触型（感应型）智能卡；按照嵌入集成电路芯片类型可分为非加密存储器卡、逻辑

加密存储器卡和 CPU 卡

（1）接触型智能卡。

接触型智能卡在具体应用时，读写设备的触点与卡片的触点相接触以接通电路进行信息读写。接触型智能卡的芯片一般包含 5 个主要部分，如图 4-2 所示。

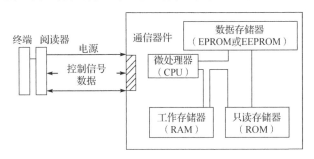

图 4-2 接触型智能卡的芯片结构

接触型智能卡的各部分介绍如下。

微处理器（CPU）通常为 8 位处理器，最常见的是 8051 系列单片机。工作存储器（RAM）主要用来存储卡片在使用过程中的临时数据。只读存储器（ROM）用来存储处理器执行的永久性代码。数据存储器（EPROM 或 EEPROM）可存储运行过程中产生的数据，掉电后不丢失，第一代数据存储器是 EPROM，需要外加 25V 电源。目前最新的接触型智能卡包含 EEPROM，仅需要单一的 5V 电源。

通信器件用于智能卡和外部访问终端之间交换数据和控制信息。通信单元以串行异步方式工作，最常用的比特率是 9600bit/s。

（2）非接触型（感应型）智能卡。

非接触型智能卡也称射频标识卡（RFID）。非接触型智能卡由读写设备通过非接触方式（感应式）进行信息的读写。非接触型智能卡分为两种。第一种为近距离耦合式智能卡，必须插入机器缝隙内，电能经过线圈耦合进入卡，信号则通过面板产生的电容耦合进行传导。第二种为射频识别卡，它是远程耦合通信卡，其独特之处是能源与信息皆经一个或两个线圈耦合传送。读写器无线发送一路或多路射频信号，非接触型智能卡接收电路将射频信号转换成直流电压供卡内部的电路使用，卡内部的电路将通信信号解码。通信信号可以载波调制于发射源的射频上，也可以用不同频率单独由读写器发射。非接触型智能卡与读写器之间的信息交换可以连续进行若干次，这种信息交换在极短时间内完成，时间长短主要取决于应用中的信息交换量大小。非接触型智能卡系统结构示意图如图 4-3 所示。

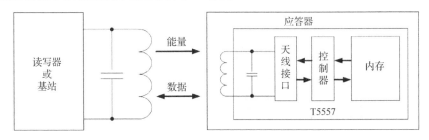

图 4-3 非接触型智能卡系统结构示意图

非接触型智能卡采用射频技术，没有统一的标准，市场上存在不同品牌、不同频率的卡片。

这些卡片主要分为只读卡（只有一个 ID 编号，称 ID 卡）（如 MOTOROLA、HID、TI、EM 等）和读写卡（具有存储空间，称存储式智能卡）（如 MIFARE 等）。与接触型智能卡相比，非接触型智能卡具有可靠性高、操作方便、加密性能好、兼容多种应用等优点，但需要做好防冲突机制。

非接触型智能卡与读写器之间无机械接触，避免了由于接触读写而产生的各种故障。例如，由于粗暴插卡、非卡插入、灰尘或油污导致接触不良等造成的故障。此外，非接触型智能卡表面无裸露的芯片，不会出现芯片脱落、静电击穿、弯曲损坏等问题，既便于卡片的印刷，又提高了卡片的可靠性。

由于非接触型智能卡在工作时进行的是非接触通信，读写器在读写范围内（如 10cm）就可以对卡片进行读写操作，所以不必插拔卡，使用非常方便。非接触型智能卡在使用时没有方向性，只要卡片处于读写器的读写范围内即可完成操作。

非接触型智能卡能应用于不同的系统，用户可根据不同的应用设定不同的密码和访问条件。

非接触型智能卡的序列号是唯一的，制造厂家在产品出厂前已将此序列号固化，之后不可再进行更改。非接触型智能卡与读写器的验证机制为双向验证，即读写器在验证智能卡的合法性时，智能卡也验证读写器的合法性。非接触型智能卡在进行读写处理前要与读写器进行 3 次相互认证，而且在通信过程中所有的数据都会进行加密。此外，非接触型智能卡中的各个扇区都有各自的操作密码和访问条件。

非接触型智能卡的快速防冲突机制能防止卡片之间出现数据干扰，因而读写器可以"同时"处理多张非接触型智能卡，这提高了应用的并行性，并在一定程度上提高了系统的工作速度。

智能卡的性能指标如表 4-2 所示。

表 4-2　智能卡的性能指标

智能卡类型	标　准	范　围	频　率
接触型	IS07816	0	3.57MHz
非接触型	IS010536	小于 1mm	4.915MHz
	IS014443	大于 1mm	135kHz～5.8GHz

（3）非加密存储器卡。

非加密存储器卡内的集成电路芯片主要为 EEPROM，该卡片具有数据存储功能，不具有数据处理功能和硬件加密功能，只能应用于保密性要求不高的场合。

（4）逻辑加密存储器卡。

逻辑加密存储器卡在非加密存储器卡的基础上增加了加密逻辑电路，加密逻辑电路通过校验密码的方式来保护卡内的数据，安全保护层次较低，无法防范恶意性攻击。

（5）CPU 卡。

CPU 卡也称智能卡，卡内的集成电路中带有微处理器、存储单元［包括随机存储器 RAM、程序存储器 ROM（FLASH）、用户数据存储器 EEPROM］及片内操作系统（Chip Operating System，COS）。装有片内操作系统的 CPU 卡相当于一台微型计算机，其不仅具有数据存储功能，还具有命令处理和数据安全保护等功能。

4.2.4　射频标识系统的工作频率

射频识别系统的工作频率是其最基本的技术参数。选择的工作频率在很大程度上决定了射频标签的应用范围、技术可行性及系统成本。射频识别系统实际上是一种无线电传播系统，必须占据一定的空间通信信道。在空间通信信道中，射频识别只能以电磁耦合或电感耦合的形式表现出来，因此，射频识别系统的工作性能会受到电磁波空间传输特性的影响。

在日常生活中，电磁波无处不在。飞机的导航、电台的广播等都要使用电磁波。美国对其国内电磁频率的使用实行许可证制度。我国电磁频率的使用由国家无线电管理委员会（简称无委会）进行归口管理，无线电产品的生产和使用都必须得到国家的许可。

1．使用的工作频率

由于射频识别系统产生并辐射电磁波，因此这种系统被合理地划归为无线电设备一类，其他无线电服务的功能应当不受射频识别系统的干扰或削弱。特别是应保证射频识别系统不会干扰附近的无线电广播、电视广播、移动的无线电服务、用于航运和航空的无线电服务及移动电话等。

对其他无线电服务的考虑在很大程度上限制了射频识别系统工作频率的选择。射频识别系统通常只能使用专门为工业、科学和医疗应用而保留的频率范围，即 ISM（Industrial Scientific Medical，工业、科学、医疗）频段。

除了 ISM 频段，0～135kHz 也可用作射频识别系统的工作频率（在北美洲、南美洲及日本，该频率为 0～400kHz），由于在该频率范围内允许使用较大的电磁场强度，因此该频率范围特别适用于电感耦合的射频识别系统。低频虽然具有较强的穿透力，但其传播距离很近。

当前，射频识别系统的工作频率跨越多个频段，其使用的主要工作频率为 0～135kHz，以及 ISM 频段中的 6.78MHz、13.56MHz、27.125MHz、40.68MHz、433.92MHz、869.0MHz～915.0MHz、5.8GHz、24.125GHz。

2．射频识别系统的特点

不同工作频率的射频识别系统具有不同的特点，同时具有不同的技术指标和应用领域。其中，低频近距离射频识别系统的工作频率主要有 125kHz、13.56MHz；高频远距离射频识别系统的工作频率主要有 UHF 频段中的 915MHz、2.45GHz、5.8GHz。UHF 频段的远距离射频识别系统在北美洲得到了很好的应用，欧洲的应用则以有源 2.45GHz 射频识别系统为主。日本和欧洲均使用较为成熟的有源 5.8GHz 射频识别系统。不同工作频率射频识别系统的技术参数比较如表 4-3 所示。

表 4-3　不同工作频率射频识别系统的技术参数比较

系统及技术参数	低频射频识别系统	高频射频识别系统	超高频射频识别系统	微波射频识别系统
载波频率	<135kHz	13.56MHz	860MHz～930MHz	2.45GHz～5.8GHz
一般特性	价格较高，环境变化基本对其性能无影响	价格较低，适用于短识别距离及需要多重标签识别的应用领域	价格低廉，多重标签识别性能突出	特性与超高频射频识别系统类似，受环境的影响最大

安全防范工程设计

续表

系统及技术参数	低频射频识别系统	高频射频识别系统	超高频射频识别系统	微波射频识别系统
国家和地区	所有	大多数	大多数	大多数
数据传输速率	慢（8kbit/s）	高（64kbit/s）	快（64kbit/s）	高（64kbit/s）
识别速度	低（<1m/s）	中（<5m/s）	高（<50m/s）	中（<10m/s）
标签结构	线圈	印刷线圈	双极天线	线圈
方向性	无	无	部分	有
潮湿环境	无影响	无影响	影响较大	影响较大
市场占有率	74%	17%	6%	3%
传播性能	可穿透导体	可穿透导体	线性传播	线性传播
防碰撞性能	有限	好	好	好
识别距离	<60cm	10cm～1m	1m～6m	25cm～50cm（被动式）、1m～15m(主动式)
主要应用场景	门禁管理、固定设备、天然气、洗衣店	图书馆、产品跟踪、货架、运输	货架、卡车、拖车跟踪	收费站、集装箱

一般而言，低频能量相对较低，数据传输速率较小，无线覆盖范围较小。为扩大低频无线的覆盖范围，必须扩大标签天线尺寸。尽管低频无线覆盖范围比高频无线覆盖范围小，但其天线的方向性不强，具有相对较强的绕开障碍物的能力。低频射频识别系统可采用 1 个或 2 个天线，以实现全区域的无线覆盖。此外，低频射频识别系统射频标签的成本相对较低，且具有卡状、环状和纽扣状等多种形状。

高频能量相对较高，适用于远距离传输场合。低频功率损耗与传播距离的三次方成正比，而高频功率损耗与传播距离的二次方成正比。由于高频以波束的方式传播，故可用于射频标签定位。高频的缺点是容易被障碍物阻挡，易受反射和人体扰动等因素的影响，不易实现无线全区域的无线覆盖。高频射频识别系统数据传输速率相对较高，且通信质量较好。

射频识别系统的工作频率既影响标签的性能、尺寸大小和读写器的作用距离，也影响标签与读写器的价格，因此工作频率的选择十分重要。在选择工作频率时，除考虑其特性和应用外，还需要考虑不同国家和地区的标准。

低频射频识别系统主要应用于短距离传输、低成本的场合，如门禁控制、动物管理和防盗追踪等。低频频段在绝大多数的国家属于开放频段，不涉及法规开放和执照申请的问题，因而应用范围最广。

高频射频识别系统的薄化效果最佳，代表应用为证卡。超高频射频识别系统应用于需要较长的读写距离和较快的读写速度的场合，其天线波束方向较窄且价格较高，可大幅提升现阶段的应用层次，通信品质佳，适用于供应链管理。但超高频射频识别系统存在各国使用频率不统一的问题，现有的使用者频率变换问题不可避免，否则跨区应用会出现管理的盲点。

4.2.5　智能识别技术比较

各种智能识别技术的比较如表 4-4 所示。

152

表 4-4　各种智能识别技术的比较

智能识别技术		原　理	优　点	缺　点	备　注
代码		输入预先登记的密码进行确认	不需要携带，价廉	不能识别个人身份，易泄密及遗忘密码	要定期更改密码
卡片	磁卡	对磁卡中存储的个人数据进行读取与识别	价廉，效率高	伪造容易，必须携带卡	为防止丢失和伪造，可与代码并用
	智能卡	对存储在智能卡中的个人数据进行读取与识别	伪造难，存储量大，用途广泛	必须携带卡	
	非接触型智能卡	对存储在智能卡中的个人数据进行非接触式的读取与识别	伪造难，操作方便，使用寿命长	必须携带卡	
生物特征	指纹	对输入的指纹进行识别，并与预先存储的指纹进行比较	无携带问题，安全性极高	无指纹时不能识别	效果好
	掌形	对输入的掌形进行识别，并与预先存储的掌形进行比较	无携带问题，安全性很高	识别精确度比指纹识别精确度略低	
	视网膜	对输入的视网膜进行识别，并与存储的视网膜进行比较	无携带问题，安全性极高	对弱视或睡眠不足而视网膜充血以及视网膜病变等失效	应注意摄像光源强度不能对眼睛造成伤害

4.3　小区门禁管理系统的设计

小区是人员往来密集且人员身份混杂的场所，为加强对出入人员的管理，现代小区均采用门禁管理系统来实现对人员出入权限的控制及出入信息的记录。

4.3.1　门禁管理系统的需求分析

1. 明确出入口控制的等级

可按状态监控、远程控制、自动控制、人工管理 4 个级别实现对出入口的控制。

（1）状态监控。

在需要了解其通行状态的门（如办公室门、通道门、营业大厅门等）上安装门磁开关。当门开/关时，安装在门上的门磁开关就会出现通/断两种状态，系统通过检测门磁开关的状态即可得知该门开/关的状态。系统将该门开/关的时间、状态、门地址进行记录并存储，并可设定在某一时间区间（如上班期间），系统管理中心不需要处理被监视门的开关状态，而在其他时间区间（如下班期间），系统管理中心时刻监控被监视门的开关状态，一旦有动作立即响应报警，同时记录备案。

（2）远程控制。

在需要被监视和控制的门（如楼梯间通道门、防火门等）上，除了安装门磁开关，还要安装电控锁及闭门器。系统管理中心除了可以监视这些门的状态，还可以直接控制这些门的开启和关闭。另外也可设定某通道门在某一时间区间（如上班期间）处于开启状态，在其他时间区间（如下班期间）处于闭锁状态；或在发生火灾时，联动防火门立即关闭并立即开启消防通道门。

（3）自动控制。

在现场无人值守但需要进行监视、控制和身份识别的出入口，除了安装门磁开关、电控锁，还要安装读卡器或密码键盘等出入口识读装置，对每次发生的识读事件（时间、地点、识读的特征信息）按照预设的规则进行判断，并按照匹配的规则实施响应。

（4）人工管理。

在有人值守的场所（如普通小区）采用登记入内方式进行人工管理，门卫驻有保安进行询问登记。对于临时来访人员由出入口值守人员登记审核后决定是否放行，因此需要设置手动开启/关闭出入口的本地控制设备；对于具备出入权限的人员可采用自动识别自动放行的自动控制方式，以减轻值守人员的工作强度并提高出入人员的满意度，但应为值守人员设置声音或图像提示信息，以提示和帮助值守人员进行复核。

2．确定出入权限的识别方式

首先明确"出权限"与"入权限"是否相同，实际上，在许多场合，这两种权限是不相同的。最常见的是"管入不管出"，即在进入时需要特定的权限，但在出去时不需要任何权限。其次选择最为合适的识别方式，即是否需要复合识别或多重识别等，具体参看4.2节相关内容。

3．确定出入人员的具体权限

出入人员的具体权限可大致理解为"何人、何时、何地、何种前提条件"，即某出入人员（用户）在什么时间段内、什么样的前提条件下（如一天内允许通过的次数）、允许通过什么地方。为方便权限的设置，通常系统支持用户组的形式，即将用户进行分组并按组进行权限的划分，一个用户可以同时属于不同的组，以支持每个用户的独特性。有的系统还支持以通道形式配置权限，这在人员通行路径相对固定、路径中有多个门禁管理的关卡时配置较为方便。

4．确定出入口的启闭形式

出入口的启闭形式分为系统自动开启、远程或本地值守人员手动开启、用户手动开启、系统自动关闭、远程或本地值守人员手动关闭、用户手动关闭等几种形式，同时应明确出入口启闭时是否需要声、光或图像的提示。此外还要明确出入口的应急开启方式，以应对系统突然失效导致出入口锁闭不能打开等特殊情况。

5．确定系统关键性能指标

确定用户对"识别率""误识率""拒认率""识读响应时间""通过速率"等指标的要求。确定系统的防护能力，系统的防护能力由所用设备的防护面的防护能力、防破坏能力、防技术开启能力，以及系统的控制能力、保密性等决定。系统设备的防护能力由低到高分为A、B、C三个等级。

6．确定异常报警事件

为提高安全防范的效果，应明确用户需要对哪些异常事件进行报警，比如，防胁迫报警、防破坏报警、门异常开启报警、防目标重入（防潜返）报警、防尾随报警、密码次数超限报警、通信故障报警、电源故障报警等。

7．确定与外部联动的需求

确定与消防系统、广播系统、电梯控制系统、视频监控系统、入侵报警系统等的联动的需求。

4.3.2　门禁管理系统的类型

1．按硬件构成模式划分

（1）一体型门禁管理系统：各个组成部分以内部连接方式组合或集成在一起，实现对出入口的控制。常见的一体型门禁产品有别墅、宾馆等场所使用的智能锁、指纹锁。一体型门禁产品如图 4-4 所示。

（2）分体型门禁管理系统：各个组成部分在结构上既有分开的部分，也有以不同方式组合在一起的部分。分开部分与组合部分采用电子、机电等手段连结为一个系统，以实现对出入口的控制。由于识读部分、执行部分均可自行选配，因此分体型门禁管理系统的环境适应性强，可满足不同的用户需求。分体型门禁产品如图 4-5 所示。

图 4-4　一体型门禁产品　　　　　　图 4-5　分体型门禁产品

2．按管理/控制方式划分

（1）独立控制型门禁管理系统：系统的管理部分与控制部分的全部功能（显示、编程、管理、控制等）均由一个设备（门禁控制器）实现。

（2）联网控制型门禁管理系统：系统的管理部分与控制部分的全部功能（显示、编程、管理、控制等）不是由一个设备（门禁控制器）实现的。通常显示和编程功能由上一级的设备（上位机）实现，数据利用有线和/或无线数据通道及网络设备进行传输。联网控制型出入口控制系统如图 4-6 所示。

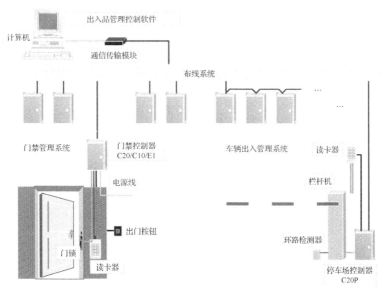

图 4-6　联网控制型出入口控制系统

（3）数据载体传输控制型门禁管理系统：系统的管理部分与控制部分的全部功能（显示、编程、管理、控制等）不是由一个设备（门禁控制器）实现的，该系统与联网控制型门禁管理系统的区别在于数据传输的方式不同。数据载体传输控制型门禁管理系统设备之间的数据传输是通过对可移动的、可读写的数据载体进行写入/读出实现的，宾馆客房的管理系统大多为这种系统。

3．按现场设备连接方式划分

（1）单出入口控制门禁管理系统：仅能对单个出入口实施控制的门禁管理系统。该系统一般靠近受控出入口安装，且与该处的识读设备、执行机构非常近，便于防护，不受受控区类型的限制。有些单出入口控制门禁管理系统在单向控制的应用中可以转化为双出入口控制门禁管理系统。

（2）多出入口控制门禁管理系统：能同时对两个以上的出入口实施控制的门禁管理系统，一般有双门、四门、八门、十六门等规格，常用于一个受控区或同等级受控区有多个出入口需要进行控制的场合。

4．按联网模式划分

（1）总线制门禁管理系统：系统的现场控制设备通过联网数据总线与出入口管理中心的显示设备及编程设备相连，每条总线在出入口管理中心只有一个网络接口。

图 4-7 为采用总线制方式联网的门禁管理系统。每个受控出入口（受控门）通过总线与管理计算机相连，整个系统的拓扑结构非常简单。每个受控出入口的组成大同小异，主要由进门读卡器、出门读卡器/出门按钮、电控锁、门磁开关、单门/多门门禁控制器、RS-232-RS-485 协议转换模块、管理计算机、打印机等组成，另外还可以选配门铃、警铃、警灯、报警探测器等附件。

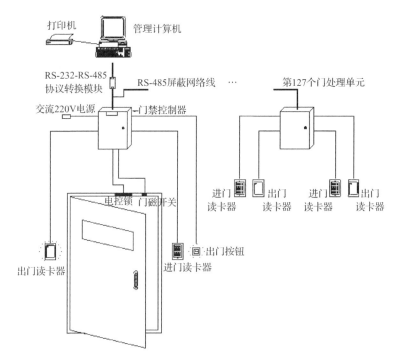

图 4-7　采用总线制方式联网的门禁管理系统

（2）环线制门禁管理系统：系统的现场控制设备通过联网数据总线与出入口管理中心的显

示设备及编程设备相连，每条总线在出入口管理中心有两个网络接口。当总线某一处发生断线故障时，系统仍能正常工作，并可探测到故障点。

（3）单级网门禁管理系统：系统的现场控制设备与出入口管理中心的显示设备及编程设备的连接为单一联网结构。

单级网门禁管理系统有两种形式，除了图 4-7 所示系统，还有一种形式为 IP 网络型门禁管理系统，这两种系统没有太大的区别，只是后者采用的是 IP 网络而前者采用的是总线网络。IP 网络在设备接入容量、传输速度、系统分布距离等方面均比总线网络强大。采用 IP 网络的门禁管理系统与其他系统的联动交互也更加方便。但 IP 网络型门禁管理系统实施成本较高，若与其他系统共用一套网络，则易出现传输冲突及网络安全等问题。

（4）多级网门禁管理系统：系统的现场控制设备与出入口管理中心的显示设备及编程设备的连接为两级以上串联的联网结构，且相邻两级网络采用不同的网络协议。最常见的形式是底层采用 RS-485 网络，并通过 RS-485/TCP 转换器接入计算机网络，实现与管理计算机及其他系统的通信。

4.3.3　受控区的划分与设备选配

1. 受控区的划分

应根据用户需求和物防条件，合理划分各个受控区。一般受控区的边界由物防设施构成。相邻的同等级受控区可以合并为一个受控区，一个低级别受控区中可以存在高一级别的受控区，但是高级别受控区中不应包含低级别的受控区。一个边界有多个受控出入口的受控区可以使用多门控制器。先对受控区进行编号，再对每个受控出入口进行编号。可以按照出入授权方式及出入口启闭方式的不同进行出入口的分类。受控出入口的编号应体现所在受控区授权方式及出入口启闭方式的分类信息。

2. 门禁控制器

在门禁控制系统中，门禁控制器具有上联下达的作用，是系统的核心部件。现阶段的门禁控制器均可以接收门磁开关、门铃/出门按钮等的报警输入，且支持与各类读卡器的通信（典型的通信协议有 RS-485、韦根、TCP/IP 等），同时还能通过工业总线（如 RS-485）或 TCP/IP 网络实现与上位管理主机的通信。门禁控制器分为单门型门禁控制器和多门型门禁控制器两种。

由于多门型门禁控制器与出门按钮、电控锁等设备之间通常为开关量控制，基本没有保护措施，因此其位置设计非常重要，必须将多门型门禁控制器设置在出入口的对应受控区、同级别受控区或高级别受控区内，如图 4-8 所示。

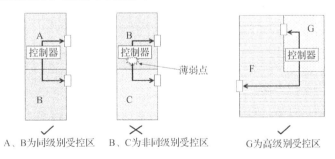

图 4-8　多门型门禁控制器现场摆放位置示意图

出入口控制系统的主要作用是使具有出入权限的目标快速通行，阻止没有出入权限的目标通过。受控区是出入口控制系统中的基本区域。在犯罪分子欲实施技术开启和破坏时，安装在受控区内的系统设备（如门禁控制器、管理计算机）比安装在受控区外的设备（如读卡器）要安全得多。

如果某一区域只有一个（或同等作用的多个）出入口，则该区域称为这一个（或这些）出入口的受控区，即某一个（或同等作用的多个）出入口所限制出入的对应区域，就是它（或它们）的受控区。具有相同出入限制的多个受控区互为同级别受控区。具有比某受控区的出入限制更为严格的其他受控区是相对于该受控区的高级别受控区。

门禁控制器一般具有以下功能。

（1）门的进、出双向读卡器。

（2）输入报警信号，并输出报警/控制继电器触点信号。

（3）支持密码键盘（有的还支持乱码功能）。

（4）有串行通信端口或调制解调器端口，能够实现联网和数字信号远距离传输（非联网型的单门门禁控制器不需要通信端口）。

（5）支持多种读卡技术。

（6）具有不间断供电电源。

（7）具有门状态、电源状态、系统故障等指示。

JS6431 一拖一门禁控制器的主板接线图如图 4-9 所示。

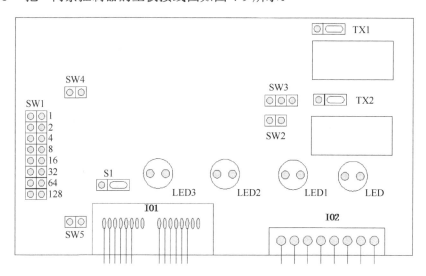

图 4-9　JS6431 一拖一门禁控制器主板接线图

下面对图 4-9 进行说明。

（1）地址跳线的设置：SW1 为地址跳线，地址码位依次升高（1、2、4、…、128），1 表示跳线插上。

（2）读卡器电源的设置：S1 为读卡器电源选择跳线，有+5V、+12V 两种电源可以选择。

（3）阴、阳极锁的选择：TX2 用来选择外界电锁平时是否常带电。

（4）报警器常开、常闭的选择：TX1 用来选择报警器是常开状态还是常闭状态。

（5）IO1 从左至右分别连接读卡器、电磁锁、出门按钮和门磁开关。IO2 从左至右分别连接警铃/警灯、报警器输入端、RS-485 总线及+12V 电源。

（6）读卡器连接线有 6 根，这 6 根线均采用 RVVP6×0.5mm² 的屏蔽双绞线。

（7）开门按钮信号输入线及开关量输入线采用 RVVP2×0.5mm² 的屏蔽双绞线。

（8）门磁检测信号输入线及开关量输入线采用 RVVP2×0.5mm² 的屏蔽双绞线。

（9）报警器驱动线用于驱动具有接收开关量输入功能的报警装置，采用 RVVP2×0.5mm² 的屏蔽双绞线。

（10）报警传感器输入信号线用于接收具有开关量输出功能的报警传感器输出的报警信号，采用 RVVP2×0.5mm² 的屏蔽双绞线。

3．电控锁

电控锁是执行机构，在额定直流工作电压作用下可以产生动作。考虑到电控锁开锁电流较大且使用频繁，在一般情况下将交流电源进行整流变压后输出电控锁正常工作需要的直流电。电控锁的额定工作电压一般为直流 12V。锁体的通电部分安装在门框上，锁体的非通电部分安装在门扇上，两部分共同构成完整的电控锁。

电控锁的种类有很多，按原理可分为磁力锁（见图 4-10）、阴极锁（见图 4-11）、电插锁（见图 4-12）等；按开门方式可分为通电开型电控锁、断电开型电控锁，前者安全性比较高，但不符合消防规范，后者只用于公共场所的内部控制。磁力锁为断电开型电控锁。阴极锁与电插锁既可以用作通电开型电控锁也可以用作断电开型电控锁。

门有单开/双开、单向/双向、推拉/平开等类别，门禁控制系统应根据所控制门的种类，选择最为合适的电控锁。门的材质对电控锁的选择也有影响。例如，玻璃门通常选用电插锁、磁力锁；木门可选用阴极锁；小区家用铁门通常选用电插锁等。

电控锁的选用还需要考虑防破坏的要求。

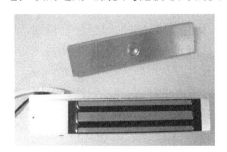

图 4-10　磁力锁

图 4-11　阴极锁

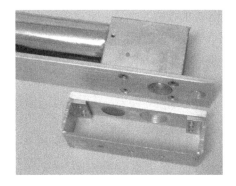

图 4-12　电插锁

4.3.4 门禁管理系统的技术规范与要求

1. 系统功能要求

（1）系统报警功能包括现场报警、向操作（值班）员报警、异地传输报警等。报警信号应为声光提示。

（2）在发生以下情况时，系统应报警。

- 当连续若干次（最多不超过 5 次，具体次数应在产品说明书中规定）对目标信息识读设备或管理与控制部分实施错误操作时。
- 当未使用授权的钥匙而强行通过出入口时。
- 当未经正常操作而使出入口开启时。
- 当强行拆除和/或打开 B、C 级的识读现场装置时。
- 当 B、C 级的主电源被切断或短路时。
- 当 C 级的网络型系统的网络传输出现故障时。

（3）系统应具有应急开启功能，可采用下列方法实现。

- 利用制造厂特制工具并采取特殊方法局部破坏系统部件后，使出入口应急开启，且可迅速修复或更换被破坏部分。
- 采取冗余设计，增加开启出入口通路（但不得降低系统的各项技术要求）以实现应急开启。

（4）系统应能独立运行，并应能与电子巡查系统、入侵报警系统、视频监控系统等系统联动，宜与安全防范系统的监控中心联网。与视频监控系统联动的出入口控制系统，应在事件查询的同时，能回放与该出入口相关联的视频图像。

（5）识读部分应符合下列规定。

- 识读部分应能通过识读现场装置获取操作信息及钥匙信息并对目标进行识别，应能将信息传递给管理与控制部分进行处理，宜能接收管理与控制部分的指令。
- "误识率""识读响应时间"等指标，应满足管理要求。
- 对于识读装置的各种操作及其接收的管理与控制部分的指令等，识读装置应有相应的声和/或光提示。
- 识读装置应操作简便，识读信息可靠。

（6）管理与控制部分应符合下列规定。

- 应具有对钥匙的授权功能，使不同级别的目标对各个出入口具有不同的出入权限。
- 应能对系统操作（管理）员的授权、登录、交接等操作进行管理，并设定操作权限，使不同级别的操作（管理）员对系统有不同的操作权限。
- 应能将出入事件、操作事件、报警事件等记录并存储于系统的相关载体中，且能形成报表以备查看。
- 事件记录应包括时间、目标、位置、行为。其中，时间信息应包含年、月、日、时、分、秒，年应采用千年记法。
- 现场控制设备中的每个出入口记录总数应满足 A 级不少于 32 条，B、C 级不少于 1000 条的要求。
- 中央管理主机的事件存储载体至少应能存储不少于 180 天的事件记录，存储的记录应保持最新的记录值。

- 经授权的操作（管理）员可对授权范围内的事件记录、存储于系统相关载体中的事件信息进行检索、显示和/或打印，并可生成报表。
- 除了网络型系统的中央管理机，其他类型系统的中央管理机需要的所有软件均应保存在固态存储器中。
- 具有文字界面的系统管理软件用于操作、提示、事件显示等的字体应采用简体中文。
- 当供电不正常、断电时，系统的密钥（钥匙）信息及所有记录信息不得丢失。
- 当系统与具有考勤、计费及目标引导（车库）等功能的一卡通联合设置时，软件必须满足出入口控制系统的安全管理要求。

（7）执行部分的功能设计应符合下列规定。

- 闭锁部件或阻挡部件在出入口关闭和拒绝放行时，其闭锁力、阻挡范围等性能指标应满足使用、管理要求。
- 出入准许指示装置可采用声、光、文字、图形、物体位移等多种指示。其准许状态和拒绝状态应易于区分。
- 当出入口开启时，出入目标通过的时限应满足使用、管理要求。

2．系统性能要求

（1）系统的下列主要操作响应时间应不大于 2s。

- 在单级网络的情况下，现场报警信息传输到出入口管理中心的响应时间。
- 除了工作在异地核准控制模式，从识读部分获取一个钥匙的完整信息开始到执行部分开始执行启闭出入口动作的时间。
- 在单级网络的情况下，操作（管理）员从出入口管理中心发出启闭指令开始到执行部分开始执行启闭出入口动作的时间。
- 在单级网络的情况下，从执行异地核准控制开始到执行部分开始执行启闭出入口动作的时间。

（2）现场事件信息经非公共网络传输到出入口管理中心的响应时间应不大于 5s。

（3）系统计时、校时应符合下列规定。

- 非网络型系统的计时精度应小于 5s/d。网络型系统的中央管理主机的计时精度应小于 5s/d，与事件记录、显示及识别信息有关的各计时部件的计时精度应小于 10s/d。
- 系统与事件记录、显示及识别信息有关的计时部件应有校时功能。在网络型系统中，运行于中央管理主机的系统管理软件应具有每天对与事件记录、显示及识别信息有关的各计时部件进行校时的功能。

3．系统的布线要求

（1）识读设备与门禁控制器之间的通信信号线宜采用多芯屏蔽双绞线。

（2）门磁开关及出门按钮与门禁控制器之间的通信信号线的线芯最小截面积不宜小于 0.50mm²。

（3）门禁控制器与执行设备之间的绝缘导线的线芯最小截面积不宜小于 0.75mm²。

（4）门禁控制器与系统管理主机之间的通信信号线宜采用双绞铜芯绝缘导线，其线径根据传输距离而定，线芯最小截面积不宜小于 0.50mm²。

（5）对于执行部分在相应出入口的对应受控区、同级别受控区或高级别受控区外部分的输入电缆，应进行封闭保护，其保护结构的抗拉伸强度、抗弯折强度应不低于镀锌钢管的抗拉伸强度、抗弯折强度。

4．系统供电要求

（1）主电源可使用市电或电池。备用电源可使用二次电池及充电器、UPS 电源、发电机。如果系统的执行部分为闭锁装置，且该装置的工作模式为断电开启，那么 B、C 级的控制设备必须配置备用电源。

（2）当电池作为主电源时，其容量应能保证系统正常开启 10000 次以上。

（3）备用电源应能保证系统连续工作不少于 48 小时，且执行设备能正常开启 50 次以上。

4.4 楼寓对讲系统的设计

楼寓对讲系统是出入口控制系统的一种应用模式，常用于居民住宅楼、别墅等场所。楼寓对讲系统为楼寓内的住户与外来访客之间提供双向通话功能。可视系统可通过门口安装的摄像机为住户显示外来访客的图像，住户据此对是否让外来访客进入做出判断，并可通过远程控制为外来访客开门。小区智能化建设的需求为楼寓对讲系统提供了广阔市场，该系统的演变过程可简单概括如下：直接式系统→数字式系统；黑白可视对讲→彩色可视对讲；具备简单的通话、开锁等功能→具备信息发布、防盗报警等功能，现已扩展到现代智能家居领域。相关国家标准包括 GA 1210—2014《楼寓对讲系统安全技术要求》、GB/T 31070—2018《楼寓对讲系统》、GA/T 678—2007《联网型可视对讲系统技术要求》和 GA/T 72—2013《楼寓对讲电控安全门通用技术条件》等。

4.4.1 楼寓对讲系统的分类

（1）按照门口机与户内机数量的对应关系，可分为一对一对讲系统和一对多对讲系统。

门口机通常安装在需要进行控制的楼寓门口，该处门通常处于常闭状态，且现场一般无人值守。门口机负责采集楼寓门口处的按键呼叫信息、现场声音和图像，并将其传送给相应户内机，实现与相应户内机的对讲，并控制被控楼门的开启（楼门的关闭通常由闭门器单独完成）。一对一对讲系统为一个门口机对应一个户内机的系统，其门口机不存在选择呼叫的问题，该系统相对简单，通常用于对别墅外门、公司大门等的管理。一对一可视对讲系统如图 4-13 所示。

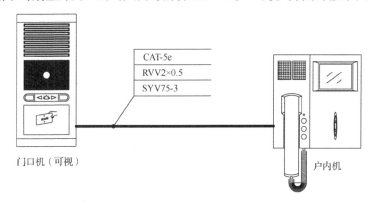

图 4-13　一对一可视对讲系统

　　一对多对讲系统常用于对居民住宅楼的楼道门的管理。按照操作方式的不同，门口机可分为直按式门口机与编码式门口机。直按式门口机采用一个按键对应一个户内机的方式为访客提供呼叫服务，其所用技术简单，使用方便，仅适用于户内机数量不多的场合。编码式门口机设有标准的数字键盘，访客通过该数字键盘输入户内机的编号代码（通常就是该户内机所在房间的房号）进行呼叫。编码式门口机适用于住户数量较多的场合，支持直接使用密码开门，但存在访客不熟悉其具体操作方法而不会使用的情况。

　　（2）按照门口机是否提供图像监控，可分为可视对讲系统与非可视对讲系统。

　　可视对讲系统按照提供的图像类别又分为黑白可视对讲系统和彩色可视对讲系统。可视对讲系统的门口机集成有视频监控摄像机，当访客呼叫某住户时，户内机可自动显示门口处的监控图像，住户通过观察该图像可以降低被骗开门的风险并避免在通话中拒绝开门的尴尬。住户或小区管理中心（联网型）也可在需要的时候调取门口机的图像。可视对讲系统的门口机通常并不处于工作状态，仅当有访客呼叫或有住户选通时才提供现场的监控，这点与视频监控系统是有区别的。

　　（3）按照门口机之间是否联网，可分为联网型对讲系统与非联网型对讲系统。

　　联网型对讲系统将楼寓入口、住户及物业管理部门（或保安人员）这三方面的通信联系在一起，丰富了物业管理部门对楼寓入口的管理手段，强化了物业管理部门对楼寓入口的管理效果，还能满足住户与物业管理部门之间的通信要求，可使物业管理部门更好地履行其管理职责。按照联网方式不同，联网型对讲系统又可分为总线型联网对讲系统和 IP 网络型联网对讲系统。IP 网络型联网对讲系统不仅可以实现语音、视频、数据的统一通信，在系统扩容方面也更为灵活，这为更多的小区智能化应用提供了可能。总线型联网对讲系统如图 4-14 所示。

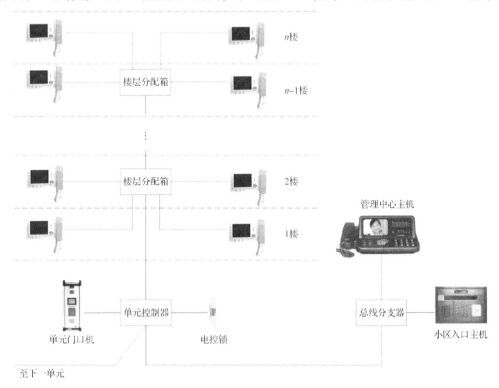

图 4-14　总线型联网对讲系统

4.4.2 楼寓对讲需求分析

1. 明确受控门的启闭方式

这里的受控门是指楼寓对讲系统控制的门，一般为各类通道门，如小区入口门、单元楼道门等。楼寓对讲系统的使用者包括物业管理人员（包括管理中心值班人员和现场巡逻的保安）、外来访客和楼寓住户。只有物业管理人员和楼寓住户拥有从外部开启受控门的权限，其权限形式包括机械钥匙、密码、刷卡、生物识别等。此外，物业管理人员和楼寓住户能够远程手动开启受控门，楼寓住户只能开启位于其所在通道的受控门，物业管理人员则可开启所有的受控门。

受控门一般采用出门按钮的方式从内部开启，即从内部开启没有任何权限限制，在某些特殊场合也可进行权限限制的约定。

受控门一般采用闭门器自动闭合。在高级应用场合还可采用电动开门器，即不但自动闭门还能自动开门。

2. 明确对讲功能

联网型对讲系统通常具备户内机与门口机之间、户内机与管理中心主机之间、门口机与管理中心主机之间的互动对讲功能。但需要明确门口机与门口机之间、户内机与户内机之间是否支持相互对讲，管理中心主机是否具备主动呼叫系统内任一住户或群呼所有住户的功能，户内机是否具备静音模式或免打扰模式等。

3. 明确安全扩展功能

有些楼寓对讲系统的户内机具有简单的报警功能，可以接入门磁开关、被动红外对射器、主动红外对射器、烟感设备、温感设备等探测器，实现入侵报警和火灾报警的功能。

对于可视对讲系统，应明确是否需要对门口机监控图像进行录像及是否需要提供24小时不间断的监控图像等。

对于联网型对讲系统，可将住户的报警信号送至管理中心，由物业管理部门承担接警和处警工作，并可增加住户的紧急报警和求救功能。此外，还应明确门口机和户内机是否具备防胁迫功能等。

联网型对讲系统还可与三表（水表、燃气表、电表）抄送系统、智能卡门禁系统和其他系统构成小区物业管理系统。

4.4.3 设备选配

1. 对讲管理主机

对讲管理主机是整个楼寓对讲系统的联络中心和服务中心，由于其通常安装在小区保安中心或管理中心，因此又称为管理中心主机。对讲管理主机通过网络可与系统内任一门口机、户内机实现互相呼叫、对讲等。对于可视对讲系统，其对讲管理主机还可随时监控门口机的视频图像，若对讲管理主机安装有摄像机，住户可通过户内机观察管理中心的情况；对讲管理主机还能随时接收来自住户的报警信号，并对其进行处理和记录。为提供高一级的系统管理功能和系统集成，对讲管理主机还应支持与计算机的通信，通常的做法是提供RS-232接口或网络接口。

对讲管理主机的主要性能参数有显示屏类型、显示屏尺寸、显示屏分辨率、可呼叫路数、记录存储容量、联网方式、供电方式等。

2. 门口机

门口机通常安装在需要进行管控的通道门上，可与管理中心主机、通道对应的户内机进行呼叫、对讲。可视对讲系统的门口机配有摄像机，可将门口附近的活动视频提供给管理中心或相应住户。门口机一般需要另行配置电控锁，但会集成读卡器、密码键盘等识读设备。门口机通常单独供电，其按键具备夜光功能。按照门口机的安装位置不同，门口机可分为小区门口机、单元门口机和住户门口机等。

门口机的主要性能参数有图像传感器类型、摄像机最低照度、摄像机分辨率、可呼叫路数、密码长度、钥匙数量、联网方式、安装方式、防护能力、供电方式等。

3. 楼层分配器

楼层分配器负责将门口机的音频、视频及选通信号分配给就近的户内机，以减少传输线缆的用量。楼层分配器将各个户内机、门口机隔离开，可以减少各设备之间的影响，同时也方便系统的维护维修。

楼层分配器的主要性能参数有分配路数、视频放大增益、安装方式、供电方式等。

4. 户内机

户内机安装在住户室内用户容易接触到的位置，可与门口机、管理中心主机进行对讲。可视对讲系统的户内机设有小尺寸平面显示器，可供用户监看受控门外或管理中心的情况，并能远程开锁。联网型对讲系统的户内机还可作为智能家居的管理主机，并集成家庭报警、信息发布、灯光控制、家电控制等个性化功能。

户内机的主要性能参数有显示屏类型、显示屏尺寸、显示屏分辨率、联网方式、供电方式及功能扩展等。

5. 其他设备

楼寓对讲系统经常用到的其他设备还包括视频分配放大器、单元控制器、电控锁、电源、总线通信模块、网络通信模块、闭门器、开门器等，可按实际需要进行配置。

4.5 小区车辆出入管理系统的设计

车辆的出入管理是出入口管理的一项重要内容。车辆所具有的特殊性使其出入管理系统相对独立，该系统通常称为停车场管理系统。实际上，所谓的停车场管理系统一般不涉及场内管理，其最多具有车位检测及车辆引导功能，属于对停车场出入口的管理系统，因此称为车辆出入管理系统或卡口管理系统更为合适，这里采用车辆出入管理系统这一称谓。相关的国家标准有 GA/T 761—2008《停车场（库）安全管理系统技术要求》、GA/T 992—2012《停车库（场）出入口控制设备技术要求》和 GA/T 1132—2014《车辆出入口电动栏杆机技术要求》。

4.5.1 车辆出入管理系统概述

车辆出入管理系统由识读部分、车辆检测部分、传输部分、管理/控制部分和执行部分，以及相应的系统软件组成。车辆出入管理系统建设的目的有保证车辆有序、顺畅地出入，以及收费等。车辆出入管理系统各个部分（如车辆检测部分、车辆特征识读部分、执行机构等）

的特点各不相同，同时有其专用的技术与产品。

根据具体停车场出入口构成的不同，车辆出入管理系统的构成也不同。GB/T 51328《城市综合交通体系规划标准》对停车场有如下规定：少于 50 个停车位的停车场，可设一个出入口，宜采用双车道；50～300 个停车位的停车场，应设两个出入口；大于 300 个停车位的停车场，出口和入口应分开设置，两个出入口之间的距离应大于 20m。

在 GB 50067—2014《汽车库、修车库、停车场设计防火规范》和 JG J100—2015《汽车库建筑设计规范》中，对停车场有更为具体的规定：①当停车场的停车位大于 500 个时，其出入口不得少于 3 个，出入口之间的净距离需要大于 10m，出入口宽度不得小于 7m。②汽车疏散坡道宽度不应小于 4m，双车道的汽车疏散坡道宽度不宜小于 7m。③穿过车库的消防车道的净空高度和净宽均不应小于 4m，当消防车道上空有障碍物时，路面与障碍物之间的净空高度不应小于 4m。

根据出入口形式的不同，车辆出入管理系统可分为如下 3 种模式。

（1）单车道进出系统：进出读卡机分别处理车辆的进出信息，各自控制同一道闸起落。该系统适用于同一单车道、少量车辆出入的场所。

（2）双车道一进一出系统：可实现进出车辆分流，读卡机分别控制各自的道闸起落。

（3）分散多车道、中央管理系统：适用于一些大型场所，有多个进口通道和出口通道。各通道可独立工作，通过网络传送信息到中央管理系统，可进行实时通信，也可定时采集信息。

车辆出入管理系统通常属于智能小区管理系统的子系统，它以智能卡、ID 卡或车牌作为特征标志，集信息管理、计算机控制、图像识别、智能卡技术和机电等技术于一体，可实现脱机运行、自动存储进出记录、自动核算、扣费、自动维护、语音报价、中文提示、车牌确认、车位检查、图形摄像等功能。车辆出入管理系统有效解决了以往停车场管理中存在的费用流失、乱收费、车被盗、泊车率低、管理成本高、服务效率低等各种问题，具有科学合理、安全可靠、便捷公正等优点。

4.5.2 车辆出入管理系统组成

车辆出入管理系统主要由入口管理与控制子系统、管理与控制中心、出口管理与控制子系统 3 部分组成，其硬件结构框图如图 4-15 所示。

1. 入口管理与控制子系统

入口管理与控制子系统的全面管理与协调工作由入口控制器实现，入口控制器通过总线接口或网络同管理与控制中心进行数据交换。车辆感应器检测是否有车辆进入，若有，则提示用户刷卡，若用户无卡可通过自动出卡机按键取卡（或专人发卡），在取卡的同时完成读卡操作。入口监控系统对车辆进行摄像并记录车辆入场过程。对讲机用于在意外情况下，客户与中心管理人员进行对话。对于采用车牌识别的管理系统，可采用车牌识别+卡或车牌识别+操作人员的方式完成入场登记。登记完成后，车牌数据与停车凭证数据（凭证类型、编号、进库日期、时间）一齐存入管理计算机内。入口控制器发出指令使自动道闸执行机构升起闸杆，车辆驶过道闸后，入口控制器发出落杆指令使闸杆自动落下。车辆驶入指示器提示的车位并停车。

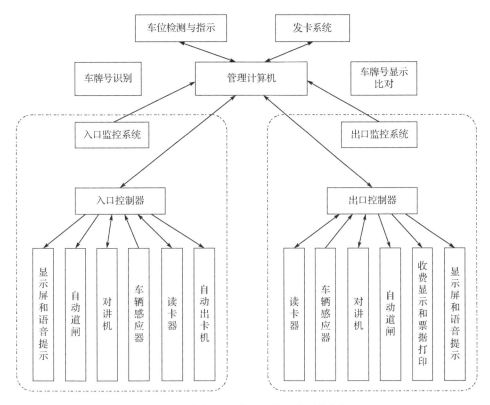

图 4-15　车辆出入管理系统硬件结构框图

2. 管理与控制中心

管理与控制中心是车辆出入管理系统的核心部分，实现对入口、出口、计时、计费、安全、智能卡、财务等的全面管理、控制及协调。车位检测器检测车库的车位使用情况，并指示哪些车位是可以停车的空位，如果车位已停满，指示停车满位的标志（相关指示牌位于车库的车辆入口处）。入口监控系统通过入口摄像机获取进库停车车辆的图像与车牌号，并将入口管理与控制子系统传来的卡号等数据一起作为该车辆的档案数据存于管理计算机中。发卡系统对发出去的智能卡进行管理。出口监控系统通过出口摄像机获取出库车辆的图像与车牌号，并与档案保存的数据和出口控制器送来的数据进行比对确认，以保证车辆的安全。客户的票据由管理人员通过打印机打印输出。对讲机主要供管理人员与入口（或出口）处人员进行语音交流。

管理与控制中心配置远距离通信网络接口可以与计算机网络相连，能够形成大规模网络化管理的停车场。

3. 出口管理与控制子系统

出口管理与控制子系统的全面管理与协调工作由出口控制器实现，出口控制器通过总线接口或网络同管理与控制中心进行通信。

车辆感应器检测是否有车辆需要驶出停车场，若有，则出口控制器和管理与控制中心交换数据，启动出口监控系统以获取车辆的图像与车牌号。若凭证为卡/条码，提示用户出示凭证以供读取，确定停车结束时间，计算出应收费用和余额（长期卡）并将相关数据显示在收费显示屏上。之后回收用户的临时凭证（如智能卡）。当缴费手续完成且与中心档案数据比对无误后，出口控制器向自动道闸执行机构发出指令升起闸杆，车辆驶出停车场。当车辆驶过道闸后，出口控制器发出落杆指令使闸杆自动落下。

图 4-16 为双车道一进一出系统的设备布置示意。在进、出两个车道上各设置了两个车辆感应器，一个位于出/入口控制器处，一个位于自动道闸下方。自动出卡机设置在入口控制器上部，与之合为一体。

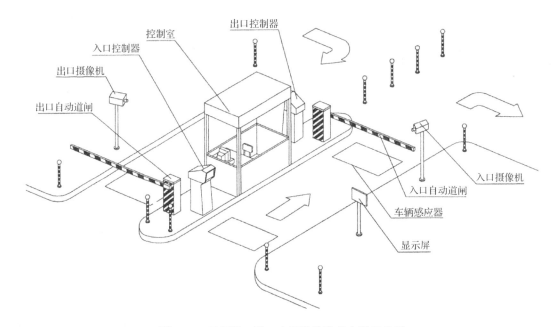

图 4-16　双车道一进一出系统的设备布置示意图

4.5.3　车辆出入管理系统工作流程

用户对车辆出入管理的工作流程要求直接影响到车辆出入管理系统的架构和功能。车辆进出管理的工作流程主要包括如下。

1．信息提示

车辆驶进停车场入口，可清楚看到停车场信息提示，具体如下。

（1）入口方向提示。

（2）固定用户、临时用户提示。

（3）停车场空余车位提示（若停车场停车满额，库满灯亮，拒绝车辆入库。若车库未满，允许车辆进库）。

2．身份认证

已有凭证的固定用户可以直接识读凭证，临时用户则需要增加一个凭证发放环节。

常用的凭证有车牌识别、RFID 卡、条形码、二维码等。识读方式有近距离识别（停车）、远距离识别（不停车）两种方式。凭证可以是实物凭证，也可以是电子凭证（如识别的车牌、电子条码、电子二维码等）。

3．信息记录

进入停车场的车辆的车型、车牌号等由摄像机获取，这些信息被送到图像识别器形成该车辆的车型、车牌数据。车牌数据与停车凭证数据（凭证类型、编号、进库日期、时间）一起存入管理计算机内。

4．车位管理

进入停车场的车辆进入规定的车位。车位传感器送出车位被占的信息，入口显示屏、管理系统的显示屏显示该信息。

5．凭证确认

汽车驶近出口自动道闸，出示停车凭证，此时出行车辆的停车数据、出库时间、出口车牌摄像识别器提供的车牌数据和阅读机读出的数据被一起送入管理计算机进行核对与计费。

6．车辆离库

固定用户经核对无误后，出口自动道闸升起放行。临时用户核对无误并收费后，出口自动道闸升起放行。

车辆出入管理系统在正常工作时，实际上是有两套并行的流程的，即车辆进入流程与车辆离开流程。

车辆进入流程。当车辆需要进入停车场时，无凭证车辆驾驶员必须出示电子凭证（如自动车牌识别，或出示光码、App 条码），或者临时获得实物凭证（如自助取卡或向专职人员索取智能卡），之后登记凭证、系统获取用户信息及到位停车。已有凭证车辆经识读装置读取凭证后，系统判断凭证的有效性，如果凭证有效，则系统获取用户信息并指示车辆到位停车；若为无效凭证，则显示屏会提示车主账号的金额不足或凭证使用不正确等并要求车主将凭证激活，或者按无凭证车辆流程操作。系统应具有防潜回功能，防止使用一个凭证驶入多辆车辆。

车辆离开流程。当车辆需要离开停车场时，若是临时凭证车辆，在完成缴费后，若是实物凭证（如智能卡），需要收回，然后注销临时凭证。长期凭证仅判断凭证的有效性，若凭证有效，则放行，否则，不允许放行；若凭证失效，须重新激活（在金额不足时必须进行充值）。长期凭证的有效性判断中应包含特殊情况，如内部员工的免费车辆及悬挂军警牌照车辆的免费车辆。在资料对比过程中，若发现出入资料不符的不允许放行，并发出警报，锁死道闸，只有人工排除警报并恢复正常工作之后，道闸才能正常开启放行。

4.5.4　设备选配

1．车辆编码识别设备

车辆出入管理系统通常采用智能卡作为车辆身份的标志。为提高系统使用的便捷性和车辆通过能力，可采用远距离识读技术。普通的智能卡识读距离只有几十厘米，中距离卡的识读距离为 60cm～120cm，远距离智能卡的识读距离为 3m～15m。远距离智能卡一般为有源卡，其电池寿命通常为 1～3 年，市场上也有利用太阳能电池延长使用寿命的产品。目前在停车场管理系统中，应用较多的是蓝牙卡，该卡是采用 433MHz 无线射频和 38kHz 红外频段组合方式的远距离有源卡。在正常情况下，智能卡处于省电休眠状态，当接收到读卡器的红外光线后立即启动无线射频电路，进行智能卡的读/写操作。实际上蓝牙卡采用的频率是 2.4GHz，其读写距离为 10m～100m，没有方向性，不易受强光照射、车膜反射等因素影响，只要在距离范围内即可保证正常通信。同时,蓝牙卡在数据容量、数据保密性等方面均比普通的智能卡强大,其缺陷在于功耗较大,成本相对较高。

远距离读卡技术可以实现低速无障碍通行,极大提高车辆出入管理系统的车辆通过能力,降低系统对车辆行驶的影响,提高系统的友好度,但先决条件是车辆需要拥有一张远距离智能卡,且被车辆出入管理系统认可。对于通行次数不多的临时车辆,特别是只出入一次的外来车辆,采用远距离读卡技术意义不大,使用普通的无源智能卡即可,这样不但可以大大降低系统成本,而且几乎不存在智能卡使用寿命有限的问题。

在城市公共停车场管理应用中,由于来往车辆流量很大,而且大多数车辆属于临时车辆,固定用户很少,采用智能卡进行身份编码识别会带来卡片数量大增的问题,不但系统成本上升,而且现场人员管理一大堆卡片也是很麻烦的,一旦智能卡遗失,进行挂失(在管理系统中注销该卡片)、补卡操作也比较烦琐。因此在这些应用中,可直接选用车牌自动识别技术或采用条码打印的方式进行车辆编码识别,不但可以避免上述问题,打印的条码中还可记录相关停车信息,同时可开发广告等。

车牌识别仅需一台车牌识别摄像机便可自动识别进出车辆的车牌,并转发给管理与控制中心。

车辆编码识别设备通常以入口机和出口机的形式存在。在有人值守的场合通常采用手持式收费机打印、读取条码实现车辆编码的识别。对于无人值守的场合,入口机通常还集成有出卡机,可实现自助发卡操作,出口机则集成有收卡机,负责回收临时卡及无效卡。无人值守的入口机和出口机一般还具有对讲功能,以便当出现意外情况时,车辆驾驶员可以与管理与控制中心及时对讲沟通,方便管理人员对现场的管理。

车辆出入管理系统有以下几种类型的卡片。

(1)授权卡。

授权卡是生产厂商在系统出厂时随系统提供的卡。授权卡在车辆出入管理系统中具有最高权限,在使用授权卡登记进入系统后,可以制作操作人员的操作卡,还可以执行智能卡管理、查询、报表管理、备份数据等操作。

(2)操作卡(管理卡)。

操作卡为收费操作员、管理人员的工作卡。收费操作员、管理人员在工作时,用操作卡登录系统后,可以操作系统,但只能进行相应权限的操作。

(3)月租卡(固定卡)。

月租卡是系统授权发行的一种智能卡,该卡按月或按一定时期交纳停车费用,并在有效的时间段内享受在该停车场停车的权利。

(4)储值卡。

储值卡是系统授权发行的一种智能卡。车主预先交纳一定数额的费用,并记录在储值卡中,当车主使用该停车场时,产生的费用从卡中扣除。

(5)临时卡。

临时卡是系统授权发行的一种智能卡,是临时或持无效卡的车主到该停车场停车时的出入凭证。车主在停车场停车产生的费用在出场时结清,并将卡交回。

2.车辆检测设备

车辆检测设备用来检测有无车辆并判断其行驶方向,是车辆出入管理系统特有的常规设备,通常安装在车辆编码识别设备附近和车辆通过执行机构的位置。在车辆编码识别设备附近安装车辆检测设备是为了检测是否有车前来,以便做好身份识别和验证的准备,如及时恢复车辆通过执行机构为关闭状态、车辆在入场时提示驾驶员领取临时卡、车辆在出场时提示驾驶员交回临时卡、对进出车辆拍照进行图像比对识别等。在车辆通过执行机构的位置安装车辆检测设备是为了控制该执行机构的动作,防止出现误挡、误砸车辆的现象。车辆检测设备可以保证车辆出入管理系统在正确的时机执行正确的操作,实现管理的自动化。此外,车辆检测设备还可实现车辆计数功能。

常用的车辆检测设备有视频检测设备、地感线圈、电子雷达和主动红外对射设备等。采用地感线圈检测出入车辆示意图如图 4-17 所示。

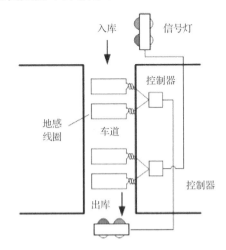

图 4-17　采用地感线圈检测出入车辆示意图

地感线圈使用电缆或绝缘电线做成环形(又称环形线圈),并埋在车道的地面下。当地感线圈通电后,在线圈周围产生电磁场,当车辆驶过时,其金属体使线圈产生短路效应,地感线圈周围电磁场发生变化,变化的磁场经线圈产生感应电流,该电流经过车辆检测设备放大、判断后成为车辆进入的识别信号,该信号可控制道闸或控制器执行相应的操作。

车辆检测设备安装在车辆道闸两旁。地感线圈地面埋深为 3cm～10cm,不可太深。地感线圈总长度应为 18m～20m,地感线采用横截面积大于或等于 0.25mm^2 的耐高温绝缘线。地感线圈周围 0.5m^2 平面范围内不可有其他金属物。在埋线前先用切地机在坚硬水泥地面切槽,深度为 5cm～10cm,度宽以切刻片厚度为准,一般为 5mm;然后将地感线一圈一圈地放入槽中,再用水泥将槽封固。注意地感线不可浮出地面,在放入线圈时不要将线的绝缘层破坏,以免引起漏电或短路。引出线要双绞在一起,长度不能超过 4m,每米双绞线不能少于 20 根。

地感线圈的施工示意图如图 4-18 所示。

3. 车辆通过执行机构

车辆通过执行机构是指控制车辆通行的相关设备,可分为示意、挡车、阻车 3 个级别。示意级设备包括交通指示灯、轻型道闸等,仅具有指导行车的作用,对闯关车辆无任何伤害。挡车级设备以道闸最为常见,不能阻止强行冲关的车辆,但会对车辆造成一定的损伤。阻车级设备包括升降柱、破胎阻车器等,可有效阻止强行冲关的车辆。

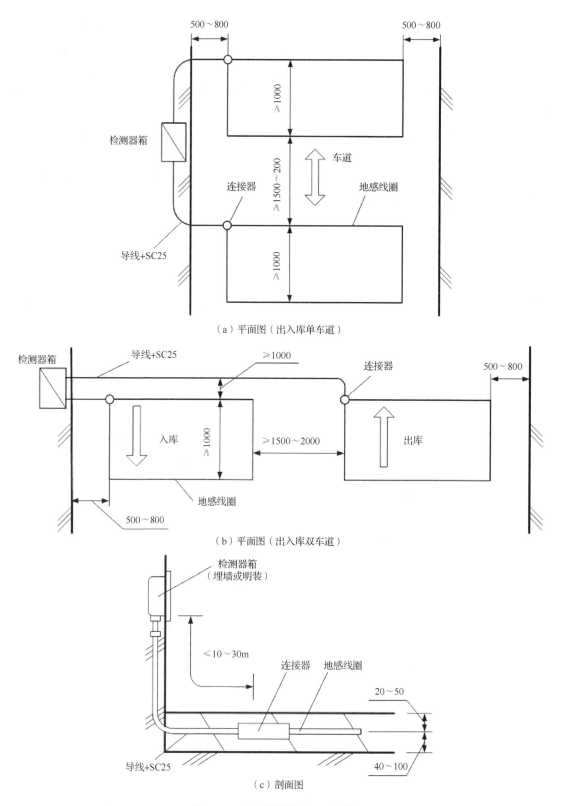

（a）平面图（出入库单车道）

（b）平面图（出入库双车道）

（c）剖面图

图 4-18　地感线圈的施工示意图

道闸又称挡车器，通过电动控制挡车杆的起落来控制车辆的通行与否。挡车杆可分为直杆型挡车杆、曲臂型挡车杆和栅栏型挡车杆。挡车杆采用轻型材质，有铝合金挡车杆，也有橡胶挡车杆，杆长通常为3m～4m，以控制一个车道的通行。若需要更长的挡车杆或有些地下车场入口高度有限，可采用曲臂挡车杆，以减小升起时的高度。栅栏型挡车杆可加强阻挡行人通行的效果。道闸具有闸具平衡机构，通常由稳定可靠、维护简单的动力电机驱动，该机构运行轻快、平稳，可在任何位置停止并锁定挡车杆。当出现停电故障等情况需人工操作挡车杆时，可通过简便易用的解锁装置解锁然后进行人工操作。道闸的挡车杆外观要醒目，栏杆应防晒不褪色，栏杆应有反光标。

自动道闸受出/入口控制器控制。当出/入口控制器确认车辆身份有效后，道闸升起；车辆驶过，道闸放下。道闸应具有防砸车措施，以防止因意外原因造成的道闸砸车事故，以及出现冲关行为时有效保护道闸，可采用多种防砸保护措施。例如，与车辆检测装置配合使用，当车辆停留在道闸挡车杆下方时，道闸挡车杆锁止并禁止下落；在挡车杆下落过程中，若阻力太大，驱动电机可反转，这样当挡车杆砸到车辆时可迅速反弹，以提高道闸安全性能；挡车杆上下都可设置防砸橡胶边，也可使用防砸气囊，一方面气囊可以缓冲碰撞的强度，另一方面通过检测气囊的气压是否突然升高，可以判断是否发生了砸车事故。道闸在遇到冲撞时可立即产生报警信号，通知车辆出入管理系统及时处理。

4．车辆出入管理软件

车辆出入管理系统的许多功能需要依靠软件实现，特别是在硬件越来越模块化、通用化的趋势下，软件的地位越发重要。车辆出入管理软件往往被集成在一卡通管理系统软件中，对于以车辆出入管理为主的应用宜选择专业的车辆出入管理软件，其系统优化更佳、功能更加实用。车辆出入管理软件按照系统应用的不同可分为手持式机载软件、单机应用软件及支持网络服务的多用户软件。

车辆出入管理软件通常具备以下功能和特点。

（1）软件采用模块化设计，可以更好地支持功能扩展和软件升级。常用功能包括远距离识别、图像对比、车牌识别、语音提示、凭证管理、计费管理、出入口通道控制等，软件支持对这些功能的个性化配置。

（2）为了确保操作系统及数据的安全，对软件用户进行分级管理，可以定义各级用户的操作权限，系统可对所有操作进行记录并生成日志，确保对系统操作进行有效管理。

（3）软件的自动计费功能可以设置多种收费方式，以实现对不同类型卡的区别收费。当出现错误计费时，可授权人工调整，系统记录生成日志。

（4）任何用户都可以浏览操作日志，但不能修改日志。系统具备完善的数据安全备份功能，经授权后，用户可导出系统数据，导出的数据支持主流的文件格式。

（5）系统高度自动化并实现了一定程度的智能化。例如，自动辅助图像对比，系统自动抓拍车辆进场时的一张照片并保存在数据库中，出场时从数据库中读取入场照片并将该照片与出场照片一同进行显示，辅助操作人员比对确定入场和出场是否为同一辆车。高级的系统还具备自动识别入场、出场的车牌并完成车牌比对（或对入场、出场车辆的特征进行比对）等智能化功能。

（6）对出/入口控制器及其他设备的通信状态和报警信号实施监控，并能个性化定义联动响应。

（7）在记录管理中，可以根据卡号、卡类型、车牌、时间区间、出入口编号、操作员等条件进行组合查询、浏览。软件具备完善的信息统计功能，可以自动生成各类报表并导出或打印报表，满足信息化管理的要求。

思考题

1. 分析出入口控制系统常用识别技术的优缺点。

2. 说明射频识别卡的技术特点及其应用。

3. 分析磁力锁、电插锁、阴极锁在应用于单开门/双开门时各自需要注意的事项。

4. 分析不同等级受控区的可能组合，讨论这些组合应用多门控制器时需要注意的事项。

5. 门禁控制系统在哪些方面要与机械门的制造技术进一步结合？

6. 试分析现有的门禁控制系统有哪些技术开锁方式，在进行系统设计时应如何应对。

7. 集成有报警功能的联网型对讲系统可以取代传统的家庭入侵报警系统吗？

8. 可视对讲系统如何实现住户对门口处的视频监控？当有访客呼叫某住户时，是否所有楼道内的住户都可看到该访客？

9. 当前的车辆检测技术有哪些？这些技术各有什么缺陷？如何弥补？

10. 车辆出入管理系统还可增加哪些功能？

第 5 章

电子巡查系统与人员定位系统的设计

内容提要

电子巡查系统是一种十分特殊的安全防范子系统，其针对的对象是人防力量，具有信息采集、信息推送、统计核查、人员定位、风险预警等功能。电子巡查系统可以看作一种人员定位系统。本章介绍了电子巡查系统与人员定位系统的实现方式及设计要点等。

5.1 电子巡查系统简介

5.1.1 电子巡查系统的作用

在社会治安防控工作中，巡查可有效缩小不法行为、风险事件的生存时空范围，及时处理正在发生或即将发生的危害事件，发现各类潜在的隐患（如火灾、失窃、爆炸、恶意破坏等）并加以妥善处理。同时可对不法分子起到震慑作用，有效预防、减少违法犯罪活动，是一项不可替代的基础工作。另一方面，许多行业也通过巡查（巡检）掌握现场情况，收集或检查现场设备的工作数据、工作状态，并运用数据库与网络等各种技术对现场信息进行处理，从而实现安全生产、科学有效管理等目的。巡查对提高管理质量、保障生产活动正常运行具有积极意义。

长期以来，如何对各种巡查工作进行有效的监督管理一直是许多行业管理工作中的重点、难点。例如，物业管理中的保安安全巡逻管理、医院医护人员定时巡查病房、油田的油井巡查、电力部门的铁塔巡查、通信部门的机站巡查、部队的军火库巡查、边防巡检、仓库巡检、公安巡警的巡逻、监狱巡逻、安全防范公司巡检、铁路路况巡检、水质巡查等。管理人员很难对巡查人员是否按规定路线且在规定时间内巡查了规定数量的巡查地点进行监督管理。传统签名簿的签到形式容易出现冒签或补签的问题，在查核签到时也比较费时费力，对于失职分析难度较大。

依托射频识别技术发展起来的电子巡查系统可以较好地解决上述问题。电子巡查系统的基本功能包括：在巡查区域内合理规划巡查线路（在安全防范工作中，巡查路线应能随机变更，否则就会产生规律，容易让非法行为有隙可乘）；在巡查线路的关键地点设立巡查点；在每个巡查点的适当位置安装巡查定位装置（巡更签到器），该装置一般是射频识别卡（或读卡器）。巡查人员手持巡查设备（如巡更棒或可代表身份的射频识别卡）进行巡查，每经过一个巡查点必须在签到器处签到（进行射频识别卡信息及其他相关数据的识读），将巡查点的编码、时间等信息记录在手持巡查设备中（或实时上传至管理中心）。如果巡查信息非实时传输，则需要巡查结束后通过相关设备（数据传输器）将存储在手持巡查设备（如巡更棒）中的巡查信息转存到数据库中，以便系统管理人员通过相应的管理软件对各个巡查人员的巡查记录进行统计、分析、查询和考核。

电子巡查系统具有以下作用。

- 提供科学有效的核查手段，能够监测区域内的巡查人员是否按要求工作。
- 可根据各种策略自动排班，并将巡查信息与排班信息进行比对、统计。
- 简化数据采集过程，可自动对巡查过程中产生的各类数据进行归类、存储、分析、管理。
- 可以为巡查人员提供信息提示、时间管理、消息推送、录音录像取证、紧急报警、照明指示等巡查辅助功能。

5.1.2　电子巡查系统的分类

巡查人员在巡查过程中可以产生时间、地点、人物、事件及设备状态等各种巡查信息。按照巡查信息能否即时传输至管理计算机，电子巡查系统可分为离线式电子巡查系统和在线式电子巡查系统。

离线式电子巡查系统将巡查信息先储存在巡查人员随身携带的巡查设备（如巡更棒）中，当巡查工作结束后，再使用专用通信设备将数据转移到管理计算机中。离线式电子巡查系统无法对巡查工作进行实时监测，通常用于事后监管、考核，功能较为有限，但其系统简单，实施成本低，可满足大多数的安全及管理需求，是应用最广泛的一类电子巡查系统。

在线式电子巡查系统可将巡查信息即时传送至管理计算机，可以及时发现巡查工作中的问题（如巡查人员未按规定时间巡查规定位置，或未按照计划路线进行巡查等），并可利用巡查现场与管理计算机间的远程信息传输通道实现紧急报警、消息推送、指挥对讲等高级功能。在线式电子巡查系统适用于风险等级较高或管理需求较高的应用场所。

在线式电子巡查系统按照信息传输方式可分为有线式在线电子巡查系统和无线式在线电子巡查系统。有线式在线电子巡查系统通常将识读装置固定安装在现场巡查点位，并通过有线电话、通信总线、计算机网络等有线方式与管理计算机相连，巡查人员则随身携带特定的识别物（如射频识别卡、条形码、钥匙、密码、指纹、人脸等）。无线式在线电子巡查系统通常与离线式电子巡查系统一样，在现场巡查点位安装识别物，由巡查人员随身携带的识读装置通过无线通信建立与管理计算机间的数据传输通道。

在线式电子巡查系统按照巡查信息的构成可分为连续式在线电子巡查系统和离散式在线电子巡查系统。连续式在线电子巡查系统可对巡查工作状态进行不间断的远程监控，其巡查信息在时空上是密集的，甚至是连续的。离散式在线电子巡查系统则只能远程实时传输预先设置的、固定的若干巡查点位，该系统通常属于有线式在线电子巡查系统。

5.2　离线式电子巡查系统

5.2.1　系统构成

最常见的离线式电子巡查系统主要由信息钮（分为地址钮、事件钮、人员钮等）、信息采集器、通信座（线）、管理计算机（管理终端）及巡查管理软件组成，如图 5-1 所示。

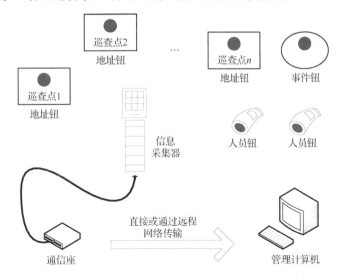

图 5-1　离线式电子巡查系统组成示意图

信息钮通常为采用射频识别技术制成的无源只读标签，内有唯一的、按一定的安全机制通过射频信号非电路接触方式设置的电子编码，信息采集器可读取信息钮中的电子编码。无源只读标签不需要外加电源即可正常工作，避免了电源布线或电池更换问题，非电路接触方式则保证了设备运行的可靠、耐用和较好的环境适应性。有一些系统的信息钮是用条形码制成的，但由于条形码易于复制，因此这种信息钮防伪、防复制能力较差，易出现监管漏洞。

信息钮按应用目的分为地址钮、人员钮和事件钮。地址钮安装在需要重点检查的地方，用于标识地点。地址钮通常是实际应用不可缺少的部分，其与信息采集器之间的识读方式有机械接触识读、近距离识读（几厘米）和中距离识读（几十厘米）等，可视具体应用情况合理选用识读方式。由于地址钮有时需要安装在室外，因此其需要具备防水、防震、防腐蚀、工作温度范围宽和坚固耐用的性能，常见的封装材料有不锈钢和硅胶等。

人员钮用于识别巡查人员的身份，由巡查人员随身携带，用于记录、识别执行巡查任务的人员信息。人员钮在使用过程中易丢失、遗漏等，当巡查人员入职、换岗和离职时，均需要在系统中进行登记、注销、回收等操作，这样十分不方便。另外，人员钮也不能保证人、钮相符，难以区分顶替、假冒巡查人员的现象。为此，有的系统采用密码和人员钮组合方式确认巡查人员身份，也有的系统采用指纹识别或人脸识别等生物识别技术取代人员钮来识别巡查人员身份。

事件钮用于记录巡逻时发生的事件或检查点的情况。事件钮适用于事件类型明确、事件数量较少的情况，在治安巡逻中使用较少。

信息采集器也称巡更棒、巡检器，用于读取信息钮中的信息，由巡查人员随身携带，含有芯片和电池，可存储巡查过程中的数据信息。信息采集器内置日历时钟，可以通过上位机自动校时，还具有通信接口（如 USB 口或 RS-232 串口等），在巡查结束后可通过该接口将数据上传至管理计算机。信息采集器应便携、坚固、美观，有判断信息采集成功与否的声音、振动和/或灯光指示，具有满足应用要求的文字或画面显示功能，可增加手电照明、异常（如摔机、数据错误、自检错误等）报警、定时安全提醒等附属功能，也可增加现场特定信息（如温度、电压、水质等）采集功能或统一的数据输入接口。

通信座（有的系统就是一根数据通信线）用于将保存在信息采集器中的巡查数据上传至管理计算机，并将控制命令和配置信息下发至信息采集器。通信座应具有本地数据的双向传输并可附加为信息采集器充电的功能。对于执勤点与管理中心分离的应用场合，通信座需要具备远程通信及一定的加解密功能，通信方式通常采用公有的 PSTN 有线电话、移动数据网络或 IP 网络。

管理计算机中安装有电子巡查管理软件。管理系统按规模可分为本地单机版系统、网络单机版系统、服务器+客户端版系统等。本地单机版系统由单台计算机管理所有的信息采集器，采用本地通信方式，不支持远程通信，适用于小规模应用场合。网络单机版系统也由单台管理服务器管理所有的信息采集器，该系统与本地单机版系统不同的是，它可以通过通信座远程对信息采集器进行配置和数据收集。前两种系统的用户终端只限于管理计算机（或服务器）本身，而服务器+客户端版系统可以通过 IP 网络和移动数据网络远程对巡查系统进行管理、获得各类巡查报表信息，用户可通过远程终端或移动终端访问系统服务，这极大增加了用户使用的自由度，为建立巡查管理云服务提供了可能。

电子巡查管理软件具有如下常见功能。

- 系统设置。系统基本信息（如公司名称、通信参数）的设置，包括系统用户的账号密码管理和权限分配等。
- 资源管理。新增、编辑或删除人员钮、地址钮、事件钮、信息采集器等的信息。
- 线路规划。设置巡查轨迹、时间、人员，可设置多条并发线路，线路可分为有序线路和无序线路。
- 巡查报警设置。可以对异常事件设置报警规则，还可以设置报警输出形式。
- 数据管理。能对信息采集器中的巡查数据进行上传、记录、删除等操作，能将巡查线路规划等数据下发至信息采集器。
- 巡查监测和报表统计。能实现对巡查数据的监测功能，并实现相应报警输出，还能按用户需要设置统计规格和报表输出形式。
- 备份恢复。可备份导出系统运行信息，并在进行系统维护时快速恢复。
- 用户界面。提供多样化的计算机客户端和移动用户操作界面。

5.2.2 功能要求

GA/T 644—2006《电子巡查系统技术要求》规定了电子巡查系统的构成、技术要求和检验方法。

- 巡查人员在通过巡查地点时，应能够按正常操作方式利用采集装置或识读装置采集巡查信息。电子巡查系统应具有防复读功能。
- 电子巡查系统在正常条件下应能连续工作 7 天，每天采集的巡查信息不少于 50 条。
- 采集装置或识读装置应能存储不少于 4000 条的巡查信息。在更换电池或掉电时，存储的巡查信息不应丢失，保存时间不少于 10 天。
- 采集装置或识读装置在识读时应有声、光或振动等指示，识读响应时间应小于 1s。在线式电子巡查系统的现场巡查信息传输到管理终端的响应时间不应大于 5s，传输网络若为有线电话网络，响应时间不应大于 20s。
- 管理终端应能通过授权方式或自动对采集装置或识读装置进行校时。采集装置或识读装置计时误差应小于 10s。

- 电子巡查系统在传输数据时若发生传送中断或失败，应有提示信息；系统应能打印指定的电子巡查信息。
- 电子巡查系统的工作环境应满足系统对温度、振动和机械强度的要求。
- 电子巡查系统主、备电源应能自动转换，设备应有电源状态指示，当电压在额定值的 85%～110%范围内变化时，系统应能正常工作。
- 当采集装置每天平均采集 150 条巡查信息时，其电池应能支持正常工作不少于 6 个月；当以点击次数计算时，其电池应保持能点击次数不少于 35000 次。
- 当采集装置的电池电压降至规定值时应有欠压指示，欠压指示后再采集巡查信息的条数应不少于 150 条或正常使用时间应不少于 25 小时。
- 识读装置若使用备用电池，应保证连续工作不少于 24 小时，并在其间正常识读不少于 150 次。

5.2.3　管理软件要求

电子巡查管理软件作为电子巡查系统的核心部分，其界面应友好、美观，并满足以下要求。

- 可针对管理终端选择相应的通信协议及通信端口。
- 应有用户权限管理及系统操作日记管理功能。
- 在进行更新或升级时应保留并维持原有的参数（如操作权限、密码、预设功能）、巡查记录、操作日志等信息。
- 应能编制巡查计划，除能设置多条不同的巡查路线外，还能对预定的巡查区域及巡查路线的巡查时间、巡查地点、巡查人员等信息进行设置，并有校时功能。
- 系统巡查信息应能在管理终端保存不少于 30 天。
- 应能设置巡查异常报警规则，并能对正常巡查和异常巡查（迟到、早到、漏巡、错巡、人员班次错误等）信息进行记录，每条巡查记录应能准确反映时间（年、月、日、时、分、秒）、地点、人员信息。
- 系统可对设置内容、巡查活动情况进行统计，并形成报表。在授权模式下可按巡查时间、巡查地点、巡查路线、巡查区域、巡查人员、班次等对巡查记录进行查询、统计；也可按专项要求（迟到、早到、漏巡、错巡或系统故障等）对巡查记录进行查询、统计。
- 电子巡查系统应按照预先编制的巡查人员巡查程序，通过信息识读装置或其他方式对巡查人员巡查的工作状态进行监督管理。
- 应能在预先设定的在线巡查线路中对人员的巡查活动状态进行监督和记录；应能在发生意外情况时及时报警。

5.2.4　巡查点设计

电子巡查系统依靠巡查人员对巡查点信息的识读、记录，对巡查工作进行管理、监察与考核，可以说巡查点的设置直接决定了监察工作是否到位，考核是否合理。巡查点的数量不应设置过多，否则会增加系统建设成本，也会给巡查人员带来不必要的工作量并加大工作难度。巡查点的设置位置应易于接近、查找（如设置明显标牌），最好能有一定规律，如将巡查点设置在各主要出入口、主要通道、紧急出入口、重点部位等处。巡查点的位置应满足可设置多条不同的并行巡查路线的要求，另外应能保证巡查人员切实按照规划的巡查路线，无遗漏、不省略地完成预设的巡查任务。为此，巡查点的设计应注意以下几点。

首先应充分掌握实际巡查工作要求，将必须巡查的地点、路线标记出来，将巡查点需要识读的巡查信息逐一列出。其次应仔细勘查现场情况，标出必巡点、必巡路线之间的其他可能路径，特别是与必巡路线并行的其他路线。然后可以用实线段表示必巡路线，用虚线段表示实际存在的可能路线，用实心黑点表示必巡点，用空心圆点表示线路交叉口，完成巡查路线拓扑图的制作。最后依据巡查路线拓扑图设置巡查点，通常可在每个独立的必巡点、必巡线路两端、有其他并行线路的必巡线路中间点等处设置。

5.3　在线式电子巡查系统

5.3.1　在线式电子巡查系统简介

离线式电子巡查系统只能在巡查工作结束，巡查人员返回值勤点后将巡查信息传输至管理计算机进行监察与考核，故其难以及时响应巡查工作中发生的异常情况，且难以满足对高等级风险的防范要求。此外，离线式电子巡查系统也存在随身携带的巡查识读装置损坏、遗失而导致的巡查数据丢失的风险。

在巡查点与管理终端之间建立可实时传输信息的通信线路，可实现对巡查工作中的若干个特殊地点、特殊时段、特殊情况进行及时监察。这样产生的巡查信息在空间和时间上通常是离散存在的，可运用报警技术、视频分析技术、无线射频技术等建立各种类型的在线式电子巡查系统。

GA/T 644—2006《电子巡查系统技术要求》对在线式电子巡查系统还提出了以下要求。

- 应能通过管理终端向各识读装置发出自检查询信号并显示正常或故障的设备编号或代码。
- 当管理终端关机、出现故障或通信中断时，识读装置应能独立实现对该点巡查信息的记录，当管理终端开机、故障修复或通信恢复后，能自动将巡查信息送到管理终端。
- 系统管理终端在巡查计划时间内没有收到巡查信息或收到不符合巡查计划的巡查信息时应有警情显示。
- 系统管理终端应具有对设备故障、不正常报告及巡查人员意外等情况进行报警的功能。
- 系统应按照预先编制的人员巡查程序，通过信息识读器或其他方式对人员巡查的工作状态进行监督管理。
- 应能在预先设定的在线巡查线路中，对人员的巡查活动状态进行监督和记录；应能在发生意外情况时及时报警。

5.3.2　在线式电子巡查系统的实现

1. 运用入侵报警系统技术

图5-2显示的是一种由总线式入侵报警系统演化而来的在线式电子巡查系统。该系统用钥

匙开关取代入侵报警系统中的探测器，每个巡查点设置一个或多个钥匙开关，考虑到巡查系统通常需要覆盖一定的地域，并需要设置相应数量的巡查点，因而选用总线式系统。当巡查人员到达巡查点时，用其随身携带的专用钥匙触动安装在巡查点的钥匙开关，相应的总线模块感知钥匙开关状态的变化，通过传输总线向报警主机报告，管理计算机从而掌握实时的巡查信息。这种系统传递的信息有限，无法区分巡查人员身份，不适用于多名巡查人员同时巡视且有路线重合的场合。这种系统也难以在技术上实现在巡查现场对管理计算机是否收到上报的巡查信息进行判断。此外，钥匙开关也存在钥匙不匹配、遗失、被复制，以及人员更替等使用及管理方面的问题。

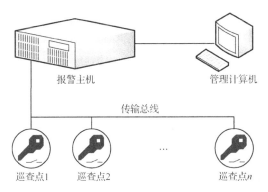

图 5-2　由总线式入侵报警系统演化而来的在线式电子巡查系统

2. 运用视频监控系统技术

视频监控系统通常是用于监测、考核巡查工作的辅助手段，基于实用化的人脸识别技术，该系统可以在视频监控覆盖的区域实现在线式电子巡查。

人脸识别技术是一种基于人的脸部特征信息进行身份识别的生物识别技术。该技术通过摄像机采集含有人脸的图像或视频流，并自动在图像中检测和跟踪人脸，进而对检测到的人脸进行身份识别。实用化的人脸识别技术需要解决环境光照变化、活体检测、拍摄角度、用户不配合、应用成本等问题，电子巡查可作为视频监控系统的附加功能。

3. 运用出入口控制系统技术

在实际工程中，可在出入口控制系统的基础上，在巡查点增设出入口控制系统的识读装置。将该识读装置进行联网并由管理中心控制，便可组成一种常见的在线式电子巡查系统。在该类系统中，每个巡查点可看作一处省略了执行机构或执行动作的出入口控制点。

这类系统可以使用与出入口控制系统相同的识别方式（如采用相同的射频识别卡），以方便巡查通行。这类系统也容易实现多人、多线路同时巡查和在现场确认巡查信息上传是否正常等功能，若采用生物识别技术，可以实现对执行巡查工作的人员身份的确认，可及时发现假冒、顶替等现象，提高系统防范等级。利用密码键盘，系统除可上传时间、地点、人员身份等信息外，还可上传事件代码，但缺点是需要人工记忆。出于巡查点识读的目的，巡查人员在工作时只需要携带极简单的识别物（如智能卡），甚至无须携带（如采用生物识别技术），但出于照明、通信、防卫、采集现场设备或环境的数据等目的，巡查人员仍须携带其他专有装备，因此该类系统在巡查装备方面并无特别优势。

4. 运用移动通信技术

移动通信领域主要包含两个范畴：公网移动通信和专网移动通信。目前，公网移动通信已进入第五阶段。第一代移动通信技术，即 1G 技术，采用模拟技术和 FDMA 技术。第二代移动通信技术，即 2G 技术，采用 TDMA 技术和 CDMA 技术，以 GSM 和 CDMA 为代表。第三代移动通信技术，即 3G 技术，能够实现高速数据传输和宽带多媒体服务，以 WCDMA 及 TD-SCDMA 为代表。第四代移动通信技术，即 4G 技术，集合了 3G 技术与 WLAN 技术的优点，并能传输高清视频图像。第五代移动通信技术，即 5G 技术，以微基站和 Massive MIMO 为主要技术，峰值速率可达 20Gbit/s。公网移动通信的主要特点是覆盖范围广、使用人数多、没有行业限制。

专网移动通信则主要应用于公安、消防、学校、餐饮、救护、石油化工等特定领域。专网移动通信拥有强大的调度指挥功能，且保密性好，可靠性高，可以实现无基站通信。更重要的是专网移动通信的服务费用很低，这是公共移动通信无法比拟的。

专网移动通信系统由对讲机、无中心数字系统和集群通信系统组成。其中，对讲机是一种双向通信工具，它不需要网络支持，通话成本低，可提供一对一或一对多的通话支持，操作简单快捷，特别适用于紧急调度及集体协作的场合。目前较知名的对讲机生产厂商有摩托罗拉、威泰克斯及海能达等。对讲机分为模拟对讲机和数字对讲机。模拟对讲机出现较早。相比模拟对讲机，数字对讲机频谱利用率更高，可以提供更多种类的业务，通话质量更好，保密性更强，且支持数据通信，信息处理更便捷。

将离线式电子巡查系统与移动通信技术相结合，不仅可以实现实时上传巡查点的现场信息，还可以实现管理中心向现场巡查人员发布信息、推送消息和下达命令，同时实现数据、语音、图像及视频的收发。与前述几种在线式电子巡查系统相比，该类系统不但前端巡查点无须布线、环境适应性强，而且系统成本低、功能丰富，为连续、全程的巡查信息实时传输提供了可能。

5.4 人员定位系统

安全防范系统需要防范的风险大多与人员有关（或是系统的保护对象，或是系统的防范对象，或是直接相关，或是间接相关），因此在一定区域内实现对人员活动轨迹的检测、分析、记录，对风险的事前预知、事中防范和事后处置有非常重要的作用。其中，需要进行定位的人员可以是特定的，也可以是非特定的；可以是配合的，也可以是非配合的。

5.4.1 定位跟踪技术

常见的定位跟踪系统所使用的技术包括无线射频技术、计算机图像技术、磁场跟踪技术、超声波技术、声波技术和红外技术等，而实现定位跟踪的方法大致有以下几种。

1. 锚节点区域定位

在区域内设置若干位置已知的锚节点（节点位置通常是固定的，也可以是移动的）。当利用各种技术检测到人员（或物体）到达该已知位置的锚节点附近时，则表示该人员（或物体）在该锚节点上。

检测接近锚节点的常用方法有检测物体接触、监测无线接入点、触发特征识读装置等。若要实现检测物体接触，可在巡查点安装钥匙开关，或在某处地面安装压力垫开关阵列等，该方法通常难以对人员（或物体）进行个体的识别。监测无线接入点则广泛应用于基于移动通信网基站的手机定位及基于 Wi-Fi 接入点的无线定位，由于手机和无线网络设备均有唯一的设备 ID 号，因此可以利用该 ID 号对人员（或物体）进行个体的识别。触发特征识读装置通常在锚节点设置出入口控制系统的各种特征识读装置，从而实现对个体的识别和区域定位。

区域定位的精度取决于锚节点的数量及密集度，适用于各种对定位精度要求不高的管理场合及安全应用。

2．基于测距的定位

基于测距的定位机制需要测量未知节点与锚节点之间的距离或角度信息，然后使用三边测量法、三角测量法或最大似然估计法计算未知节点的位置。三边测量法的理论依据是在三维空间中，若确定了一个未知节点与三个以上锚节点的距离，就可以确定该未知节点的坐标。距离的测定具体方法如下。

（1）信号强度测距法。

已知无线发射机的发射功率，在接收节点测量接收功率，计算传播损耗，使用理论（或经验）信号传播模型将传播损耗转化为距离。例如，在自由空间中，接收功率随发射机与接收机距离平方的增大而衰减，这样，通过测量接收信号的强度，再利用相关公式就能计算出收发节点间的大概距离。

然而，电磁波在实际中的传播情况十分复杂，绕射、反射、吸收、多径传播、非视距（NLOS）、天线增益等问题都会使电磁波产生显著的传播损耗，因此，这种方法难以保证测距精度。例如，若有人在两台无线装置的中间走过，接收信号就可能减少 30dB。

（2）TOA（到达时间）测距法及 TDOA（时间差）测距法。

TOA 测距法通过测量信号传播时间来测量距离。若电波从锚节点到未知节点的传播时间为 t，电波传播速度为 c，则锚节点到未知节点的距离为 $t×c$。TOA 测距法要求接收信号的锚节点或未知节点能够确定信号开始传输的时刻，并要求节点有非常精确的时钟。

比较典型的利用 TOA 测距法进行定位的定位系统是 GPS 系统。GPS 系统中的卫星（锚节点）与地面设备（未知节点）间的距离较远，可直接测量无线电波的传输时间。在节点间的距离较小时，可采用记录两种不同信号（使用无线电信号和超声波信号）的到达时间差的方法（TDOA 测距法），根据已知的两种信号的传播速度，直接将时间差转化为距离。这样可以避免节点间时间不精密同步的问题，但会受到超声波传播距离的限制和非视距问题对超声波信号传播的影响。

（3）AOA（到达角）定位法。

AOA 定位法通过阵列天线或利用多个接收器来得到相邻节点发送信号的方向，从而构成两根从接收机到发射机的方位线，两根方位线的交点就是未知节点的位置。

采用 AOA 定位法的硬件系统设备复杂，并且需要两节点之间存在视距传输，因此不适用于中间有隔离物的场合。AOA 定位法可以与 TOA 测距法、TDOA 测距法结合使用，即混合定位法。采用混合定位法可以实现更高的精确度并减小误差，也可以降低对某一种测量参数数量的需求。

3．运动分析定位

运动分析定位机制通过采集定位区域内的运动信息，并利用信息比对、累积推演等方法进行分析定位。例如，利用菲涅尔透镜在区域中产生间隔排列的明暗光栅，根据运动过程中检测到的光栅变化可分析出运动轨迹；运用波的干涉原理，在区域内建立声波或电磁波等的按照信号强弱间隔分布的干涉场，检测运动过程中场信号的强弱变化，分析目标运动轨迹；运用 MEMS 传感器，检测运动目标的加速度变化，从而分析出目标运动轨迹。若要采用运动分析定位方式，需要预先确定一个起始位置，并在分析推演过程中适时对结果进行修正（因为误差不断累积），可用于两次精确定位间的补充。

4．场景分析定位

场景分析定位机制通过分析定位区域内的场景信息或目标在场景中的信息实现定位。主要的场景分析方法是利用计算机视觉技术从拍摄的图像或视频中获得信息的。既可以通过将未知节点采集的图像或视频信息与数据库中的位置信息进行比较，从而确定节点具体位置；也可以通过安装在已知位置的摄像机获得区域内的人员（或物体）信息，并利用视觉技术转换成位置信息。

5.4.2　无线人员定位系统

实现区域定位相对简单，若需要实现高精度、连续、实时的定位功能，通常采用无线射频信号测距定位方式。图 5-3 给出了无线人员定位系统的组成。

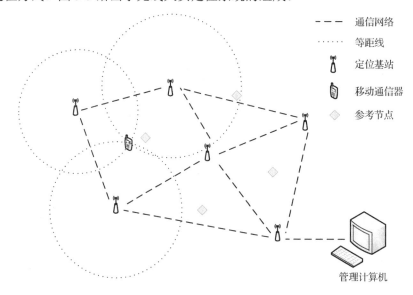

图 5-3　无线人员定位系统的组成

在需要定位的区域内，设置一定数量的定位基站（通常位置固定、已知），基站间用通信总线或网络相连并连接至系统服务器及管理终端。定位目标（人员、车辆或物体）携带移动通信器在区域内活动。移动通信器定时向外发送广播信号，邻近的定位基站收到信号后，可以根据信号强度或时间差计算出与该移动通信器之间的距离，并将相关数据发送至系统服务器。系统服务器通过三个以上的基站数据便可确定移动通信器的具体位置，并根据实际需要将位置信息发送给相应的管理终端或移动通信器本身。

在实际应用环境中，由于多径、绕射、障碍物等因素会影响定位的精度，因此可在定位空间内设置若干参考节点。这些节点的位置是固定已知的，并且如同移动通信器一样可以定时发送广播信号，基站可以通过分析参考节点和移动通信器的信号差异进行定位。由于参考节点和移动通信器的信号受到的干扰可能差不多，因此这种方式可在一定程度上降低干扰的影响。

无线人员定位系统适用于需要对特定对象进行精确定位的场合。定位基站、参考节点和移动通信器的安装/使用位置应综合考虑周边环境，同时还应考虑人员和其他物体在环境中不断移动的因素。如果被定位人员属于被强制型，其配合度可能较低，在这种情况下，移动通信器需要考虑人机对应的问题。此时可采用机械绑定等技术手段设置防拆报警装置（如手环、脚环），同时进行人机对应核查的管理（如定期或临时通过移动通信器采集人像并上传等）。

无线人员定位系统通常用于室内，系统的定位精度通常需要达到亚米级。考虑到室内往往有多人作业，所以定位系统需要能同时跟踪多个目标，并准确区分定位目标。此外，移动通信器需要由被定位人员携带，因此还应考虑便携、耐用、电源续航能力强、抗干扰、抗外力破坏、发生故障能自动报警等功能。

5.4.3　人员定位系统的应用

（1）在安全防范领域，电子巡查系统可以看作人员定位系统的一类具体应用。该系统通过对巡查人员进行规范和管理，可以达到保证安全、提升安全的效果。

人员定位系统还可用于对特定区域内的"人、车、物"等有关安全的目标对象进行主动式的安全监管，能够及时、准确地将区域内各个目标对象的动态位置情况提供给管理人员（如实时显示在电子地图上），使管理人员能够随时掌握布控区域的人员位置、人员分布密度、相应的状态信息及每个目标对象的运动轨迹。当有突发事件发生时，管理人员可根据系统提供的数据、图形，及时采取相应的响应措施，提高安全防范等级及突发事件处理能力和效率。

（2）在对大型、多层的公共停车场进行管理时，采用人员定位技术实现人员、车辆的精确定位和诱导，可以极大提高存车、取车环节的便利性和有效性。

（3）在对数据中心、智能化信息系统等的维护工作中，一方面涉及的地域广泛，对维护人员的位置记录、指引有利于维护工作的开展，也有利于保证维护工作计划的正常进行及其均衡性。另一方面，对相关区域进行主动式的人员定位监管，实时掌握区域内维护人员的工作位置和被维护设备的实时状态、人员位置、人员分布密度、相应的状态信息及每个受控目标的运动轨迹，对保护设备安全、系统运行安全和系统信息安全是非常有意义的。

（4）在司法监管领域，看守所、监狱等相对固定的场所采用人员定位系统，可以对服刑人员进行实时定位，实现越界（出入限制区域）报警、实时人员统计、定时点名、进出监舍统计、重点人员行动跟踪、行为轨迹分析等监管功能。同时也可以对执勤干警进行定位，实现巡查、值守工作督查、警力分布指示、干警狱内异常报警（超时滞留、无移动轨迹）、干警出入监管场所管理及对外来人员（车辆）的限制区域进行定位监管等功能。

在社区矫正、取保候审和监视居住等应用场合，人员定位系统可以不间断地提供被监管对象的具体方位和状态信息，并将这些信息实时接入公安或司法的电子监控指挥中心平台，由系统自动完成对被监管对象的主动安全监控，及时发现被监管对象出入特定区域、场所，从事特定的活动等违法行为。

（5）在现代制造业中，对物料、零部件、工作人员进行实时定位跟踪，可实现生产流程自动化，减少人为错误，降低劳动强度，优化生产流程，降低生产成本，提高生产效率，实现质量可回溯，有利于工作迭代改进，提高市场竞争力。同时可加强安全监控和防范措施，正确处理安全与生产、安全与效益的关系，准确、实时、快速履行安全监测职能，确保各项工作安全高效运作。例如，矿山企业的井下人员定位系统在正常情况下可准确、实时监测矿山状态，并掌握工作人员分布情况，一旦出现事故，还可保证抢险救灾、安全救护的高效运作。

（6）在现代服务业中，对客户、重要资产、人员的实时准确定位有利于实现资产、人员管理的信息化、透明化，适时优化、调度资源配置，改进服务质量，提高运作效率。同时还可实现各种安全预警和监管功能，保证服务业正常开展。例如，对于医疗、养老领域，人员定位系统对病患、老人进行实时定位，可以有效解决走失、未及时救治、未有效看护的问题；在幼儿教育、学校管理方面，人员定位系统可极大提高学生人身安全保障，同时还可保障各项教学管理事务的正常开展。

思考题

1. 电子巡查系统的作用有哪些？
2. 离线式电子巡查系统是如何实现巡查管理功能的？
3. 图 5-4 为某单位巡查线路拓扑图，实线段表示必巡路线，虚线段表示实际存在的可能路线，实心黑点表示必巡点，空心圆点表示线路交叉口。试设计两条合适的巡查路线，标出巡查点位置并编号，写出路线巡查顺序。要求每个必巡点、每条必巡路线都能至少走一遍，尽量避免重复路线，巡查点位尽可能少。

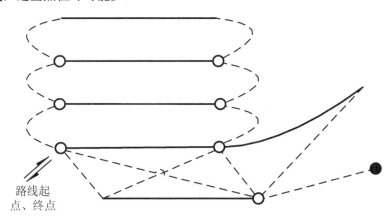

路线起点、终点

图 5-4　某单位巡查线路拓扑图

4. 试分析各种定位跟踪技术在实际应用中需要注意的事项。

第 6 章

安全防范供电系统的设计

内容提要

随着安全防范系统的集成度越来越高，系统复杂度急剧上升，其供电系统的设计成为不可忽视的一环。本章介绍了安全防范供电系统的组成、接地方式、电源变换器、POE 供电，以及安全防范供电系统设计的主要内容，并对相关国家标准中关于安全防范供电系统的设计要求进行了总结。

6.1 安全防范供电系统基本概念

安全防范系统的正常工作离不开电源的供应。安全防范系统设备种类繁多，这些设备的安装位置各不相同，设备电压等级参差不一，安全防范各个子系统对供电的保障能力要求高低也各不相同，再加上节能降耗、低碳环保的社会大环境要求，使得安全防范供电系统的设计成为一项非常重要并需要精心优化的工作。

6.1.1 安全防范供电系统构成

根据 GB/T 15408—2011《安全防范系统供电技术要求》中的定义，安全防范供电系统由主电源、备用电源、配电箱/柜、配电线缆、电源变换器、监测控制装置、负载等组成。安全防范供电系统框图如图 6-1 所示，图中实线与箭头表示电能的传输与方向，虚线表示监测与控制信号，配电箱中可配备电源变换器。

主电源是指在正常情况下保障安全防范系统及设备全功能工作的电源。在通常情况下，主电源来自安全防范系统外部。常见的主电源取自电力系统的电力网（通常所称的市电、市网），也可取自企业或用户的自备发电设备（如柴油发电机组、太阳能发电装置、风力发电装置等）。自备发电设备若专门用于安全防范系统及设备的供电，则可认为该自备发电设备属于安全防范系统的一部分。系统内部主电源的另一种常见形式是在微功率设备或移动设备中使用的电池及光伏发电装置。

备用电源是指当主电源出现性能下降、断电等问题时，用于维持安全防范系统及设备必要功能所需的电源。备用电源应当是安全防范系统自备专用的，仅在规定时间内维持主电源失效后应急负载的正常工作,持续时间的长短需要满足相关规范及用户的要求。常见的备用电源有 UPS(不间断电源)、蓄电池(可充电电池)、自备发电机组等。

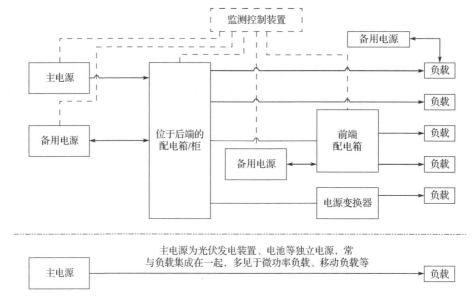

图 6-1　安全防范供电系统框图

配电箱/柜是按配电要求将来自主电源的电能进行转换,分配给下级负载的装置,同时具有电能控制、保护等功能,常用于日常供电的管理、维护和维修。配电箱/柜通常由开关设备、测量仪表、保护电器、电源变换器、辅助设备和箱(柜/屏)体组成。安全防范系统中使用的配电箱属于低压配电设备,是整个配电系统的关键部位。

配电线缆将电能从配电箱/柜输送至各个负载,应按照配电要求及条件的不同选择不同的线缆型号及线径。在安全防范系统中,通常采用带护套的多芯电缆作为配电线缆。电源变换器用于将电源的供电电压转换为负载(安全防范设备)所需种类和等级的电压。监测控制装置可时刻监测供(配)电系统中设备、电路的状态,并可根据这些状态的变化控制相应设备的通断及运行模式,实现供电系统的自动化、智能化、最优化管理。

6.1.2　低压配电系统接地方式

按照国际电工委员会(IEC)的规定,低压配电系统有 5 种接地方式。

$$
接地方式
\begin{cases}
TN \begin{cases}
TN-S \\
TN-C \\
TN-C-S
\end{cases} \\
TT \\
IT
\end{cases}
$$

第一个字母(T 或 I)表示电源中性点的对地关系;第二个字母(N 或 T)表示装置的外露导电部分的对地关系;横线后面的字母(S、C 或 C-S)表示保护线与中性线的结合情况。

T(Through,通过)表示电力网的中性点(发电机、变压器星形联结的中间结点)是直接接地的。

I（Isolation，隔离）表示没有连接地线（隔离）或是通过高阻抗连接。

N（Neutral，中性点）表示电气设备在正常运行时，其不带电的金属外露部分与电力网的中性点直接进行电气连接，即"保护接零"。

1. TN-S 系统

TN-S 系统为五线制系统，L1、L2、L3 分别是其三根相线，N 为零线，PE 为保护线，仅电力系统中性点接地，用电设备的外露可导电部分直接与 PE 线相接，如图 6-2 所示。

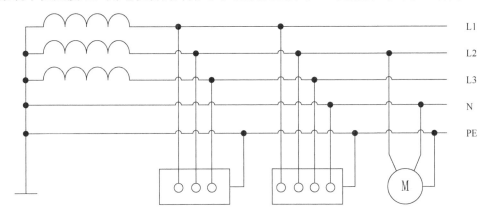

图 6-2　TN-S 系统的接地方式

TN-S 系统在正常运行时，其 PE 线中无电流，电气设备的外露可导电部分无对地电压。当电气设备发生漏电或接地故障时，PE 线中有电流通过，使保护装置迅速动作，切断故障，从而保证操作人员的人身安全。一般规定 PE 线不允许断线和接入开关，且其导线截面积通常比 N 线截面积大。N 线在接有单相负载时，其中可能有不平衡电流。

TN-S 系统的接地方式是低压系统普遍采用的接地方式，也是安全防范供电系统的推荐接地方式。

2. TN-C 系统

C（Common，公共，指 PE 线与 N 线合一），TN-C 系统为四线制系统，用电设备的外露可导电部分与 PEN 线相接。当 TN-C 系统中存在三相不平衡负载或有单相负载时，PEN 线中会出现不平衡电流，同时电气设备的外露可导电部分会存在对地电压。由于 N 线不能断线，故在进入建筑物前，N 线或 PE 线应进行重复接地。TN-C 系统适用于三相负载基本平衡的场合，同时也适用于工作电压为单相 220V 的移动式用电设备。

3. TN-C-S 系统

TN-C-S 系统为四线制系统。在 TN-C-S 系统的末端，PEN 线分开为 PE 线和 N 线，分开后不允许再合并。该系统的前半部分具有 TN-C 系统的特点，后半部分具有 TN-S 系统的特点。TN-C-S 系统适用于普通的企业和一般民用建筑。当负载端装有漏电开关，干线末端装有接零保护装置时，TN-C-S 系统也可用于居民住宅。

4. TT 系统

第一个"T"表示电力网的中性点（发电机、变压器的星形联结的中间结点）是直接接地系统；第二个"T"表示电气设备在正常运行时其不带电的金属外露可导电部分对地直接进行电气连接。TT 系统电源线仍为四根线，但每个设备外壳均有各自的 PE 线（该线接地）。在 TT 系统中，当电气设备的金属外壳带电（相线碰壳或漏电）时，接地保护装置可以减少触电危险，但低压断路器不一定跳闸，设备的外壳对地电压可能超过安全电压。当漏电电流较小时，需要加装漏电保护器。接地保护装置的接地电阻应满足当发生单相接地故障时，可在规定的时间内切断供电线路的要求，或使接地电压限制在 50V 以下。TT 系统适用于负载较小的接地系统。

5. IT 系统

IT 系统不接地或经高阻抗接地，属于三线制系统，用电设备的外露可导电部分利用其各自的 PE 线接地。在 IT 系统中，当任何一相出现接地故障时，系统可以继续运行，这是因为大地可作为相线继续工作，所以在 IT 系统的线路中需要加装单相接地检测及监视装置，以便在发生接地故障时系统可及时报警。IT 系统不适用于拥有大量单相负载的智能化系统。

6.1.3 电源变换器

安全防范系统设备的电源制式不尽相同。例如，入侵报警设备包括有线报警主机、无线报警主机、红外对射探测器等，其电源制式一般有 DC9V、DC12V、DC18V、AC24V、AC220V 等；视频监控设备包括枪式摄像机、半球摄像机、高速球摄像机、云台、解码器、DVR、矩阵、操作键盘、画面分割器等，其电源制式一般有 DC12V、AC24V、AC220V 等；出入口控制系统设备包括可视对讲机、门禁控制器、读卡机、考勤机等，其电源制式一般有 DC9V、DC12V、DC18V、DC24V、AC220V 等；传输设备包括光端机等，其电源制式一般有 DC5V、AC220V 等。安全防范系统的主电源通常为市电（单相 AC220V），只符合部分设备的电源电压规格，其他设备的供电电压必须经转换得到（通常采用各种类型的电源变换器实现）。

电源变换器可分为两种类型：变压器型电源变换器和开关型电源变换器。

变压器型电源变换器将 220V/50Hz 的工频电网电压利用线性变压器降压以后，输出低压交流电，或者再经过整流、滤波和线性稳压，最后输出纹波电压和稳定性均符合要求的直流电。变压器型电源变换器的优点是稳定度较高，输出纹波电压较小，瞬间响应速度较快，线路结构简单，无高频开关噪声。但该类型电源变换器存在体积大、质量大、功耗大、转换效率低、输入电压动态范围小、输出调节范围小等缺点。

随着现代电力电子技术的发展，通过控制开关管的通断，可实现调节输出电压频率、幅值的开关型电源变换器迅速发展起来，并得到了非常广泛的应用。开关型电源变换器具有内部功率损耗小，转换效率高，体积小，质量小，稳压范围宽，线性调整率高，滤波效率高等优点；但也存在输出电压开关噪声和干扰大、电路结构复杂、成本相对较高等不足。

开关电源的种类非常多，按照输入/输出电压制式的不同可分为 AC/DC 电源、AC/AC 电源、DC/DC 电源、DC/AC 电源。

1. AC/DC 电源

AC/DC 电源是安全防范系统中应用最为普遍的一种开关电源，其输入为 AC220V 市电，经高压整流滤波得到直流高压，再经 DC/DC 变换输出稳定的直流电压，功率从几瓦到几千瓦。此类产品的规格型号繁多，常见的输出电压规格有 5V、6V、7.5V、9V、12V、15V、18V、24V、48V 等；输出电流规格有 500MA、1A、1.5A、3A、5A、10A、15A、20A、25A、30A、40A、50A、60A、80A、100A 等。

2．DC/DC 电源

DC/DC 电源的输入电压通常来自 AC/DC 电源或直流电池组，经 DC/DC 变换（升压或降压）后在输出端获得直流电压。

3．AC/AC 电源

AC/AC 电源的输入一般为 AC220V 市电，经高压整流后再逆变为交流低压并输出，常用作快球、云台等的电源（AC24V）。

4．DC/AC 电源

DC/AC 电源也称逆变电源。安全防范系统中常用的 UPS 在主电源断电后，便经 DC/AC 逆变将蓄电池组的直流电压转换为 50Hz 的交流 220V 电压输出。

6.1.4 POE 供电

POE（Power Over Ethernet）通过 10BASE-T/100BASE-TX/1000BASE-T 以太网为各类 IP 终端供电，其可靠供电的最长距离为 100m。POE 供电的国际标准有 IEEE 802.3af/at/bt，按照国际标准的定义，POE 供电系统主要包含 PSE（Power Sourcing Equipment）和 PD（Powered Device）两种设备。

PSE 主要用来为其他设备供电，包括 Midspan（POE 功能在交换机之外）和 Endspan（PoE 功能集成在交换机内）。

PD 是 POE 供电系统中的受电设备，主要是指各类 IP 终端设备。

1．POE 供电方式

POE 为直流供电，由于 10BASE-T/100BASE-TX 仅采用标准网线中的两对双绞线（1/2、3/6）传输数据，而 1000BASE-T 采用四对双绞线传输数据，因此 1000BASE-T 设备的 POE 功能可降级支持 10BASE-T/100BASE-TX 设备。按照 IEEE 802.3af 标准，POE 供电模式可分为 Alternative A（1/2、3/6 为信号线）和 Alternative B（4/5、7/8 为空闲线）两种。1000BASE-T 设备的两种 POE 供电模式如图 6-3 所示。

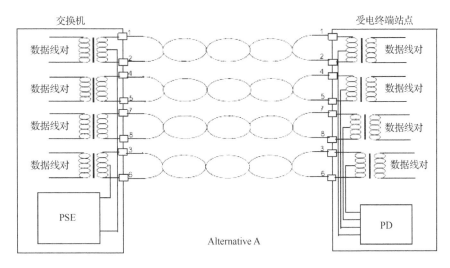

图 6-3　1000BASE-T 设备的两种 POE 供电模式

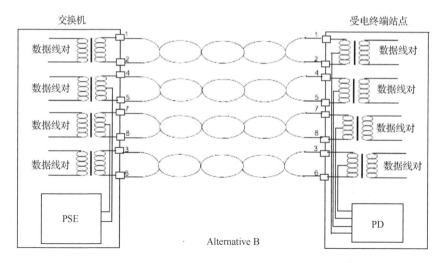

图 6-3　1000BASE-T 设备的两种 POE 供电模式（续）

2. POE 供电过程

PSE 在向外供电时，分为"信号检测→分级→供电→管理→断电"五个阶段并依次执行。

在信号检测阶段，PSE 用 2.8V～10V 的探测电压检测电源输出线对之间的特征电阻（19kΩ～26.5kΩ）和特征电容（<150nF），如果特征电阻和特征电容同时满足要求，PSE 则认为有合法的 PD 接入。如果特征电阻小于 15kΩ 或大于 33kΩ，或者特征电容大于 10μF，PSE 拒绝向外供电，以避免将 48V 电源加至非兼容 PD 设备，对该设备造成危害。

在分级阶段，PSE 利用 15.5V～20.5V 的探测电压来检测特征电流，并根据特征电流来确定 PD 的功率级别。若 PD 没有回应分级确认电流，PSE 则默认将 PD 归为 0 级。表 6-1 给出了 IEEE 802.3bt 标准的 PD 分级和功率水平。

表 6-1　IEEE 802.3bt 标准的 PD 分级和功率水平

单特征 PD				双特征 PD	
分级	PSE 输出功率	线路损耗	PD 可用功率	分级	可用的线对 PD 功率
0	14W	1W	13W		
1	4W	0.16W	3.84W	1	3.84W
2	6.7W	0.21W	6.49W	2	6.49W
3	14W	1W	13W	3	13W
4	30W	4.5W	25.5W	4	25.5W
5	45W	5W	40W	5	35.6W
6	60W	9W	51W		
7	75W	13W	62W		
8	90W	18.7W	71.3W		

经过确认分级后，PSE 会向受电设备输出典型值（如 48V）直流电，并判断受电设备是否超过对应级别的功率要求。当受电设备超载或短路后，PSE 停止为其供电，再次进入检测阶段。若未检测到 PD 的供电请求，PSE 也会切断输出，并自动进入检测阶段。

3. POE 供电典型参数

IEEE 802.3af 标准供电系统的主要供电特性参数：直流电压为 44V～57V，典型值为 48V；

典型工作电流为 10mA～350mA；典型输出功率为 15.4W；超载检测电流为 350mA～500mA；在空载条件下，需要的最大电流为 5mA。

IEEE 802.3at 标准供电系统的主要供电特性参数：直流电压为 50V～57V，典型值为 50V；典型工作电流为 10mA～600mA；典型输出功率为 30W。

IEEE 802.3bt 标准供电系统的主要供电特性参数：典型值为 54V；type3 设备直流电压为 51V～57V，典型输出功率为 60W；type4 设备直流电压为 53V～57V，典型输出功率为 90W。

4．POE 供电线缆

工程上常用的网线有五类线（CAT5，带宽为 100MHz）；超五类线（CAT5e）；六类线（CAT6，带宽为 250MHz）；超六类线（CAT6e），分为非屏蔽线（UTP）和屏蔽线（STP）两种。

在 POE 供电系统中，除了需要考虑网线的传输频率，还需要考虑网线的电阻。以六类线为例，单芯导线若采用美国线规为 23AWG 的实心裸铜线，则其公制外径为 0.57mm，直流电阻应不大于 9.38Ω/100m。但市场上普遍存在的六类线的规格是 24AWG（在相关标准中，允许的铜芯线径为 22AWG～24AWG，故 24AWG 规格是六类铜芯最低的标准），网线的材质包括铜包钢、铜包铝、铜包铜、铜包银和无氧铜等。其中，只有无氧铜网线的直流电阻小于 10Ω/100m，铜包钢网线的直流电阻为 100Ω/100m 左右。更高的线路直流电阻带来更高的线路功率损耗，将极大影响 POE 的可靠供电距离。

考虑到网线的敷设可能采用大对数电缆，同时在机柜内布线时通常会进行线束捆扎，因而 POE 供电设计须考虑线缆发热和散热条件，以限制线束温度。根据 IEEE 802.3at 标准，当输出功率为 30W 时，线缆温度可达 45℃，此时建议采用屏蔽布线系统。

在 IEEE 802.3bt 标准中，为输送更大功率的电能，采用了四对双绞线构成双回路的供电方式。由于网络数据传输要求网线的对内参数尽量平衡，因此线缆厂商会对这些参数进行测量和规定，但不会测量和规定对至对不平衡参数，这会导致网线的双回路供电能力有可能是不均衡的，为了解决这一问题，IEEE 802.3bt 标准引入了单特征和双特征这两种 PD 拓扑。

考虑到大部分 PD 设备具有恒功率的属性，而 PSE 通常为恒压输出，设回路中的线路直流电阻为 R，PD 设备工作电流为 I_{PD}，P_{PD}、P_{PSE} 分别为 PD 接收功率、PSE 输出功率，U_{PSE} 为 PSE 的输出电压，则可得

$$P_{PSE} = I_{PD} \times U_{PSE} = I_{PD}^2 \times R + P_{PD}$$

$$I_{PD} = \frac{U_{PSE} \pm \sqrt{U_{PSE}^2 - 4RP_{PD}}}{2R}$$

由上述公式可以验算 PSE 的输出功率是否满足要求。

6.2　安全防范供电系统设计要点

6.2.1　安全防范供电系统的供电模式

安全供电防范系统的供电模式可分为集中供电、本地供电（分布供电）和独立供电 3 种。

采用集中供电模式的系统只有一处主电源，该主电源通常设置在系统的监控中心，通过配电箱和配电线缆向系统所有的设备供电，配电箱和配电线缆构成树形网络。

集中供电模式在管理方面具有安全可控等许多优点，符合安全防范系统对设备管理的要求，是安全防范系统常用的一种供电模式。但该模式的缺点也很明显，比如，当设备距离过远时配电困难；当设备距离远近不一且共用一路电源时易出现线路压降导致远距离设备供压不足的现象等。对于采用集中供电模式的大功率系统，在系统启动时应分部分次序启动，以免产生大电流冲击。

本地供电也称分布供电、就近供电，即安全防范系统设有多处供电电源，这些电源可以来自安全防范系统内部也可以来自系统外部。通常当前端设备距离监控中心较远时采用本地供电模式。当采用电气隔离方式传输信号时，也宜采用本地供电模式。

独立供电模式是指一些微功率设备或移动设备采用光伏发电或电池单独供电的模式，在这种模式下一般不再设有备用电源。

6.2.2 负载的计算

1. 负载的分级

在电力工程中，根据供电可靠性及中断供电对政治、经济所造成的损失或影响的程度，将电力负荷分为一级负载、二级负载、三级负载。

可按照风险严重程度及安全防范目标的高低，对安全防范系统中的用电设备进行分级。GB/T 15408—2011《安全防范系统供电技术要求》将在紧急情况下仍然需要正常工作的负载定义为应急负载，将其他的负载定义为非应急负载。这种划分实际上要求更为细致地明确用户需求，在负载侧合理划分组合，使备用电源的设计可以更有针对性，增强系统的抗风险能力。

2. 负载工作制划分

电气设备按照工作制划分为长时间工作制、短时间工作制和断续工作制三种。安全防范系统设备大多属于长时间工作制，也有部分监控设备及出入口控制设备（如云台、快球、电动门、道闸机等）属于短时间工作制或断续工作制。所谓断续工作制是指重复性短时间工作制，在设备间歇的时间内，设备温度尚不能完全降至环境温度。

3. 负载的需要系数

对于短时间工作制或断续工作制的设备，由于它们的工作条件和工作环境不同，一般不会同时工作（或同时满负载工作），因此系统正常运行出现的最大负载通常小于系统所有用电设备的总容量之和，这两者的比值就是需要系数。

4. 安全防范系统电源容量的确定

对具体设备的配电回路而言，应按照该回路中所有设备的最大工作负载计算回路容量。对于整个安全防范系统的主电源容量，还应考虑负载需要系数的影响，但当前行业的通行做法是以系统所有用电设备的总容量之和为基数，再乘以一个冗余系数，如1.5～2。

6.2.3 安全防范系统备用电源

1. 安全防范系统的备电条件

安全防范系统的主电源可以是蓄电池、UPS、发电机组、不同回路的市电等。按照电力负载分级的不同及备电条件的不同，安全防范系统可有不同的供电组合。表6-2列出了一级负载安全防范系统的几种常见备电方案。

表 6-2 一级负载安全防范系统的几种常见备电方案

负 载 级 别	电 源 条 件	特点及说明	备　注
一级负载中的重要负载	两个市电电源 + 一组发电机组	两个市电电源经电源切换装置直供一路电；应急发电机组直供一路电，在末端经双电源切换装置向弱电负载供电，使负载有三个供电电源。当市电电源及发电机组中任意两个电源出现故障时，仍能保证正常供电。本方案中的市电电源为主电源，发电机组为应急电源	国家规范要求一级负载应由两个电源供电；当一个电源发生故障时，另一个电源不应同时受到损坏。对于一级负载中特别重要的负载，除应由两个电源供电外，还应增设应急电源，并严禁将其他负载接入应急供电系统
	一个市电电源 + 两组发电机组	两组发电机组经电源切换装置直供一路电；专线市电电源直供一路电，在末端经双电源切换装置向弱电负载供电，使负载有三个供电电源。当市电电源及发电机组中任意两个电源出现故障时，仍能保证正常供电。本方案适用于只有一个市电电源且供电不可靠，需要采用两组能长期运行的发电机组应急电源来满足负载需要的场合	
	市电电源、发电机组、UPS 各一	发电机机组、市电电源各直供一路电并经切换装置向 UPS 供电，再由 UPS 向弱电负载供电，即负载有市电电源、发电机组、UPS 三个供电电源。其中任意两个电源出现故障都仍能保证正常供电。因为负载由 UPS 供电的时间受蓄电池容量的限制，所以本方案适用于市电电源较可靠的场合，UPS 仅在市电电源失效改由发电机组供电的过程供电	
	两个市电电源 + 一组 UPS	两个市电电源各直供一路电，经双电源切换装置向 UPS 供电，再由 UPS 向弱电负载供电，即负载由两个市电电源及 UPS 三个电源供电。其中任意两个电源出现故障都仍能保证正常供电。因为负载由 UPS 供电的时间受蓄电池容量的限制，所以本方案适用于市电电源供电可靠且不允许有瞬间断电的场合，UPS 仅在市电电源切换供电过程中供电	
一级负荷	一个市电电源 + 一组 UPS	市电电源直接向 UPS 供电，再由 UPS 向弱电负载供电，即负载由市电电源及 UPS 两个电源供电，任意一个电源出现故障都仍能保证正常供电。因为负载由 UPS 供电的时间受蓄电池容量的限制，所以本方案适用于市电电源供电可靠的场合，UPS 为市电失效后的紧急电源	
	一个市电电源 + 一组发电机组	发电机组、市电电源经发电机随机组配套的电源切换装置向弱负载供电，即弱电负载由两个电源供电，任意一个电源出现故障都不影响正常供电。本方案适用于只能提供一个市电电源的场合，市电电源改由发电机组供电过程中有断电现象	
	一个市电电源 + 一组发电机组	发电机组及市电电源经双电源切换装置向弱电负载供电，支持自动切换功能	
	两个独立市电电源	两个独立市电电源各直供一路电，经双电源切换装置向弱电负载供电，即负载有两个供电电源，任意一个电源出现故障都不影响正常供电。本方案适用于能提供两个市电电源的场合，双电源切换装置在切换过程有瞬间断电现象	

2. UPS 的选配

在市电失效时，通过逆变存储在 UPS 蓄电池组中的直流电能在一段时间内向负载提供 220V/50Hz 的交流电，以使用户完成应急处理，在市电正常时则可向 UPS 蓄电池补充电能。此外，UPS 还具有隔离市电干扰、稳压的作用，广泛应用于智能弱电系统。UPS 品牌繁多，所用技术高低不一，且其功率从几百瓦到几千瓦不等，因此合理选择 UPS 十分重要。

（1）容量的选择。

由于 UPS 的效率与带载率（UPS 的实际输出功率与额定输出功率的比值）成正比，因此应注意避免出现"大马拉小车"的现象。UPS 的额定输出功率不是越大越好，对于负载功率变化不大的场合，UPS 的额定输出功率应尽可能接近实际负载功耗（但不能低于实际负载功耗，长时间过载同样会对 UPS 产生不利影响）；对于负载最大功耗变化较大的场合，尽量保证 UPS 的实际输出功率为 UPS 额定功率的 40%～80%；对于需要考虑日后系统负载升级扩容的场合，可采用模块化 UPS，后期根据扩容需求，添加适当的功率模块即可。

对于采用集中供电模式的系统，除特殊因素外，不建议采用多台小功率 UPS 的配置。一方面，单台小功率 UPS（功率小于 1kW 的产品）的可靠性、技术特性往往不如大功率 UPS；另一方面，从 UPS 的每千伏安成本来看，大功率 UPS 更具优势。

（2）相数的选择。

UPS 有三相输入/三相输出、三相输入/单相输出、单相输入/单相输出等输入/输出模式。大功率 UPS 往往采用三相交流电，但对于多数为单相负载的安全防范系统来说，使用三相输出的 UPS 比较麻烦，不建议采用。

（3）输出电压特性。

输出电压特性主要包括稳态电压精度、瞬态响应特性和谐波失真度这三个指标。根据这三个指标可以衡量 UPS 在负载平稳、突加负载或突减负载时输出电压的品质情况。

（4）非线性带载能力。

安全防范系统中的各类设备大多使用开关电源，由于这些设备的输入电路中往往含有大量谐波（不是绝对的工频正弦波），因此它们属于非线性负载。非线性负载会在 UPS 的输出端产生高次谐波，使 UPS 输出的功率下降，必要时需要增大 UPS 的功率。

（5）输入特性。

UPS 的输入电压范围和输入频率范围越大，UPS 越可以更好地适应不稳定的电网供电。UPS 的输入特性还包括输入功率因素，该因素过低不但会对电网品质产生影响，还会造成额外的电能损耗。

（6）UPS 并机技术。

在大型应用等重要场合，经常需要采用并机技术将多台 UPS 连接在一起使用。目前常见的采用 UPS 并机技术的系统是 UPS 双机并联系统，该系统除了可以扩容，还可以实现 UPS 热备份功能，即当其中一台 UPS 失效时另一台 UPS 马上投入工作，这样可以避免对设备产生不利影响。

（7）蓄电池的选配。

在通常情况下，蓄电池的成本占据 UPS 总成本的三分之一左右，而且蓄电池的性能直接影响 UPS 的运行效果，因此合理选择蓄电池非常重要。目前 UPS 蓄电池的单节电压一般为直流 12V。蓄电池的容量可按照下式计算

$$单节容量（AH）= \frac{UPS额定功率（W）\times 持续供电时间（h）}{蓄电池串联节数 \times 12（V）}$$

蓄电池串联节数按照具体 UPS 产品的启动直流电压要求计算获得，或者直接按照产品要求的数量选取。根据计算结果从蓄电池系列中选择相近的容量，若无完全一致的容量应选较大容量。

6.2.4 配电回路的设计

1. 配电箱的位置

配电箱可以设置在后端设备附近（如监控中心、某区域的分控室）、传输线路中（如弱电井）、前端设备（如立杆）附近等处。配电箱的位置往往决定了进行远距离传输的电源制式。例如，设置在前端的配电箱的远距离线路中一般为 220V 的工频交流电；而设置在后端设备的配电箱的远距离线路中很有可能是直流 12V 的低压电。

2. 配电回路的设置

为提高系统的可靠性，便于日后维护维修，需要合理设置系统的配电回路。一般同一区域的设备应当使用同一相的电源；不同子系统的设备应当分属不同的配电回路；后端设备与前端设备的配电回路应分开；应急负载与普通负载的配电回路应分开；对于多个负载共用一个回路的场合，应保证负载与配电箱间的线缆压降大致相同，以避免出现有些设备电压过高而有些设备供压不足的现象。

在安全防范供电系统中，大流量供电的场合比较少见，在设计配电线缆时，可按电压损失选择线型。

$$U_{线路允许最大压降} = I_{线路最大工作电流} \times R_{线路电阻}$$

$$R_{线路电阻} = \rho \frac{2L}{S}$$

式中，ρ 为配电线缆导电材料的电阻率，单位为 $\Omega \cdot mm^2/m$（在 20℃时，铜的电阻率为 $0.01678\Omega \cdot mm^2/m$，铝的电阻率为 $0.02655\Omega \cdot mm^2/m$）；$L$ 为配电线缆的长度，单位为 m；S 为配电线缆导电材料的截面积，单位为 mm^2。

考虑到实际工程中配电线缆的材质可能不纯、截面积可能不准确、实际工作温度可能超过 20℃等因素，因此在核算时应当留有裕量，比如，铜线的计算电阻率可取 $0.02\Omega \cdot mm^2/m$，这样配电线缆截面积的计算可以简化为

$$S = \rho \frac{2L}{R_{线路电阻}} = \rho \frac{2L \times I_{线路最大工作电流}}{U_{线路允许最大压降}} = \frac{0.04L \times I_{线路最大工作电流}}{U_{线路允许最大压降}}$$

6.3 安全防范供电系统设计要求

GB 50348—2018《安全防范工程技术标准》、GB 50394—2007《入侵报警系统工程设计规范》、GB 50395—2007《视频安防监控系统工程设计规范》、GB 50396—2007《出入口控制系统工程设计规范》、GB/T 15408—2011《安全防范系统供电技术要求》对安全防范供电系统的设计提出了一系列规范要求。

6.3.1 主电源要求

（1）当市电网作为主电源时，应按各负载全功能同时运行的概率和电能传输效率等确定的系统或所带组合负载的满载功耗的 1.5 倍设置主电源容量。

（2）当备用电源（如蓄电池等）需要由主电源补充电能时，应将备用电源的吸收功率计入

相应负载总功耗中。

（3）当主电源来自市电网时，在市电网接入端的指标应满足如下要求。

- 稳态电压偏离不超过-10%～10%。
- 稳态频率偏移不超过-0.2Hz～0.2Hz。
- 断电持续时间不大于4ms。
- 谐波电压和谐波电流的限制满足 GB/T 14549—93《电能质量　公用电网谐波》的要求。
- 市电网供电制式宜为 TN-S 制。供电系统在工作时，零线对地线的电压峰峰值不应高于 $36V_{p-p}$。

（4）当安全防范系统单点接入市电网且功耗过大（≥10kW）时，应按照三相负载平衡原则组合各路负载。当安全防范系统分布接入市电网时，应注意接入的相线相序满足供电系统的安全要求。

（5）系统应按 GB/Z 17625.6《电磁兼容限值对额定电流大于 16A 的设备在低压供电系统中产生的谐波电流的限值》的要求接入市电网。

6.3.2 备用电源要求

（1）备用电源应对安全防范系统的应急负载进行供电。

（2）当需要接入外部电源补充电能时，备用电源设备开机的冲击电流不能大于电源标称输入电流的 2 倍。

（3）直流电输出稳压型的备用电源输出端的指标宜满足如下要求。

- 输出稳态电压偏移不超过-2%～2%。
- 输出纹波电压的有效值不大于输出标称电压的 0.1%。
- 输出瞬态电压升高或跌落不超过-1%～1%，并且恢复时间不大于 1ms。

（4）当安全防范系统的主电源断电后，备用电源应在规定的应急供电时间内保持系统状态，记录系统状态信息，并向安全防范系统特定设备发出报警信息。

（5）备用电源按照以下方法选择配置模式。

- 备用电源宜与主电源的配置模式一致。
- 备用电源应根据安全防范设备分布情况和重要性要求，以及单体备用电源设备的容量、安装条件等，采用集中配置或本地配置的方式。
- 当主电源断电后，对于应保持基本功能和性能的安全防范设备，宜在该设备附近或其内部配置不间断供电的备用电源。
- 为提高对特别重要的安全防范设备供电保障能力，可在上级设置备用电源的同时，在本地设置专用的备用电源。

（6）主电源、备用电源切换要求如下。

- 当主电源切换到备用电源时，主电源的输出电压跌落到输出电压标称值的 80%时到备用电源动作恢复输出电压标称值 90%时的切换时间应不超过 10ms；若负载蓄能续流能力强，或负载间歇工作，该切换时间宜不超过 2s。当备用电源为发电机/发电机组时，电源在切换时应有保证连续供电的措施。
- 当采用独立供电模式工作的设备的主电源（如电池）需要更换时，应有保持原有安全防范系统防护能力或对防护目标进行安全加固（或转移）的措施。

- 当市电网作为主电源并恢复正常供电时，备用电源应自动退出供电，无切换时间。
- 主电源与备用电源在切换时不应产生明显的电磁干扰。

6.3.3　配电要求

（1）配电箱配置的输出供电回路应预留 10%且不少于 2 路的备用量。

（2）根据输送电能功率大小的不同，电能分配可采用连接端子排方式，也可采用万用插座方式，但不可采用电线并接方式，同一接线端子连接的线路不应超过 2 条。

（3）供电线缆的末端（负载侧）电压不应低于供电设备输出电压标称值的 90%。

（4）当必须考虑人员的安全时，应优先采用安全电压供电。当电能输送电流强度大于 16A 或电能传输电压高于安全电压时，其供电线缆应视作强电线路。

（5）供电线缆不宜长距离沿建筑物外墙附近敷设。

（6）监控中心设备间内的设备、集中显示设备和安装在控制台上的安全防范设备应进行分类管理和分回路供电，存在过大冲击电流的设备应采用错序方式通电。

（7）与安全防范系统相关的照明设备、空调、通风设备等独立设备，应设置单独的供电回路和控制开关，不应与安全防范设备共用供电回路。

6.3.4　入侵报警子系统供电要求

（1）入侵报警子系统的所有探测设备、传输设备、控制设备、记录设备、显示设备等功能性设备应为应急负载。

（2）当主电源为市电网时，备用电源的容量应能保证系统正常工作的时间不小于 8 小时。

（3）入侵报警子系统应具有掉电报警功能。

6.3.5　视频监控子系统供电要求

（1）视频监控子系统的重要设备应为应急负载。

（2）为满足视频监控子系统所在区域的风险等级和防护等级的要求，备用电源应急供电时间应不少于 1 小时。

（3）视频监控子系统的管理计算机应配置备用电源，其他控制设备可根据工作需要选配备用电源。

（4）当摄像机相对集中、距监控中心不超过 500m 且用电缆传输视频信号和控制信号时，宜采用集中供电模式。

（5）当摄像机比较分散或摄像机与中心设备间采用电气隔离方式（如光传输）传输信号时，宜采用本地供电模式。

（6）应为位于前端区域的记录设备设置供电时长不少于 5min 的不间断供电电源。

6.3.6　出入口控制子系统供电要求

（1）出入口控制系统中的本地识读设备、控制设备、执行设备、记录设备等功能性设备应为应急负载。

（2）主电源可使用市电网或电池。当电池作为主电源时，其容量应能保证所带负载可正常工作的时长不少于 1 小时。

（3）备用电源宜按照本地供电方式配置，备用电源应能保证本地系统可连续工作的时长不少于 48 小时。

（4）若安全等级为 4 级的出入口控制点的执行装置为断电开启的设备，在其满负荷状态下，备用电源应能确保该执行装置可正常运行的时长不小于 72 小时。

（5）识读装置的供电设备宜设置短路保护，并在短路故障清除后可自动恢复工作短路故障不应影响其他安全防范设备的正常工作。

（6）当主电源断电后，备用电源应能保证执行装置继续正常使用，且能正常开启 50 次以上。

（7）当电池作为组合（一体化）设备的主电源时，其容量应能保证系统正常开启 10000 次以上。

6.3.7 供电系统的安全性、可靠性、电磁兼容性和环境适应性要求

（1）配电箱/柜应有防人为开启的锁止装置（内装有防拆报警装置），如果条件允许，可为配电箱安装可接入安全防范系统的安全监测控制装置。

（2）配电箱/柜宜设置在强弱电井/间和/或监控中心设备间内。

（3）非架空敷设的供电线缆应采用穿管槽等方式进行保护。

（4）输入电压或输出电压高于安全电压的供电设备的接地端和电源线间的绝缘电阻阻值应不小于 50MΩ。

（5）当操作人员可直接接触的设备采用高于安全电压的电压供电时，直接为其电源主回路中应设置剩余电流动作保护装置。

（6）当市电网作为主电源时，其所对应的开关应进行严格管控，未经允许不得随意断开。

（7）供电设备的外壳和供电线缆的温升宜保持在 30℃以内，若在室内，其最高温度不宜超过 80℃。人体可经常接触到的室内的供电设备外壳和供电线缆表面温度不应高于 40℃。

（8）供电设备（包括各类电源变换器、配电分配器、供电线缆）的 MTBF 不应小于 10 000 小时。

（9）宜根据安全防范系统的设备分布情况对供电传输路由线缆和供电设备进行裕量为 10% 的冗余配置；对于需要连续供电的负载宜配置在线式 UPS（或不间断直流电源等）；同时，供电设备宜具有可实现远程控制联动的接口。

（10）当强电类线缆与弱电类线缆交错时，宜垂直交叉布置，或者使用封闭金属管/板等进行隔离。

（11）同一源（或宿）的强电线缆（如同一来源的相线和中性线，或者同一负载的相线和中性线）应并行紧密排布，若仅连接端子，可直接相连。

6.3.8 防雷与接地要求

（1）建于山区、旷野的安全防范系统、前端设备装于建筑物顶端或电缆端高于附近建筑物的安全防范系统应按 GB 50057—2010《建筑物防雷设计规范》的要求设置防雷装置。

（2）建于建筑物内的安全防范系统的防雷设计应采用等电位连接、共用接地系统的设计原则，并应满足 GB 50343—2012《建筑物电子信息系统防雷技术规范》的要求。

（3）进出建筑物的电缆，在进出建筑物处应采取防雷电感应过电压、过电流的保护措施，邻近建筑物边界的供电线缆的末端宜设置抗浪涌电流/电压装置（如 SPD）。

（4）安全防范系统的重要设备应安装抗浪涌电流/电压装置。抗浪涌电流/电压装置接地端和防雷接地装置应用截面积不小于 16mm² 的铜导体进行等电位连接。

（5）安全防范系统的接地母线应采用铜导体，接地端子应有接地标识。当采用共用接地装置时，接地电阻阻值不应大于 1Ω；当安全防范系统单独接地时，接地电阻阻值不得大于 4Ω；安装在室外的前端设备的接地电阻阻值不应大于 10Ω；当高山岩石的土壤电阻率大于 2000Ω·m时，接地电阻阻值不应大于 20Ω。

（6）供电系统的接地线不得与市电网的中性线短接或混接，接地导线截面积应不小于 16mm²。

（7）监控中心应设置接地汇集环或汇集排，汇集环或汇集排宜采用裸铜质导体，其截面积应不小于 35mm²。

（8）供电传输电线/缆宜在第一雷电防护区（LPZ1）内。当在室外时，应采取埋地或通过地下管道等空间位置低于地面的方式敷设。

（9）若信号通过电缆传输，各供电设备中与信号地线共地的电源地线应与监控中心的地线连通，同时在前端位置悬置，前端设备的防雷保护接地应单独设置。

（10）架空电缆吊线的两端和架空电缆线路中的金属管道应接地，金属桥架应良好接地。

（11）光缆金属加强芯、架空光缆金属接续护套应接地。

6.3.9 供电系统的标识、监测控制、能效与环保管理要求

（1）低压配电线缆的颜色应符合国家相关规定的要求。例如，当 L1、L2、L3 这三相在同一地区供电时，应严格按照相线同相同色的原则配置，相线为黄色线（L1 相）、绿色线（L2相）、红色线（L3 相），中性线（N 线）为黑色线或淡蓝色线，接地线（PE 线）为黄绿双色线。

（2）在同一安全防范系统中，应保持线色定义的一致性。

（3）供电调节装置应有调节效果的方向提示，若需要细分，应有刻度指示。

（4）采用电池供电的装置应有放电欠压指示或接口。若为蓄电池，在其充电时应有充电已满指示。

（5）电源变换器的电能的输入/输出转换效率应不低于 75%，大容量（30kVA 以上）电源变换器的电能的输入/输出转换效率应不低于 90%。

（6）负载内部的电源变换器自身功耗应不大于实际输入功率的 10%，采用交流电源供电的负载输入功率因素应不低于 0.8。

（7）当负载处于待机状态（等待负载的主功能部分进入正常工作状态）时，其待机功耗应不大于满载功耗的 10%且不大于 0.5W。当负载不工作时应无功耗，类似电控锁的出入口控制系统的执行装置，其稳定保持时的功耗应不大于满载功耗的 50%。

（8）负载的通电冲击电流应不大于正常工作电流的 2 倍。若存在大于正常电流 2 倍的冲击电流的设备群，应进行错序通电。

思考题

1．低压配电系统的接地方式有几种？这几种接地方式各适用于什么场合？

2．现有 3C10KS 型 UPS，其负载标准为 10kVA/7kW，将 20 节额定电压为直流 12V 相同规格容量的电池串联为 1 组，可多组电池并联，但每组电池不可多接或少接电池。若需要满载续电 3 小时，应选用多大容量的蓄电池？

3．安全防范系统的备用电源有哪些形式？试举例说明。

4．对安全防范供电系统可采取哪些必要的保护措施？

5．现有某型高清晰彩色红外一体化摄像机，其有效探测距离为 20m～40m、额定工作电压为直流 12V（允许下浮 85%）、工作电流为 2000mA，监控系统集中供电输出电压为 12V，与该摄像机的连线长度为 20m。那么该摄像机的电源线截面积应为多少？

第7章

安全防范系统集成与联网设计

内容提要

系统集成（System Integration，SI）就是将各个分离的设备、软件模块、子系统等集成到相互关联、统一、协调的系统之中，使系统整体的功能、性能符合使用要求，使资源达到充分共享，实现集中、高效、便利的管理与应用。本章介绍了安全防范综合管理平台的架构设计和功能设计，以及结构化综合布线系统和总线及网络接口技术，并对相关标准规范进行了总结。

7.1 安全防范综合管理平台

随着行业及用户对安全防范系统功能需求的不断增加，设备级、子系统级的功能已经不能满足行业及用户的要求。平安城市、园区安全防范、智能社区等众多项目经常需要将视频监控子系统、报警子系统、门禁子系统、对讲子系统、巡查子系统、停车场及车辆管理子系统、防爆安检子系统等多个子系统集成到安全防范综合管理平台，以实现集中管理、分散控制、优化运行及高效管理等功能。

安全防范综合管理平台具备安全防范系统的中央管理、监控及各子系统间的联动功能，可以利用简单、易操作的用户界面为用户提供优质服务。安全防范综合管理平台是一种多厂商、多协议、面向各种应用的结构体系，其实现的关键在于解决各子系统间的互联和互操作性问题，这需要解决各类设备、子系统间的接口、协议、系统平台、应用软件等与子系统、建筑环境、施工配合、组织管理和人员配备相关的集成的问题。具体而言，平台系统集成包括功能集成、平板拼接等多媒体展示集成、综合布线与网络集成、软件界面集成等几方面。

7.1.1 安全防范综合管理平台架构

1. C/S 和 B/S

C/S 又称 Client/Server 或客户端/服务器。服务器通常采用高性能的计算机、工作站或小型机，并采用大型数据库系统，如 Oracle、Sybase、Informix、SQLServer。客户端需要安装专用的客户端软件。

B/S 是 Browser/Server 的缩写。每个客户端只需要安装一个浏览器（Browser），如 Netscape Navigator、Internet Explorer。服务器则需要安装 Oracle、Sybase、Informix、SQL Server 等数据

库。浏览器通过 Web Server 同数据库进行数据交换。

C/S 一般建立在专用的局域网中，局域网之间再通过专门的服务器提供连接和数据交换服务，一般面向相对固定的用户群，对信息安全的控制能力很强，一般高度机密的信息系统适宜采用 C/S。另外，C/S 可以充分利用两端硬件环境的优势，将任务合理分配给客户端和服务器，这样可以降低系统的通信费用。

B/S 最大的优点就是可以在任何地方进行操作而不用安装专门的软件，客户端不需要进行维护。使用 B/S 的系统的扩展非常容易，只要能与网络连接，再由系统管理员分配用户名和密码就可以使用，甚至可以在线申请。当通过系统内部的安全认证（如 CA 证书）后，不需要人的参与，系统就可以自动为用户分配账号用于登录系统。

2. 分层模型

按照信息的流动过程可以将安全防范综合管理平台整体功能分解为多个功能层。同等级功能层之间可采用不同的实现方式，但都需要采用相同的协议；相邻功能层之间则通过标准的接口进行信息传递。这样可以将复杂的可变系统问题简化成系列标准规范问题，并满足多样性和拓展性的要求。

安全防范综合管理平台的功能层分为用户界面层、业务应用层、系统服务层、设备接入层。设备接入层还可进一步细分成设备资源层和网络传输层。安全防范综合管理平台分层模型如图 7-1 所示。

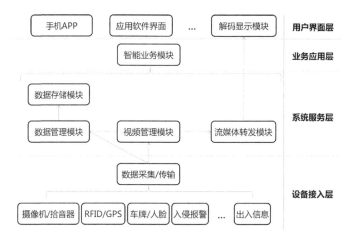

图 7-1　安全防范综合管理平台分层模型

（1）设备接入层。

设备接入层主要用于接入各个子系统，应具备强大的第三方设备接入功能。该功能层的设备包括门禁设备、对讲设备、报警设备、环境传感设备等，这些设备都能简单、可靠地接入安全防范综合管理平台。设备接入层的核心功能是为上层应用提供统一的功能数据结构，当出现新的子系统需要接入时，只需要确保统一的接入数据结构就能实现子系统的对接工作，在保证系统稳定性的前提下，实现高效接入。

设备接入层包括用于接入和上传各类视频资源及其他基础信息的网络。视频资源包括公安一二类、政府部门的视频资源，以及由互联网、运营商联网的监控点资源等。设备接入层还包括用于汇聚和传输视频资源及其他基础信息的网络，主要涉及视频专网、各行业和各单位自建网络、运营商专网、互联网等其他网络。该功能层可以构筑以视频专网为中心的架构，还可以汇聚和发布不同网络的视频、物联感知数据。

（2）系统服务层。

系统服务层主要实现安全防范综合管理平台的通用功能，如实时监控、录像回放、日志管理、扩展功能、媒体转发、视频云存储、信令网关等。系统服务层能够汇聚以视频资源为主的各类基础信息，还能够通过统一的对外接口为上一层提供通用服务，同时也具备视频图像结构化解析、视图大数据服务和海量数据检索功能，可以为包括视频资源在内的信息共享与高级应用提供应用基础。

视频图像结构化（该功能由视频解析中心实现）可以实现对海量视图的结构化处理和应用，如视频云支撑、行为分析、人数统计、视频摘要、车辆特征分析、人像建模比对等。其中，视频云支撑部分通过分布式架构形成可动态调配、快速加载的动态负载集群，能够根据场景要求，集中、快速地结构化海量视频信息，获得人车影像等关键信息。

（3）业务应用层。

业务应用层利用安全防范综合管理平台系统服务层提供的接口，同时结合安全防范行业特点及事件处理与管理流程，构建出深度行业化综合管理平台。例如，公共安全视频监控基础应用平台、公共安全视频图像解析平台、公安视频图像综合应用平台、多维大数据情报研判应用平台、政府各部门的视频应用系统平台、重点行业领域和服务民生的视频应用系统平台等。业务应用层的具体功能包括中心管理、设备管理、存储管理、图片管理、WES、GIS、报警联动管理、报警预案管理、报警数据查询、报警数据统计及电子地图等。

（4）用户界面层。

用户界面层是进行人机交互的界面，采用 C/S 和/或 B/S 的展现模式，在发布展示时，可以通过 WEB、手机 App、指挥中心大屏、可视化报表等多种形式进行视频及其他数据的应用和发布。

某安全防范综合管理平台逻辑架构如图 7-2 所示。

图 7-2 某安全防范综合管理平台逻辑架构

7.1.2 安全防范综合管理平台组网方式

1. 视频专网环境

视频专网环境适应于公安、交警、高速、地铁等拥有视频专网的行业。另外也适用于要求分级管理，每级平台负责管理本级辖区内的设备，以及上级平台以浏览下级设备资源的视频信息为主的场合。

视频专网配置规划要求如下。

（1）网络层次规划：根据典型组网划分核心层、汇聚层、接入层。具体配置应根据实际情况而定。

（2）网络全网单播可达。

（3）根据实际情况划分 VLAN。

（4）组播规划：在进行大规模组网时，网络中的交换设备要支持组播技术，包括二层组播技术和三层组播技术（如 IGMP、PIMSM）。

（5）在用组播技术组网时，连接摄像机的端口需要进行端口隔离。

（6）设备安放位置规划：服务器类以安放在核心层为主；摄像机、客户端等以安放在接入层为主；按照地区划分将不同区域接入汇聚层。

2. 运营商网络环境

一般企业用户往往没有视频专网环境，设备和平台服务器通常部署在运营商网络中。由于运营商网络没有足够的独立 IP，因此，设备与平台服务器之间往往不能互相访问，设备接入网络比较复杂。

设备接入运营商网络的方式目前有以下几种。

（1）通过 ADSL 方式接入运营商网络。

这种方式的特点是设备 IP 为私网地址；上行带宽远小于下行带宽，不利用于视频的上传；带宽与邻近用户共享，无法独享，带宽不稳定。

在这种方式下，平台接入设备的方式有如下 3 种。

- 域名方式。首先通过路由器对每台设备进行端口映射，由于路由器的 IP 是动态的公网 IP，因此，需要在监控中心部署 DDNS 服务器，然后平台通过域名访问设备。这种方式配置烦琐，但只需要在每个监控中心增加一台 DDNS 服务器，成本较低。
- 主动注册方式。需要在监控中心部署多台 PCPS 服务器。这种方式配置简单，但需要在每个监控中心增加多台 PCPS 服务器，成本较高。
- 私网穿透 P2P 方式。这种方式可以实现客户端与设备直接建立点对点通信，需要在监控中心部署 P2P 服务器。这种方式适用于不需要转发的场景，成本较低。

（2）通过运营商专线接入运营商网络。

在这种方式下，设备 IP 可以是公网 IP，也可以是私网 IP，上下行带宽相同，且带宽独享，带宽稳定。

在这种方式下，平台接入设备的方式有如下几种。

- 平台登入设备方式。由于平台和设备都在同一个运营商网络中，因此可以互相登入。这种方式的特点是带宽好，成本高。
- 也可以使用域名方式、主动注册方式、P2P 方式。

7.1.3　关键技术、策略、引擎及系统性能

1．视频热点技术

在大型视频监控平台的应用场景中，经常需要在某些时刻对单一路线前端视频源进行几百路甚至上千路并发的转发（而此时其他视频源的转发量并不高）。如果每个单路视频都由同一个视频转发服务器进行转发，一旦出现上述视频热点场景，则很容易出现单台服务器的系统崩溃或网络带宽耗尽等问题，从而导致服务器无法正常工作。如果视频转发服务器工作在 N+M 备份模式，针对热点转发请求，服务器可以增加额外逻辑单元支持码流分发。如果视频转发服务器工作在集群模式，针对热点转发请求，媒体网关可根据集群负载策略，将转发请求调度到相对空闲的 MTS，通过两级 MTS 实现转发，在保证前端只输出一路码流的同时，突破单路编码设备的大量转发性能瓶颈。

2．主动注册重定向技术

主动注册通过 ARS 主动注册服务完成设备对 DMS 服务器的主动连接过程，DMS 服务器对设备进行合法性检验，同时主控服务器根据负载规则进行重定向回复。设备在接收到重定向信号之后，通过相关服务节点进行注册认证。

3．数据存储引擎

视频数据流是安全防范管理平台的核心数据流，其数据量大、延时要求低、可靠性要求高。通用文件系统关注的是通用性能，可以平衡多种应用场景，但无法针对安全防范行业特点进行优化。安全防范专业存储引擎需要基于安全防范行业流媒体数据特点进行设计，以提高时间定位精度、数据块写入及读取性能，进而建立高性能的流媒体存储转发模块。

数据存储引擎可采用分级索引机制，以实现回放的迅速定位、秒级更新索引，进而实现录像数据即存即放及瞬间回放功能。在前端摄像机中断瞬间，系统可快速回放异常前 1s 的录像。在进行磁盘写入时，通过逆时针循环分配算法，不会出现写入点离散（磁盘碎片）情况，在长期运行情况下，磁盘写入性能也不会衰减，可以确保磁盘性能稳定及磁盘寿命的最大化。

数据存储引擎应具备热插拔磁盘检测及均衡多磁盘负载功能，以实现动态在线存储扩容，提高系统的可维护性，并有效避免系统停机维护所导致的录像丢失。在空间利用率方面，存储管理使用的元数据所占磁盘空间应尽量少（如比例小于 0.05%），以提高磁盘存储空间利用率。

4．网络传输技术

（1）网络传输自适应算法。

网络传输自适应算法可以提高网络传输效率，有效协调网络带宽和数据传输量。在网络状况良好时可全速传输；在网络状况较差时，可保证优先传送重要数据，同类数据（如视频图像类）则支持不同传输策略的选择，同步调整码流和显示，改善用户的观感，以最好的方式呈现数据。

（2）网络抖动算法。

虽然网络总体带宽恒定，但是由于用户量的不同，或者用户操作方式的不同，以及各网络设备带宽使用率等的不同，实际网络带宽各个时刻都可能不一样，这就会形成所谓的网络带宽抖动。当需要传输的数据量很大时，网络带宽的抖动会造成传输数据质量下降。先进的抖动算法可有效减弱网络的抖动，合理使用有限的带宽，传输尽可能多的数据，显示更流畅的图像，使用户长时间监看不会产生不适感，同时还可为用户提供流畅和实时的抖动控制模式，方便用户在不同工作模式下使用。

（3）干线管理策略。

通过干线管理策略，可对视频监控网络中的关键网络线路进行管理。当用户通过关键网络线路获取视频源时，如果网络带宽不足，可中止低优先级用户访问权限，让高优先级用户优先访问视频源。干线管理策略具体包含以下内容。

- 设备干线管理：本域内的干线管理，控制从本域终端设备进入本域的业务流，本质上就是管理本域摄像机到本域平台的码流带宽。
- 域间干线管理：域间的干线管理，控制从外域（下级域）进入本域的业务流，本质上就是管理下级域摄像机到本域平台的码流带宽。
- 干线预留：在干线上为特定的用户预留指定的带宽，特定用户在使用干线时优先分配使用预留干线，当预留干线不够使用时，抢占普通干线资源。
- 干线资源抢占：当干线被占满时，高优先级用户能抢占同一干线组内其他低优先级用户所建业务占用的干线，从而能保证不超出总干线数，同时又能让高优先级用户建立新业务。干线资源抢占的策略为，只能抢占同一干线组内的最低优先级用户所建立的业务，如果最低优先级相同，则按照从高到低的业务优先级（单播直连实况类业务>回放类业务>语音对讲或广播类业务）顺序进行抢占。

5．平台扩容技术

（1）堆叠技术。

在安全防范管理平台的实际应用中，随着业务量的不断增加，设备接入量也不断增加，而平台的各种业务性能指标往往受限于相关业务服务器的性能，如设备接入性能、流媒体性能等。在这种情况下，仅利用高性能服务器来提升系统性能往往费时费力，还会影响业务系统的正常运行。堆叠技术则能够很好地对后续平台需要的各种性能进行扩展。例如，在设计平台的业务服务器时，使其具有高内聚低耦合的特性；同时使业务功能模块有很好的模块化特性，以使其能够进行动态的增、删。因此，当业务系统需要扩展性能或合理降低性能时，只需要横向地增加或减少业务服务器就能实现各业务性能指标的扩展或降低。

（2）平台级联。

视频业务平台支持系统以级联方式进行扩展，同时支持多级级联，能够使整个视频业务系统支持更大规模的应用要求，也便于逐步形成统一的管理系统。上下级域在进行级联时，需要配置域之间的授权和信任机制，域本身的用户和权限在域内有效。当下级域连接至上级域时，会将下级域的设备信息、状态信息等推送给上级域，当下级域设备信息和状态发生变化或产生报警信息时，会将相应的变化信息发送给上级域，以保证上下级域之间信息的同步。

6．智能分析技术

传统的视频监控系统只具备监控录像、视频联网等基本功能，通常只能进行事后取证，无法实现事前预防、对突发情况进行预警等功能。智能分析是视频监控系统的发展趋势，能够有效提升视频监控系统的有效性，加快监控人员对各类案情的反应速度并减少处理时间，同时支持对整套智能分析解决方案的无缝集成和管理。

（1）视频质量分析诊断。

安全防范管理平台在运行过程中，监控视频的质量可能会由于前端设备安装不当或受损等原因而变得较差，如视频出现模糊、偏色、被移动、被遮挡等问题。对于这些问题，需要定期进行巡检，及时发现并进行处理。视频质量分析诊断系统使用专业智能算法对视频进行分析，能够检测出清晰度低、颜色偏色、亮度异常、条纹干扰、对比度低、视频抖动、噪声干扰、画面丢失冻结、视频被移动或被遮挡等视频异常现象，并自动进行检测报警。该系统能够实现海量视频的智能化分析管理，分析的速度和准确性在行业内处于领先地位。

（2）人脸识别技术。

人脸识别技术是通过智能化算法对图片进行分析计算的，可以分析出图片中的人脸数据并与人脸库的数据进行比对，从而识别出相同的人脸信息。

人脸识别技术的核心是人脸检测算法和人脸识别算法。人脸检测算法主要采用了三级人脸检测算法，初步筛选后采用复杂的 Gabor 特征来排除非人脸区域，在确保检测效果的同时采用更少的段数来提高检测速度。人脸识别算法主要是基于人脸结构元将 2D 图像重构成 3D 人脸，通过大量的样本和先进的机器学习算法统计出结构元 2D 图像和 3D 人脸表面之间的映射举证，并通过复杂的映射矩阵计算出 3D 人脸特征。这些措施相互配合，可获得较好的识别速度和准确度。

人脸识别算法还可与云计算引擎相互配合，利用云计算引擎的大数据处理功能，能够实现秒级完成千万级别人脸库的比对。

（3）行为分析技术。

行为分析技术是通过智能化算法对视频进行分析计算的，可以识别出视频中的目标及其特定行为。

行为分析技术的核心是行为分析算法，该算法融合了前景检测、目标跟踪、目标分类、视频分析和目标行为识别等多种计算机视觉算法，可以实现复杂场景中目标的快速准确检测，并解决漏报和误报的平衡问题，还可以对区域入侵、区域徘徊、遗留、物品保护、非法停车、人数统计、人群密度估计、视频诊断、人脸检测和视频检索等智能行为进行分析。

除了通用的行为分析算法，针对金融行业的特殊应用，还有贴条检测算法和异常人脸检测算法等。贴条检测算法是针对 ATM 面板区域的算法，主要用于检测面板区域的遗留物，典型遗留物如非法贴条、遗留的钱包等。异常人脸检测算法是针对 ATM 取款人的算法，主要用于检测五官有遮挡的人脸，典型遮挡物如墨镜、口罩等。

（4）视频浓缩摘要技术。

视频浓缩摘要技术是通过智能化算法对海量视频进行处理的，可以抽取有价值的内容并将其浓缩在一起，以方便后续查看、检索视频。

视频浓缩摘要技术的核心是视频大纲提取算法和视频浓缩算法，该技术是一种基于内容的视频压缩技术，可以将不同时间段出现的运动目标视频进行压缩，使其同时出现在监控场景中。此外，视频浓缩摘要技术还可去除不包含运动目标的视频帧，使处理后的浓缩视频只包含用户感兴趣的运动目标，大大缩短视频检索的时间。浓缩视频对目标的出现时间进行记录，形成视频大纲，当发现用户感兴趣的目标时，可利用视频大纲跳转至目标在原始视频中出现的时间。视频浓缩摘要技术可节约大量的时间，同时避免了传统方式下人工查看整个视频流所带来的问题。

（5）人数统计技术。

人数统计技术是通过智能化算法对人数进行统计的，可以计算与人流量相关的信息。

人数统计算法采用先进的智能视频分析算法和机器学习算法，并融合区域背景建模，解决了人数统计领域人体遮挡、角度变化等问题，可以实现较高的统计准确度和较快的统计速度。

（6）图像拼接技术。

图像拼接技术是一种利用智能化算法将大量视频源按一定顺序合成大幅面的视频图像的技术。图像拼接技术的核心是图像合成算法，该算法可以无缝合成任意多幅图像源，能够解决监控管理者在同时监看多通道独立视频图像时产生的视觉疲劳、监看盲区等问题，从而达到可以同时监管全局，且可选择兴趣区域的目的。

（7）智能全景跟踪技术。

智能全景跟踪技术使用智能化算法，可以解决单个球机或单个枪机覆盖的监控范围有限，而无法对整幅场景进行同时监控的问题。智能全景跟踪技术采用多个球机或多个枪机来覆盖整个监控范围，同时使用智能化算法和图像拼接技术将采集到的图像拼接成一幅可以表达整个监控范围的全景图，使得监控视野更加开阔，同时也可以扩大对目标的跟踪范围。

7．海量数据检索引擎

普通数据库技术在其需要处理的数据量达到一定规模时会出现性能瓶颈。例如，Oracle 关系数据库，当其需要处理的数据量达到亿级规模时，复杂业务查询时间将呈指数级增长，这将导致业务不具有实际可用性。海量数据检索引擎通常基于全文检索技术实现，采用分布式架构，通过多节点方式管理各个索引文件，独立或联合响应搜索请求，服务性能与服务器数量成线性关系，即能够通过简单增加服务器硬件数量使系统处理能力线性增长，具有极强的伸缩扩容能力。少量数据检索引擎已能实现处理 100 亿数量级规模结构化数据，业务执行的时间能够控制在 10s，极大增强了业务系统的实用性。海量数据检索流程：搜索请求通过搜索管理节点发出调用请求，并等待搜索结果；搜索管理节点将搜索请求拆分成多个搜索子任务，并将这些子任务分发给多个索引管理节点进行并行搜索；搜索管理节点将各索引管理节点提交的搜索结果进行汇总合并后，返回最终搜索结果。

8．大数据技术

大数据技术是业界为应对快速增长的数据而引入的综合技术，是传统技术的延伸和深化。安全防范管理平台引入典型的云存储技术、云计算技术，能够轻松处理海量的音视频等非结构化数据，并对数据进行存储，同时能够发现更多视频和图片，以及业务数据中的关联情况，为业务处理、决策、分析提供强有力的支持。

（1）云存储系统。

云存储系统用于管理存储的录像及图片，具有弹性扩展、低冗余、高可靠性、高性能等特性。云存储系统的核心是分布式文件系统，该系统通过资源层的虚拟化和管理层的自动化将众多存储设备集成为一个存储资源池，并通过高可靠性、高存储空间利用率的数据冗余策略保证数据的可靠性，对外提供统一命名的海量存储空间的访问支持。

（2）云计算系统。

实时流式计算引擎具有强大的流处理能力，支持各种在线的实时业务计算，同时还具有强大的系统扩展和容错能力。分布式内存分析引擎具有高速交互式的数据统计和数据挖掘能力，并提供秒级响应，支持大规模并发执行，可以实现各种海量数据的处理。云计算系统通过实时流式计算引擎和分布式内存分析引擎对云存储系统中的海量数据进行分析计算，可以提供在线的实时数据分析服务和数据挖掘计算服务。例如，人脸云应用支持对千万级的人脸大数据库的比对查找，能够实时返回比对结果；数据挖掘及查询分析应用既可以实现同一地点的人流组成分析、流量与方向统计、趋势预测，也可以实现人流在不同地点的综合分析，能够挖掘出十分复杂的相互关联信息，扩展更多的新型业务。

9．数据安全策略

安全防范管理平台软件支持以 SSL 协议等加密方式进行数据传输，同时进行严格的系统权限管理，使得系统具备良好的安全性。安全防范管理平台软件采用数据库代理、数据库中间件等数据库访问技术，不直接对外开放数据通信端口，以保证数据库系统安全可靠。终端登录采用加密算法。

系统提供授权管理功能，既能使操作员在其权限范围内工作又能保障系统的安全。系统提供级联授权管理的功能，授权管理采用分级授权机制，上一级可以设置下一级的操作权限。

系统采用多层体系结构，可以保证系统的接口安全，客户端不能直接与数据库相连，外围系统也不能直接存取本系统的数据，所有的数据操作都必须通过中间层来执行。

10．系统可靠性

（1）系统守护进程。

系统各服务定时向守护进程报告各自的工作状态，守护进程根据报告判断各服务是否正常。若守护进程在一定时间内没有收到某服务的报告或某服务报告不正常，守护进程自动重启此项服务。守护进程也可以主动发现某项服务占用大量系统资源的情况并采取保护措施，暂停该项服务以维护系统的稳定性。

（2）双机热备策略。

双机热备就是将中心服务器分解成互为备份的两台服务器，并且在任一时间节点只运行一台服务器。互为备份的两台服务器的构造是完全相同的，当本来正常运行的一台服务器出现故障而无法继续正常运行时，另一台服务器会迅速自动启动，从而保证整个系统的正常运行。

（3）N+M 备份策略。

N+M 备份通过中心管理服务器的负载均衡策略来实现。CMS（Central Management Server，中心管理服务器）调度模块是 CMS 的功能模块，主要用于完成各类分布式业务模块的业务分配，并在某个分布式业务模块异常时，通过一定的策略将该异常模块的业务分配至其他可用的模块，提高服务的可靠性。

11．系统开放性

（1）设备接入开放。

安全防范管理平台提供了开放标准协议、厂商私有 SDK 开发包等多种兼容方式，可以接入主流报警系统探测器、智能分析服务器、硬盘录像机、网络摄像机、网络录像机、解码器、图像拼接器、无线移动终端、X 光机、流媒体服务器、存储服务器等，支持诸如 GB/T 28181、ONVIF、PSIA 等国家标准和行业标准。安全防范管理平台采用模块化（插件）开发技术，能够实现设备的快速接入，同时能够保证系统的稳定性，任何插件的修改和升级不会影响已经接入平台的功能模块。

（2）平台联网开放。

安全防范管理平台提供了开发标准协议、厂商私有 SDK 开发包等多种兼容方式，支持包括 GB/T 28181—2016《公共安全视频监控联网系统信息传输、交换、控制技术要求》、DB 33/T 629—2011《跨区域视频监控联网共享技术规范》、DB41/T 759—2016《视频监控联网系统技术规范》等国家标准和地方标准，能够实现资源共享。

（3）二次应用开发。

安全防范管理平台支持多层次的开发模式，利用系统提供的一些组合的特定功能接口，可以满足不同业务功能的需要。二次应用开发的主要方式有如下几种。

- Web Service 接口：通过 Web Service 规范定义，将监控平台的主要业务功能接口暴露出来，这些接口的设计应符合 SOA 设计要求，并按照业务功能进行分类，同时应能提供对相应的业务应用服务调用。Web Service 接口可分为基础业务接口和应用业务接口。

- Platform SDK 二次应用开发接口：主要供二次应用开发使用，用于处理相关媒体数据，也具有其他业务处理功能。Platform SDK 二次应用开发接口使用 C 接口定义，支持 Linux、Windows 等 PC 平台，以及 Android 等移动设备平台。

- COM 二次应用开发接口：基于 COM 技术的二次应用开发接口以 OCX 形式提供服务，属于高层次开发接口，功能高度集成，灵活性稍差，但使用方便，能满足大部分二次应用开发要求。

- 标准协议接口：安全防范管理平台支持 GB/T 28181—2016《公共安全视频监控联网系统信息传输、交换、控制技术要求》、DB 33/T 629—2011《跨区域视频监控联网共享技术规范》等平台互联互通标准接口，第三方应用也可以直接使用标准协议接口对平台进行访问。

- 码流格式插件接口：平台内部的插件接口。外部应用可以通过此插件接口实现对特定类型码流数据的处理（包括码流格式分析、编解码等），从而可以扩充平台所能支持的码流格式。

7.1.4 典型功能

1. 实时监视

安全防范管理平台可对图像进行实时浏览及切换，支持以单画面、四画面、九画面、十六画面、三十二画面、自定义布局等多种画面组合模式进行监控，同时可对指定视频窗口进行实时抓拍、实时录像及即时回放。安全防范管理平台支持标准 RTSP 协议，第三方平台、工具可以通过标准 RTSP 协议从平台获取视频流。

安全防范管理平台通过联网监控系统可以对远程点位进行实时监控和现场监听；可在平台中心查看任意点位的视频图像；可在同一界面同时查看多个点位的视频图像，既可以在操作台也可以在电视墙进行查看，并可以分组循环查看；支持对所有设备进行顺序轮巡与分组轮巡，轮巡时间可自由设置；支持显示单个或多个实时监控图像的实时码流数据。

通过将通道添加到收藏夹，可以实现快速打开需要预览的通道，同时可将视频分享给其他在线用户。

2. 云台控制

云台具有八个动作方向，可实现锁定、三维定位、变倍、聚焦、预置位、巡航、守望点等功能。

云台支持鼠标模拟，可根据鼠标与窗口中心的距离自动调整转动速率和转动方向。

云台支持高级别用户对低级别用户的图像解锁和抢断。抢断操作自动完成，抢断后的释放可由高级别用户通过简单的操作完成。在进行抢断时，低级别用户能收到明显提示。同级别的用户可以对某个球机的控制权进行抢夺。

3．语音对讲

安全防范管理平台支持对现有 DVR、IPC、NVR 等的接入管理，支持双向语音对讲及语音广播，可以自动为设备匹配相应的语音对讲参数，也可以自行配置相应的语音对讲参数。

4．录像与回放

安全防范管理平台支持对前端设备录像、平台中心录像、报警录像及本地录像的查询，并支持对这些录像的回放和下载：具有方便的录像检索、查询功能，可根据时间、地点和报警类型等信息检索并回放图像[可实现（1/2、1/4、1/8、2、4、8、16）倍速快慢放、单帧放、拖曳、暂停、多路同步回放等]；支持回放进度条置于悬浮窗口以实现快速预览；支持本地录像、平台中心录像的倒放。

安全防范管理平台支持为某段录像设定标签并快速定位标签。利用该功能可以锁定重要录像，支持任意时间段的录像锁定及录像解锁，锁定后的录像不能被循环覆盖，解锁后的录像可以被循环覆盖。

安全防范管理平台支持对录像进行剪辑、下载，用户可以根据需要下载任何一段连续时间的录像，也可以对选择的录像进行格式转换。

安全防范管理平台支持通过实时预览界面手动触发平台录像功能；支持对具有录像功能的前端设备在断网恢复后进行断网期间的录像补录，并且能够以指定开始日期和结束日期或每天指定时间段的方式进行录像补录。

5．报警联动

安全防范管理平台可收集系统中的各种报警信息，包括报警系统控制器、监控主机、门禁主机、智能分析设备、其他 I/O 设备的报警信息，以及系统事件（如 CPU 高温、RAID 降级）等。应合理设计报警处理流程和报警管理功能。

监控中心可以对前端接入的所有报警设备进行布撤防，并且可以按照报警类型对每台设备的布撤防时间进行设定，比如，设置某处监控主机运动侦测报警的开始时间和结束时间。如果需要对每个通道的报警设备进行不同时间段的布撤防，则可以通过前端监控主机或报警主机进行设置。

系统支持报警视频集中存储、报警视频上墙、联动警灯警号、电子地图闪烁、短信提醒、邮件提醒、客户端视频弹出、预置点定位、前端输出等丰富的报警联动策略。可以根据不同的报警信号源、不同等级的报警设计不同的报警联动预案。当瞬间报警量过大（如设备故障）时，可以设置报警风暴过滤，以减少相同报警数量。

当安全防范管理平台接收报警信息以后，可通过客户端或互联网查询相应的报警记录，未处理的报警信息可在客户端进行批量处理并为其添加相应的备注信息。

6．视频上墙

安全防范管理平台可以利用高清解码器、大屏控制器、通用解码器等解码设备，在视频墙上显示视频源；可以实现模拟视频信号、计算机信号、高清数字信号、网络视频信号的融合拼接，以及开窗、漫游、智能规则展示等功能；支持窗口视频轮巡、任务轮巡、预置点定位。

视频上墙有多种模式：即时上墙、任务上墙、回放上墙及报警联动上墙等。

安全防范管理平台可利用相关设备控制屏幕开关，实现重点画面加框、多画面声音同步展示、OSD 叠加等功能；同时可通过上墙界面控制云台，在进行多屏幕展示时，利用鹰眼效果可以局部放大视频图像。

7. 电子地图

安全防范管理平台提供基于 GIS 的全业务操作，包括前端资源设备（视频设备、报警主机、门禁等）管理、图层管理、地图操作、视频监控、GPS 定位和监控、录像回放、综合查询、报警管理、统计分析、车辆管理等；支持 MapInfo、Google Map、PGIS 等多种引擎，通过二次控件的开发将各种地图应用的数据接口统一化，可以为上层应用提供统一的接口；可根据各平台的需求部署 GIS 地图管理系统和地图引擎服务，地图数据由客户提供。

可以在视野内根据过滤条件搜索当前地图窗口中的设备通道，如果设备支持可视域功能，则可以看到该设备通道的可视范围。可以通过线选、框选、圈选等多种方式在电子地图中打开实时视频。

各受控门装有探测器（如门磁等），且所有设备处于实时联网状态，可通过软件在电子地图中实时显示门状态（如正常开关门、异常开门、超时关门等），实现各门的实时地图监控功能。可对报警系统控制器进行一键布撤防，也可以为其设置旁路，当报警系统控制器完成报警接收以后，电子地图中可闪烁显示。

8. 门禁控制

出入控制系统是以智能卡技术、计算机技术为核心，并利用可靠的门、通道控制设备而实现进出门方便、安全的现代化管理系统，可实现人员出入权限管理及信息监督管理。

安全防范管理平台负责接入系统内各门禁设备，并实现相关功能，包括开关门、门禁报警接收、信息记录、视频联动等功能。利用硬件配套设备的组合及软件系统的设置，可以使外来无卡人员无法通过受控门；当出现小偷时，可将各门锁死使其无法逃脱。

用户可边监控边自动提取控制器内的刷卡记录，并将记录上传至平台。系统可储存所有的进出记录、状态记录，并且可按不同的查询条件进行查询，若配备相应考勤软件还可实现考勤、门禁一卡通。

当有人试图用未授权的卡刷卡时，系统会在监控软件界面进行报警（红色提示），并驱动计算机音箱，以提醒值班人员，本地控制器蜂鸣报警或外接声光报警器。

9. 卡口监控

安全防范管理平台接入卡口设备可以实时查看卡口过车记录，并支持以开始时间、结束时间、抓拍地点、车牌号码、车辆类型等为筛选条件对车辆在卡口监控下的所有历史信息进行查询、统计，同时能够以图形化的方式展示结果。

若在安全防范管理平台对违章车辆信息进行布防，当违章车辆出现时将产生报警，这样可以实现对违章车辆的快速定位。

10. 运维管理

安全防范管理平台实现对整个系统设备、服务器、网络的监控，可以及时发现设备问题并进行报警。运维安全系统具有智能化分析功能，可根据平台配置的轮巡计划、任务和方案自动对前端视频设备的视频质量（视频的清晰度、亮度、对比度、颜色、噪声、相似度等）进行轮巡检测分析，能够减轻运维人员工作量，提高视频质量。

故障报警通知。当监控到实际设备故障后，可通过邮件、短信、声音等方式通知相应管理人员，提醒其对设备进行维护。

报表统计。对设备运行情况、视频完好率和报警记录进行报表统计，为业务部门量化的决策分析提供有力支撑。

11．安全权限

密码安全。安全防范管理平台是基于 IP 网络对用户密码进行管理的。用户的信息在网络中传输时极易被不法分子截获，若不进行加密或加密方式过弱，用户信息极易被破解。客户端对重要登录信息进行加密，同时 Web 端支持 HTTPS 加密，能够防止暴力破解。用户密码作为用户的重要信息，系统需要在密码安全性方面给予用户重要提示，同时应在密码多次输入错误时对账户进行锁定。

为进一步限制平台的登录，用户在登录平台时应绑定硬件信息、IP 地址，以减少网络破解和攻击的入口。移动应用端可以将账号与相应手机号码进行绑定，避免账号被盗。针对应用权限，系统有细粒度的权限控制，让用户可以对系统进行更加有效的管理。用户在平台的所有操作都记录在系统数据库中，便于事后审计追查相关责任人。

数据安全。系统具有手动备份还原入口，同时每天定时备份重要数据，可以保证系统数据库在出现故障后，数据能够自动恢复。

7.2　综合布线系统

7.2.1　综合布线系统概述

综合布线系统采用模块化组合方式，利用标准缆线与连接器件并采用统一的规划设计将建筑与建筑群的语音、数据、图像、多媒体业务和部分控制信号综合在一套标准的布线系统中。

综合布线系统属于结构化配线系统，综合了通信网络、信息网络及控制网络的配线，并为这些网络之间的信号交互提供通道。综合布线系统开放的结构可以作为各种不同工业产品标准的基准，使配线系统具有更好的适用性、灵活性、通用性。综合布线系统能够以较低的成本快速对设置在工作区域的配线设施进行重新规划。在智能建筑及智慧城市建设领域，综合布线系统有着极为广阔的应用前景。

智能化系统工程的架构按工程层次化结构形式可分为基础设施层、信息服务设施层及信息化应用设施层，具体包括智能化集成系统、信息化应用系统、建筑设备管理系统、安全防范系统、智能卡应用系统、通信系统、卫星接收及有线电视系统、停车场管理系统、综合布线系统、计算机网络系统、广播系统、视频会议系统、信息导引及发布系统、智能小区管理系统、大屏幕显示系统、智能灯光系统、音响控制及舞台设施系统、火灾报警系统等。在这些系统中，综合布线系统的应用范围不断扩大。

1．电话通信与计算机数据通信

电话通信网已全面升级为由数字交换系统（如程控数字交换机）与数字传输系统（如光纤通信系统、数字微波系统、数字移动通信系统、数字卫星通信系统等）组成的数字电话网。数字交换系统具有接续速度快、可靠性高、交换能力强、占用机房面积小等优点，数字传输系统则具有电路容量大、传输质量高的优点。因而电话通信数字化不仅可向用户提供高质量的语音，还可提供非语音服务，能够组成容量大、灵活性强、功能多的电信网，并可综合各种窄带和宽带的非语音业务，逐步向综合业务数字网（ISDN）过渡。

以 100Base-TX 为代表的快速以太网标准已占据了局域网（LAN）标准的统治地位，该标准以非屏蔽/屏蔽双绞线、光纤为基本传输载体，并通过标准化、结构化的设计，形成了应用广泛的综合布线系统。

2．视频会议系统

视频会议系统又称会议电视系统，是指两个或两个以上不同地方的个人或群体，通过传输线路及多媒体设备将声音、影像及文件资料进行共享，实现即时沟通，进而实现远程会议的系统。随着 IP 网络的发展及 VoIP 的应用，ITU（国际电联）在 H.320/H.324 的基础上制定了多媒体会议标准，即 H.323，以求基于 IP 网络环境实现可靠的面向音视频和数据的实时应用。经过多年的技术发展和对标准的不断完善，H.323 已经成为相对成熟的标准。SIP 标准是 ITEF 组织在 1999 年提出的，其应用目标是基于互联网环境实现数据、音视频的实时通信。相比 H.323，SIP 标准相对简单，厂商使用较低的成本就可以构造满足应用要求的系统，因而基于 SIP 标准的视频会议系统已成为一种建立在互联网之中的应用系统，完全适用综合布线系统实现其信息传输。

3．有线电视网

采用同轴射频电缆传统有线电视网的传输带宽可达 1000MHz，适合开展广播式的单向传播服务。随着数字电视技术、IPTV 及光纤传输的普及，有线电视网与互联网的建设有日益趋同的态势，综合布线系统也因此得到了一定的应用。但是由于采用双绞线直接传输有线电视信号的方式会产生带宽有限、信号需要进行转换等问题，这会导致成本上升和信号质量下降等，因此同轴射频电缆仍有一定的应用市场。

4．公共广播

传统公共广播与背景音乐系统中的有线广播扩音器向现场扬声器输出的电压较高，常见的电压规格有 70V、100V、120V 等。由于广播信号会对电话信号、网络信号等其他信号产生干扰，因此其传输一般采用带屏蔽层双绞护套广播电缆，并单独穿管敷设。随着 IP 公共广播的兴起，综合布线系统的服务领域进一步得到了扩展。

5．楼宇自动控制系统的信号传输

在楼宇自动控制系统中，中央管理站与控制子站通常采用计算机网络进行信号的传输。而中央管理站或控制子站与管理单元通常采用现场总线（同轴电缆或屏蔽双绞护套线）进行信号的传输。对于各测量传感器、执行器与管理单元或控制子站之间的信号传输通道中要求不高的模拟信号及大部分开关量或数字信号，可采用综合布线系统进行传输。

6．火灾自动报警系统的布线

火灾自动报警系统的控制器与火灾探测器、联动模块通常采用二总线、三总线、四总线或 $n+1$ 的连接方式进行连接。另外，由于需要满足消防管理的要求，因此火灾自动报警系统需要进行独立控制，其线路也应单独敷设，其布线架构可参考综合布线系统进行设计。

7．安全防范系统的布线

由于安全防范系统的子系统类型繁杂、形式多样，且系统本身有音频、视频、控制信号等各种传输需求，几乎涵盖模拟、数字、开关等所有信号类型，因此随着安全防范系统的网络化，网络视频监控系统、网络门禁系统、网络报警系统的应用越来越多，综合布线系统的应用份额也在不断扩大。但出于防破坏，以及系统保密性、独立性的要求，安全防范系统的布线设计应独立进行，并做好防护。

7.2.2　综合布线系统的构成

综合布线系统采用开放式星形拓扑结构，只要改变节点连接就可使网络实现星形、总线型、环形等各种网络拓扑结构的转换。

根据 EIA/TIA568 标准和 ISO/IEC 11801 国际综合布线标准的定义，综合布线系统可以分为工作区子系统、配线子系统（也称水平子系统）、干线子系统（也称垂直子系统）、建筑群子系统、设备间子系统、管理子系统六个相对独立的子系统。综合布线系统的构成如图 7-3 所示。

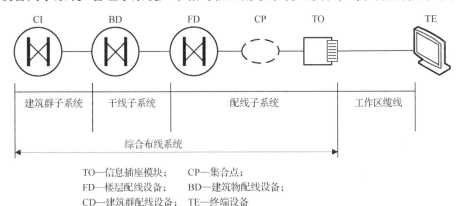

TO—信息插座模块；　　　CP—集合点；
FD—楼层配线设备；　　　BD—建筑物配线设备；
CD—建筑群配线设备；　　TE—终端设备

图 7-3　综合布线系统的构成

1. 工作区子系统

工作区指需要设置终端设备的独立区域。工作区子系统实现工作区终端设备与配线子系统的连接，由信息插座模块、终端设备处的连接线缆及适配器组成。

信息插座是连接终端设备与配线子系统的接口。RJ45 是标准的 ISDN8 针模块化信息插座，其与 8 芯 4 对双绞线的连接线序有 T568A 或 T568B 两种。信息插座按信息插座模块的传输性能分为五类信息插座、六类信息插座等；按安装位置分为埋入型信息插座、地毯型信息插座、桌上型信息插座和通用型信息插座；按屏蔽性能分为非屏蔽信息插座和屏蔽信息插座；按是否需要打线分为打线式信息插座与免打线式信息插座。

2. 配线子系统

配线子系统实现信息插座和管理子系统（跳线架）的连接，将用户工作区引至管理子系统，并为用户提供符合国际标准且满足语音及高速数据传输要求的信息点出口。

综合布线系统的传输线缆分为对绞电缆和光缆两种。对绞电缆按照传输频率和信噪比可分为三类线、五类线、超五类线、六类线、超六类线、七类线等；按照屏蔽方式可分为非屏蔽（U）电缆、金属箔屏蔽（F）电缆、金属编织物屏蔽（S）电缆、线对屏蔽电缆、电缆整体屏蔽电缆等。UTP 标称阻抗通常为 100Ω，FTP 标称阻抗有 100Ω、120Ω、150Ω 等。光缆主要分为多模光缆和单模光缆两种；按敷设方式可分为自承重架空光缆、管道光缆、铠装地埋光缆和海底光缆；按结构可分为束管式光缆、层绞式光缆、紧抱式光缆、带式光缆、非金属光缆和可分支光缆；按用途可分为长途通信光缆、短途室外光缆、混合光缆和建筑物内光缆等。表 7-1 列出了常见线缆的应用网络、最大传输距离、传输速率。

表 7-1　常见线缆的应用网络、最大传输距离、传输速率

线　缆	应 用 网 络	最大传输距离（m）	传 输 速 率
三类线	ADSL	5000	1.5Mbit/s～9Mbit/s
	模拟电话	800	
	10BASE-T	100	10Mbit/s
超五类线	1000BASE-T	100	1000Mbit/s
六类线	1000BASE-T	100	1000Mbit/s
超六类线	10GBASE-T	100	10Gbit/s
多模光缆，波长为850nm	10/100BASE-SX	300	100Mbit/s
多模光缆，波长为1300nm	100BASE-FX	2000	100Mbit/s
多模光缆，波长为1300nm	1000BASE-LX	550	1000Mbit/s
单模光缆，波长为1310nm	1000BASE-LX	5000	1000Mbit/s

配线子系统最常见的拓扑结构是星形结构，该系统的相应点位必须通过独立的线缆与管理子系统的配线架相连。

3．干线子系统

干线子系统实现计算机设备、程控交换机（PBX）、控制中心与各管理子系统的连接，属于建筑物干线电缆的路由。干线子系统由设备间至楼层电信间的主干电缆、安装在设备间的建筑物配线设备（BD）及设备缆线和跳线组成。建筑物内的垂直干线多对数电缆通常为大对数对绞电缆和光缆。

干线的通道有开放型通道和封闭型通道两种。开放型通道是指从建筑物的地下室到其顶层完全贯通的通道。封闭型通道是一连串的上下对齐的布线间，建筑物每层各有一间，电缆通过电缆孔或是电缆井穿过布线间的地板。由于开放型通道没有被任何楼板隔开，因此在施工时非常麻烦，一般不采用开放型通道。

4．建筑群子系统

建筑群子系统实现建筑物之间的相互连接，并提供楼群间通信所需硬件。建筑群子系统由连接多个建筑物的主干缆线、建筑群配线设备（CD）、设备缆线和跳线、入楼处的过流过压保护设备等相关硬件组成。建筑群子系统有以下三种布线方式。

（1）地下管道敷设方式：在任何时候都可以敷设电缆，且电缆的敷设和扩充都十分方便，能保持建筑物表面的整洁，能提供较好的机械保护，缺点是管道敷设成本比较高。

（2）直埋沟内敷设方式：能保持建筑物表面与道路表面的平整，初次投资成本比较低，但电缆的扩充和更换不方便，提供的机械保护较差。

（3）架空方式：如果建筑物之间本来有电线杆，则采用这种方式的成本是最低的，但这种方式无法提供任何机械保护，安全性较差，同时也会影响建筑物的美观。

5．设备间子系统

设备间是建筑物进行配线管理、网络管理和信息交换的场地。综合布线系统的设备间内可安装建筑物配线设备、建筑群配线设备、以太网交换机、电话交换机、计算机网络设备等，与外部通信网络连接的入口设施也可安装在设备间。

设备间宜设置在建筑物的首层，当建筑物的地下室有多层时，也可设置在地下一层，设备间宜处于干线子系统的中间位置。设备间应远离电磁干扰源、粉尘、油烟、有害气体，以及存在腐蚀性、易燃、易爆物品的场所，不应设置在厕所、浴室，或其他潮湿、易积水区域的正下方或毗邻场所。进线间宜设置在建筑物地下一层临近外墙、便于管线引入的位置，并采取防渗水、防火、通风及散热措施。

6. 管理子系统

管理子系统对工作区、楼层电信间、设备间、进线间、布线路径中的配线设备、缆线、信息插座模块等按一定的模式进行标识、记录和管理，具体包括管理方式、标签、色标、连接等。色标用于区分干线缆线、配线缆线或设备端口等各种配线设备的种类，标签用于标识物理位置、编号、容量、规格等。这些内容的实施极大方便了系统的维护和管理，同时有利于提高管理人员的管理水平和工作效率。

管理子系统通过管理交连、互连配线架，为其他子系统提供连接手段。交连和互连允许将通信线路定位或重定位至建筑物的不同部分，以便更容易地管理通信线路。

7.2.3　综合布线系统设计要求

1. 工作区子系统的设计要求

工作区子系统的设计主要是信息插座和适配器的设计。

（1）信息插座。综合布线系统的标准信息插座为 8 针模块化信息插座，在进行屏蔽布线时应选用对应的模块。在安装信息插座时，应尽量使信息插座靠近使用者，还应考虑电源的位置，信息插座的安装位置距离地面的高度应为 30cm～50cm。每个工作区的信息插座模块数量不宜少于 2 个，每个信息插座底盒支持安装的信息点（如光纤适配器等）数量不宜超过 2 个。

（2）适配器。设备的连接插座应与连接电缆的插头相匹配，不同型号的插座与插头需要加装适配器进行互连。在设备连接处采用不同的信息插座时，可以使用专用电缆或适配器。若单个信息插座需要提供两项服务，应选用 Y 型适配器。当配线子系统选用的电缆类型不同于设备所需的电缆类型时（如用于连接不同信号的数模转换电缆、光电转换电缆、数据传输速率转换电缆、电压等级转换电缆等，或仅为线序的变换电缆），应该采用适配器。若要实现对网络规程的兼容，需要选用协议转换适配器。终端设备及相应的终端匹配器的安装位置应根据使用要求，以及工作区内的电源及接地情况进行合理设计。

工作区面积的划分与信息点数量的确定可以参照 GB 50311—2016《综合布线系统工程设计规范》中的相关内容。

2. 配线子系统的设计要求

配线子系统信道组成如图 7-4 所示。配线子系统信道应由长度不大于 90m 的水平缆线、10m 的跳线和设备缆线、最多 4 个连接器件组成。永久链路则应由长度不大于 90m 的水平缆线及最多 3 个连接器件组成。光缆信道除通信设备通常置于设备间（对绞电缆设备通常置于楼层电信间）及信道长度更长外，其信道组成与如图 7-4 所示的信道结构一致。图 7-4 中的 CP 缆线和 FD 跳线在实际应用中有时可不用设置。

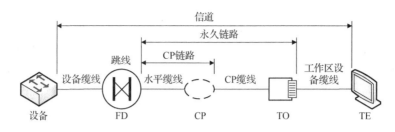

图 7-4　配线子系统信道组成

采用对绞缆线的配线子系统信道各分段长度应符合如表 7-2 所示的要求。

表 7-2　配线子系统信道各分段缆线长度要求

信道各分段	最小长度（m）	最大长度（m）
FD-CP	15	85
CP-TO	5	
FD-TO（无 CP）	15	90
工作区设备缆线①	2	5
跳线	2	
FD 设备缆线②	2	5
设备缆线与跳线总长度		10

注：①若此处没有设置跳线，设备缆线的长度不应小于1m。

　　②若此处不采用交叉连接，设备缆线的长度不应小于1m。

配线子系统的设计还应满足以下要求。

（1）1 条 4 对对绞电缆应全部固定终接在 1 个 8 位模块通用插座上。不允许将 1 条 4 对对绞电缆的线对分开终接在 2 个或 2 个以上的 8 位模块通用插座上。

（2）多线对端子配线模块可以选用 4 对或 5 对卡接模块，每个卡接模块卡接 1 条 4 对对绞电缆。一般 100 对卡接端子容量的模块可卡接 24 条或 20 条 4 对对绞电缆。

（3）光纤连接器件的单工端口支持 1 芯光纤的终接，双工端口则支持 2 芯光纤的终接。

（4）电话跳线按每根 1 对或 2 对对绞电缆配置，跳线两端的连接插头采用 IDC（110）型或 RJ45 型；数据跳线按每根 4 对对绞电缆配置，跳线两端的连接插头采用 IDC（110）型或 RJ45 型；光缆跳线按每根 1 芯或 2 芯光纤配置，光缆跳线的连接器件采用 SC 型或 LC 型。

3．其他子系统的设计要求

（1）干线子系统信道应包括主干缆线、跳线和设备缆线，如图 7-5 所示。缆线长度应满足线缆类型及系统分级的要求。

图 7-5　干线子系统信道组成

（2）语音业务使用的大对数主干缆线的对数应按每部电话 8 位模块通用插座、1 对线对配置，并应在总需求线对的基础上预留不小于 10%的备用线对。对于数据业务设，应按每台以太网交换机设置 1 个主干端口和 1 个备份端口配置,电端口按 4 对线对配置,光端口按 1 芯或 2 芯光缆配置。

（3）当楼层信息点数量大于 400 时,宜设置 2 个及以上的电信间;当楼层信息点数量较少,且水平缆线长度不大于 90m 时,可多个楼层共用一个电信间。当有信息安全、防破坏等特殊要求时,应为所有涉及的设备及缆线设置独立的机柜及布线管槽,并进行空间隔离或单独安放在专用的电信间内。电信间内的设备应按应用系统分设在不同机柜内或在同一机柜内进行空间隔离后安装。

（4）建筑群配线设备内线侧应按各建筑物引入的建筑群主干缆线配置,外线侧按建筑群外部引入的缆线配置。当建筑群主干电缆和光缆、公用网/专用网电缆和光缆等室外缆线进入建筑物时,应在进线间转换成室内电缆、光缆。缆线的终接处设置的入口设施外线侧配线模块应按出入的缆线配置。

（5）进线间的缆线引入管道管孔数量应满足建筑物与建筑物的互联、外部接入各类信息通信业务、建筑智能化业务及多家电信业务经营者缆线接入的需求,并应留有不少于 4 孔的裕量。

（6）综合布线系统的每一电缆、光缆、配线设备、终接点、接地装置、管线等组成部分均应给定唯一的标识符,并设置标签。标识符应采用统一数量的字母和数字等。电缆、光缆的两端均应标明相同的标识符。设备间、电信间、进线间的配线设备宜采用统一的色标以区别各类业务与用途的配线区。标签应能表明终接区域、物理位置、编号、容量、规格等信息,所有标签应保持清晰,并应满足使用环境要求。

（7）综合布线系统宜采用标准 19 英寸机柜:在进行单排安装时,前面净空不应小于 1000mm,后面及侧面净空不应小于 800mm;在进行多排安装时,列间距不应小于 1200mm。在公共场所安装配线箱时,暗装式箱体底面距地面不宜小于 1.5m,明装式箱体底面距地面不宜小于 1.8m。常用的标准 19 英寸机柜的宽度为 600mm 或 800mm,深度为 600mm～1200mm,内部空间高度通常用 U 表示,1U 等于 44.5mm,42U 机柜的外部实际高度约为 2m。

4. 管路与布线要求

布线导管或桥架的材质、性能、规格及安装方式的选择应考虑敷设场所的温度、湿度、腐蚀性、污染,以及自身耐水性、耐火性、承重、抗挠、抗冲击等因素。缆线管路在穿越防火分区楼板、墙壁、天花板、隔墙等建筑构件时,空隙或空闲部位的封堵物的耐火等级应等同于建筑构件耐火等级,塑料材质应符合相应阻燃等级的要求;在穿越建筑结构伸缩缝、沉降缝、抗震缝时,应有补偿措施。

当布线导管或槽盒暗敷于楼板时,不应穿越机电设备基础;若为钢筋混凝土现浇楼板,其最大外径宜为楼板厚度的 1/4～1/3。在多层建筑砖墙或混凝土墙内竖向暗敷导管时,导管外径不应大于 50mm。暗敷的热镀锌钢导管或可弯曲金属导管的壁厚一般不应小于 1.5mm,若在地下室各层楼板或潮湿场所敷设时,壁厚不应小于 2.0mm。布线路由中每根暗管的转弯角不应超过 2 个,且弯曲角度应大于 90°。

建筑物在从室外引入管道时应满足防水要求。引入管道采用热镀锌厚壁钢管,外径为 50mm～63.5mm 的钢管的壁厚不应小于 3mm,外径为 76mm～114mm 的钢管的壁厚不应小于 4mm。由楼层水平金属槽盒引入每个用户单元信息配线箱或过路箱的导管,宜采用外径为 20mm～25mm 的钢导管。楼层电信间或弱电竖井内的钢筋混凝土楼板,应按竖向导管的根数及规格预留楼板孔洞或预埋外径不小于 89mm 的竖向金属套管群,导管管口伸出地面部分的长度应为 25mm～50mm。建筑物外墙垂直敷设的缆线，通常距地面 1.8m 以下的部分采用钢导管保护。

在明装槽盒的路由中，宜在长度不大于 3m 的直线段处、接头处、首尾端、进出接线盒 0.5m 处及转角处设置吊架或支架；在长度不大于 20m 且中间有 1 个转弯的导管、长度不大于 15m 且中间有 2 个转弯的导管、有反向（U 形）弯曲的路由等位置设置过线盒，且过线盒宜设置在路由中的直线部位。

缆线布放路由中不应有连接点。

综合布线系统管线的弯曲半径应符合如表 7-3 所示的要求。

表 7-3　管线敷设弯曲半径

缆 线 类 型	弯 曲 半 径
4 对屏蔽电缆、非屏蔽电缆	不小于电缆外径的 4 倍
大对数主干电缆	不小于电缆外径的 10 倍
2 芯水平电缆或 4 芯水平光缆	大于 25mm
其他芯数光缆和主干光缆	不小于光缆外径的 10 倍
室外光缆、电缆	不小于缆线外径的 10 倍

弯导管的管径利用率应为 40%～50%。当导管内穿放大对数电缆或 4 芯以上光缆时，直线管路的管径利用率应为 50%～60%。当导管内穿放 4 对对绞电缆或 4 芯及以下光缆时，直线导管的管径利用率应为 25%～30%。槽盒内的截面利用率应为 30%～50%。

室内光缆在配线柜处预留长度应为 3m～5m。光缆在楼层配线箱处预留长度应为 1m～1.5m；光缆在信息配线箱终接时预留长度应不小于 0.5m。当光缆不进行终接时，应保留光缆施工预留长度。

5．屏蔽布线

综合布线系统应远离高温和具有电磁干扰的场所。当综合布线区域内存在的电磁干扰场强低于 3V/m 时，优先采用非屏蔽电缆和非屏蔽配线设备；当场强高于 3V/m 或用户对系统的电磁兼容性能有较高要求时，可采用屏蔽布线系统和光缆布线系统。当综合布线路由中存在干扰源时，可采用增加间隔距离、选用金属导管和金属槽盒敷设等局部屏蔽处理方式降低干扰的影响，若仍不能满足要求，可采用屏蔽布线系统和光缆布线系统。

屏蔽布线系统应选用相互匹配的屏蔽电缆和连接器件，采用的电缆、连接器件、跳线、设备电缆都应是屏蔽型的，还应保持信道屏蔽层的连续性与导通性。

7.3　系统集成接口技术

接口是计算机系统中两个独立部件进行信息交换的共享边界。在进行系统集成过程中，需要在不同的设备、软件模块、子系统之间传输、共享各种控制信息和数据信息，以使系统实现符合使用要求的整体功能。在信息化集成系统内部，各子系统通过接口连接成为一个整体，并通过接口进行相互作用。在信息化集成系统边界，各类接口设备与外部环境建立连接，从而感知和影响外部环境。可以说接口技术是系统集成的关键。

信号作为信息的物理承载者，大致包括开关量信号、模拟量信号和数字量信号三种。接口在传送、接收信号时，需要满足应用的功能要求，保证环境的适用性和稳定性。此外，接口必须通用、成熟，以便在一定的架构下实现集成的灵活性和标准化。通用的接口可分为硬接线接口和网络通信接口。硬接线接口可以传输所有类型的信号；网络通信接口通常只能传输数字信号，但其功能更为强大，种类也更多，可分为串行通信接口、现场总线接口、TCP/IP 网络接口、分布组件和服务接口等。

7.3.1　硬接线

硬接线使用电缆（或通过接口电路，其作用是进行信号调理、电压等级转换、阻抗匹配或驱动能力放大等）直接将信号端子点对点连接，利用电缆电压或电流的变化来传输各类信号。在使用硬接线时，信号传输速度快，几乎不需要响应时间，而且相对安全、可靠，适用于对信号品质要求非常高的应用场合。但在使用硬接线时，一根电缆只能传输一个信号，当需要传输许多信号的时候，系统的复杂度将会激增，并出现可行性、维护性、可靠性变差等问题。硬接线通常应用于所需功能简单、信号传输量少，以及需要传输特殊信号或个别重要信号（如一些重要的连锁信号、报警信号或控制信号）的场合。硬接线也常用作备用接口，以实现安全的备用手动控制功能。

7.3.2　串行通信

数字信号的优势在于其能承载丰富的信息，同时还具备很好的抗干扰能力及纠错能力，因而广泛应用于网络通信。数字信号的位数越多，其能承载的信息量就越大。当数字信号的所有位在信道中同时传输时称为并行通信；当数字信号按位在信道中逐个传输时称为串行通信。与并行通信相比，串行通信的信号传输速度较慢，但串行通信用较少的硬件便可实现，简化了硬件构成，降低了通信成本，尤其在远距离通信方面具有明显优势。

串行通信速率可用波特率或比特率进行衡量。在信息传输通道中，携带数据信息的信号单元称为码元，波特率表示每秒钟传送的码元的个数。波特率也表示单位时间内载波调制状态改变的次数，是衡量传输通道频宽的指标。比特率是指每秒传送的比特（bit）数。当一个码元表示一比特时，波特率在数值上就等于比特率。当一个码元表示 N 比特时，比特率在数值上等于波特率的 N 倍。

码元是一个与时间有关的物理量，为正确地表示或识别码元，通信双方均应有一个计时的时钟。当通信双方采用的是同一个时钟时称为同步通信；当通信双方采用的是两个相互独立的时钟和一个类似校时方式的同步时称为异步通信。按照信息流的传输方向，信息传输方式还可分为单工方式、半双工方式、全双工方式。通信过程中的各类干扰会导致传输信息畸变、失真，对于数据通信而言，可运用数据校验这一强大机制检查传输数据中出现的错误，甚至可根据编码条件进行适度纠错。通常采用奇偶校验方式进行检错、采用重发方式进行纠错，或采用循环冗余码（CRC）进行检错和自动纠错。

在嵌入式系统的开发和集成芯片应用中，常见的串行通信有 UART、SPI、I2C 等；计算机之间的串行通信有 SATA、USB 等。

UART（Universal Asynchronous Receiver/Transmitter，通用异步收发器）用于实现数据总线和串行接口的串/并、并/串转换，并规定帧格式，通信双方只需要采用相同的帧格式和波特率，并利用两根信号线（Rx 和 Tx）就可以进行通信。由于 UART 的应用非常广泛，因此其通常也代指异步串行通信。集成芯片的 UART 接口模块通常采用 TTL 电平标准：输入高电平最小为 2V，输出高电平最小为 2.4V，典型值为 3.4V；输入低电平最大为 0.8V，输出低电平最大为 0.4V，典型值为 0.2V。

SATA（Serial Advanced Technology Attachment）是一种计算机总线，用于实现主板和大容量存储设备（如硬盘及光盘驱动器）之间的数据传输，采用串行通信方式，并支持热插拔，即可以在计算机运行时插拔硬件。SATA 使用嵌入式时钟频率信号，具备更强的纠错能力，能对传输指令（不仅是数据）进行检查，当发现错误时会自动矫正，具有较高的数据传输的可靠性。

USB（Universal Serial Bus，通用串行总线）具有即插即用功能并支持热插拔。USB 用 4 针（3.0 版本的 USB 标准为 9 针）插头作为标准插头，采用菊花链形式最多可以连接 127 个外部设备，并且不会损失带宽。USB 需要主机硬件、操作系统和外部设备的支持才能工作。

7.3.3　RS-232 标准、RS-422 标准与 RS-485 标准

RS-232 标准、RS-422 标准与 RS-485 标准都是串行数据接口标准，最初都是由电子工业协会（EIA）制定并发布的。

RS-232 标准是在 1962 年发布的，用于保证不同厂家产品之间的兼容。RS-422 标准由 RS-232 标准发展而来，是为弥补 RS-232 标准的不足而提出的。为改进 RS-232 标准通信距离短、速率低的缺点，RS-422 标准定义了一种平衡通信接口，可以将传输速率提高到 10Mbit/s，传输距离可以延长至 4000 英尺（约为 1219m）（速率低于 100kbit/s 时），并允许一条平衡总线最多连接 10 个接收器。RS-422 标准是一种单机发送、多机接收的单向、平衡传输标准。为扩展应用范围，电子工业协会于 1983 年在 RS-422 标准的基础上制定了 RS-485 标准，增加了多点、双向通信功能，即允许多个发送器连接至同一条总线，同时增加了发送器的驱动功能和冲突保护特性，扩展了总线共模范围。

RS-232 标准、RS-422 标准与 RS-485 标准只对串行接口的电气特性进行规定，而不涉及接插件、电缆或协议，在此基础上用户可以建立满足自己需要的高层通信协议。

1．RS-232 标准

RS-232 标准是一种应用十分广泛的标准。RS-232 标准是一种在低速率串行通信中增加通信距离的单端标准。RS-232 标准采取不平衡传输方式，即单端通信方式。

RS-232 接口是一种全双工的通信接口，它可以同时进行数据接收和数据发送。RS-232 接口是目前流行的计算机串行接口，其端口通常有两种，即 9 针（DB9）和 25 针（DB25）。DB9（9 脚插座）的结构如图 7-6 所示。DB9 各针脚的功能如表 7-4 所示。DB25（25 脚插座）的结构如图 7-7 所示。DB25 各针脚的功能如表 7-5 所示。

图 7-6　DB9（9 脚插座）的结构

表 7-4 DB9 各针脚的功能

针 脚	功 能	针 脚	功 能
1	载波检测	6	数据准备完成
2	接收数据	7	发送请求
3	发送数据	8	发送清除
4	数据终端准备完成	9	振铃指示
5	信号地线		

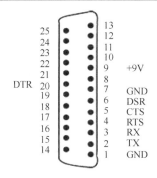

图 7-7 DB25（25 脚插座）的结构

表 7-5 DB25 各针脚的功能

针 脚	功 能	针 脚	功 能
1	空	8	载波检测
2	发送数据	9～19	空
3	接收数据	20	数据终端准备完成
4	发送请求	21	空
5	发送清除	22	振铃指示
6	数据准备完成	23～25	空
7	信号地线		

实际上，RS-232 接口的 25 条引线中有许多是很少使用的，在计算机与终端的通信中一般只使用 3～9 条引线。

在 RS-232 接口中，任何一条信号线的电压均为负逻辑关系，即逻辑"1"代表-15V～-5V，逻辑"0"代表+5V～+15V。噪声容限为 2V，即要求接收器能识别低至+3V 的信号作为逻辑"0"，高至-3V 的信号作为逻辑"1"。在发送数据时，发送端驱动器输出正电平为+5V～+15V，负电平为-15V～-5V 电平。当无数据传输时，线中为 TTL 电平，从开始传送数据到传输结束，线中电平从 TTL 电平到 RS-232 电平再返回 TTL 电平。接收器典型的工作电平为+3V～+12V 与-12V～-3V。由于发送电平与接收电平的差仅为 2V～3V，所以 RS-232 接口的共模抑制能力差，且由于受到双绞线中分布电容的影响，其最大传送距离约为 15m，最高速率为 20kbit/s。RS-232 接口是为点对点（只用一对收、发设备）通信而设计的，其驱动器负载为 3kΩ～7kΩ，所以 RS-232 接口适用于适合本地设备之间的通信。

2. RS-422 标准与 RS-485 标准

RS-422 接口、RS-485 接口的数据信号采用平衡传输方式，也称差分传输方式，使用一对双绞线，其中一条双绞线被定义为 A，另一条双绞线被定义为 B。RS-422 接口、RS-485 接口的输出端信号如图 7-8 所示。

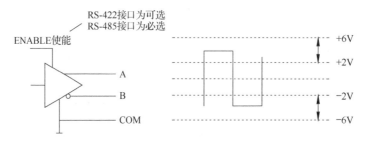

图 7-8　RS-422 接口、RS-485 接口的输出端信号

在通常情况下，发送驱动器 A、B 之间的正电平为+2V～+6V，是一种逻辑状态；负电平为-6V～-2V，是另一种逻辑状态。COM 是信号地线，RS-485 接口中还有一个"使能"端，而 RS-422 中的"使能"端是可选可不选的。"使能"端是用于控制发送驱动器与传输线的切断与连接的。当"使能"端起作用时，发送驱动器处于高阻状态，称作"第三态"，即"第三态"是一种有别于逻辑"1"与逻辑"0"的状态。

接收器也进行与发送端相同的规定，接收端、发送端通过平衡双绞线将 AA 与 BB 对应相连。当在接收端 AB 之间有大于+200mV 的电平时，输出正逻辑电平；有小于-200mV 的电平时，输出负逻辑电平。接收器接收平衡双绞线中的电平范围通常为 200mV～6V。RS-422 接口、RS-485 接口的输入端信号如图 7-9 所示。

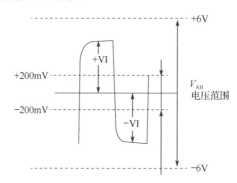

图 7-9　RS-422 接口、RS-485 接口的输入端信号

（1）RS-422 标准的电气规定。

RS-422 标准的全称是"平衡电压数字接口电路的电气特性"。图 7-10 是典型的 RS-422 四线接口，实际上还需要一根信号地线，共 5 根线。由于 RS-422 四线接口的接收器采用高输入阻抗和发送驱动器（具有比 RS-232 接口更强的驱动能力），故允许在相同传输线上连接多个接收节点，最多可连接 10 个节点，即一个主设备（Master），其余为从设备（Salve），从设备之间不能进行通信，换言之，RS-422 支持点对多的双向通信。由于 RS-422 四线接口采用单独的发送通道和接收通道，因此不需要控制数据传输方向，各装置之间的信号交换均可以采用软件方式（XON/XOFF 握手）或硬件方式（一对单独的双绞线）。

RS-422 四线接口的最大传输距离为 1219.2m，最大传输速率为 10Mbit/s。RS-422 四线接口的平衡双绞线长度与传输速率成反比，当传输速率在 100kbit/s 以下时才可能获得最大传输距离；只有当传输距离极短时才能获得最大传输速率。一般 100m 长的双绞线所能获得的最大传输速率仅为 1Mbit/s。

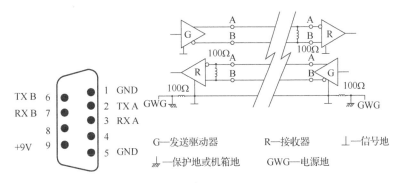

TX B　6
RX B　7
　　　8
+9V　9

1　GND
2　TX A
3　RX A
4
5　GND

100Ω
100Ω
100Ω
100Ω

G—发送驱动器　　　R—接收器　　　⊥—信号地
⊥—保护地或机箱地　　GWG—电源地

图 7-10　典型的 RS-422 四线接口

RS-422 四线接口需要接终接电阻，要求终接电阻的阻值约等于传输电缆的特性阻抗，在短距离传输时可不接终接电阻，即一般在 300m 以下不需要接终接电阻，终接电阻应接在传输电缆的最远端。

（2）RS-485 标准的电气规定。

由于 RS-485 标准是由 RS-422 标准发展而来的，所以 RS-485 标准的许多电气规定与 RS-422 标准的电气规定相似，如 RS-485 接口和 RS-422 接口都采用平衡传输方式，传输线都需要接终接电阻等。

RS-485 接口可以采用二线制或四线制。在采用二线制时可实现多点双向通信。在采用四线制时，只能实现点对多的双向通信，即只能有一个主设备，其余为从设备。但 RS-485 接口相比 RS-422 接口而言，有一定改进，无论是采用四线制还是采用二线，其传输线路都可多连接 32 个设备。

RS-485 接口与 RS-422 接口的共模输出电压是不同的，RS-485 接口的共模输出电压为-7V～+12V，而 RS-422 接口的共模输出电压为-7V～+7V。RS-485 接口接收器与 RS-422 接口接收器的最小输入阻抗分别为 12kΩ、4kΩ。因为 RS-485 满足所有的 RS-422 标准，所以 RS-485 接口的驱动器可以应用于 RS-422 网络。

RS-485 接口的最大传输距离为 1219.2m，最大传输速率为 10Mbit/s，其平衡双绞线长度与传输速率成反比，当传输速率在 100kbit/s 以下时才可能获得最大传输距离；只有当传输距离很短时才能获得最大传输速率。一般 100m 长的双绞线所能获得的最大传输速率仅为 1Mbit/s。

RS-485 接口允许总线连接最多 128 个收发器，具有多站能力。由于 RS485 接口具有良好的抗噪声干扰性、较长的传输距离和多站能力等优点，因此 RS485 接口通常为首选的串行接口。由 RS485 接口组成的半双工网络一般只需要两根连线，因而 RS485 接口均采用屏蔽双绞线传输。工程上的 RS485 接口连接器通常采用 DB9 的 9 芯连接器。

RS-485 接口需要连接终接电阻，要求终接电阻的阻值等于传输电缆的特性阻抗，在短距离传输时可不接终接电阻，即一般在 300m 以下不需要接终接电阻。终接电阻接在传输总线的两端。

3. RS-422 接口与 RS-485 接口的网络安装注意要点

RS-422 接口支持 10 个节点，RS-485 接口支持 32 个节点，两者都以多节点形式构成网络。网络拓扑一般采用终端匹配的总线型结构，不支持环形网络或星形网络。在构建网络时，应注意如下几点。

（1）采用一条双绞线电缆作为总线，将各个节点串接起来，从总线到每个节点的引出线长度应尽量短，以使引出线中的反射信号对总线信号的影响最小。图 7-11 为实际应用中常见的一些错误连接方式（a、b、c）和正确连接方式（d、e、f）。以 a、b、c 这三种连接方式连成的网络，在短距离、低传输速率时仍可正常工作，但随着通信距离的延长或传输速率的提高，不良影响会越来越严重，这主要是因为信号在各支路末端反射后与原信号叠加会导致信号质量下降。

（2）应注意总线特性阻抗的连续性，在阻抗不连续点会发生信号的反射。下列几种情况易产生这种不连续性：总线的不同区段采用了不同电缆；某一段总线上有过多收发器紧靠在一起安装；过长的分支线引出到总线。

应该采用一条单一、连续的信号通道作为总线。

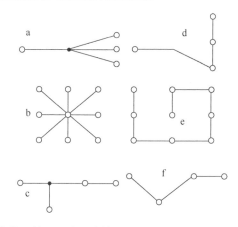

图 7-11　实际应用中常见的一些错误连接方式（a、b、c）和正确连接方式（d、e、f）

（3）RS-422 接口与 RS-485 接口的终端匹配。

对 RS-422 与 RS-485 的总线网络一般要使用终接电阻进行匹配，但在短距离与低速率时可以不用考虑终端匹配。理论上，在每个接收数据信号的中点进行采样时，只要反射信号在开始采样时衰减到足够低就可以不考虑终端匹配。实际上当信号的转换时间（上升时间或下降时间）超过电信号沿总线单向传输所需时间的 3 倍以上时就可以不考虑终端匹配。

一般终端匹配的方式是接终接电阻，RS-422 接口在总线电缆的远端并接电阻，RS-485 接口在总线电缆的开始和末端都并接终接电阻。终接电阻的阻值一般在 RS-422 接口网络中取 100Ω，在 RS-485 接口网络中取 120Ω。终接电阻的阻值相当于电缆特性阻抗，因为大多数双绞线电缆特性阻抗为 100Ω～120Ω。接终接电阻的方式简单有效，但有一个缺点，匹配电阻要消耗较大功率，对于功耗限制比较严格的系统不太适合。

另外一种比较省电的终端匹配方式是 RC 匹配，如图 7-12 所示。利用电容 C 隔断直流成分可以节省大部分功率。但电容 C 的取值是个难点，需要综合考虑功耗和匹配质量。

还有一种采用二极管的匹配方式，如图 7-13 所示。这种方式虽未实现真正的"匹配"，但利用二极管的钳位作用能迅速削弱反射信号，达到改善信号质量的目的，节能效果显著。

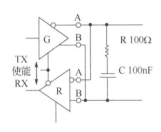

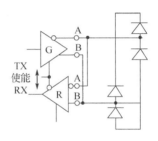

图 7-12 RC 匹配方式　　　　　　　　图 7-13 二极管匹配方式

（4）RS-422 接口与 RS-485 接口的接地问题。

电子系统的接地是很重要的，接地处理不当往往会导致电子系统不能稳定工作甚至危及系统安全。RS-422 接口传输网络与 RS-485 接口传输网络的接地也很重要，因为接地系统不合理会影响整个网络的稳定性，尤其是在工作环境比较恶劣和传输距离较远的情况下，对于接地的要求更为严格。在很多情况下，连接 RS-422 接口、RS-485 接口的通信链路只是简单地用一对双绞线将各个接口的"A"端和"B"端连接起来，而忽略了信号地的连接。这种连接方法在许多场合可以保证系统正常工作，但埋下了很大的隐患：一个隐患是两个信号地间的地电位差属于共模干扰的一部分，距离较远的两个地电位差可以有很大幅度（十几伏甚至数十伏），并可能伴有强干扰信号，致使接收器共模输入超出正常范围，并在传输线路中产生干扰电流，轻则影响正常通信，重则损坏通信接口电路；另一个隐患是发送驱动器输出信号中的共模部分需要一条返回通路，若没有一条低阻的返回通道（信号地），就会以辐射的形式返回源端，整条总线就会像一个巨大的天线向外辐射电磁波，形成电磁干扰源。

针对上述隐患，RS-422 接口、RS-485 接口尽管采用差分平衡传输方式，但对整个 RS-422 接口传输网络或 RS-485 接口传输网络，必须有一条低阻的信号地。一条低阻的信号地可以将两个接口的工作地连接起来，使共模干扰电压被短路。这条低阻的信号地可以是非屏蔽双绞线，也可以是屏蔽双绞线的屏蔽层。需要注意的是，采用低阻的信号地方式仅对高阻型共模干扰有效，这是因为干扰源内阻大，短接后不会形成很大的接地环路电流，对通信不会产生很大影响。当共模干扰源内阻较低时，采用低阻的信号地方式会在接地线中形成较大的环路电流，影响正常通信，此时可以采取以下三种措施。

① 如果干扰源内阻不是非常小，可以在接地线路中加限流电阻以限制干扰电流。限流电阻的增加可能会使共模电压升高，但只要控制在适当的范围内就不会影响正常通信。

② 采用浮地技术，隔断接地环路。这是一种较常用且十分有效的方法，将引入干扰的节点（如处于恶劣工作环境中的现场设备）浮置起来（也就是将系统的电路地与机壳或大地隔离），这样就隔断了接地环路，且不会形成很大的环路电流。

③ 采用隔离接口。在某些情况下，出于安全或其他方面的考虑，电路地必须与机壳或大地相连，不能悬浮，这时可以采用隔离接口来隔断接地回路，但是仍然应该有一条地线将隔离侧的公共端与其他接口的工作地相连。

7.3.4 现场总线

现场总线是一种数字化、双向、串行、多点通信的数据通信总线，主要用于连接现场设备和自动化系统，可以解决工业现场的智能化仪器仪表、控制器、执行机构等现场设备间的数字通信，以及这些现场设备与上一级控制系统之间的信息传递问题，被称为工业控制领域的局域网。现场总线的应用使工业信息化集成系统朝着"智能化、数字化、信息化、网络化、分散化"的方向发展，并不断拓展到智能楼宇、现代农业和交通运输等各个行业。

现场总线技术处于不断发展的状态，据不完全统计已出现了两百多种现场总线标准，其中较成功的有 Profibus、FF、LonWorks、CAN 及 HART 等。各种现场总线都有其各自的特点，且每种现场总线的应用前景也不相同。

1. Profibus 总线

Profibus 总线是在德国政府支持下，以西门子公司为主的十几家企业联合推出的现场总线，其主要应用领域有制造业自动化领域、过程控制自动化领域、电力自动化领域、楼宇自动化领域、铁路交通信号领域等。Profibus 总线由 Profibus-DP（Decentralized Periphery）、Profibus-PA（Process Automation）、Profibus-FMS（Fieldbus Message Specification）三个兼容部分组成。

Profibus-DP 可以实现高速低成本通信，用于设备级控制系统与分散式 I/O 的通信，能够取代 DC24V 或 4mA～20mA 的信号传输。通信采用 RS-485 标准，两根电缆仅能传输数据，不能供电，适用于加工自动化领域。

Profibus-PA 专为过程自动化设计，可使传感器和执行机构连接在一根总线上，并有本质安全规范。通信采用 IEC 1158-2 标准，两根电缆除了传输数据，还可以为仪表供电。

Profibus-FMS 用于车间级监控网络，是一种令牌结构实时多主网络，可满足现场控制设备（如 PLC、计算机等）大量数据的传送需求，能够提供中等传输速度的循环与非循环的通信服务，但通信的实时性要求低于现场层。

Profibus 总线支持主从系统、纯主站系统、多主从混合系统传输方式。主站具有对总线的控制权，可主动发送信息。对于多主站系统，主站之间采用令牌方式传递信息，得到令牌的站点可在事先规定的时间内拥有总线控制权，并事先规定好令牌在各主站中循环一周的最长时间。Profibus 总线的传输速率为 9.6kbit/s～12Mbit/s；最大传输距离与传输速率有关，当传输速率为 12Mbit/s 时为 100m，当传输速率为 1.5Mbit/s 时为 400m，可用中继器延长至 10km。Profibus 总线的传输介质可以是双绞线，也可以光缆，最多可挂接 127 个站点。

2. CAN 总线

CAN（Control Area Network）总线是德国博世公司为解决现代汽车中众多的控制设备与测试仪器之间的数据交换问题而开发的一种串行数据通信总线，它是一种多主总线，通信介质可以是双绞线、同轴电缆或光导纤维，通信速率可达 1Mbit/s。CAN 总线通信接口集成了 CAN 总线协议的物理层和数据链路层，可实现对通信数据的成帧处理，包括位填充、数据块编码、循环冗余检验、优先级判别等。

CAN 总线包括 CAN_H 线和 CAN_L 线。节点通过 CAN 控制器和 CAN 收发器与 CAN 总线相连。CAN 总线以差分电平传输信号，并规定当 CAN_H 线电压比 CAN_L 线电压低 0.5V 时为隐性状态，判为"逻辑 1"，即高电平；当 CAN_H 并电压比 CAN_L 线电压高 0.9V 时为显性状态，判为"逻辑 0"，即低电平。CAN 总线采用"线与"规则进行总线仲裁，如果总线中有任意一个节点将总线拉到低电平（逻辑 0），即显性状态，总线就为低电平，表示总线被占用。

CAN 总线协议的最大特点是用通信数据块编码取代了传统的站地址编码，采用这种方法的优点是可使网络内的节点个数在理论上不受限制。通信数据块的标识码可由 11 位或 29 位二进制数组成，这种按数据块编码的方式，还可使不同的节点同时接收相同的数据，这对于分布式控制系统来说非常实用。数据段的长度最多为 8 字节,可满足工业领域中的控制命令、工作状态及测试数据的一般要求,同时,8 字节不会占用总线过长时间,可以保证通信的实时性。CAN 总线协议采用 CRC 检验并提供相应的错误处理功能,可以保证数据通信的可靠性。

另外,CAN 总线采用了多主竞争式总线结构,具有多主站运行和分散仲裁的串行总线及广播通信的特点。CAN 总线中的任意节点可在任意时刻主动向网络中的其他节点发送信息而不分主次,可实现各节点之间的自由通信。CAN 总线协议已被国际标准化组织认证,技术成熟,控制芯片性价比高,特别适用于分布式测量控制系统之间的数据通信。

3. LonWorks 总线

LonWorks 总线是由美国 Echelon 公司于 1991 年推出的。LonWorks 总线通信接口采用了 ISO/OSI 开放系统互联模型的全部七层通信协议。LonWorks 总线的通信速率从 300bit/s 至 1.5Mbit/s 不等,直接通信距离可达 2700m(采用通信速率为 78kbit/s 的双绞线),支持双绞线、同轴电缆、光缆、射频、红外线、电源线等多种通信介质。LonWorks 总线广泛应用于楼宇自动化、家庭自动化、保安系统、办公设备、运输设备等领域。

4. 基金会现场总线

基金会现场总线(Fieldbus Foundation,FF)以 ISO/OSI 开放系统互联模型为基础,取其物理层、数据链路层、应用层作为基金会现场总线通信模型的相应层次,并在应用层之上增加了用户层。用户层主要针对自动化测控应用的需要,定义了信息存取的统一规则,采用设备描述语言规定了通用的功能块集。基金会现场总线有低速 H1 和高速 H2 两种通信速率。H1 的通信速率为 31.25kbit/s,通信距离可达 1900m(可利用中继器延长),可用于总线供电防爆环境。H2 的通信速率包括 1Mbit/s 和 2.5Mbit/s 两种,对应的通信距离分别为 750m 和 500m。基金会现场总线支持双绞线、光缆和无线发射等通信介质,通信采用 IEC 1158-2 标准,其物理媒介的传输信号采用曼彻斯特编码。

基金会现场总线系统结构简单,具有高度分散性与现场设备的自治性,可随时对现场设备进行诊断,系统可靠性极高。基金会现场总线系统不附属于某个企业,具有极高的开放性与极强的互操作性,用户在进行系统集成时不需要局限于某个厂商的设备供应。

7.3.5 TCP/IP 网络与工业以太网

计算机网络通信的基本结构是七层 OSI/OSI 开放系统互联参考模型。而以太网是目前主流的网络之一,具有传播速率高、网络资源丰富、系统功能强、安装简单和使用维护方便等很多优点。TCP/IP 是一个协议族,其核心协议主要包括 TCP(传输控制协议)、UDP(用户数据报协议)和 IP(网际协议)。在 TCP/IP 中,与 OSI/OSI 开放系统互联参考模型的网络层等价的部分为 IP,另外一个兼容的协议层为传输层,TCP 和 UDP 都运行在这一层。OSI/OSI 开放系统互联参考模型的高层与 TCP/IP 的应用层是对应关系。对主要协议起补充作用的协议有 FTP(文件传输协议)、TELNET(远程登录协议)、SMTP(简单邮件传输协议)、DNS(域名服务协议)、SNMP(简单网络管理协议)和 RMON(远程网络监测协议)等。在信息化系统和工业自动化系统的集成中,TCP/IP 具有非常广泛的应用。

工业环境对工业控制网络可靠性的要求极高,普通商业以太网在实时性、环境适应性、冗余性、供电安全、网络管理、网络安全等方面进行了许多改进,从而形成了工业以太网。目前主要有 4 种工业以太网协议:HSE、Modbus TCP/IP、ProfiNet、Ethernet/IP。

HSE（High Speed Ethernet）是 IEEE 802.3 协议、TCP/IP 与 FFⅢ 的结合体。HSE 技术的核心部分是链接设备，它具有网桥和网关。网桥能够连接多个 H1 总线网段，H1 网段中的 H1 设备之间能够进行对等通信而不需要主机系统的干涉。网关可以将 HSE 网络连接至其他的工厂控制网络和信息网络，将来自 H1 总线网段的报文数据集合起来并将 H1 地址转化为 IP 地址。

Modbus TCP/IP 由施耐德公司推出，该协议以一种非常简单的方式将 Modbus 帧嵌入 TCP 帧中，使 Modbus 与以太网和 TCP/IP 网络相结合，从而构成 Modbus TCP/IP 网络。在 Modbus TCP/IP 网络中，要求每一个呼叫都有一个应答，这种呼叫/应答的机制与 Modbus 的主/从机制相互配合，可以使交换式以太网具有很高的确定性，同时利用 TCP/IP 并过网页形式可以使用户界面更加友好。

ProfiNet 由德国西门子公司于 2001 年发布，该协议将 Profibus 与互联网相结合，构成了 ProfiNet 网络，并建立了基于组件对象模型（COM）的分布式自动化系统。

Ethernet/IP 是由 ODVA（Open Devicenet Vendors Association）和 ControlNet International 两大工业组织推出的，是一种面向对象的协议，能够保证网络中隐式控制的实时 I/O 信息和显式信息（包括用于组态、参数设置、诊断等的信息）的有效传输。

7.3.6 无线通信

无线通信是一种利用电磁波信号可以在空间中传播的特性进行信息交换的通信方式。无线通信具有很多优点，比如，成本较低、不必建立物理线路、无须铺设线缆、易于网络的扩展和改变、对抗环境变化的能力较强（在使用要求或周边环境发生变化时，无线网络只需要进行很小的调整就能适应新的要求或环境）。另外，无线网络的许多故障可以通过远程操作完成诊断。

无线通信技术按传输距离可分为短（近）距离无线通信技术和远距离无线传输技术两大类。应用较为广泛的短距离无线通信技术有 RFID、Zig-Bee、蓝牙（Bluetooth）、WLAN（无线局域网）、超宽带（UWB）和近场通信（NFC）。典型的远距离无线传输技术主要有 GPRS/CDMA、LTE、数传电台、扩频微波、无线网桥及卫星通信、短波通信等。远距离无线传输技术主要应用于较为偏远或不宜铺设线路的地区，如煤矿、海上、有污染或环境较为恶劣的地区。

1. 蓝牙

蓝牙是一种短程宽带无线电技术，用于两个蓝牙设备之间的对称连接，可以替代很多应用场景中便携式设备的线缆。蓝牙使用 2.4GHz ISM（工业、科学、医疗）频段，不需要申请许可证。大多数国家使用 79 个频点，载频为 $(2402+k)$ MHz（$k=0$、1、2、…、78），载频间隔为 1MHz。蓝牙采用 TDD 时分双工方式，使用跳频扩谱（FHSS）、时分多址（TDMA）、码分多址（CDMA）等先进技术，可以在小范围内建立多种信息传输通道。

蓝牙设备分为三个功率等级，分别是 100mW（20dBm）、2.5mW（4dBm）和 1mW（0dBm），对应的有效传输距离分别为 100m、10m 和 1m。5.1 标准的蓝牙传输距离更广（300m）、功耗更低、传输速度更快（2Mbit/s），可同时连接两个音频设备，并增加了定位功能，精度可达厘米级。

2. WLAN

WLAN（Wireless Local Area Network）有许多标准协议，如 IEEE 802.11 协议、HiperLAN 协议等。Wireless Fidelity（无线保真技术，简称 Wi-Fi）是一种基于 IEEE 802.11 协议的无线局域网技术。具有典型意义的 IEEE 802.11 标准有 IEEE 802.11a、IEEE 802.11b、IEEE 802.11g、

IEEE 802.11n、IEEE 802.11ac 和 IEEE 802.11ax，表 7-6 列出了它们的简要技术特性。

表 7-6 IEEE 802.11 系列标准的简要技术特性

IEEE 标准号	发布时间	工作频段	非重叠信道数	最高速率	频 带	调制方式	兼容性
IEEE 802.11b	1999 年	2.4GHz	3	11Mbit/s	20MHz	CCK/DSSS	802.11b
IEEE 802.11a	1999 年	5GHz	12/24	54Mbit/s	20MHz	OFDM	802.11a
IEEE 802.11g	2003 年	2.4GHz	3	54Mbit/s	20MHz	CCK/DSSS/OFDM	802.11b/a
IEEE 802.11n	2009 年	2.4/5GHz	15	600Mbit/s（4×4，40MHz）	20/40MHz	4×4MIMO、OFDM/DSSS/CCK	802.11a/b/g
IEEE 802.11ac	2012 年	5GHz	8	6933.3Mbit/s（8×8，160MHz）	20/40/80/160MHz	8×8MIMO、OFDM/16~256QAM	802.11a/b/g/n
IEEE 802.11ax	2019 年	2.4/5GHz		9607.8Mbit/s（8×8，160MHz）	20/40/80/160MHz	8×8MU-MIMOOFDMA/16~1024QAM	802.11a/b/g/n/ac

WLAN 使用的射频范围是 2.4GHz 频段（2.4GHz～2.4835GHz）和 5GHz 频段（频率范围是 5.150GHz～5.350GHz 和 5.725GHz～5.850GHz），前者属于特高频（300MHz～3GHz），后者属于超高频（3GHz～30GHz）。

WLAN 系统常用设备有 AC（Access Point Controller，接入控制器）和 AP（Access Point，无线接入点）等。AP 相当于连接有线网和无线网的桥梁，其主要作用是将各个无线网络客户端连接到一起，然后将这些无线网络客户端接入以太网，从而实现网络无线覆盖的目的，典型覆盖距离为几十米至上百米。大多数 AP 还具有 Bridge 模式或 Repeater 模式，可以与其他 AP 进行无线连接，扩大网络的覆盖范围。无线局域网络的架构主要分为独立 AP 架构（胖 AP）和基于控制器的 AP 架构（瘦 AP）两种。独立 AP 架构采用的 AP 除了具备无线接入功能，还具备 WAN 接口和 LAN 接口，这两个接口能实现地址转换（NAT）、DHCP 服务、DNS 服务、VPN 接入、防火墙、网络安全等，由于功能任务较多，故称为胖 AP（自治性 AP），适用于客户数量不多、覆盖范围小、管理相对独立的小型无线局域网。瘦 AP 属于不能单独配置或单独使用的无线 AP，无线局域网需要使用 AC 作为接入控制设备，将来自不同 AP 的数据进行汇集并接入互联网，同时完成对 AP 的配置管理、无线用户的认证、管理及宽带访问等控制功能。从组网的角度来看，为了实现可运营 WLAN 网络的快速部署、网络设备的集中管理、精细化的用户管理，企业用户及运营商更倾向于采用可集中控制的 WLAN 组网（瘦 AP+AC），以实现 WLAN 系统及设备的可运维、可管理，AC 和瘦 AP 遵循的协议一般为 CAPWAP 协议。

3. LTE

LTE（Long Term Evolution，长期演进）项目最初是 3G 技术的演进，后经不断完善和升级成为 4G。LTE 系统引入了 OFDM（Orthogonal Frequency Division Multiplexing，正交频分复用）技术和 MIMO（Multi-Input and Multi-Output，多输入和多输出）技术等关键技术，显著增加了频谱效率和数据传输速率。例如，LTE 网络可实现 300Mbit/s 的下载速率和 50Mbit/s 的上传速率；在 E-UTRA 环境下可借助 QOS 技术实现低于 5ms 的延迟，可有效缩短等待时间、提高用户数据传输速率、改善系统容量和覆盖率、降低运营成本。

LTE 系统规定了三类天线技术：MIMO 技术、波束成形技术和分集技术。分集式天线（Diversity Aerials，DIV 天线）主要用于抵消快衰落对接收信号的影响。由于信号在传输过程中会因反射等干扰产生多径分量信号，接收端利用多个天线同时接收不同路径的信号，然后对这些信号进行筛选、合并，以减轻信号衰落的影响，这对提升信号鲁棒性、增强 LTE 系统能力非常关键。

LTE 系统包括 TD-LTE（TDD）和 FDD-LTE（FDD）两种制式，这两种制式差异很小。TDD 和 FDD 的主要区别在于采用的双工方式不同，FDD 采用频分双工，TDD 采用时分双工。TDD 在同一个频率信道中按时隙分配进行接收和发送。FDD 在分离的两个对称频率信道中进行接收和发送，用保护频段来分离接收信道和发送信道。TDD 容易较好地保证频段的利用率，但需要通信双方实现较高精度的时间同步。在高层架构方面，TDD 和 FDD 在总体上保持了一致。

LTE 系统按能达到的峰值速率对用户设备进行了分级，也就是对用户设备支持的上下行速率进行了分级。其中，CAT4 的最大上/下行速率为 50/150Mbit/s，CAT6 的最大上/下行速率为 50/300Mbit/s，CAT8 的最大上/下行速率为 600/1200Mbit/s。

7.3.7 软件接口技术

1．J2EE/EJB

EJB（Enterprise JavaBean）是可重用的、可移植的 J2EE 组件。EJB 的类型主要包括三种：会话 bean、实体 bean 和消息驱动的 bean。会话 bean 执行独立、解除耦合的任务，如检查客户的信用记录。实体 bean 是一种复杂的业务实体，它代表的是数据库中存在的业务对象。消息驱动的 bean 用于接收异步 JMS 消息。

EJB 由封装业务逻辑的方法组成，远程和本地的客户端可以调用这些方法。EJB 在容器中运行，容器和服务提供者实现了 EJB 的基础构造，基础构造可以完成 EJB 的分布式事务管理并保证 DJB 的安全等，这样开发人员只要关注 bean 中的业务逻辑即可。另外，EJB 规范定义了基础构造和 Java API 为适应各种情况的要求，而没有指定具体实现的技术、平台、协议。

EJB 的优点是基于规范的平台，不受特定的操作系统或硬件平台的约束；基于组件体系结构，简化了复杂组件的开发流程；提供对事务安全性及持续性的支持；支持多种中间件技术。但是与特定的某个操作系统或平台的实现技术相比，EJB 的性能还有待进一步提高，且资源占用量较大。

2．Web Service

Web Service 是一种自包含、模块化的应用，是基于网络的、分布式的模块化组件，它执行特定的任务，遵守具体的技术规范，这些规范使 Web Service 能与其他兼容的组件进行互操作。Web Service 可以在网络（一般是互联网）中被描述、发布、定位和调用。

Web Service 主要由三部分组成：传输协议、服务描述和服务发现。Web Service 通过使用标准协议（如 HTTP）交换 XML 消息，进而实现与客户端进行通信。

因为 Web Service 是基于 HTTP、XML 和 SOAP 等标准协议实现的，所以即使由不同的语言编写并且在不同的操作系统中运行，它们之间也可以进行通信。Web Service 适用于网络中不同系统的分布式应用，缺点是当 XML 内容较多时，解释程序的执行效率较低，一般不用于大批量数据交互的接口。

3．消息中间件

基于消息中间件的机制主要通过消息传递来完成系统之间的协作和通信。

通过消息中间件可以将应用扩展至不同的操作系统和不同的网络环境。通过使用可靠的消息队列，消息中间件可以提供支持消息传递所需的目录、安全和管理服务。当某个事件发生时，消息中间件通知服务方应该进行何种操作。消息中间件的核心装置安装在需要进行消息传递的系统中，并在这些系统之间建立逻辑通道，由消息中间件实现消息传递。消息中间件有同步和异步两种工作方式，这两种工作方式都属于点到点的工作机制，因而消息中间件可以很好地支持面向对象的编程方式。消息中间件具有消息队列、触发器、信息传递、数据格式翻译、安全性控制、数据广播、错误恢复、资源定位、消息及请求的优先级设定、扩展的调试等功能。

消息中间件可以保证消息包正确、可靠、及时地传输，而不会占用大量的网络带宽；还可以跟踪事务，并通过将事务存储在磁盘中实现在网络出现故障时自动恢复系统。消息中间件为不同的企业应用系统提供了跨平台的消息传输服务；除支持同步传输外，还支持异步传输，这有助于在应用之间可靠地传输消息。

4．Socket

Socket（套接字）用于描述 IP 地址和端口。应用程序通过 Socket 向网络发出请求或应答网络请求。

Socket 以客户端/服务器模式提供服务。服务器有一个进程（或多个进程）在指定的端口等待客户连接，服务程序等待客户的连接信息，建立连接之后就可以按设计的数据交换方法和格式传输数据。客户端向服务器发出连接请求，并发送服务申请消息包，服务器向客户端返回业务接口服务处理结果消息包。

Socket 接口不需要其他软件支持，只要接口双方做好相关约定（包括 IP 地址、端口号、包的格式）即可传输数据；消息包的格式没有统一标准，可以随意设定，实现简单、性能高，但这也带来了标准性差、扩展性差的问题。

5．CORBA

CORBA（公共对象请求代理体系结构）是一种具有互操作性和可移植性的分布式、面向对象的应用标准，具有模型完整、独立于系统平台和开发语言、应用广泛的特点。

CORBA 主要分为 3 个层次：对象请求代理、公共对象服务和公共设施。对象请求代理处于底层，规定了分布对象的定义（接口）和语言映射、实现对象间的通信和互操作，是分布对象系统中的"软总线"；对象请求代理层定义了很多公共服务，可以提供诸如并发服务、名字服务、事务（交易）服务、安全服务等多种服务，同时负责寻找适于提供这些服务的对象，并在服务完成后返回结果。顶层的公共设施则定义了组件框架，提供可直接被业务对象使用的服务，该层也给出了业务对象有效协作所需的规则。

客户将所需请求提交给对象请求代理，对象请求代理指定用于完成这个请求的对象实例并激活这个对象，同时将完成请求所需要的参数传送给这个激活的对象。除了客户传送参数的接口，客户不需要了解其他信息，不必关心服务器对象与服务无关的接口信息，这大大简化了客户的工作。对象请求代理需要支持不同机器之间、不同应用程序之间的通信及数据转换，并支持多对象系统的无缝连接。

CORBA 以中间件的方式实现不同编程语言的协同工作；对操作系统没有特殊要求和依赖；与主流的体系架构（如 J2EE）关系密切。当需要集成的两个企业应用软件互为异构且需要使用不同的编程语言（如 Java 与 C++）进行编程时，CORBA 可以实现两种语言的协同工作。但 CORBA 系统庞大而复杂，并且技术和标准的更新相对较慢。

6. 文件接口

文件接口定义了服务器与客户端的文件存放路径、文件名命名规则和文件格式，并开放了相应的读/写操作权限。

文件接口的通信过程包括如下三种。

（1）在同一主机中可以共享一个路径。

（2）服务器向客户端开放路径，客户端定时查看此路径中是否有新的文件，可以采用 FTP 等方式取走服务器开放的路径中的文件。

（3）客户端向服务器开放路径，服务器将文件写入客户端，客户端定时查看此路径中是否有新的文件。

文件接口的网络传输方式应支持对通信机的 IP 地址、账户、口令、存取目录的验证；并支持 FTP、FTAM 等主流网络协议。文件接口批量传输数据应实时、高效和安全可靠，并具备断点续传、数据压缩、差错控制等功能。

文件接口的优点是不需要其他软件支持，只要接口双方约定好路径、格式、处理方式即可传输数据；实现简单；批量传输数据效率较高。文件接口的缺点是文件格式没有统一标准，标准性差；需要开放文件系统权限，安全性差。

7. 过程调用和共享数据表

过程调用和共享数据表技术实现了服务器向客户端开放可直接调用的过程和可直接进行读写操作的共享数据表。客户端可以直接调用服务器开放的过程或对服务器开放的共享数据表进行增、删、改、查操作，完成业务处理。客户端也可以向开放的共享数据表中写入服务请求数据，服务器定时扫描共享数据表并做出响应（根据服务请求数据中的接口服务类型代码执行不同的业务逻辑操作，然后向共享数据表中写入处理结果数据），客户端定时扫描共享数据表，根据处理结果数据做出响应（进行业务后续处理）。

此类接口不需要其他软件支持，只要接口双方做好相关约定即可传输数据，实现简单、传输批量数据效率较高；但该类接口没有统一标准，而且需要开放数据库权限，安全性差。

思考题

1. 简述安全防范综合管理平台的组网方式可能受哪些因素影响。
2. 试用一款安全防范综合管理平台，并具体分析其中一项功能的应用及其实际意义。
3. 在构建安全防范综合管理平台时可能采用的冗余措施有哪些？
4. 在进行安全防范系统的布线时可在哪些方面借鉴综合布线系统？
5. 在使用 RS 总线时应注意哪些问题？
6. 简述工业以太网在安全防范系统中的应用前景。
7. 举例说明无线通信技术在安全防范系统的集成组网中如何发挥作用。
8. 试分析软件接口技术在安全防范系统集成中的应用。

第8章

特殊对象的安全防范工程设计

内容提要

本章对 GB 50348—2018《安全防范工程技术标准》中关于文物保护单位和博物馆、银行营业场所、重要物资储存库、铁路车站、民用机场五类高风险对象的安全防范工程设计的有关规定，以及临时性安全防范工程的设计进行了介绍。

8.1 高风险对象

由建设部、国家质检总局联合发布的 GB 50348—2004《安全防范工程技术规范》将不同风险防护对象的安全防范工程分为高风险对象的安全防范工程设计和普通风险对象的安全防范工程设计两大类，主要对文物保护单位和博物馆、银行营业场所、重要物资储存库、民用机场、铁路车站五类高风险对象的安全防范工程设计提出了具体要求，同时也对普通风险防护对象中的各类通用型公共建筑和居民住宅小区的安全防范工程设计提出了具体要求。

8.1.1 高风险对象的定义

GB 50348—2004《安全防范工程技术规范》中的高风险对象是相对普通风险对象而言的，通常指依法确定的治安保卫重点单位。

GB 50348—2018《安全防范工程技术标准》定义的高风险对象包括依法确定的治安保卫重点单位和防范恐怖袭击重点目标两大类。

1. 治安保卫重点单位

国务院第 421 号令《企业事业单位内部治安保卫条例》第十三条规定：关系全国或者所在地区国计民生、国家安全和公共安全的单位是治安保卫重点单位。治安保卫重点单位由县级以上地方各级人民政府公安机关按照规定范围提出，报本级人民政府确定。《企业事业单位内部治安保卫条例》规定了十一类治安保卫重点单位，具体如下：

- 广播电台、电视台、通讯社等重要新闻单位；
- 机场、港口、大型车站等重要交通枢纽；
- 国防科技工业重要产品的研制、生产单位；

- 电信、邮政、金融单位；
- 大型能源动力设施、水利设施和城市水、电、燃气、热力供应设施；
- 大型物资储备单位和大型商贸中心；
- 教育、科研、医疗单位和大型文化、体育场所；
- 博物馆、档案馆和重点文物保护单位；
- 研制、生产、销售、储存危险物品或者实验、保藏传染性菌种、毒种的单位；
- 国家重点建设工程单位；
- 其他需要列为治安保卫重点的单位。

具体高风险防护对象的确定，应根据《企业事业单位内部治安保卫条例》的规定和实际情况，制定相应的标准或管理规章。

2．防范恐怖袭击重点目标

自 2016 年 1 月 1 日起施行的《中华人民共和国反恐怖主义法》第三十一条规定：公安机关应当会同有关部门，将遭受恐怖袭击的可能性较大以及遭受恐怖袭击可能造成重大的人身伤亡、财产损失或者社会影响的单位、场所、活动、设施等确定为防范恐怖袭击的重点目标，报本级反恐怖主义工作领导机构备案。

8.1.2 高风险对象的风险等级与防护级别

对于高风险对象的风险等级和防护级别的界定，TC100 于 1992 年制定了四项强制性行业标准：GA 26—1992《军工产品储存库风险等级和安全防护级别的规定》、GA 27—1992《文物系统博物馆风险等级和安全防护级别的规定》、GA 28—1992《货币印制企业风险等级和安全防护级别的规定》、GA 38—1992《银行营业场所风险等级和防护级别的规定》。1996 年，针对上述高风险对象的安全防范工程设计，出台了两项推荐性国家标准：GB/T16571—1996《文物系统博物馆安全防范工程设计规范》和 GB/T16676—1996《银行营业场所安全防范工程设计规范》。这两项推荐性国家标准的主要内容经修改后已纳入 GB 50348—2018《安全防范工程技术标准》中的"文物保护单位、博物馆安全防范工程设计"和"银行营业场所安全防范工程设计"两节中。TC100 于 2016 年又对《文物系统博物馆风险等级和安全防护级别的规定》进行了修订，改为 GA 27—2016《文物系统博物馆风险等级和安全防护级别的规定》；2015 年又对《银行营业场所风险等级和防护级别的规定》进行了修订，改为 GA 38—2015《银行营业场所安全防范要求》。

GB 50348—2018《安全防范工程技术标准》主要对文物保护单位和博物馆、银行营业场所、重要物资储存库、民用机场、铁路车站五类高风险对象的安全防范工程设计进行了规定。上述五类高风险对象的情况虽然都不一样，但仍有共同之处，因此可以统一将它们的风险等级和防护级别划分为三个等级（取消了将原银行营业场所划分为四个风险等级和相应的防护级别的内容）。

1．防护对象风险等级的划分原则

防护对象风险等级的划分应遵循下列原则。

（1）根据防护对象自身的价值、数量及其周围的环境等因素，判定防护对象受到威胁或承受风险的程度。

（2）防护对象的选择可以是单位、部位（建筑物内外的某个空间）或具体的实物目标。不同类型防护对象的风险等级的划分可采用不同的判定模式。

（3）防护对象的风险等级分为三级，按风险由大到小分为一级风险、二级风险和三级风险。

安全防范系统的防护级别应与防护对象的风险等级相适应。安全防范系统的防护级别分为三级，按其防护能力由高到低分为一级防护、二级防护和三级防护。

上述等级与级别的划分原则适用于文物保护单位和博物馆、银行营业场所、民用机场、铁路车站和重要物资储存库这五类特殊对象。

2．高风险对象风险等级与防护级别的确定

高风险对象风险等级与防护级别的确定应符合下列规定。

（1）文物保护单位、博物馆风险等级和防护级别的划分按照 GA27—2016《文物系统博物馆风险等级和防护级别的规定》执行。

（2）银行营业场所风险等级和防护级别的划分按照 GA38—2015《银行营业场所安全防范要求》执行。

（3）重要物资储存库风险等级和防护级别的划分根据国家法律、法规，以及由公安部与相关行政主管部门共同制定的规章，并按防护对象风险等级的划分原则进行确定。

（4）民用机场风险等级和防护级别遵照中华人民共和国民用航空总局和公安部的有关管理规章，根据国内各民用机场的性质、规模、功能进行确定，并应符合如表 8-1 所示的规定。

表 8-1　民用机场风险等级与防护级别

风 险 等 级	民 用 机 场	防 护 级 别
一级	国家规定的中国对外开放一类口岸的国际机场及具有特殊安全防范要求的机场	一级
二级	除定为一级风险以外的其他省会城市国际机场	二级或二级以上
三级	其他机场	三级或三级以上

（5）铁路车站的风险等级和防护级别遵照中华人民共和国铁道部和公安部的有关管理规章，根据国内各铁路车站的性质、规模、功能进行确定，并应符合如表 8-2 所示的规定。

表 8-2　铁路车站风险等级与防护级别

风 险 等 级	铁 路 车 站	防 护 级 别
一级	特大型旅客车站、既有客货运特等站及具有特殊安全防范要求的车站	一级
二级	大型旅客车站、既有客货运一等站、特等编组站、特等货运站	二级
三级	中型旅客车站（最高聚集人数不少于 600 人）、既有客货运二等站、一等编组站、一等货运站	三级

注：表中铁路车站以外的其他车站防护级别可为三级。

铁路旅客车站的建筑规模根据旅客最高聚集人数 H 确定。H 为铁路旅客车站全年旅客上车最多月份中，一昼夜在候车室内瞬时（8min～10min）出现的最大候车（含送客）人数的平均值。

GB 50226—2007《铁路旅客车站建筑设计规范》规定：$H>10000$ 的为特大型旅客车站；$2000<H<10000$ 的为大型旅客车站；$400<H<2000$ 的为中型旅客车站。同时该规范规定最高聚集人数不少于 600 人的中型旅客车站的风险等级为三级。

既有客货运特等站、既有客货运一等站、特等编组站、特等货运站、既有客货运二等站、一等编组站、一等货运站的风险等级按有关规定确定。

8.2 文物保护单位、博物馆的安全防范工程的设计

8.2.1 一般规定

新建、扩建、改建的文物保护单位、博物馆的安全防范工程（包括考古所（队）、文物商店等存放文物的单位与建筑的安全防范工程）的设计应满足以下要素。

1. 文物保护单位、博物馆安全防范工程的设计应考虑的因素

（1）对相关业务活动的文物流、人员流、车流和信息流进行分析，分清内外不同流的流向及这些流之间的关系，以便进行全面防护。

安全防范系统是以信息技术为基础的高科技系统。信息流的安全性直接关系着安全防范系统的正常运行和效能的发挥。技防系统的自身防护包括对外来直接侵犯的防护，同时也包括对通过信息网络的隐蔽入侵和破坏的防护。不仅要保护有形的物质载体的安全，防止有形的入侵破坏、盗窃、非法复制等犯罪，更要防止无形的窃听、窥视、改写等隐性入侵对安全防范系统信息网络、中央控制系统的破坏。因此，以发展的眼光来看，应综合考虑人、物、资金、信息四方面的安全。在设计时应当区分物物流、人员流、车流、信息流的内部流向与外部流向，确定内外流向的动态界面和管理方式，进行全面的防护。

在文物保护单位、博物馆类建筑的设计、建设、运行中，确立安全防范系统第一和报警优先的地位、技防系统的信息网络和中央控制系统不宜与其他系统共用或进行物理连通的原则是必要的。当其他系统与技防系统实现物理连接时（非技术原因），应通过安全控制网关等装置保证技防系统的安全可靠运行。不仅要在技术上重视安全防范系统的信息安全，还应在制度和管理方面强化对安全防范系统的上机操作安全。不能利用安全防范系统的主机进行收发电子邮件、读写外来磁盘、上网游戏等操作。

（2）优先选择纵深防护体系，区分纵深层次、防护重点，划分不同等级的防护区域。当由于外界环境条件或资金限制不能采用整体纵深防护措施时，应采取局部纵深防护措施。

文物保护单位、博物馆安全防范工程的设计要根据建筑与环境特点，分层次、分纵深、界线分明。在构建文物保护单位的安全防范系统时一定要注意结合周围治安情况和物防条件，科学划分禁区、防区。

（3）保证在现场环境条件下系统不间断运行的可靠性，包括在非常情况下外系统（通信、电源）中断时的系统不间断运行。

（4）当文物保护单位、博物馆与其他单位为联体建筑群时，文件保护单位、博物馆的安全防范系统必须独立组建。当文物保护单位、博物馆与其他建筑联体建造时，与水、电、风等有关的设备通常采取共用方式。但为了保证文物保护单位、博物馆的安全性，同时考虑安全防范系统的保密性，文物保护单位、博物馆的安全防范系统应当单独设置、单独构建。

（5）当文物保护单位作为博物馆使用时，其安全防范工程的设计必须符合文物保护要求，不应造成文物建筑的损伤，不得对原文物建筑结构进行任何改动。

（6）安全防范系统应自敷专线，并建立专用的通信系统。一般要求安全防范系统至少应具备一套独立于公共通信系统之外的专用双向通信系统（可以是无线对讲等形式）。

（7）为适应陈列设计、功能布局调整的需要，线缆的布线和布防点位置的设置宜保证一定

冗余度。

2．文物保护单位、博物馆的安全防范工程的设计规定

根据文物保护单位、博物馆的特点，安全防范工程设计除应符合一般安全防范工程设计的规定外，还应符合下列规定。

（1）安全防范系统应具有非法行为控制、应急处置和日常安全防范日志管理等功能，宜结合建筑物特点和出入口管理的要求，安装防爆安全检查装置。

博物馆是对公众广泛开放的场所，其安全防范系统的设计要贯彻预防为主、防打结合的原则。在建设文物、博物馆类建筑的安全防范工程时，要为打击刑事犯罪创造条件，起到提前预警、争取处警时间；延缓非法活动、缩小和分散被破坏范围；事后追溯、查证的作用。尽可能实现在外围区域制止入侵行为。加强对文物通道的防范，加强在举行重大礼仪活动时的秩序管理。为了保证重大礼仪活动的需要，博物馆的入口、衣帽间等宜准备可移动的防爆安检和处理装置。

（2）安全防范系统的防护范围应包括陈列、存放文物的场所、文物出入通道等。

（3）当具备现场勘察条件时，应检查文物库房、文物陈列室、陈列形式，以及出入口、墙体、门窗、风管等开口部位的实体防护设施与防护能力等。

实体防护是进行文物保护的重要措施，在安全防范工程中应优先采用。在工程设计中应进行现场勘察，对建筑的实体防护能力进行评估，并提出必要的建议。

8.2.2 一级防护工程设计

对于文物保护单位、博物馆的安全防范工程的周界防护，陈列室、库房、文物修复室等应设立室外或室内周界防护系统。

周界包括建筑物（群）外周界、室外周界和室内周界。按照纵深防护原则，周界也包括建筑物外监视区的边界线、建筑物内不同防护区之间的边界线和警戒线。例如，监视区与防护区、防护区与禁区、不同等级防护区之间的区域边界线。周界还包括外部的建筑边界和内部不同功能区之间的分界面。

文物保护单位、博物馆的安全防范工程中的监视区是重要部位，监视区内应设置视频监控装置。

（1）文物保护单位、博物馆的安全防范工程中的出入口的防护规定如下。

- 要进行防护和控制的出入口包括周界围栏、围墙的出入口；展厅、库房的出入口；进入防护区的地下通道、天窗和风管等。这里的出入口不仅包括正常情况下人员、车辆的出入通道，还包括能够容纳人与动物非正常进出的空间。
- 仅供内部工作人员使用的出入口应安装出入口控制装置。
- 出入口控制装置宜具有防胁迫进入的报警功能。为了防止出现被胁迫等意外情况，出入口控制装置宜与监控中心安全管理系统联网，保证监控中心可以针对不同出入情况进行不同的处置。
- 出入口控制系统宜有防尾随措施。不能单独依靠技术防范手段来解决多人跟进的问题，出入口控制系统宜配合相应的物防、人防措施，以有效防止多人跟进现象的发生。

（2）文物保护单位、博物馆的安全防范工程中的文物卸运交接区的防护规定如下。

- 文物卸运交接区应为禁区。因为文物卸运交接区是文物停放、卸运、点交的重要区域，各单位人员交叉、人车物交错、文物逗留时间较长，是事故多发的高风险部位，所以必须设为禁区。

- 文物卸运交接区应安装摄像机和周界防护装置。
- 文物卸运交接区宜安装入侵探测装置。
- 文物卸运交接区可以不是单独专用区域。但凡是作为文物卸运交接区使用的，则必须按照文物卸运交接区的安全要求进行设计。

（3）文物保护单位、博物馆的安全防范工程中的文物通道的防护规定如下。

- 文物通道的出入口应安装出入口控制装置、紧急报警按钮和对讲装置。
- 文物通道内应安装摄像机，对文物可能通过的地方都应能够跟踪摄像，不留盲区，而且必须记录文物卸运交接的全过程。
- 开放式文物通道应安装周界防护装置。由于文物通道中的文物是动态的，安全控制相对薄弱，因此防护措施必须有所加强。

（4）文物保护单位、博物馆的安全防范工程中的文物库房的防护规定如下。

- 文物库房应设为禁区。
- 总库门宜安装具有防盗、防火、防烟、防水等功能的特殊安全门。
- 文物库房内必须配置具有不同探测原理的探测装置。复合入侵探测器只能视为具有一种探测原理的探测装置，不能视为具有不同探测原理的探测装置。
- 文物库房内的通道和重要部位应安装摄像机，保证可以 24 小时实施监视。
- 文物库房的出入口必须安装与安全管理系统联动或集成的出入口控制装置，并能区分正常情况与被劫持情况。
- 当文物库房的墙体、天花板、地板等与公众活动区相邻时宜配置振动探测装置。

（5）文物保护单位、博物馆的安全防范工程中的展厅的防护规定如下。

- 展厅内应配置具有不同探测原理的探测装置。
- 珍贵文物展柜应安装报警装置，并设置实体防护。
- 展厅内应设置以视频图像复核为主、现场声音复核为辅的报警信息复核系统。视频图像应能清晰反映监视区域内人员的活动情况；声音复核装置应能清晰地探测现场的话音，以及走动、撬、挖、凿、锯等动作发出的声音。

（6）文物保护单位、博物馆的安全防范工程中的监控中心的设计除应符合 GB 50348—2018《安全防范工程技术标准》中的相关规定外，还应符合下列规定。

- 应组成以计算机为核心的安全管理系统。
- 应对重要防护部位进行 24 小时实时录音、录像。
- 应为监控中心设置专用工作间。新建工程的监控中心的使用面积不应小于 $64m^2$，并应设置专用的卫生间、设备间和专用空调设备。
- 按照有关法规，博物馆的安全保卫工作由专职的保卫部门实施。因此，一级防护的安全防范工程的监控中心应独立设置，不能与计算机系统、建筑设备监控（BAS）系统合用机房。由于安全防范部门的职责是对整个博物馆的所有安全问题进行统一管理，通常包括安全防范和消防两大任务，因此监控中心可以与消防系统接处警中心共用一室。
- 应设置防盗安全门，防盗安全门应安装出入口控制装置。室外通道应安装摄像机。当监控中心安装一道以上防盗安全门时，既要保证开门空间，又要保证预警时间，因此内外防盗安全门之间的距离一般不小于 3m。

- 应安装防盗窗。防盗窗宜采用防弹材料。当外墙有窗户时，一般应安装防弹玻璃。
- 主电源和备用电源应有足够容量。应根据入侵报警系统、视频监控系统、出入口控制系统等的不同供电消耗，按总系统额定功率的 1.5 倍设置主电源容量。应根据管理工作对主电源断电后系统防范功能的要求，选择配置持续工作时间符合管理要求的备用电源。
- 系统管理主机宜具有双机热备份功能。
- 系统应有较强的容错能力，具有在线帮助功能。
- 监控中心是安全防范系统的核心部位，是接警、处警的指挥中心，必须设为禁区。

8.2.3 二级防护工程设计

（1）文物保护单位、博物馆的二级防护安全防范工程中的周界防护应符合一级防护安全防范工程中的周界防护的规定。

（2）文物保护单位、博物馆的二级防护安全防范工程中的出入口防护应符合一级防护安全防范工程中的出入口防护的前 3 条规定。

（3）文物保护单位、博物馆的二级防护安全防范工程中的文物卸运交接区防护应符合一级安全防范防护工程中的文件卸运交接区防护的规定。

（4）文物保护单位、博物馆的二级防护安全防范工程中的文物通道的防护应符合下列规定。

- 文物通道的出入口门体至少应安装机械防盗锁（也可以采用出入口控制装置或非电子身份识别装置）。当因条件限制采用非电子的身份识别装置（如专用钥匙）时，应该同时配备报警按钮等报警设施。
- 文物通道内应安装摄像机，对文物通过的地方都能跟踪摄像。

（5）文物保护单位、博物馆的二级防护安全防范工程中的文物库房的防护应符合下列规定。

- 应符合一级防护安全防范工程中的文物库房防护的前 5 条规定。
- 当库房墙体为建筑物外墙时，应配置防撬、挖、凿等动作的探测装置。在外围整体防范能力较低的情况下，应对重要防护部位的局部技防措施进行加强。

（6）文物保护单位、博物馆的二级防护安全防范工程中的展厅的防护应符合下列规定。

- 应符合一级防护安全防范工程设计中的展厅防护的前 2 条规定。
- 应设置以现场声音复核为主、视频图像复核为辅的报警信息复核系统，并满足一级防护安全防范工程中的展厅防护的第 3 条规定。

（7）文物保护单位、博物馆安全防范工程中的监控中心（控制室）除应符合 GB 50348—2018《安全防范工程技术标准》中的相关规定外，还应符合下列规定。

- 监控中心应组成以计算机为核心的安全管理系统。
- 监控中心应对重要防护部位进行 24 小时实时录音、录像。
- 应为监控中心设置专用工作间。监控中心不应与其他控制室共用一室（消防系统接处警中心除外），新建工程的监控中心使用面积应为 $20m^2 \sim 50m^2$。
- 应安装防盗安全门、防盗窗。
- 防盗安全门体宜安装出入口控制装置。

- 主电源和备用电源应有足够容量。应根据入侵报警系统、视频监控系统、出入口控制系统等的不同供电消耗，按总系统额定功率的 1.5 倍设置主电源容量；应根据管理工作对主电源断电后系统防范功能的要求，选择配置持续工作时间符合管理要求的备用电源。
- 系统主机宜采取备份工作方式。

8.2.4 三级防护工程设计

（1）文物保护单位、博物馆的三级防护安全防范工程中的周界防护应符合一级防护安全防范工程中的周界防护的规定。

（2）文物保护单位、博物馆的三级防护安全防范工程中的出入口的防护应符合下列规定。

- 需要进行防护和控制的出入口包括周界围栏、围墙的出入口；展厅、库房的出入口；进入防护区的地下通道、天窗和风管等。
- 仅供内部工作人员使用的出入口宜安装出入口控制装置，宜具有胁迫进入报警功能。也可以采用非电子的身份识别装置，当因条件限制采用非电子身份识别装置（如专用钥匙）时，应该同时配备报警按钮等报警设施。

（3）文物保护单位、博物馆的三级防护安全防范工程中的文物卸运交接区的防护应符合下列规定。

- 文物卸运交接区应为禁区。
- 文物卸运交接区应安装摄像机和周界防护装置。

（4）文物保护单位、博物馆的三级防护安全防范工程中的文物通道的防护应符合下列规定。

- 文物通道的出入口宜安装出入口控制装置，也可以采用非电子身份识别装置。
- 文物通道内宜安装摄像机，对文物通过的地方都能跟踪摄像。

（5）文物保护单位、博物馆的三级防护安全防范工程中的文物库房的防护应符合下列规定。

- 文物库房应设为禁区。
- 当文物库房墙体为建筑物外墙时，应配置防撬、挖、凿等动作的探测装置。在外围整体防范能力较低的情况下，应对重要防护部位的局部技防措施进行加强。
- 文物库房应配置组装式文物保险库或防盗保险柜。
- 总库门应安装防盗安全门。
- 文物库房内的重要部位宜安装摄像机。

（6）文物保护单位、博物馆的三级防护安全防范工程中的展厅的防护应符合下列规定。

- 采取入侵探测系统与实体防护装置复合方式进行布防。
- 珍贵文物展柜应安装报警装置，并设置实体防护。
- 应设置报警信息复核系统，并满足以视频图像复核为主、现场声音复核为辅的报警信息复核系统的性能要求。视频图像应能清晰反映监视区域内人员的活动情况，声音复核装置应能清晰地探测现场的话音，以及走动、撬、挖、凿、锯等动作发出的声音。
- 三级防护安全防范工程在外围整体防范能力较低的情况下，展厅、重点防护目标与重要防护部位的局部防范能力应该采用物防或技防措施进行加强。在三级防护安全防范工程中，不采用普遍加强防卫能力方式，而是采用着重加强重点部位的防护能力的方式。

（7）文物保护单位、博物馆的三级防护安全防范工程中的监控中心（值班室）除应符合 GB 50348—2018《安全防范工程技术标准》的相关规定外，还应符合下列规定。

- 应能在报警时对现场声音、图像信号进行实时录音、录像。
- 允许与其他系统值班共用一室，但应设置专门的安全防范操作台。安全防范操作台应安装紧急报警按钮。
- 应安装防盗安全门、防盗窗和防盗锁。
- 主电源和备用电源应有足够容量。应根据入侵报警系统、视频监控系统、出入口控制系统等的不同供电消耗，按总系统额定功率的 1.5 倍设置主电源容量。应根据管理工作对主电源断电后系统防范功能的要求，选择配置持续工作时间符合管理要求的备用电源。

8.2.5 各子系统设计要求

1. 文物保护单位、博物馆的安全防范工程中的周界防护系统的设计规定

（1）应与视频监控系统、出入口控制系统、相应的实体阻挡装置联动。

（2）当周界装置需要灯光照明时，两灯之间距地面高度 1m 处的最低照度应不低于 20lx。

（3）当周界出现报警时，应以声、光信号显示报警的具体位置。一、二级防护系统应显示周界模拟地形图，并以声、光信号显示报警的具体位置。

2. 文物保护单位、博物馆安全防范工程中的入侵报警系统的设计规定

（1）应根据各类建筑物（群）、构筑物（群）安全防范的管理要求和环境条件，根据总体纵深防护和局部纵深防护的原则，分别或综合设置建筑物（群）和构筑物（群）周界防护系统、建筑物和构筑物内（外）区域或空间防护系统、重点实物目标防护系统。

（2）入侵报警系统应能独立运行，有输出接口，可进行手动、自动操作以有线或无线方式报警。入侵报警系统应具有本地报警、异地报警功能。入侵报警系统应能与视频监控系统、出入口控制系统等联动。

集成式安全防范系统的入侵报警系统应能与安全防范系统的安全管理系统联网，实现安全管理系统对入侵报警系统的自动化管理与控制。

组合式安全防范系统的入侵报警系统应能与安全防范系统的安全管理系统连接，实现安全管理系统对入侵报警系统的联动管理与控制。

分散式安全防范系统的入侵报警系统应能向管理部门提供决策所需的主要信息。

（3）入侵报警系统的前端应按需要选择、安装各类入侵探测设备，以构成点、线、面、空间或其组合的综合防护系统。

（4）应能按时间、区域、部位任意编程设防和撤防。

（5）应能对设备运行状态和信号传输线路进行检验，对故障能及时报警。

（6）应具有防破坏报警功能。

（7）应能显示和记录报警部位和有关警情数据，并能提供与其他子系统联动的控制接口信号。

（8）在重要区域和重要部位发出报警的同时，应能对报警现场进行声音复核。

（9）入侵探测器盲区边缘与防护目标的距离不得小于 5m。这是根据被动式红外探测器等的步行测试方法而定的，当人体在探测区内按正常速度（2～4 步/s）行走时，探测器应触发报警。按每步 0.8m 计，则 4 步为 3.2m，同时考虑保险系数，因此定为 5m。

（10）入侵探测器启动摄像机或照相机的同时，应联动应急照明装置。

（11）入侵报警系统主机应具备中央处理器和存储器，应能存储控制程序和运行日志信息，应能独立调控相关的前端设备。

（12）应配备可持续工作时间不低于 8 小时的备用电源，在系统断电时应能保存以往的运行数据。

（13）现场报警控制器应安装在具有自身防护设施的弱电间内。

3．文物保护单位、博物馆的安全防范工程中的视频监控系统的设计规定

（1）应根据各类建筑物安全防范管理的需要，对建筑物内（外）的主要公共活动场所、通道、电梯、重要部位和场所等进行视频探测、图像实时监视和有效记录、回放。对于高风险的防护对象，显示、记录、回放的图像质量及信息保存时间应满足管理要求。

（2）视频监控系统的画面显示应能任意编程，能自动切换或手动切换，画面中应有摄像机的编号、部位、地址、时间和日期显示。

（3）视频监控系统应能独立运行，应能与入侵报警系统、出入口控制系统等联动。当与入侵报警系统联动时，能自动对报警现场进行图像复核，能将现场图像自动切换到指定的监视器显示并自动录像。

集成式安全防范系统的视频监控系统应能与安全防范系统的安全管理系统联网，实现安全管理系统对视频监控系统的自动化管理与控制。

组合式安全防范系统的视频监控系统应能与安全防范系统的安全管理系统连接，实现安全管理系统对视频监控系统的联动管理与控制。

分散式安全防范系统的视频监控系统应能向管理部门提供决策所需的主要信息。

（4）应具有画面定格功能。

（5）视频报警装置应能任意设定视频警戒区域。

（6）应能对多路图像信号实时传输、切换显示，应能定时录像、报警自动录像和停电后自动录像。博物馆的视频监控系统应当采用多键盘、全矩阵切换控制模式，以实现对多路摄像信号的实时传输、切换显示、后备存储等功能。

（7）宜配备具有多重检索、慢动作画面、超静止画面、步进性图像分解等功能的录像设备。

（8）重要部位在正常照明条件下，监视图像质量及回放图像质量应满足现行国家标准 GB 50198《民用闭路监视电视系统工程技术规范》中的相关规定。

（9）摄像机灵敏度应满足防护目标的最低照度要求。

（10）沿警戒线设置的视频监控系统，宜对以沿警戒线为中心的 5m 范围内的警戒区域实现无盲区监控。

（11）摄像机在室外安装时宜有防雷措施。

4．文物保护单位、博物馆的安全防范工程中的出入口控制系统的设计规定

（1）应根据安全防范管理的需要，在楼内（外）通行门、出入口、通道、重要办公室门等处设置出入口控制装置。出入口控制系统应对受控区域的位置、通行对象及通行时间等进行实时控制并设定多级程序控制。出入口控制系统应有报警功能。

（2）出入口控制系统的识别装置和执行机构应能保证操作的有效性和可靠性，宜有防尾随措施。

（3）出入口控制系统的信息处理装置应能对系统中的有关信息自动记录、打印、存储，并有防篡改和防销毁等措施。应有防止同类设备非法复制的密码系统，密码系统应能在授权的情况下进行参数修改。

（4）出入口控制系统应能独立运行，应能与电子巡查系统、入侵报警系统、视频监控系统等联动。

集成式安全防范系统的出入口控制系统应能与安全防范系统的安全管理系统联网，实现安全管理系统对出入口控制系统的自动化管理与控制。

组合式安全防范系统的出入口控制系统应能与安全防范系统的安全管理系统连接，实现安全管理系统对出入口控制系统的联动管理与控制。

分散式安全防范系统的出入口控制系统应能向管理部门提供决策所需的主要信息。

（5）出入口控制系统必须满足在紧急逃生时人员疏散的相关要求。疏散出口的门均应设为向疏散方向开启。人员集中场所应采用平推外开门。配有门锁的出入口，在紧急逃生时，应不需要钥匙或其他工具，亦不需要费力或具有专门的知识便可从建筑物内开启。其他应急疏散门可采用内推闩加声光报警控制方式。

（6）不同的出入口应设置不同的出入权限。

（7）电子类出入控制装置的每一次有效出入，都应能自动存储出入人员的相关信息和出入时间、地点，并能按天进行有效统计、记录和存档。

（8）应保证整个出入口控制系统的计时一致性。

（9）读卡、密码类出入控制装置、识读装置应能保证操作的有效性。非法进入和胁迫进入应发出报警信号，合法操作应保证自动门的有效动作。一次有效操作自动门只能产生一个有效动作。

有效证卡的数量必须保证相关人员一人一卡一码。不允许多人共用一卡或一码。

5. 文物保护单位、博物馆的安全防范工程中的电子巡查系统的设计规定

（1）应能编制巡查程序，应能在预先设定的巡查路线中，用信息识读器或其他方式对人员的巡查活动状态进行监督和记录。在线式电子巡查系统应能在出现意外情况时及时报警。

（2）电子巡查系统可独立设置，也可与出入口控制系统或入侵报警系统联合设置。独立设置的电子巡查系统应能与安全防范系统的安全管理系统联网，并满足安全管理系统对该系统管理的相关要求。

（3）巡查点的数量根据现场需要确定，巡查点的设置应以不漏巡为原则，安装位置应尽量隐蔽。

（4）宜采用计算机随机产生巡查路线和巡查间隔时间的工作方式。

（5）当指定巡查点在规定时间内未发出"到位"信号时，应发出报警信号，宜联动相关区域的各类探测装置、摄像装置、声控装置。

（6）当采用离线式电子巡查系统时，巡查人员应配备无线对讲装置，并且在到达每一个巡查点后立即向监控中心报到。因为离线式巡查设备不能实现实时报警，所以巡查人员应配备无线对讲装置。

一般博物馆的电子巡查系统宜采用实时性强的在线式电子巡查系统。

6. 文物保护单位、博物馆的安全防范工程中的专用通信系统的设计规定

（1）应建立以专用传输线或公共电话网组成的有线传输系统，配置无线通信机。无线通信系统是有线通信系统的备份，可以是公共无线通信基站，也可以是独立的列线通信系统，还可以是列线的通信系统。

（2）应保证监控中心与所有通道出入口、展厅之间的双向对讲通信。

7．文物保护单位、博物馆的安全防范工程中的安全管理系统的设计规定

（1）安全防范工程的安全管理系统应由计算机及相应的应用软件构成，以实现对系统的管理和监控。

（2）安全管理系统的应用软件应先进、成熟，能在人机交互的操作系统中运行；应使用简体中文图形界面；操作应尽可能简化；在操作过程中不应出现死机现象。如果安全管理系统发生故障，各子系统应仍能单独运行；如果某子系统出现故障，不应影响其他子系统的正常工作。

（3）应用软件应至少具有以下功能。

- 对系统操作员的管理。设定操作员的姓名和操作密码，划分操作级别和控制权限等。
- 系统状态显示。以声光和/或文字图形显示系统自检情况、电源状况（断电、欠压等）、受控出入口人员通行情况（姓名、时间、地点、行为等）、设防和撤防的区域、报警和故障信息（时间、部位等）及图像状况等。
- 系统控制。视频图像的切换、处理、存储、检索和回放，云台、镜头等的预置和遥控。对防护目标的设防与撤防，对执行机构及其他设备的控制等。
- 处警预案。当出现入侵报警时，入侵部位、图像和/或声音应自动同时显示，并显示可能的对策或处警预案。
- 事件记录和查询。操作员的管理、系统状态的显示等应有记录，在需要查询这些信息时能简单快速地检索和/或回放。
- 报表生成。可生成和打印各种类型的报表。当出现报警时能实时自动打印报警报告（包括报警发生的时间、地点、警情类别、值班员的姓名、接处警情况等）。

（4）电子地图和/或模拟屏应能实时显示报警位置。

（5）运行数据库应有足够的容量，以存储和管理需要的运行记录。

（6）主机必须具备运行情况、报警信息和统计报表的打印功能。

（7）安全管理系统中应储存警情处理预案。

（8）安全管理系统的软件应汉化、具有较强的容错能力。

8.3　银行营业场所的安全防范工程的设计

8.3.1　一般规定

在设计银行营业场所的安全防范工程时，建设单位应提供银行机构的建筑平面图和银行业务分布图，并提出相关的安全需求。设计单位应根据法规和建设单位的安全需求，提出实用、可靠、适度和先进的设计方案。

银行营业场所安全防范工程的设计需要综合考虑多种因素，如营业场所的地理位置、业务种类、业务区域的划分、出入口的部位、生活设施的部位等，此外还应充分考虑消防安全的要求。设计前应认真、详细地进行现场勘察，应按 GB 50348—2018《安全防范工程技术标准》

中关于现场勘察的要求并结合银行营业场所的实际情况进行。

根据银行营业场所的风险等级确定相应的防护级别。按照银行业务的风险程度应将银行营业场所不同区域划分为高度风险区、中度风险区、低度风险区。高度风险区主要是指涉及现金（本、外币）支付交易的区域，如存款业务区、运钞交接区（一般是指运钞部门与营业场所交接现金尾箱的区域）、现金业务库区（指现金业务库房外的区域）及枪弹库房区、保管箱库房区、监控中心（监控室）等。中度风险区主要是指涉及银行票据交易的区域，如结算业务区、贴现业务区、债券交易区、中间业务区等。低度风险区是指经营其他较小风险业务的区域，如客户活动区等。根据实际情况和业务发展，建设单位可提高业务区的风险等级和防护级别。

银行营业场所的高度风险区、中度风险区、低度风险区是交叉分散的。在设计时，对重要通道应采取防范措施，同时也要根据实际情况和业务发展，适当调整业务区的风险划分。

银行营业场所内不同的业务区域在不同时段有不同的风险等级和防护要求，即对安全防范措施有不同的要求。

银行营业场所的安全防范工程的设计应以满足银行安全需求为目标，运用系统工程的设计思想，统筹考虑系统各部分、各环节的功能和性能指标，采用实用技术和成熟产品，在保证工程整体质量的前提下，注意合理控制工程投资。

8.3.2 一级防护工程设计

1. 银行营业场所的一级防护安全防范工程中的高度风险区的防护规定

（1）各业务区（运钞交接区除外）应采取实体防护措施。

实体防护措施主要是指采用墙（金库墙、混凝土墙、砖石墙）、柜台、防盗安全门、金库门、联动互锁门、防盗窗、防盗锁、金属栅栏、透明防护屏障（如防弹玻璃）等物理防护设备进行的防护。对重要保护物还应设置防盗保险柜（箱）等保护设施。产品及安装应符合相关标准。

（2）各业务区（运钞交接区除外）应安装紧急报警装置。

紧急报警装置十分重要，主要作用是当银行营业场所发生抢劫或突发事件时做出快速反应。除运钞交接区因通常设置在公共区域不宜安装紧急报警装置外，其余高度风险区或个别中度风险区均应根据实际需要安装一定数量的紧急报警装置。

- 存款业务区应有 2 路以上的独立防区，每路串接的紧急报警装置不应超过 4 个。独立防区是指可以通过报警控制装置单独设防、撤防、旁路，与其他报警区域不相干涉的防范警戒区。现金柜台附近安装的紧急报警装置在与报警控制装置连接时，为提高其可靠性，应至少占用 2 路独立防区。大型营业场所安装的紧急报警装置数量较多，尤其是现金柜台，这时可允许适当串接，但为防止降低系统运行的可靠性，同一防区回路中串接的紧急报警装置的数量应不多于 4 个。
- 营业场所门外（或门内）的墙上应安装声光报警装置。此处的营业场所门是指营业场所对公众开放、供公众通行的正门。启动声光报警装置的方式可以是由专用紧急报警装置直接触发或由报警控制装置进行触发。安装声光报警装置的目的是为了向外界报警和吓退犯罪分子，以终止犯罪行为，保障人身生命安全并避免财产损失。
- 监控中心（监控室）应具备有线报警、无线报警两种报警方式。在实施中有线报警信号可以采用市话线、专线传输。无线报警的实现可以采用无线报警系统、通信机、移动电话等方式。监控中心采用有线报警和无线报警的目的是为提高防护的可靠性，对于一级防护安全防范工程来说是强制性的规定。

（3）各业务区（运钞交接区除外）应安装入侵报警系统。入侵报警一般宜采用有线报警方式，也可以采用无线报警方式。有线报警和无线报警各有优缺点，应根据实际需要选用或混用。对入侵报警系统的设防与撤防，可以人工操作，但宜与安全管理系统联动，由安全管理系统设置方案进行工作。

- 应能准确探测、报告区域内门、窗、通道及要害部位的入侵事件。
- 现金业务库区应安装具有 2 种以上探测原理的探测器。由于现金业务库区非常重要和特殊，因此应重点防范，需要安装具有 2 种以上探测原理的探测器，以提高可靠性。双鉴探测器只能视为具有 1 种探测原理的探测器，在设计时一定要注意。

（4）各业务区应安装视频监控系统。安装的摄像机种类、数量应根据现场实际需要进行确定。视频监控系统与入侵报警系统应统筹设计。建议采用视频移动探测报警功能或采用入侵报警系统与视频监控系统的联动功能。

视频监控图像的回放清晰度对事故或违法事件、抢劫或暴力的认定有直接影响，视频监控系统对图像的回放清晰度有较高要求。考虑到有时可能会作为法庭证据，监控录像应采取防篡改措施。

- 应能实时监视银行交易或操作的全过程，回放图像应能清晰显示区域内人员的活动情况。视频监控系统除能实时显示重点部位的图像供值班警卫人员监视外，更重要的是还能将重点部位的有效图像记录下来，在需要时能重现现场图像，供研究分析，因此回放图像的质量是非常重要的。但要注意的是，监视图像质量好，记录回放的图像质量不一定好。
- 存款业务区的回放图像应为实时图像，应能清晰显示柜员操作及客户脸部特征。对现金柜台作业面及客户脸部特征的录像，即柜员制录像，应以前者为主，兼顾后者。客户的图像主要应从入口处、柜台外部作业面安装的摄像机所取得的图像提取。在设计时要注意摄像机的安装位置和选用的镜头。当视场范围内照度偏低时，应加装灯具，提高照度。在确保现金柜台作业面的实时图像满足业务复核所需保存周期的情况下，还可用其他方式保存适当图像，并尽可能延长保存图像的时间跨度，以适应公安和保卫部门的需求。
- 运钞交接区的回放图像应为实时图像，应能清晰显示整个区域内人员的活动情况。运钞交接区一般设置在营业场所门外的公共场所，在运钞车停靠装卸钱款的过程中，该区域就成为高度风险区，所以应实施一级防护。
- 出入口的回放图像应能清晰辨别进出营业场所的人员的体貌特征。摄像机的安装位置要注意避开逆光，视窗要适当，以保证回放图像能清晰辨别进出营业场所的人员的体貌特征。高度风险区主要出入口的回放图像应实时，当有多个出入口时，对次要出入口的回放图像要求视实际情况而定。
- 现金业务库清点室的回放图像应为实时图像，应能清晰显示复点、打捆等操作的具体过程。

（5）各业务区应安装出入口控制系统和声音/图像复核装置。声音/图像复核装置可以根据需要两者都安装，也可以只安装两者中的一种。

出入口控制系统具有感知记录、授权识别、阻挡等功能。感知记录相当于探测器的功能。授权识别不论是机械特征（钥匙）识别、卡片密码识别，还是生物特征识别（指纹、掌纹），都是为了区分出入者身份。其中，生物特征识别有很多优点，多用于高度风险区。而阻挡实际上是实体防范，高度风险区一般需要采用防入侵的措施（防盗门、金库门），当然，消防通道及设施应统筹考虑。

声音/图像复核子系统可以是简单的音频复核系统，也可以是带音频的视频监控系统（包括视频矩阵切换器、音频矩阵同步切换器），该系统应能对监控现场进行报警的复核，以判别报警信号并采取相应措施。

- 存款业务区与外界相通的出入口应安装联动互锁门。联动互锁门又称防尾随缓冲式电控联动门。大多存款业务区与外界相通的出入口通常采用通勤门进行防御，当工作人员因公需要由外界进入存款业务区而打开通勤门时，存款业务区与外界此时就直接相通。若这时犯罪分子尾随工作人员就能直接侵入存款业务区而可能发生重大抢劫案件。联动互锁门是由两扇通勤门及电子联动装置组成的封闭式安全通道，当工作人员因公需由外界进入存款业务区而打开第一扇通勤门时，存款业务区与外界这时就由第二扇通勤门阻隔，由于电子联动装置的作用，第二扇通勤门只有在第一扇通勤门处于关闭状态时才能够打开。而当第二扇通勤门未关闭时，与外界相通的第一扇通勤门是无法打开的。这样可以有效防止犯罪分子尾随工作人员而侵入存款业务区作案事件的发生。
- 现金业务库守库室、监控中心出入口应安装可视/对讲装置。这里的可视/对讲装置可以采用可视对讲装置，也可以采用非可视对讲装置。
- 在发生入侵报警时，应能进行声音/图像复核。
- 声音复核装置应能清晰探测现场的话音和撬、挖、凿、锯等动作发出的声音。
- 现金柜台的声音复核应能清晰辨别柜员与客户对话的内容。

（6）现金业务库房出入口宜安装生物特征识别装置。

当存款业务区采用安全柜员系统时，安全柜员系统的音、视频部分应与视频监控系统有机组合，并符合如下要求。

- 存款业务区的回放图像应为实时图像，应能清晰显示柜员操作及客户脸部特征。
- 现金柜台的声音复核应能清晰辨别柜员与客户对话的内容。

安全柜员系统是指银行营业场所柜员与客户间采用音视频技术和安全隔离传递装置，完成银行业务交易的综合安全设施。

在使用安全柜员系统时，客户并不是与冷冰冰的银行自助服务设备进行枯燥的人机对话，而是借助音视频系统与柜员进行可视的亲情服务。由于采用了音视频技术和安全隔离传递装置，因此客户可以与电视屏幕中的柜员进行交流。真实的柜员区（高度风险区）与客户所在的营业厅（低度风险区）完全隔离，这大大提高了安全系数，银行营业场所的安全也更有保障。由于安全柜员系统本身就是采用音视频技术完成银行业务的，因此其附属音视频设备可以独立设置，也可以纳入安全防范监控子系统综合考虑。

（7）监控中心应设置安全管理系统，并满足如下要求。

- 安全管理系统应安装在有防护措施和人员值班的监控中心（监控室）内。
- 应能利用计算机实现对各子系统进行统一控制与管理。
- 当安全管理系统发生故障时，不应影响各子系统的独立运行。

- 具有分控功能的,分控中心应设置在有安全管理措施的区域内。具备远程监控功能的分控中心应进行可靠的安全防护。

安全管理子系统虽然属于一级防护工程中的高度风险区,但其设计应充分考虑其他风险区的需要,此外还应考虑消防、远程联网的要求。在设计时,安全管理子系统还要考虑"容灾"运行的可能。这里所说的安全管理子系统不包括银行保管箱等业务管理系统。

2．银行营业场所的一级防护安全防范工程中的中度风险区的防护规定

（1）应适当安装紧急报警装置。

（2）应适当安装入侵报警装置。

（3）应适当安装视频监控装置,回放图像应能清晰显示客户的面部特征。

（4）宜安装出入口控制装置。

（5）应适当安装声音/图像复核装置,其功能应满足如下规定。

- 当发生入侵报警时,应能进行声音/图像复核。
- 声音复核装置应能清晰探测现场的话音和撬、挖、凿、锯等动作发出的声音。
- 现金柜台的声音复核应能清晰辨别柜员与客户对话的内容。

这里的"适当"意指根据营业场所的实际情况进行设计,不强求各区均安装,但质量要求不能降低。

3．银行营业场所的一级防护安全防范工程中的低度风险区的防护规定

（1）应安装必要的入侵报警装置。

（2）应安装必要的视频监控装置,对需要记录的业务活动实施监视和录像,回放图像应能清晰显示人员的活动情况。

4．银行营业场所的一级防护安全防范工程中的周界防护的规定

（1）银行营业场所与外界相通的出入口应安装入侵探测装置。

（2）银行营业场所与外界相通的出入口应安装视频监控装置进行监视、录像,回放图像应能清晰显示进出人员的体貌特征。

（3）银行营业场所宜安装室外周界防护子系统。周界出入口宜配置电动门、应急照明装置、视频监控装置和出入口控制装置。

8.3.3　二级防护工程设计

二级防护工程设计与一级防护工程设计所遵循的基本原则是一致的,主要的区别在于前端布点的多少、系统规模的大小及子系统的设置程度不同等,对技术质量要求不能降低。

（1）银行营业场所的二级防护安全防范工程中的高度风险区的防护规定如下。

- 应符合银行营业场所的一级防护安全防范工程中的高度风险区防护的前 6 条规定。
- 宜设置安全管理系统。未设置安全管理系统的,其他各子系统的管理软件应能实现与相关子系统的联动。在设置安全管理系统时,应符合下列规定。
  - ➢ 应安装在有人员值班的监控室。
  - ➢ 应能利用计算机实现对各子系统的统一控制与管理。
  - ➢ 当安全管理系统发生故障时,不应影响各子系统的独立运行。

（2）银行营业场所的二级防护安全防范工程中的中度风险区防护应符合一级防护安全防

范工程中的中度风险防护的第 1、2、3、5 条规定。

（3）银行营业场所的二级防护安全防范工程中的低度风险区的防护应符合下列规定。

● 应符合银行营业场所的一级防护安全防范工程中的低度风险区防护的第 1 条规定。

● 宜安装视频监控系统进行监视、录像，回放图像应能看清重点部位人员的活动情况。

（4）银行营业场所的二级防护安全防范工程中的周界防护应符合一级防护安全防范工程中的周界防护的第 1、2 条规定。

8.3.4　三级防护工程设计

三级防护工程设计是最基本的，也是最低的防护设计要求，对技术质量要求不能降低。

1．银行营业场所的三级防护安全防范工程中的高度风险区的防护规定

（1）各业务区（运钞交接区除外）应采取实体防护措施。

（2）存款业务区应有 2 路以上的独立防区，每路串接的紧急报警装置不应超过 4 个。

（3）营业场所门外（或门内）的墙上应安装声光报警装置。

（4）应能准确探测、报告区域内门、窗、通道及要害部位的入侵事件。

（5）各业务区应安装视频监控系统。安装的摄像机种类、数量应根据现场实际需要进行确定。

● 应能实时监视银行交易或操作的全过程，回放图像应能清晰显示区域内人员的活动情况。视频监控系统除能实时显示重点部位的图像供值班警卫人员监视外，更重要的是能将重点部位的有效图像记录下来，在需要时能重现现场图像，供研究分析，因此回放图像的质量是非常重要的。但要注意的是，监视图像质量好，记录回放的图像质量不一定好。

● 存款业务区的回放图像应为实时图像，应能清晰显示柜员操作及客户脸部特征。对现金柜台作业面及客户脸部特征的录像应以前者为主，兼顾后者。客户的图像主要应从入口处、柜台外部作业面安装的摄像机所取得的图像提取。在设计时要注意摄像机的安装位置和选用的镜头。当视场范围内照度偏低时，应加装灯具，提高照度。

● 运钞交接区的回放图像应为实时图像，应能清晰显示整个区域内人员的活动情况。

● 出入口的回放图像应能清晰辨别进出人员的体貌特征。摄像机的安装位置要注意避开逆光，视窗要适当，以保证回放图像能清晰辨别进出营业场所人员的体貌特征。

● 现金业务库清点室的回放图像应为实时图像，应能清晰显示复点、打捆等操作的具体过程。

（6）宜安装出入口控制装置。存款业务区与外界相通的出入口宜安装联动互锁门。

（7）宜安装声音/图像复核装置，现金业务库出入口宜安装生物特征识别装置。当存款业务区采用安全柜员系统时，安全柜员系统的音、视频部分应与视频监控系统有机组合。

（8）可设置安全管理系统，宜安装在监控室，没有监控室的，宜安装在安全区域。

2．银行营业场所的三级防护安全防范工程中的中度风险区防护的规定

（1）应适当安装紧急报警装置。

（2）应适当安装入侵报警装置。

（3）应适当安装视频监控装置，回放图像应能清晰显示客户的面部特征。

（4）应适当安装声音/图像复核装置，其功能应满足相关标准的规定。

3．银行营业场所的三级防护安全防范工程中的低度风险区防护的规定

（1）宜安装入侵报警装置。

（2）应安装必要的视频监控装置，对需要记录的业务活动实施监视和录像，回放图像应能清晰显示人员的活动情况。

4．银行营业场所的三级防护安全防范工程中的周界防护的规定

（1）银行营业场所与外界相通的出入口应安装入侵探测装置。

（2）银行营业场所与外界相通的出入口应安装视频监控装置进行监视、录像，回放图像应能清晰显示进出人员的体貌特征。

8.3.5 重点目标防护设计

重点目标放置的场合较为多样，如 ATM 可以放置在营业场所客户区，也可以放置在商场、饭店、宾馆等公共场所，在设计时要因地制宜。

重点目标是指银行客户用于自助服务、存有现金的 ATM、CDS、CRS 等机具设备，不包括银行人员使用的计算机等实体目标。

重点目标应安装报警装置，以对撬窃事件进行探测报警。

重点目标应安装摄像机，在客户交易时进行监视、录像，回放图像应能清晰辨别客户面部特征，但不应看到客户操作的密码。

使用以上设备组成的自助银行应增加以下防护措施。

（1）应安装入侵报警装置，对装填现金操作区发生的入侵事件进行探测。离行式自助银行应具备入侵报警联动功能。

（2）应安装视频监控装置，对装填现金操作区进行监视、录像，回放图像应能清晰显示人员的活动情况；对进入自助银行的人员进行监视录像，回放图像应能清晰显示人员的体貌特征，但不应看到客户操作的密码。

（3）应安装声音复核装置、记录装置及语音对讲装置。

（4）应安装出入口控制设备，对装填现金操作区出入口实施控制。

8.3.6 各子系统设计要求

1．银行营业场所的安全防范工程中的紧急报警系统的设计规定

紧急报警系统所采用的技术虽然简单，但在银行营业场所防抢劫事件中的作用十分重要。建成后应定期检测，出现故障应立即排除。紧急报警系统就地报警的响应时间应不大于 2s，经市话网传至公安"110"接警中心的报警响应时间应不大于 20s。紧急报警系统的设计规定如下。

（1）当高度风险区触发报警时，应采用"一级报警模式"，同时启动现场声光报警装置。对于报警声级，室内不小于 80dB（A）；室外不小于 100dB（A）。

"一级报警模式"是指当按下紧急报警按钮后，第一时间的报警响应在银行营业场所所在地区的公安"110"接处警服务中心。

（2）当其他风险区触发报警时，宜采用"二级报警模式"。

"二级报警模式"是指当按下紧急报警按钮后，第一时间的报警响应在银行营业场所的"监控中心"，由值班警卫人员复核后再行处理。

（3）应采用有线报警方式和无线报警方式。当有线报警采用公共电信线路时，线路中不宜挂接电话机、传真机或其他通信设备，如果需要在线路中挂接此类设备，系统应具有抢线发送报警信号的功能。通过公共电信网传输报警信号的时间不应大于 20s。

实现无线报警的方式可以有多种，如无线报警子系统、无线通信机、移动电话等。

（4）紧急报警防区应设置为"不可撤防模式"。

"不可撤防模式"是指 24 小时的全程设防状态，是通过报警控制设备预设置的，在一般情况下是不能进行撤防和旁路的。

（5）应具有防误触发、触发报警自锁、人工复位等功能。

（6）安装应隐蔽、安全、便于操作。

2．银行营业场所的安全防范工程中的入侵报警系统的设计规定

入侵报警系统在银行营业场所安全防范系统中占有十分重要的地位，在设计安装时应十分重视。建成后应定期检测，出现故障应尽快排除。入侵报警系统就地报警的响应时间应不大于 2s，经市话网传至公安"110"接警中心的报警响应时间应不大于 20s。入侵报警系统的设计规定如下。

（1）应根据各类建筑物（群）、构筑物（群）安全防范的管理要求和环境条件，同时根据总体纵深防护和局部纵深防护的原则，分别或综合设置建筑物（群）和构筑物（群）周界防护系统、建筑物和构筑物内（外）区域或空间防护系统、重点实物目标防护系统。

（2）入侵报警系统应能独立运行，有输出接口，可进行手动、自动操作以有线或无线方式报警。入侵报警系统应具有本地报警、异地报警功能。入侵报警系统应能与视频监控系统、出入口控制系统等联动。

集成式安全防范系统的入侵报警系统应能与安全防范系统的安全管理系统联网，实现安全管理系统对入侵报警系统的自动化管理与控制。

组合式安全防范系统的入侵报警系统应能与安全防范系统的安全管理系统连接，实现安全管理系统对入侵报警系统的联动管理与控制。

分散式安全防范系统的入侵报警系统应能向管理部门提供决策所需的主要信息。

（3）入侵报警系统的前端应按需要选择、安装各类入侵探测设备，以构成点、线、面、空间或其组合的综合防护系统。

（4）应能按时间、区域、部位任意编程设防和撤防。

（5）应能对设备运行状态和信号传输线路进行检验，对故障能及时报警。

（6）应具有破坏报警功能。

（7）应能显示和记录报警部位和有关警情数据，并能提供与其他子系统联动的控制接口信号。

（8）在重要区域和重要部位发出报警的同时，应能对报警现场进行声音复核。

（9）应能探测和记录发生的入侵事件、时间和地点。

（10）入侵探测器盲区边缘与防护目标的距离不得小于 5m。这是根据被动式红外探测器等的步行测试方法而定的，当人体在探测区内按正常速度（2～4 步/s）行走时，探测器应触发报警。按每步 0.8m 计，则 4 步为 3.2m，同时考虑保险系数，因此定为 5m。

（11）复合入侵探测器只能视为具有一种探测原理的探测装置。

（12）对主要出入口、重点防范部位实施报警联动。即在有非法入侵报警时，联动装置能启动摄像装置、录音装置、录像装置和照明装置。

（13）报警控制器具有可编程和联网功能。应设置用户密码，密码不少于 4 位。

（14）不适宜采用有线传输方式的区域和部位，可采用无线传输方式。

3．银行营业场所的安全防范工程中的视频监控系统的设计规定

视频监控系统在银行营业场所安全防范系统中占有很大的比重，技术要求较高，技术实现难度也较大，应精心设计、合理安装、细心调试，使系统达到最佳状态。视频监控系统的设计规定如下。

（1）应根据各类建筑物安全防范管理的需要，对建筑物内（外）的主要公共活动场所、通道、电梯及重要部位和场所等进行视频探测、图像实时监视和有效记录、回放。对于高风险的防护对象，显示、记录、回放的图像质量及信息保存时间应满足管理要求。

（2）视频监控系统的画面显示应能任意编程，能自动切换或手动切换，画面中应有摄像机的编号、部位、地址、时间和日期显示。

（3）视频监控系统应能独立运行，应能与入侵报警系统、出入口控制系统等联动。当与入侵报警系统联动时，能自动对报警现场进行图像复核，能将现场图像自动切换到指定的监视器显示并自动录像。

集成式安全防范系统的视频监控系统应能与安全防范系统的安全管理系统联网，实现安全管理系统对视频监控系统的自动化管理与控制。

组合式安全防范系统的视频监控系统应能与安全防范系统的安全管理系统连接，实现安全管理系统对视频监控系统的联动管理与控制。

分散式安全防范系统的视频监控系统应能向管理部门提供决策所需的主要信息。

（4）摄像机宜采用定焦距、定方向的方式固定安装；在光照度变化大的场所应选用自动光圈镜头并配置防护罩；大范围监控区域宜选用带有转动云台和变焦镜头的摄像机。

（5）重要部位在正常照明条件下，监视图像质量及回放图像质量应满足现行国家标准 GB 50198《民用闭路监视电视系统工程技术规范》中的相关规定。

在采用数字记录设备录像时，高度风险区每路记录速度应为 25 帧/s。音频、视频应能同步记录和回放。其他风险区的数字记录设备，每路记录速度不应小于 6 帧/s。

高度风险区的客户取款区的柜员制录像主要是对现金交易过程录像，需要采用 25 帧/s 的记录速度。其他风险区主要是对环境进行监控，只要保证每秒有数帧清晰图像就可以为侦察破案提供线索，记录速度不低于 6 帧/s 即可。

为充分利用图像资源，对于现金交易过程的 25 帧/s 图像，在满足业务复核所需要的保存期限后，若系统条件允许，可考虑以其他方式保存适量图像资料，以便延长保存图像的时间跨度，与环境监控图像形成互补。

（6）宜配备具有多重检索、慢动作画面、超静止画面、步进画面等功能的录像设备。

（7）录像设备应具有自动录像、报警联动录像功能。

（8）系统同步可采用外同步、内同步、电源同步等方式，以保证在进行图像切换时不产生明显的画面跳动。

（9）室外摄像机宜有防雷措施。

（10）数字记录设备规定如下。

● 选用技术成熟、性能稳定的产品。

- 图像记录、回放宜采用全双工方式，并可逐帧回放。
- 应具备硬盘状态提示、死机自动恢复、录像目录检索及回放、记录报警前 5s 图像等功能。
- 应具有应急备份措施。
- 宜具有防篡改功能。
- 数字技术的发展很快，银行的需求有其特殊性，在选用数字记录设备时应根据具体情况合理配置，应遵循"稳定可靠、图像清晰、操作简便、适于网传"的原则。

4．银行营业场所的安全防范工程中的出入口控制系统的设计规定

（1）应根据安全防范管理的需要，在楼内（外）通行门、出入口、通道、重要办公室门等处设置出入口控制装置。出入口控制系统应对受控区域的位置、通行对象及通行时间等进行实时控制并设定多级程序控制。出入口控制系统应具有报警功能。

（2）出入口控制系统的识别装置和执行机构应保证操作的有效性和可靠性。宜有防尾随措施。

（3）出入口控制系统的信息处理装置应能对系统中的有关信息自动记录、打印、存储，并有防篡改和防销毁等措施。应具有防止同类设备非法复制的密码系统，密码系统应能在授权的情况下修改密码。

（4）出入口控制系统应能独立运行，应能与电子巡查系统、入侵报警系统、视频监控系统等联动。

集成式安全防范系统的出入口控制系统应能与安全防范系统的安全管理系统联网，实现安全管理系统对出入口控制系统的自动化管理与控制。

组合式安全防范系统的出入口控制系统应能与安全防范系统的安全管理系统连接，实现安全管理系统对出入口控制系统的联动管理与控制。

分散式安全防范系统的出入口控制系统应能向管理部门提供决策所需的主要信息。

（5）出入口控制系统必须满足在紧急逃生时人员疏散的相关要求。疏散出口的门均应设为向疏散方向开启。人员集中场所应采用平推外开门。配有门锁的出入口，在紧急逃生时，应不需要钥匙或其他工具，亦不需要费力或具有专门的知识便可从建筑物内开启。其他应急疏散门可采用内推闩加声光报警控制方式。

（6）不同的出入口应设置不同的出入权限，包括出入时间权限、出入口权限、出入次数权限、出入方向权限、出入目标标识信息及载体权限。

（7）设置的控制点及控制措施应能保证在发生火警等紧急情况下不妨碍逃生行为并开放紧急通道。

（8）不设置公用码。授权人员应设置个人识别码，并采取定期更换个人识别码措施。设置个人识别码而不设置公用码并能定期更换，是为保障系统的安全性。

（9）宜在电子地图中直观显示每个出入口的实时状态，如安全、报警、破坏、故障等。

（10）具有校时、自检和指示故障等功能，保证整个系统计时的一致性。

（11）当系统软件发生异常后，应能在 3s 内向安全管理系统发出故障报警。

（12）能自动存储出入人员的相关信息和出入时间、地点，并能按天进行有效统计和记录、存档。

（13）识读装置应能保证操作的有效性。对非法进入和试图非法进入的行为，应发出报警信号。合法操作应保证自动门的有效动作。一次有效操作自动门只能产生一个有效动作。

出入口控制系统的相关技术要求可参照国家现行标准 GA/T 394—2002《出入口控制系统技术要求》的相关规定。

5．银行营业场所的安全防范工程中的安全管理系统的设计规定

（1）安全防范工程的安全管理系统应由计算机及相应的应用软件构成，以实现对系统的管理和监控。

（2）安全管理系统的应用软件应先进、成熟，能在人机交互的操作系统中运行；应使用简体中文图形界面；操作应尽可能简化；在操作过程中不应出现死机现象。如果安全管理系统发生故障，各子系统应仍能单独运行；如果某子系统出现故障，不应影响其他子系统的正常工作。

（3）应用软件应至少具有以下功能。

- 对系统操作员的管理。设定操作员的姓名和操作密码，划分操作级别和控制权限等。
- 系统状态显示。以声光和/或文字图形显示系统自检情况、电源状况（断电、欠压等）、受控出入口人员通行情况（姓名、时间、地点、行为等）、设防和撤防的区域、报警和故障信息（时间、部位等）及图像状况等。
- 系统控制。视频图像的切换、处理、存储、检索和回放，云台、镜头等的预置和遥控。对防护目标的设防与撤防，对执行机构及其他设备的控制等。
- 处警预案。当出现入侵报警时，入侵部位、图像和/或声音应自动同时显示，并显示可能的对策或处警预案。
- 事件记录和查询。操作员的管理、系统状态的显示等应有记录，在需要查询这些信息时能简单快速地检索和/或回放。
- 报表生成。可生成和打印各种类型的报表。当出现报警时能实时自动打印报警报告（包括报警发生的时间、地点、警情类别、值班员的姓名、接处警情况等）。

（4）能够接收其他子系统的报警信息，并能在电子地图中实时显示，同时发出声、光报警信号。

（5）能与其他子系统透明传输、正确交流信息。

（6）具有系统管理员、操作员和维护员分别授权管理功能。

（7）具有自动巡回呼叫预定的电话/网络用户功能。

（8）具有按照预定方案布防/撤防功能。

（9）具有应急预案显示功能。

（10）具有防止修改运行日志的功能。

（11）具有计算机安全防护功能，如防病毒等。

（12）具有准确记录、方便检索入侵事件及相关声音、图像的功能。

（13）数据、图像、声音等记录资料保留时间应满足安全管理要求。所有资料至少应保留 30 天。

（14）具有满足银行安全管理制度要求的软件扩充性。

（15）可通过标准接口与其他系统交换信息。

6．银行营业场所的安全防范工程中的室外周界防护系统的设计规定

（1）当发生入侵行为时，报警信号能通过电子地图或模拟地形图显示报警的具体位置，并发出声、光报警。

（2）报警探测器形成的警戒线应连续无间断。

这里的室外周界是指银行营业场所外围的周界，一般为围墙。但很多中小型的银行营业场所没有外围墙，只有内周界。

7. 银行营业场所的安全防范工程中的供电系统的设计规定

应设置不间断电源，其容量应能满足运行环境和安全管理的要求，并应能至少支持系统连续运行 0.5 小时。不间断电源的容量应根据实际需要进行设计。

安全防范系统相对独立，是智能化弱电系统的重要组成部分，为实现信息共享，应考虑为高防护级别的安全防范系统建立高效安全管理系统，并将安全防范系统的各个子系统进行集成，同时妥善处理与智能化弱电系统的计算机软件平台的衔接，以进行高度集成，为智能化管理提供可靠、高速、灵活、开放的传输平台及实现途径，创建一个投资合理有效、功能齐全高效、舒适便利的环境，为整个智能化弱电系统的建设、管理和发展打下良好基础。

8.4 重要物资储存库的安全防范工程的设计

8.4.1 一般规定

根据重要物资储存库的风险等级确定其防护级别。重要物资储存库的安全防范工程防护级别应与其风险等级相匹配，当受到外界环境条件或资金限制，技防措施达不到要求时，设计单位应提出相应的物防或人防措施，以达到要求的安全防护水平。

在设计重要物资储存库的安全防范工程时，建设单位应提供相关的图纸资料，并结合实际情况提出防护需求。设计单位应根据相关规定和建设单位的需求，提出可靠、先进、经济和实用的设计方案。

重要物资储存库防护范围的划分如下。

- 防护区：重要物资储存库库区周界线以内的区域。
- 禁区：重要物资储存库库房（或部位、室、柜等）、监控中心。

在设计重要物资储存库的安全防范工程时，现场勘察除应符合一般规定外，还应符合下列规定。

- 在设置无线通信系统时，应对使用区域内的场强进行测试和记录。
- 应了解工程所在地的岩石（或砂石、土壤）电阻率。重要物资储存库大多位于偏僻山区，一般雷暴日较多，了解工程所在地的岩石（或砂石、土壤）电阻率，可以为工程防雷接地的设计提供依据。

安全防范工程选用的设备器材应满足使用环境的要求，当达不到要求时，应采取相应的防护措施。

重要物资储存库所处环境一般较为恶劣，在进行工程设计时应充分考虑环境的因素，尤其是室外安装的设备器材，一般应考虑防水、防潮、防尘、抗冻、防晒及防破坏等防护措施。

在设计安全防范工程时，前端设备应尽可能设置在爆炸危险区域外；当前端设备必须安装在爆炸危险区域内时，应选用与爆炸危险介质相适应的防爆产品。

部分重要物资储存库储存的是危险品，在进行工程设计时应严格按照国家或行业有关技术标准，明确爆炸危险区域的范围、防爆等级，电气设备的选型应满足防爆要求。

8.4.2 一级防护工程设计

重要物资储存库的一级防护安全防范工程应由入侵报警系统、视频监控系统、出入口控制系统、电子巡查系统、保安通信系统等集成或组成，并应通过监控中心的安全管理系统实现对各子系统的管理和监控。

禁区应设置入侵报警装置，并应安装紧急报警装置。防护区应设置周界围墙，在条件允许的情况下宜设置周界报警装置。

防护区的重要通道或重要部位应安装摄像机进行监控。当有入侵报警信息时，应联动视频监控系统进行图像复核，并实时录像。

防护区的重要通道一般指防护区的出入口、主干道路交叉路口等；重要部位一般指储存库库房门口、周界易入侵处等。在进行工程设计时可根据现场实际情况和用户需求确定设置的具体位置。

重要出入口应设置出入口控制装置。重要出入口主要指防护区出入口、储存库出入口和监控中心出入口等，在进行工程设计时可根据现场实际情况和用户需求确定设置的具体位置。

防护区应设置电子巡查系统、保安通信系统。

8.4.3 二级防护工程设计

重要物资储存库的二级防护安全防范工程宜由入侵报警系统、视频监控系统、出入口控制系统、电子巡查系统、保安通信系统等集成或组成，并宜通过监控中心的安全管理系统实现对各子系统的管理和监控。

禁区宜设置入侵报警装置，并宜安装紧急报警装置。防护区宜设置周界围墙，在条件允许的情况下可设置周界报警装置。

防护区的重要通道或重要部位宜安装摄像机进行监控，摄像机数量可根据现场情况适当减少。当有入侵报警信息时可联动摄录设备。

重要出入口宜设置出入口控制装置。

防护区宜设置电子巡查系统、保安通信系统。

8.4.4 三级防护工程设计

重要物资储存库的三级防护安全防范工程可由入侵报警系统、视频监控系统、出入口控制系统、电子巡查系统、保安通信系统等集成或组成，并可通过监控中心的安全管理系统实现对各子系统的管理和监控。

禁区可设置入侵报警装置或紧急报警装置。防护区宜设置周界围墙，在条件允许的情况下可设置周界报警装置。

防护区的重要通道或重要部位可安装摄像机进行监控，并可手动或自动启动摄录设备。

重要出入口可设置出入口控制装置。

防护区可设置电子巡查系统、保安通信系统。

8.4.5 各子系统设计要求

（1）重要物资储库的安全防范工程中的视频监控系统的设计除应符合一般规定外，还应符合下列规定。

- 室外摄像机宜采用彩色/黑白转换型摄像机，并配有夜间辅助照明装置。
- 在周界或库区主要通道宜配置带转动云台和变焦镜头的摄像机。
- 视频图像的记录宜选用数字录像设备。

（2）重要物资储库的安全防范工程中的出入口控制系统的设计除应符合一般规定外，还应符合下列规定。

- 不同的出入口应能设置不同的出入权限。
- 所有出入口控制的计时应一致。
- 应能记录每次有效出入的人员信息和出入时间、地点，并能按天进行统计、存档和检索查询。

（3）重要物资储库的安全防范工程中的电子巡查系统的设计除应符合一般规定外，还应符合下列规定。

- 根据现场情况，可选择在线式巡查方式或离线式巡查方式。
- 巡查点的数量根据现场情况确定，巡查点的设置应以不漏巡为原则。

（4）重要物资储库的安全防范工程中的保安通信系统的设计应符合下列规定。

- 根据现场情况，可选择有线通信方式或无线通信方式。
- 当采用有线通信方式时，应设置专用的程控交换机话务通信系统。监控中心电话机应具有实时录音功能；其他通信点电话机摘机 3s 不拨号可自动接通监控中心，若拨号可接通相应内部电话。
- 当采用无线通信方式时，中继台和天线的架设数量应根据库区面积大小、地理环境、电波传播的状况等确定，应满足通信无盲区的要求。无线对讲机应安装保密模块。

（5）周界防护系统的设计应符合下列规定。

- 周界防护系统一般布设在防护区周界或禁区周界，周界报警探测器形成的警戒线宜连续无间断（周界出入口除外）。
- 当报警发生时，监控中心应能显示周界模拟地形图，并以声、光信号显示报警的具体位置，且可进行局部放大。

（6）重要物资储库的安全防范工程中的监控中心的设计除应符合一般规定外，还应符合下列规定。

- 一、二级防护安全防范工程的监控中心应为专用工作间，并应安装防盗安全门和紧急报警装置，与当地公安机关接处警中心应有通信接口。
- 一、二级防护安全防范工程的监控中心宜设置独立的卫生间、值班人员休息间，总面积不宜小于 40m²。三级防护安全防范工程的监控中心可设在值班室。

8.5 民用机场的安全防范工程的设计

8.5.1 一般规定

民用机场的安全防范工程宜由防爆安检系统、视频监控系统、入侵报警系统、出入口控制系统、周界防护系统等组成。

民用机场的安全防范工程的设计应考虑与机场消防报警系统、建筑设备监控系统、旅客离港管理系统等相关系统联动。

民用机场的安全防范工程的设计应考虑视频图像的远程传输问题。

民用机场的安全防范工程应能独立运行，其安全管理系统和信息网络原则上应单独设置。

8.5.2 一级防护工程设计

民用机场安检区应设置防爆安检系统，包括 X 射线安全检查设备、金属探测门、手持金属探测器、爆炸物检验仪、防爆装置及其他附属设备；应设置视频监控系统和紧急报警装置。视频监控系统应能对进行安检的旅客、行李、证件及检查过程进行监视记录，应能迅速检索单人的全部资料。

民用机场航站楼的旅客迎送大厅、售票处、值机柜台、行李传送装置区、旅客候机隔离区、重要出入通道及其他特殊需要的部位，应设置视频监控系统，以进行实时监控，及时记录。

旅客候机隔离厅（室）与非控制区相通的门、通道等部位，以及其他重要通道、要害部位的出入口，应设置出入口控制装置。

机场控制区、飞行区应按照国家现行标准《民用航空运输机场安全防范设施建设标准》的要求实施全封闭管理。在封闭区边界应设置围栏、围墙和周界防护系统。飞行区及其出入口应设置视频监控装置、出入口控制装置和防冲撞路障。

在飞行区内的视频监控系统，应对飞机着陆进港和起飞离港的过程进行监视和记录（包括旅客上下飞机的情况、旅客行李和货物的装机、卸机情况等），并与照明系统、警告广播系统联动。

机场的货运库、维修机库、停车场、进场交通要道、塔台等部位宜根据安全防范管理要求分别或综合设置入侵报警系统、视频监控系统、出入口控制系统等，并考虑系统之间的联动。

应设置安全防范监控中心（或主控室）。监控中心的设计应符合一般规定，并设置电子地图。

8.5.3 二级防护工程设计

民用机场安检区应设置防爆安检系统，包括 X 射线安全检查设备、金属探测门、手持金属探测器、爆炸物检验仪、防爆装置及其他附属设备；应设置视频监控系统和紧急报警装置。视频监控系统应能对进行安检的旅客、行李、证件及检查过程进行监视记录，应能迅速检索单人的全部资料。

民用机场航站楼的旅客迎送大厅、售票处、值机柜台、行李传送装置区、旅客候机隔离区、重要出入通道及其他特殊需要的部位，应设置视频监控系统，以进行实时监控、及时记录。

旅客候机隔离厅（室）与非控制区相通的门、通道等部位，以及其他重要通道、要害部位的出入口，应设置出入口控制装置。

飞行区的出入口应设置出入口控制装置及防冲撞路障。

应对旅客下机及登机过程进行监视。

旅客行李和货物在装机及卸机时宜处于监视之下。

机场的货运库、维修机库、停车场、进场交通要道、塔台等部位宜根据安全防范管理要求分别或综合设置入侵报警系统、视频监控系统、出入口控制系统等，并考虑系统之间的联动。

二级防护工程的监控中心与一级防护工程的监控中心的设置原则与功能要求基本相同，但监控范围、规模可略小些。

8.5.4　三级防护工程设计

民用机场安检区应设置防爆安检系统，包括 X 射线安全检查设备、金属探测门、手持金属探测器、爆炸物检验仪、防爆装置及其他附属设备；应设置视频监控系统和紧急报警装置。视频监控系统应能对进行安检的旅客、行李、证件及检查过程进行监视记录，应能迅速检索单人的全部资料。

民用机场航站楼的旅客迎送大厅、售票处、值机柜台、行李传送装置区、旅客候机隔离区、重要出入通道及其他特殊需要的部位，应设置视频监控系统，以进行实时监控，及时记录。摄像机数量可根据现场情况，适当减少。

旅客候机隔离厅（室）与非控制区相通的门、通道等部位，以及其他重要通道、要害部位的出入口，应设置出入口控制装置。

飞行区的出入口应设置出入口控制装置及防冲撞路障。

机场的货运库、停车场、交通要道宜设置视频监控装置。

三级防护工程的监控中心与二级防护工程的监控中心的设置原则与功能要求基本相同，地点可以设在公安值班室内。

8.5.5　各子系统设计要求

周界防护系统的设计应符合一般规定，并应符合机场电磁环境的要求。

入侵报警系统的设计应符合一般规定，并可采用多级报警管理模式。

视频监控系统的设计应符合一般规定，视频图像记录应采用数字录像设备。

监控中心的设计除应符合一般规定外，还应符合下列规定。

- 应设置防盗安全门与紧急报警装置。
- 应是专用工作间，应有卫生间、值班人员休息室。
- 一级防护工程的监控中心面积不应小于 30m²；二级防护工程的监控中心面积不应小于 20m²；三级防护工程的监控中心可设在值班室内。

出入口控制系统的设计应符合一般规定。为防止无关人员与非法人员进入机场控制、隔离区域，应制定内部工作人员出入相应出入口的管理制度。

8.6 铁路车站的安全防范工程的设计

8.6.1 一般规定

铁路车站按技术作业分为编组站、区段站、中间站；按业务性质分为客运站、货运站、客货运站。

由于铁路车站的建设一般采用一次规划、分期建设、逐步完成的模式，因此为保证建设的系统性、连续性和完整性，铁路车站的安全防范工程的设计应具有用户认可的系统冗余性、设备兼容性，以满足系统扩展时功能与容量的要求。

铁路车站的安全防范工程的设计应考虑与消防报警系统、内部业务管理系统等有关系统的联动。

铁路车站的安全防范工程的设计应考虑视频、音频、控制信号的远程传输，并应按用户要求提供远程传输接口、传输线路和终端设备。

铁路车站的安全防范工程宜由防爆安检系统、周界防护系统、入侵报警系统（含紧急报警装置）、视频监控系统、出入口控制系统等组成。

铁路车站安全防范工程应能独立运行。安全管理系统和信息网络原则上应单独设置。

8.6.2 一级防护工程设计

铁路车站的旅客进站广厅、行包房应设置防爆安检系统。旅客进站广厅应设置 X 射线安全检查设备、手持金属探测器、爆炸物检验仪、防爆装置及附属设备。行包房应设置 X 射线安全检查设备。

铁路车站的旅客进站广厅、旅客候车区、站台、站前广场、进出站口、站内通道、进出站交通要道、客技站及其他有安全防范监控需要的场所和部位，应设置视频监控系统。

铁路车站要害部位的出入口、售票场所（含机房、票据库、进款室）的主要出入口、特殊需要的重要通道口，宜设置出入口控制系统。

铁路车站要害部位的确定按照铁道部《铁路要害安全管理规定》执行。

铁路车站要害部位，车站内储存易燃、易爆、剧毒、放射性物品的仓库，供水设施等重点场所和部位，应分别或综合设置周界防护系统、入侵报警系统（含紧急报警装置）、视频监控系统。

铁路车站的售票场所（含机房、票据库、进款室）、行包房、货场、货运营业厅（室）、编组场，应分别或综合设置入侵报警系统（含紧急报警装置）、视频监控系统。

监控中心应单独设置。

安全防范工程应为集成式。

8.6.3 二级防护工程设计

铁路车站的旅客进站广厅、行包房应设置 X 射线安全检查设备。

旅客进站广厅宜设置手持金属探测器、爆炸物检测仪、防爆装置及附属设备。

铁路车站的旅客进站广厅、旅客候车区、站台、站前广场、进出站口、站内通道、进出站交通要道，应设置视频监控系统。

客技站宜设置视频监控系统。

铁路车站要害部位的出入口、售票场所（含机房、票据库、进款室）的主要出入口、特殊需要的重要通道口，可设置出入口控制系统。

铁路车站要害部位应分别或综合设置周界防护系统、入侵报警系统（含紧急报警装置）、视频监控系统。

铁路车站内储存易燃、易爆、剧毒、放射性物品的仓库，大型油库、供水设施等重点场所和部位，宜分别或综合设置周界防护系统、入侵报警系统（含紧急报警装置）、视频监控系统，应考虑设置实体防护系统。

监控中心宜单独设置。

安全防范工程应为组合式。

8.6.4 三级防护工程设计

铁路车站的旅客进站广厅、行包房应设置 X 射线安全检查设备。

旅客进站广厅可设置防爆装置及附属设备、手持金属探测器、爆炸物检验仪。

铁路车站的旅客进站广厅、旅客候车区、站台、站前广场、进出站口、站内通道，应设置视频监控系统（根据现场情况摄像机数量可适当减少）。

进出站交通要道宜设置视频监控系统。

铁路车站售票场所（含机房、票据库、进款室）应设置视频监控系统，宜设置入侵报警系统（含紧急报警装置），可设置出入口控制系统。

铁路车站的要害部位宜设置周界防护系统、入侵报警系统（含紧急报警装置）、视频监控系统，应考虑设置实体防护系统。储存易燃、易爆、剧毒品、放射性物品的仓库，供水设施等重点部位可设置周界防护系统、入侵报警系统（含紧急报警装置）、视频监控系统。

铁路车站行包房、货场、编组场、货运营业厅（室）等重点场所和部位宜设置视频监控系统。

宜设置监控中心。

安全防范工程可为分散式。

8.6.5 各子系统设计要求

周界防护系统的设计应符合一般规定，并应遵守铁路无线电管理对电磁环境的要求。

紧急报警子系统、入侵报警系统、出入口控制系统、安全管理系统、视频监控系统的设计应符合 GB 50348—2018《安全防范工程技术标准》的规定。

视频图像的记录应采用数字录像设备。

监控中心的设计除应符合一般规定外，还应符合下列规定。

- 应设置防盗安全门与紧急报警装置。
- 一级防护工程的监控中心使用面积不宜小于 $60m^2$；二级防护工程的监控中心使用面积不宜小于 $40m^2$；三级防护工程的监控中心可设在值班室内。

8.7 临时性安全防范工程的设计

大型活动按活动属性分为三类：第一类是具有政治性质的活动，如党和国家领导人及外国元首访问、视察、两会等活动；第二类是纯粹商业性质的活动，如大型商品交易会、大型演唱会等；第三类是介于前两者之间的既具有政治性质又具有商业性质的活动，如大型运动会等。由于大型活动具有人员密集、成分复杂、流动量大、社会及政治影响力高等特点，因此大型活动的安全防范工程的设计一直是安全防范领域的重点，随着安全风险和需求的不断上升，技防在其安全防范工程设计中发挥的作用与所占据的地位也在日益增长。大型活动具有临时性并且不同活动的安全需求也不同，往往需要临时改造或增补原有的安全防范系统，事后大部分需要撤除，部分可保留或选择恢复原系统。

临时性安全防范工程主要环节包括安全需求分析、现场勘察、方案设计、临时布控、撤除恢复等。

从安全防范系统功能角度来看，临时性安全防范工程具有以下特点。

1. 信息的收集与分享

因大型活动的重要性及现场环境的变化，需要对原有系统设备进行增加或改造。例如，按照安全需求增补安检、人员信息检测、车辆检测、监控、监听、入侵探测等技术手段与数量点位；对摄像机进行光照环境的适应性和功能性改造，将普通型改成低照度型、宽动态型、高清型、透雾型、防抖型等；增加高点摄像机、无人机等以监控大范围、移动场景和人员不易到达的地点；增加车辆移动监控装置、人员便携式监控装置及信息采集装置。

为满足武警、消防、公安、上级安保指挥中心、政府、活动主办方、现场安保服务方等多方用户对实时多媒体全维度信息的共享需要，临时性安全防范工程需要能够快速建立标准化的综合信息管理平台，兼容原有安全防范工程的信息接入，并能合理规划多方用户的信息管理及使用权限。

2. 信息研判辅助

为满足复杂现场紧急事件快速响应与及时处置的需要，面对大量汇集的视频、音频、人员、车辆及其他信息，需要在短时间内迅速研判、提取有价值的信息，推送给指挥人员进行决策，或者运用人工智能技术直接给出决策，实现对警情的实时分析，实时进行警力测算并生成辅助勤务部署方案。

3. 指挥与调度

由于大型活动安保业务具有复杂性和关键性，其信息通信系统比一般信息通信系统要复杂得多，仅仅依靠普通电信通信网络是不够的，因此需要建立一体化数字集群系统，以便指挥中心人员能够全面掌握信息、及时响应、快速指挥和调度、跟踪事件处理，提高指挥效率和精确指挥能力；满足大量座席的调度需求，并满足移动和车载环境下的指挥调度需求；能与已建设的复杂信息系统集成，与其他模拟集群、专线电话等通信语音系统集成；将警情信息、指挥指令直接发送给距离中心现场最近的反应力量，实现最短时间的打击和处置突发事件。

4. 信息公开与指引

大型活动现场对人、物、车流的管理与疏导需要依赖公共广播、公共信息电子显示牌、交通信号控制系统、道路情况电子公告牌、电台、手机短信、提示标牌等。合理的信息发布和指引，可在正常情况下发挥人、车导流和信息推送作用，也可在出现突发事件时，迅速平息公众恐慌情绪，快速指导公众疏散和采取合适的紧急保护措施。

8.8 反恐怖防范工程的设计

8.8.1 反恐怖法出台背景

恐怖主义已成为影响世界和平与发展的重要因素，是全人类的共同敌人。中国是法治国家，制定反恐怖主义法是完善国家法治建设、推进全面依法治国方略的要求，也是依法防范和打击恐怖主义的现实需要，同时也是中国作为一个负责任大国的国际责任。

2011 年 10 月 19 日，十一届全国人大常委会第二十三次会议表决通过了《关于加强反恐怖工作有关问题的决定》。这是我国第一个专门针对反恐工作的法律文件，对恐怖活动、恐怖活动组织、恐怖活动人员做出了界定。

2014 年 4 月，由国家反恐怖工作领导机构牵头，公安部会同全国人大常委会法工委、国安部、工信部、人民银行、国务院法制办、武警总部等部门成立起草小组，着手起草反恐怖主义法。在起草过程中，多次深入一些地方调查研究，召开各种形式的研究论证会，听取各方面意见，并反复征求中央国家安全委员会办公室、各有关单位、地方和专家学者的意见，同时还研究借鉴国外的有关立法经验，形成了《中华人民共和国反恐怖主义法（草案）》。

《中华人民共和国反恐怖主义法》由中华人民共和国第十二届全国人民代表大会常务委员会第十八次会议于 2015 年 12 月 27 日通过，自 2016 年 1 月 1 日起施行。

8.8.2 反恐怖法有关规定

反恐怖法有关规定如下。

第二十七条 地方各级人民政府制定、组织实施城乡规划，应当符合反恐怖主义工作的需要。

地方各级人民政府应当根据需要，组织、督促有关建设单位在主要道路、交通枢纽、城市公共区域的重点部位，配备、安装公共安全视频图像信息系统等防范恐怖袭击的技防、物防设备、设施。

第三十一条 公安机关应当会同有关部门，将遭受恐怖袭击的可能性较大以及遭受恐怖袭击可能造成重大的人身伤亡、财产损失或者社会影响的单位、场所、活动、设施等确定为防范恐怖袭击的重点目标，报本级反恐怖主义工作领导机构备案。

第三十二条 重点目标的管理单位应当履行下列职责：

（一）制定防范和应对处置恐怖活动的预案、措施，定期进行培训和演练；

（二）建立反恐怖主义工作专项经费保障制度，配备、更新防范和处置设备、设施；

（三）指定相关机构或者落实责任人员，明确岗位职责；

（四）实行风险评估，实时监测安全威胁，完善内部安全管理；

（五）定期向公安机关和有关部门报告防范措施落实情况。

重点目标的管理单位应当根据城乡规划、相关标准和实际需要，对重点目标同步设计、同步建设、同步运行符合本法第二十七条规定的技防、物防设备、设施。

重点目标的管理单位应当建立公共安全视频图像信息系统值班监看、信息保存使用、运行维护等管理制度，保障相关系统正常运行。采集的视频图像信息保存期限不得少于九十日。

对重点目标以外的涉及公共安全的其他单位、场所、活动、设施，其主管部门和管理单位应当依照法律、行政法规规定，建立健全安全管理制度，落实安全责任。

8.8.3 反恐怖防范系统的设计

反恐怖防范应遵循"预防为主、单位负责、突出重点、保障安全"的方针。

反恐怖防范目标的组织是反恐怖防范的主体责任单位，反恐怖防范目标的行业主管（监管）职能部门应实施反恐怖防范管理、检查、监督，反恐怖部门应进行反恐怖防范的指导、协调和检查。反恐怖防范目标的组织应建立并实施反恐怖防范系统。

1．人防

设置或确定承担与反恐怖防范任务相适应的反恐怖防范工作机构，明确第一责任人和责任部门，配备专（兼）职工作人员，人员应具有执行反恐怖防范任务的相应素质。

设立反恐怖防范目标单位内部保卫专门机构或专干，增加保安力量，成立防范志愿者队伍，并加强门卫值班、巡逻和重点要害部位的值守等工作。

反恐怖防范目标单位应根据自身的情况配备安保力量，明确常态安保力量人数。针对日常、重要和特殊时期的不同要求，及时调整安保力量。日常保安人员数量视具体情况可适当增加，重要特殊时期视情况再增加，特殊时期，在保安人员正常巡查基础上，组织人员对重点区域和要害部位进行巡护，做到专业治安保卫力量与内部人员联防的有机结合。

在人防管理方面，反恐怖防范目标单位应建立与反恐怖部门、行业主管（监管）职能部门的防范与应急联动，实现涉恐信息的实时报送、更新、交互和对接。

反恐怖防范目标单位应根据情况建立并实施人防管理制度，并做好相应的记录。

人防管理制度至少应明确以下内容：

- 背景审查与行为评估制度，对外聘工作人员实行背景审查，并定期对其行为进行评估；
- 值守与巡查制度，根据实际情况在出入口、周界、重要部位开展值守、巡查；
- 教育与培训制度，对安保力量及相关员工进行反恐怖防范知识、技能的教育、培训；
- 防范与应急演练制度，每半年组织不少于一次的反恐怖防范或应急演练；
- 检查与督察制度，每月不少于一次反恐怖防范检查、督察，落实反恐怖防范措施、和检查技防、物防设备（设施）有效性；
- 考核与奖惩制度，定期对安保力量及相关员工的反恐怖防范工作进行考核、奖惩。
- 人防管理制度应设门卫登记与访客检查制度，核对、查验、登记访客、车辆信息，必要时要求访客接受安全检查或者要求接访者证明其身份。

反恐怖防范目标单位反恐怖人防力量可按如表 8-3 所示的内容进行配置。

表8-3 人防配置表

项 目		配 设 要 求
反恐怖防范工作机构		组织健全、分工明确、责任落实
反恐怖防范第一责任人		负责人或主要负责人
反恐怖防范责任部门		安保部门兼任或独立
安保力量	技防	监控中心，技防设施操作
	固定岗	出入口
	巡逻	重要部位
	备勤	机动

反恐怖安保力量应能满足反恐怖防范工作的需要，同时还应符合下列要求：

- 保安员应按《保安服务管理条例》和 GA/T 594—2006《保安服务操作规程与质量控制》的要求，承担保安职责；
- 熟悉反恐怖防范目标单位地理位置、设施状况和分布、各类疏散途径；
- 能应对场所相关涉恐突发事件，配合职能部门工作；
- 能承担其他需要承担的反恐怖防范工作。

2．物防

物防是指用于反恐怖防范、能延迟恐怖袭击事件发生的各种实体防护手段（包括加固建筑、构筑物，增设屏障、警戒器材、警戒标志、应急用品、改进防护系统等）。

反恐怖物防设施可按照如表8-4所示的内容进行配置。

表8-4 物防配置表

项 目		配 设 要 求
机动车阻挡装置		与外界相通的出入口
实体防护设施	升降栏杆	重要区域如重点部位出入口、监控中心、调度中心、周界等
	防盗安全门、金属防护门或联动互锁门	
	围墙或栅栏	
警戒器材	破胎器、警棍、警戒线	门卫室等
应急用品	灭火器、石棉毯、消防砂	门卫、消防重点部位等
	消防泵、消防栓、泡沫罐、消防水池（罐）	
	防毒口罩	
警戒标志	作业警示牌、应急疏散标志	按有关规范要求设置
常规用品	巡逻车、钢盔等防护设施	按巡逻要求设置

机动车阻挡装置可采用立柱或翻板。机动车阻挡装置的升降应平稳，设备复位后阻挡装置应不影响道路的承载能力和通行能力，机动车阻挡装置升起后应能承受设计要求的刚性碰撞；机动车阻挡装置应能进行电动操作和遥控操作，在电动操作出现故障时应能手动应急操作，并能接入其他防范系统的信号实现系统之间的联动。

防盗安全门应符合 GB 17565—2007《防盗安全门通用技术标准》、GA/T 75—1994《安全防范工程程序与要求》、DB33/T 768—2018《安全技术防范系统建设技术规范》等的要求。

防尾随联动互锁安全门应符合 GA 576—2018《防尾随联动互锁安全门通用技术条件》、

GA/T 75—1994《安全防范工程程序与要求》、DB33/T 768—2018《安全技术防范系统建设技术规范》等的要求。

防爆毯应符合 GA 69—2007《防爆毯》的要求。

防爆罐等器材应经过相关部门的检测。

3. 技防

技防是指利用各种电子信息设备组成系统或网络以提高探测、延迟、反应等能力并加强防护功能的反恐怖防范手段。

反恐怖安全技术防范产品现阶段主要包括入侵探测和防盗报警设备、视频监视与监控设备、出入口目标识别与控制设备、报警信息传输设备、实体防护设备、防爆安检设备、固定目标和移动目标防盗防劫设备、相应的软件，以及由它们组合和集成的系统。

特殊的技防系统需要根据设计依据和防范要求采取比一般安全防范系统要求更高的及相应的措施，如录像存储时间不小于 90 天。应急指挥系统集成度要求更高，包括视频监控系统、入侵报警系统、出入口控制系统等的联动机制，以及反恐预案管理、反恐预案动态推演、演习演练、现场指挥和调度等机制需要更加完善。

思考题

1. 银行营业场所现场声光报警装置的报警声级应符合什么要求？

2. 银行营业场所的风险区域如何划分？

3. 紧急报警装置在银行营业场所中的布设应如何设计？

4. 出入口控制系统在银行营业场所、铁路车站、民用机场、文物保护单位、博物馆等场所的功能应用有何不同？

5. 高风险对象的安全防范工程对监控中心有何要求？

6. 临时性安全防范工程对指挥调度有哪些特殊要求？可利用哪些技术手段实现？

7. 反恐怖防范系统的设计主要应包括哪些基本内容？其与一般安全防范工程的设计有什么区别？

第9章

安全防范工程实施

内容提要

本章介绍了安全防范工程实施过程中的招投标、施工准备、安装与调试、工程初验、系统试运行、工程监理、工程检验与竣工验收等关键环节的工作要点。

9.1 安全防范工程的招投标

9.1.1 招标

招标是工程建设项目的某一阶段业主对自愿参加特定目标承包者的审查、评比过程，是对特定目标实施者进行最终选择和采购设备的过程。

招标可分为项目招标（选定建设单位和建设地点）、设计招标（优化设计方案、选定设计单位）、设备招标（选定设备制造供应单位）、施工招标、工程总承包招标。

1. 政府采购方式

按照《中华人民共和国政府采购法》的规定，政府采购采用以下方式。

（1）公开招标。公开招标是采用最多的方式。采用公开招标以外采购方式的，应当载明原因。符合专业条件的供应商或对招标文件进行实质响应的供应商应不少于 3 家。

（2）邀请招标。

因保密原因、供应商范围有限或采用公开招标方式的费用占政府采购项目总价值的比例过大的时候可以采用邀请招标方式。采购人应当在符合相应资格条件的供应商中，通过随机方式选择 3 家以上的供应商，并向其发出投标邀请书。

（3）竞争性谈判。

公开招标家数不够或重新招标未能成立的、技术复杂或性质特殊而不能确定详细规格或具体要求的、公开招标时间超出用户急需的、不能事先计算出价格总额的情况下可采用竞争性谈判方式。采购人应当在符合相应资格条件的供应商中确定不少于 3 家的供应商参加谈判或询价。

（4）单一来源采购。

只能从唯一供应商处采购的、从原供应商处添购且添购资金总额不超过原合同采购金额

10%的可采用单一来源采购方式。采购人、采购代理机构应当组织具有相关经验的专业人员与供应商商定合理的成交价格并保证采购项目质量。

（5）询价。

采购的货物规格和标准统一、现货货源充足且价格变化幅度小的政府采购项目可以采用询价方式。询价小组在质量和服务均能满足采购文件实质性响应要求的供应商中，按照报价由低到高的顺序选出 3 名以上成交候选人，并编写评审报告。通常以报价最低的供应商为成交供应商。

（6）国务院政府采购监督管理部门认定的其他采购方式。

工程建设项目施工招标另有具体规定，招标还可以分为勘察设计招标、施工招标、监理招标、货物招标等。

2．招标渠道

招标人有权自行选择招标代理机构，委托其办理招标事宜。具有编制招标文件和组织评标能力的招标人可以自行办理招标事宜。常见的招标渠道有政府采购中心（建设工程交易中心或公共资源交易中心）、招标代理公司及业主自主招标。从事工程建设项目招标代理业务的招标代理机构的资格由国务院，或者省、自治区、直辖市人民政府的建设行政主管部门认定。

3．招标程序

（1）招标资格审查。

招标人应具备法人资格，拥有与所招标工程相匹配的技术与经济管理能力，能完成招标文件的编制。

（2）招标的组织和管理。

招标主要工作包括编制招标文件与标底文件；制定评标、中标办法；发出招标公告或邀请；审查投标单位资格，向合格的投标单位分发招标文件；组织现场勘查并答疑；约定时间、地点、方式接受投标文件（考虑已发出的招标文件进行必要的澄清或修改的情形）；主持开标并审查投标文件及其保函；组织评标、决标活动；发出中标通知书与落标通知书，并与中标单位谈判，最终签订承包合同。

招标类型的选择与招标文件的编制是两大关键性工作。招标文件是投标者编制投标文件的基本依据；是业主与投标者商签合同的基础，对各方都具法律约束力。招标文件的主要内容应包括投标者编制投标文件时所需要的全部资料和要求。

4．招标文件的编制

招标文件的编制需要遵循科学、合理、充分、严密的原则。科学是指在技术上是先进的、可行的、可靠的；合理是指切合实际，对承包商的要求是公正的、可接受的、权利义务是平衡的；充分是指提供的资料是足够的、明确的，主要内容应包括投标者编制投标书时所需要的全部资料和要求；严密是指整套文件没有自相矛盾、疏漏和含糊的地方。

招标人应该根据招标项目的特点和需要编制招标文件。招标文件应当包括招标项目的技术要求、对投标人资格审查的标准、投标报价要求和评标标准等所有实质性要求和条件，以及拟签订合同的主要条款。

国家对招标项目的技术、标准有规定的，招标人应当按照规定在招标文件中提出相应的要求。

招标项目需要划分标段、确定工期的，招标人应当合理划分标段、确定工期，并在招标文件中进行阐明。

招标文件不得要求或标明特定的生产供应者，也不得含有倾向或排斥潜在投标人的内容。

招标人需要对已发出的招标文件进行必要澄清或修改的，应当在要求提交投标文件的截止时间十五日前，以书面形式通知所有招标文件收受人。

对于有特殊要求的项目，招标文件中可纳入设计任务书的内容。

设计任务书是工程建设单位依据工程项目立项的可行性研究报告而编制的、对工程建设项目提出具体设计要求的技术文件。设计任务书是工程招（投）标的重要文件之一，是设计单位（或承建单位）进行工程设计的重要依据之一。

9.1.2　投标

1．投标前的项目选择

为提高中标概率并实现较好的经济效益，投标人在投标前宜根据招标公告或招标文件对投标人的资格要求和特定条件要求（注册资金和资质的要求）确定自身是否符合要求；根据招标内容、招标需求确定招标项目是否为本单位业务范围内的、有一定竞争优势的项目；分析评分标准并进行模拟评分，判断本单位在评分方面，特别是技术和商务资信方面是否具有优势。

2．制作投标文件

投标文件一般由商务文件、技术文件、报价文件组成。投标文件的制作包括内容编制、装订、包装、标记等环节。每一个环节都需要仔细阅读招标文件中无效标和废标的条款，这是重中之重。常见的无效标情况如下。

- 未按规定密封或标记的投标文件。
- 未能提供合格的资质文件（资质证书、营业执照等）。
- 活页装订的。
- 正副本投标文件数量不足的。
- 应盖公章而未盖的、授权书填写不完整的。
- 法人授权书中法人代表一栏签成委托人名字的；开标时授权委托人与投标文件中授权委托书所载内容有异的。
- 未采用招标文件已明确规定的计量单位的。
- 一个标项提供两个投标方案或两个报价的。
- 资质文件、技术及商务文件中出现项目报价信息的。
- 投标报价超出预算的。
- 不符合报价文件规定要求的（报价缺漏、大写金额高于小写金额等）。
- 未办理投标商报名表登记手续的、未交纳投标保证金的。
- 不符合法律、法规和招标文件规定的其他实质性要求的（如质保期、工期）。
- 未按照招标文件变更通知更改投标文件的。
- 投标人提供虚假材料投标的。
- 投标人的投标文件有雷同或串标嫌疑的。
- 技术响应表中的偏离情况一栏未填写的。

投标文件的制作需要关注招标文件中的一些特别条款，如财政部令第 87 号《政府采购货物和服务招标投标管理办法》第三十一条规定：使用综合评分法的采购项目，提供相同品牌产品且通过资格审查、符合性审查的不同投标人参加同一合同项下投标的，按一家投标人计算，评审后得分最高的同品牌投标人获得中标人推荐资格；评审得分相同的，由采购人或者采购人委托评标委员会按照招标文件规定的方式确定一个投标人获得中标人推荐资格，招标文件未规定的采取随机抽取方式确定，其他同品牌投标人不作为中标候选人。

非单一产品采购项目，采购人应当根据采购项目技术构成、产品价格比重等合理确定核心产品，并在招标文件中载明。多家投标人提供的核心产品品牌相同的，按前款规定处理。

投标文件内容的编制需要按招标文件中要求的投标文件组成部分逐条编写，并仔细对照招标文件的评分标准，补齐有分值的内容及资料（资质、人员证书、工程合同、社保、纳税证明、产品原厂授权书、质保函）。评分标准中提到的内容在投标文件中都要编写清楚。按照招标文件的装订、正副本数量、包装、盖章、签名要求，在封装之前进行仔细核对。标书的核对、审核应由其他人员参与（技术主管、商务主管等）。

3. 投标保证金

招标文件中规定要提交投标保证金的，应在招标文件规定的截止时间前交纳规定金额的投标保证金；保管好保证金提交凭证并按规定提交。有下列情形之一的，投标保证金不予退还：

- 在投标截止时间后撤回投标文件的；
- 在投标过程中弄虚作假，提供虚假材料的；
- 中标人无正当理由不与采购人签订合同的；
- 将中标项目转让给他人，或者在投标文件中未说明且未经招标采购单位同意将中标项目分包给他人的；
- 严重扰乱招投标程序的。

招标人应当在书面合同签订后 5 日内向中标人和未中标的投标人退还投标保证金及银行同期存款利息。

4. 递交投标文件

投标人必须在标书受理截止时间前将投标文件送达开标地点，送达的投标文件应按规定密封和标记，注明正本与副本，不得出现破损，通常投标文件以纸制文本形式递交（电子招投标除外）。送交前已办理投标人报名手续的，投标授权代表要携带身份证等有效证明及授权委托书。

投标人在投标截止时间前，可以书面形式通知（加盖公章）招标方，对所递交的投标文件进行补充、修改或撤回。补充、修改的内容应当按照招标文件要求签署、盖章、密封，之后，作为投标文件的组成部分。

5. 中标与废标

评标委员会由招标人的代表和有关技术、经济等方面的专家组成，不少于 5 人且成员数为单数。其中，技术、经济等方面的专家人数不得少于成员总数的三分之二。以下情形不得担任评标委员会成员：系投标人的主要负责人或近亲的；系项目审批部门或有关行政监督部门的工作人员的；与投标人有经济或其他利害关系，可能影响公正评审的；法律、法规、规章规定应当回避的。

投标文件不满足招标文件规定的实质性要求和条件的，评标委员会可以将其认定为废标。评标委员会在完成评标后，应当向招标人提供书面评标报告，并推荐一至三名合格的中标候选人。招标人自收到评标报告之日起 3 日内公示中标候选人，公示期不得少于 3 日。排名第一的中标候选人放弃中标、因不可抗力不能履行合同、不按照招标文件要求提交履约保证金，或者被查实存在影响中标结果的违法行为等情形，不符合中标条件的，招标人可以按照评标委员会提出的中标候选人名单排序依次确定其他中标候选人为中标人，也可以重新招标。采购人、中标人、成交供应商应当在中标书、成交通知书发出之日起 30 日内，按照采购文件确定的事项签订政府采购合同。政府采购合同的标的、价款、质量、履行期限等主要条款应当与招标文件和中标人的投标文件的内容一致。

在政府采购招标过程中，出现下列情形之一的，按落标处理：

- 符合采购条件的或对招标文件进行实质响应的供应商不足 3 家的；
- 出现影响采购公正的违法、违规行为的；
- 投标人的报价均超过了采购预算，采购人不能支付的；
- 因重大变故，采购任务取消的。

6．串通投标

招标人与投标人不得串通投标。下列情形均属于招标人与投标人串通投标行为：

- 招标人向投标人泄露标底；
- 招标人在开标前私自开启投标文件并将投标情况告知其他投标人；
- 招标人明示或暗示投标人压低或抬高投标报价；
- 招标人与投标人进行的其他违反法律、法规串通投标的行为。

投标人不得相互串通投标。下列情形均属于投标人相互串通投标行为：

- 投标人相互约定抬高或压低投标报价；
- 投标人之间事先约定中标者，并以此为策略参加投标；
- 投标人之间进行的其他违反法律、法规串通投标的行为。

投标人相互串通投标或投标人与招标人串通投标的，投标人向招标人或评标委员会成员行贿而中标的，中标无效；处中标项目金额千分之五以上千分之十以下的罚款，对单位直接负责的主管人员和其他直接责任人员处单位罚款数额百分之五以上百分之十以下的罚款；有违法所得的，并处没收违法所得；情节严重的，取消其 1 年至 2 年内参加必须依法进行招标的项目的投标资格并予以公告，直至由工商行政管理机关吊销营业执照；构成犯罪的，依法追究刑事责任。给他人造成损失的，依法承担赔偿责任。投标人未中标的，对单位的罚款金额按照招标项目合同金额依照招标投标法规定的比例计算。

投标人有下列行为之一的，由相关行政监督部门取消其 1 年至 2 年内参加必须依法进行招标的项目的投标资格：

- 通过行贿谋取中标的；
- 3 年内 2 次以上串通投标的；
- 串通投标行为损害招标人、其他投标人，或者国家、集体、公民的合法利益，造成直接经济损失 30 万元以上的；
- 其他串通投标情节严重的行为。

投标人自处罚执行期限届满之日起 3 年内又有违法行为的，或者串通投标、通过行贿谋取中标等情节特别严重的，由工商行政管理机关吊销其营业执照。

9.2　安全防范工程的施工

安全防范工程的施工准备、安装与调试是工程实施的关键。安全防范工程的深化设计施工图经建设单位、施工单位、监理单位会审、会签后方可施工。工程施工应按正式设计文件和施工图纸进行，不得随意更改，并应符合相关施工标准、规范要求，科学、合理地进行，以控制工程实施成本，保证工程质量。

9.2.1 施工准备

1. 前期准备

在签订工程合同后，项目承接人必须与委托单位（建设单位、业主方）、监理公司、设计院及工程相关方进行广泛、深入的沟通，对实施依据进行确认，提交开工报告，落实施工前期的准备工作。施工前，监理单位应对施工单位的资质，专职管理人员、特种作业人员和安全防范相关专业技术人员的资质，特殊行业施工许可证，主管部门颁发的施工许可证，主管部门报备手续证明进行审核。

施工前的准备工作包括施工部署、施工方案及施工计划的落实、施工技术交底等，具体包括人员、机具、物料、施工方法、环境场地、资料等的准备，施工组织设计，技术交底，安全交底，开工报告等。

2. 施工组织设计

施工组织设计是施工准备工作的重要组成部分，也是用于指导施工项目全过程各项活动的技术、经济和组织的综合性文件。施工组织设计是对拟建工程的各阶段、各环节所需的各种资源进行统筹安排的计划管理行为，是施工技术与施工项目管理有机结合的产物，可以保证工程开工后施工活动安全、有序、高效、科学合理地进行。

施工组织设计一般包括工程概况、施工部署及施工方案、施工进度计划、施工平面图、主要技术经济指标5项基本内容。工程监理单位应当审查施工组织设计中的安全技术措施或专项施工方案是否符合工程建设强制性标准。

施工组织设计的繁简，一般应根据工程规模大小、结构特点、技术复杂程度和施工条件的不同而定，以满足不同的实际需要。复杂和特殊工程的施工组织设计应较为详尽，小型建设项目或具有较丰富施工经验的工程则可较为简略。

3. 施工技术与安全交底

在安全防范工程开工前，由相关专业技术人员向参与施工的人员进行技术性交代，其目的是使施工人员对工程特点、技术质量要求、施工方法与措施、安全等方面有较详细的了解，以便科学地组织施工，避免出现技术质量不过关等问题。各项技术交底记录也是工程技术档案资料中不可缺少的部分。技术交底的具体形式有以下几种。

（1）设计交底，即设计图纸交底。设计交底是在建设单位主持下，由设计单位向各施工单位进行的交底，主要交代工程涵盖的安全防范系统功能与特点、设计意图与要求、安全防范系统在施工过程中应注意的各种事项等。

（2）施工组织设计交底。施工组织设计交底一般由施工单位组织，在管理单位专业工程师的指导下进行，主要介绍施工中经常遇到的问题，要使施工人员明白该怎么做，规范是如何规定的等内容。

（3）其他交底还有专项方案交底、分系统工程交底、质量（安全）技术交底等。

施工组织设计可通过召集会议形式进行技术交底，并应形成会议纪要归档；通过对施工组织设计进行编制、审批，将技术交底内容纳入施工组织设计中。施工方案可以召集会议形式或现场授课形式进行技术交底，交底的内容可纳入施工方案中，也可单独形成交底方案。各专业技术管理人员应以书面形式并通过现场口头讲授的方式进行技术交底，技术交底的内容应单独形成交底文件。交底内容应包括交底的日期，由交底人、接收人签字，并经项目总工程师审批。

4. 开工报告

根据相关规定，建设项目及分部工程承包人开工前应按合同规定向监理工程师提交开工报告，当因故长时间（7天以上）停工或休假结束重新施工前，或处理完重大安全（质量）事故后，承包人也应向监理工程师提交中间开工报告。

开工报告主要内容包括施工地段与工程名称；现场负责人名单；施工组织和劳动安排；材料供应、机械进场等情况；材料试验及质量检查手段；水电通信网络供应；临时工程的修建；施工方案进度计划及其他需要说明的事项等。开工报告经监理工程师审批后，工程方可开工。

9.2.2 施工管理

1. 施工安全管理

施工安全管理应遵照《中华人民共和国建筑法》、《中华人民共和国安全生产法》、《建设工程安全生产管理条例》、《职业安全卫生管理体系标准》和国际劳工组织（ILO）167号公约等法律、行政法规及规程的要求。应认真执行国家有关劳动保护法令及制度和本单位安全生产的规章制度。施工单位的主要负责人、项目负责人、专职安全生产管理人员应当由建设行政主管部门或其他有关部门进行考核，合格后方可任职。贯彻"安全第一，预防为主"的方针，建立健全安全生产责任制和群防群治制度，施工前按技术要求做好安全交底，定期组织进场施工人员进行安全学习，项目部门严格落实安全检查，确保工程施工过程中人身和财产的安全。

事先做好安全防范工程施工安全危险因素分析，建立安全保证体系，执行安全生产责任制度、交接班制度、设备机具维护保养制度，落实劳动安全生产教育培训制度，配备专职安全员，落实全员安全教育，未经安全生产教育培训的人员，不得上岗作业，制定安全事故应急处置预案。在工程实施过程中，加强安全制度并落实执行，严格进行安全检查，适时进行评比、总结、整改。安全检查方式通常包括经常性安全检查、定期和不定期安全检查、专业性安全检查、重点抽查、季节性安全检查、节假日前后安全检查、班组自检、互检、交接检查及复工检查等。

在工程建设过程中，若注册执业人员未执行法律、法规和工程建设强制性标准，责令停止执业3个月以上1年以下；情节严重的，吊销执业资格证书，5年内不予注册；造成重大安全事故的，终身不予注册；构成犯罪的，依照刑法有关规定追究刑事责任。

采用新结构、新材料、新工艺的建设工程和特殊结构的建设工程，设计单位未在设计中提出保障施工作业人员安全和预防生产安全事故的措施建议的，责令限期改正，处10万元以上30万元以下的罚款；情节严重的，责令停业整顿，降低资质等级，直至吊销资质证书；造成重大安全事故，构成犯罪的，对直接责任人员，依照刑法有关规定追究刑事责任；造成损失的，依法承担赔偿责任。

在施工过程中发生事故时，采取紧急措施减少人员伤亡和事故损失，并按照国家有关规定及时向有关部门报告。

2. 施工成本管理

施工成本管理从工程投标报价开始，到项目竣工结算完成为止，贯穿项目实施的全过程，对于安全防范工程项目还可后延到工程保修期的尾留款结算完成。成本是项目管理的关键性目标，包括责任成本和计划成本。责任成本是以具体的责任单位（部门、单位或个人）为对象，以其承担的责任为范围所归集的成本，也就是特定责任中心的全部可控成本。计划成本是指根据计划期内的各种消耗定额和费用预算及有关资料预先计算的成本，反映的是计划期产品成本应达到的标准，是计划期在成本方面的努力目标。施工成本管理应遵循全面控制、动态控制、目标管理、责权利相结合和节约的原则。

施工成本管理的任务步骤为施工成本的预测、计划、控制、核算、分析和考核。施工成本分析是在施工成本核算的基础上，对成本的形成过程和影响成本增减的因素进行分析，以寻求进一步降低成本的途径。施工成本预测是指根据成本信息和施工项目的具体情况，在工程施工前对成本进行的估算。施工成本管理的措施包括组织措施、技术措施、经济措施、合同措施。

由于在项目的实施过程中，一旦出现工程变更，工程量、工期、成本都将发生变化，这会使得施工成本控制工作变得更加复杂和困难。因此，施工成本管理人员应通过对变更数据的计算、分析，随时掌握工程变更情况（包括已发生工程量、将要发生工程量、工期是否拖延、支付情况等），判断变更及变更可能带来的索赔额度等。

工程费用的结算是施工成本管理的一项重要工作。工程费用的结算可以根据不同情况采取按月结算、按进度分段结算、竣工后一次性结算等多种方式。

3. 施工进度管理

施工进度管理的任务是综合考虑成本、质量、安全等因素，依据施工任务委托合同对施工进度的要求控制施工进度，目的是合理使用有限的投资，在保证工程质量的前提下按时完成工程任务，以质量、效益为中心做好工期控制。

施工进度管理的措施主要包括组织措施、管理措施、经济措施和技术措施，在项目不同阶段采取的措施不同。

前期主要工作为施工进度计划的制订，也称工期预控制。施工进度计划按计划的功能可分为控制性施工进度计划、指导性施工进度计划和实施性施工进度计划。施工总进度计划应包括编制说明、施工总进度计划表、分期分批施工工程的开工日期、完工日期及工期一览表、资源需要量及供应平衡表等内容。

施工总进度计划应依据施工合同、施工进度目标、工期定额、相关技术经济资料、施工部署与主要工程施工方案等进行编制。根据工程的施工总进度计划要求和施工现场的特殊情况而制订月进度计划，制订设备的采、供计划。

对施工进度进行检查、动态控制和调整。及时进行工程计量，掌握施工进度情况，按合同要求及时进行工程量的验收。对影响进度的各种因素建立相应的管理方法，进行动态控制和调整，及时发现及时处理。落实进度控制的责任，建立进度控制协调制度，有问题及时进行协调。每月要检查计划进度与实际进度的差异、实物工程量与工作量指标完成情况的一致性，提交工程进度报告。当实际计划与计划进度产生差异时，分析产生的原因，提出调整方案和措施。

施工进度计划可采用横道图（甘特图）、双代号网络计划、单代号网络计划、双代号时标网络计划、单代号搭接网络计划等表示方法进行编制。

4. 施工质量管理

施工质量管理是指在施工安装阶段和施工验收阶段，为使工程项目施工围绕着使产品质量满足不断更新的质量要求，而开展的策划、组织、计划、实施、检查、监督和审核等所有管理活动的总和。影响施工质量的因素主要有人、材料、机械、方法及环境等。

施工企业以保证工程质量为目标，运用系统方法，依靠必要的组织结构，将组织内各部门、各环节的质量管理活动严密组织起来，将方案设计、工程施工、维保服务和情报反馈的整个过程中影响产品质量的一切因素全部控制起来，形成一个有明确任务、职责、权限，相互协调、相互促进的质量管理的有机整体。施工质量管理运行的是 PDCA 循环管理方法。

质量保证体系是企业内部的一种管理手段。在合同中，质量保证体系是施工单位取得建设单位信任的基础与手段，主要包括项目施工质量目标、项目施工质量计划、思想保证体系、组织保证体系、工作保证体系等内容。

施工质量控制的方法主要包括质量文件审核与现场质量检查。质量控制的数理统计方法有直方图法、因果分析图法、主次因素排列图法、控制图法等。现场质量检查的方法主要有目测法、实测法和试验法等。按照发生施工质量事故的过程划分，施工质量控制具体工作可分为事前质量控制、事中质量控制和事后质量控制。事前质量控制是指在正式施工前进行的事前主动质量控制，通过编制施工质量计划，明确质量目标，设置质量管理点，落实质量责任，分析可能导致质量目标产生偏离的各种影响因素，并针对这些影响因素制定有效的预防措施，防患于未然。事中质量控制是指在施工质量形成过程中，对影响施工质量的各种因素进行全面的动态控制。事中质量控制首先是对质量活动的行为约束，其次是对质量活动过程和质量活动结果的监督控制。事中控制的关键是坚持质量标准，重点是对工序质量、工作质量和质量控制点的控制，如监理单位应对施工单位提供的设备器材进行核查，且核查工作应在施工现场实施。事后质量控制也称事后质量把关，以使不合格的工序或最终产品（包括单位工程或整个工程项目）不流入下道工序、不交付用户。事后质量控制包括对质量活动结果的评价、认定，以及对质量偏差的纠正。事后质量控制的重点是发现施工质量方面的缺陷，并通过分析提出改进施工质量的措施，保持质量处于受控状态。

5．施工合同与文档管理

一个工程项目签订的合同数量、种类往往有很多。其中，建设工程施工合同是指发包方（建设单位）和承包方（施工人）为完成商定的施工工程，明确相互权利、义务的协议，其内容格式参照住建部、国家工商总局联合发布的 GF-2017-0201《建设工程施工合同（示范文本）》。

在安全防范工程的实施过程中，应加强施工合同的跟踪管理，具体工作包括两方面：一方面是承包单位的合同管理职能部门对合同执行者（项目经理部或项目参与人）的履行情况进行的跟踪、监督和检查；另一方面是合同执行者（项目经理部或项目参与人）本身对合同计划的执行情况进行的跟踪、检查与对比，及时发现并分析合同实施偏差发生的原因，采取合理补救措施甚至申请索赔。

工程因各种因素发生变更后，需要进行合同变更。合同变更内容包括合同成立以后和履行完毕以前由双方当事人依法对合同的内容所进行的修改，如合同价款、工程内容、工程数量、质量要求和标准、实施程序等。

应保证质量体系文件和资料处于受控状态，如应对施工组织设计、施工方案、季节性施工方案、施工技术措施、工程项目质量计划、施工技术交底、工程洽商记录、工程隐（预）检记录等质量保证施工资料及竣工资料进行收集、整理、归档保存。在借阅上述文件和资料时应做好登记手续，确保质量体系文件和资料的有效性，以满足质量要求。

6．与施工有关的组织与协调

由于安全防范工程具有技术的复杂性、系统的多样性、高度的协调性与配合性等特点，属于某个大团队的活动或几个团队协同工作的生产活动，因此安全防范工程各方的协调与配合工作非常重要。

业主方是系统的投资者和需求方，与业主方深入沟通，取得业主方的支持和信任是项目成功的关键，具体内容包括根据建设进度不断地与业主方沟通汇报，使业主方时刻了解工程的进展情况；协调跟踪系统提供产品到位情况；报请批复图纸资料及设计变更、各项施工方案；配合建设单位在施工过程中进行质量监督检查，及时邀请建设单位进行各项验收。

此外，还应做好与工程设计方、监理单位、建筑总包方、行业管理部门、智能化专业和其他专业工种的承包方、土建总包单位、电气承包方、建筑内装饰承包方及其他分包工程方的沟通和协调。

7．安全防范工程施工方案的编制

安全防范工程施工方案宜包括以下内容。

（1）总体说明：包括编制说明、编制依据、编制原则、编制目的和工程概况等。

（2）施工项目资源配置：包括组织机构设置，人员、机械、仪器设备配置等。

（3）施工准备与部署：包括技术准备工作、现场准备工作、总体施工原则、用户单位及相关管理部门的对接准备等。

（4）施工方案：包括分系统施工方案，以及相关施工工艺、施工方法、检验方法等。

（5）施工进度计划及保证措施。

（6）质量保证措施：包括质量标准、质量目标及保证措施。

（7）安全保护措施：包括安全生产目标与保证体系、安全施工管理制度、施工安全与防护、生产安全应急预案、现场安全保卫管理举措等。

（8）文明施工措施与环保措施：包括用户沟通与协调要求、施工噪声及粉尘控制、绿化恢复措施、现场环境清洁要求、节能环保举措等。

（9）劳动力计划，以及主要设备材料、仪器设备的使用计划。

（10）与他方（建设单位、监理单位、设计单位）的协调、配合措施；工程交付、服务、保修。

（11）附件：相关材料的合格检验报告、试验报告、试验数据等。

9.2.3　工程安装施工要求与系统调试要求

1．工程安装施工要求

安全防范工程应按深化设计文件和施工图纸进行施工，不得随意更改。当工程发生变更时，应填写更改审核单并由相关单位批准。更改审核单应对更改内容、更改原因、更改情况等进行详细说明。

在安全防范工程的施工过程中，应做好隐蔽工程的随工验收，并填写隐蔽工程随工验收单（经会签后才生效）。隐蔽工程随工验收单应对隐蔽工程内容、检查结果等进行详细说明。

（1）线路施工要求。

线缆管（槽）的敷设应符合 GB 50311—2016《综合布线工程设计规范》、GA/T 1406—2017《安防线缆应用技术要求》和 GB 50057—2017《建筑物防雷设计规范》的有关规定，并结合电气连接、布线路由、施工工艺、防火阻燃、防雷接地等综合实施。线缆沟施工应注意埋深、间隔距离、渗水保护等问题。线缆井应按 JGJ16—2016《民用建筑电气设计规范》的有关规定进行布设。线缆杆应按 GB 51158—2015《通信线路工程设计规范》和 GB 50057—2017《建筑物防雷设计规范》的有关规定进行布设，注意敷设需要、地形情况、线路负荷、气候条件和发展改建等因素。机柜（箱、架）安装应按 YD/T 5186—2010《通信系统用室外机柜安装设计规定》的要求实施，并根据安装环境、供电和气候的实际条件进行妥善处理。

在进行线缆敷设前，应对线缆进行导通测试，根据需要进行关键参数的测试；敷设时应自然平直布放，不应交叉缠绕、打圈，应保证牵引力均衡。

线缆接续点和终端应进行统一编号、设置永久标识，线缆两端、检修孔等位置应设置标签。同轴电缆应一线到位，中间无接头。

多芯电缆的弯曲半径应大于其外径的 6 倍，同轴电缆的弯曲半径应大于其外径的 15 倍，4 对型网络数据电缆的弯曲半径应大于其外径的 4 倍，光缆的弯曲半径应大于其外径的 10 倍。

敷设光缆前应对光缆进行检查。光缆应无断点，其衰耗值应符合要求，核对并选用适量的长度。在配盘时应使接头避开河沟、交通要道和其他障碍物，架空光缆的接头应设置在杆旁 1m 以内。

在敷设光缆时，应对光缆的牵引端头进行技术处理，应合理控制牵引力和牵引速度。牵引力施加于加强芯，不应大于 1500N，牵引速度应为 10m/min，单次牵引的直线长度不应大于 1km，光缆接头的预留长度不应小于 8m。

在研制、生产、使用、储存、经营和运输过程中，可能出现易燃、易爆的特殊环境，应按现行国家标准的有关规定进行危险源辨识，根据规定对危险场所进行分类，采用相对应的材料，保持安全距离，合理规划管线敷设的位置，严格遵守规定的施工工艺方法。具体要求参见 GB 18218—2018《危险化学品重大危险源辨识》、GB 50058—2014《爆炸危险环境电力装置设计规范》、GB 50257—2014《电气装置安装工程爆炸和火灾危险环境电气装置施工及验收规范》、GB 51009—2014《火炸药生产厂房设计规范》、GB 50154—2009《地下及覆土火药炸药仓库设计安全规范》、CB/T 4397—2014《海洋石油平台电气设备防护、防爆等级要求》、GB/T 29304—2012《爆炸危险场所防爆安全导则》等系列标准。

电缆接续避免损伤芯线，建议采用焊接方式进行接续并做好绝缘、防水、防腐蚀处理。线缆接续或分支在接线箱（盒）内进行，不得将接头留在穿线管孔或线槽内。多芯电缆的芯线应正确接续，接续点相互错位，焊接牢固光滑。

各类跳接电缆和连接器件接触应良好，接线无误，标识齐全。不同类型电缆必须经符合要求的接线盒或连接器进行连接。

光缆接续应采用熔接方式，注意光缆缆序，接续完成后宜测量接续点的损耗，应满足工艺要求；光缆加强芯在接头盒内必须牢固安装，光缆熔接处应加以保护和固定，测量通道的总损耗应符合系统要求。

（2）设备安装要求。

在安装系统设备前，应根据深化设计文件、设备清单、施工图纸、施工组织方案等进行设备规格型号的检查、核对，确保设备的一致性，并进行通电测试，提前发现问题，避免重复返工。

在强电磁干扰环境下，设备安装应有防干扰措施。

按图施工，安装安全、可靠、平稳、牢固，发现威胁人身安全、影响系统使用或环境协调的，及时提出并优化方案。

入侵报警系统、视频监控系统、出入口控制系统、停车库（场）安全管理系统、楼寓对讲（访客对讲）系统、电子巡查系统、防爆安全检查系统等子系统设备的安装要求详见 GB 50348—2018《安全防范工程技术标准》相应要求。

监控中心控制台、机柜（架）、电视墙的安装位置应符合设计要求，不应直接安装在活动地板上，安装应平稳牢固、便于操作和维护。在监控中心控制台、机柜（架）、电视墙内安装的设备应有通风散热措施，内部接插件与设备连接应牢靠。机柜（架）背面、侧面与墙的净距离应符合规定。

控制设备、显示设备、记录设备等终端设备的屏幕应避免外来光直射，当不可避免时，应采取避光措施。

设备间内的设备安装应考虑设备安置面的承重能力，必要时应安装散力架。

摄像机等设备宜采用集中供电方式供电，当供电线（低压供电）与控制线合用多芯线时，多芯线与视频线可一起敷设。

设备金属外壳、机架、机柜、配线架、各类金属管道、金属线槽、建筑物金属结构等应等电位联结并接地。接地母线用螺丝固定。

当接地装置的接地电阻达不到要求时，应在接地极回填土中加入无腐蚀性长效降阻剂，若仍达不到要求，应经原设计单位同意，采取更换接地装置的措施。

2. 系统调试要求

在进行系统调试前，应根据设计文件、设计任务书、施工计划编制系统调试方案。检查工程的施工质量，应对施工中出现的错线、虚焊、断路或短路等问题予以解决，并有文字记录。按照深化设计文件查验已安装设备的规格、型号、数量、备品备件等。系统在通电前应检查供电设备的电压、极性、相位等，首先对每个有源设备进行通电检查，确认这些设备工作正常后方可进行系统调试。应根据业务特点对网络、系统的配置进行合理规划，确保交换传输、安全防范管理系统的功能、性能符合设计要求，并可承载各项业务应用。

在进行系统调试过程中，应及时、真实填写调试记录。

检查系统的主电源和备用电源的容量，检查各子系统在电源电压规定范围内的运行状况（应能正常工作）。分别用主电源和备用电源供电，检查电源自动转换功能和备用电源的自动充电功能。当系统采用稳压电源时，检查其稳压特性、电压纹波系数（应符合产品技术条件）。当采用 UPS 作为备用电源时，应检查其自动切换的可靠性、切换时间、切换电压值及容量（应符合设计要求）。检查配电箱的配出回路数量，零线对地的电压峰值。检查系统的防雷与接地设施；复核土建施工单位提供的接地电阻测试数据，检查各子系统的室外设备是否有防雷措施。

实体防护系统、入侵报警系统、视频监控系统、出入口控制系统、停车库（场）安全管理系统、楼寓对讲（访客对讲）系统、电子巡查系统、防爆安全检查系统、安全防范管理平台等分部调试和系统联调的具体要求详见 GB 50348—2018《安全防范工程技术标准》相应要求。

系统调试结束后，应根据调试记录如实填写调试报告。调试报告经建设单位认可后，系统才能进入试运行。

9.3 系统试运行

为保证安全防范工程质量，确保安全防范工程的有效性、可靠性，应提前暴露系统运行中可能隐含的问题，以验证系统功能是否满足设计的防护要求，并提前使用户熟悉、掌握系统运行具体内容，这样可以使后期交付工作平稳进行。安全防范工程按设计要求安装调试完成后，按照工程项目组成编制试运行方案，进行系统试运行工作。

9.3.1 总体要求

按照 GB 50348—2018《安全防范工程技术标准》的规定，安全防范工程调试开通后应试运行 30 天，并由建设单位记录调试运行情况。试运行应连续通电进行。在试运行期间，应随时注意前端设备和系统控制设备的运行情况，出现问题立即停机，查找原因，进行排除。应注意各种设备的温升、电源电压和电流的变化情况。

在系统试运行期间，进行系统的数据测试和记录工作，有报警部分的系统，报警试验每天进行一次。建设单位根据试运行记录填写系统试运行报告。系统试运行报告的内容包括试运行起讫日期；试运行过程是否正常；故障（含误报警、漏报警）产生的日期、次数、原因和排除状况；系统功能是否符合设计要求及综合评述等。

在系统试运行期间，完成工程的收尾工作，包括清理工作现场；修补破坏的装饰面、检查管路固定、接口密封和固定；地沟回填、线槽接线盒扣好上盖、对系统进行全面检查；不合格部位修整到位。

在系统试运行期间，设计单位、施工单位应配合建设单位建立系统值勤、操作和维护管理制度。系统经试运行达到设计、使用要求并得到建设单位认可的，出具系统试运行报告。

在系统试运行期间可同期进行技术培训。根据工程合同有关条款，设计单位、施工单位必须对有关人员进行技术培训，使系统主要使用人员能独立操作系统。培训内容应征得建设单位同意，并提供系统及其相关设备操作和日常维护的说明、方法等技术资料。

9.3.2 试运行方案

试运行方案可由以下部分组成。

（1）项目概况和试运行范围。

（2）编制依据和编制原则。

（3）试运行组织机构，包括具体人员配置、人员资质和职责要求、部门间的协调与责任划分。

（4）试运行准备。针对试运行项目的具体情况制定仪器设备、技术资料、技术人员的准备条件和要求，准备试运行图纸、记录表格等文档资料，并组织技术力量对安全防范系统的相关图纸、设计指标及技术规程进行审核，对现场设备安装情况进行核查。

（5）试运行进度计划。按照国家行业标准规范及设计要求，对各系统分项功能进行试验并制订具体计划。

（6）试运行的保障措施。针对试运行所需的资金、人员、水电等保障条件列出具体要求。

（7）安全生产措施。

（8）节能环保举措。

（9）试运行存在的难点和应对措施。

（10）紧急事件预防方法。

（11）试运行数据的统计与工作的交接。

（12）培训计划。

（13）试运行过程中的管理要求。

9.4　安全防范工程的监理

9.4.1　一般规定

安全防范工程的监理工作应包括对安全防范工程的施工、工程初验与系统试运行等阶段的监理。其中，施工阶段的监理应包括施工准备的监理、工程施工的监理和系统调试的监理。

监理单位应在现场派驻项目监理机构，并将监理机构组织形式、人员构成及监理机构负责人的任命书以书面形式通知项目管理机构。监理单位是指具有独立企业法人资格，取得国家主管部门或机构相应等级资质，为建设单位提供安全防范工程监理服务的单位。建设单位是指具有安全防范工程监理发包主体资格的单位。

安全防范工程的监理应按照质量控制、进度控制、资金控制、合同管理、信息管理及组织协调的要求开展工作，同时还应履行生产安全管理职责。

对于涉密项目或建设单位提出保密要求的项目，监理单位应与建设单位签订保密协议。

监理人员包括总监理工程师、专业监理工程师、监理员、资料员，可设总监理工程师代表辅助总监理工程师履行现场监理的职责。总监理工程师、总监理工程师代表、专业监理工程师应由熟悉安全防范标准及专业技术的人员担任，并经监理业务培训合格后方可上岗。总监理工程师可由取得注册监理工程师资格证书的人员担任。总监理工程师代表可由具有中级以上专业技术职称，并具有 5 年及以上安全防范工程实践经验的人员担任。专业监理工程师可由具有中级以上专业技术职称，并具有 3 年及以上安全防范工程实践经验的人员担任。

当项目监理机构在监理过程中发现不合格项时，应向施工单位下达整改通知，检查整改结果，并填写不合格项处置记录，报送项目管理机构备案。

监理人员职责、监理规划、监理细则应符合 GB/T 50319—2013《建设工程监理规范》的相关规定。

监理规划的主要内容应包括但不仅限于下列内容。

- 工程概况：包括工程名称、地点、规模、建设项目主要内容、特点及各相关单位信息。
- 监理范围和目标：对监理范围、工作内容、工期控制目标、工程质量控制目标、工程造价控制目标等做出明确阐述。
- 工程进度和质量：结合工程具体内容和建设特点，对工程总体进度目标按照工序节点和阶段性目标任务进行详细分解，应明确控制程序、控制要点、控制风险的措施。
- 合同及其他事项管理：包括对工程变更、索赔等事项的管理程序和要点；合同争议及协调办法。

- 监理机构：结合工程具体情况，确定监理机构组织形式、人员构成、职责分工，以及各类人员进场计划安排。
- 监理工作管理制度：结合工程内容和特点，编制信息和资料、监理会议、监理工作报告等的监理管理工作制度。

监理细则主要内容应包括但不仅限于下列内容。

- 安全防范工程组成的基本描述、工程应用技术与施工特点。
- 监理工作：包括设计与施工方案变更、产品规格与价格变更、产品进场检验、隐蔽工程及各施工阶段的验收等，工作中应明确各时序节点的要求及实施主体与其责任。
- 监理工作的控制要点及目标：包括工程设计阶段、实施阶段、系统试运行与初验阶段、检验及验收阶段的各项重要节点内容。
- 监理方法及措施：包括各阶段的重要节点所采取的方法和措施。

9.4.2　工程施工的监理

1．施工准备的监理

项目监理机构应对施工单位的资质及相关人员的资格进行审核，具体包括：

- 施工单位资质的有效性；
- 专职管理人员和特种作业人员、安全防范相关专业技术人员的资格证、上岗证应符合国家相关规定，并在工程实施过程中随时监督检查，发现问题应及时签发《安全防范工程监理通知单》责令整改；
- 特殊行业施工许可证的有效性；
- 对于在国家行政许可管理范围内的工程项目，应具有政府有关部门批准的施工许可证或设计方案报备手续。

项目监理机构应组织项目管理机构、设计单位、施工单位对深化设计文件、施工图纸进行会审确认；组织项目管理机构、施工单位对施工组织设计方案和专项施工方案会审确认；召开施工安全会议，监督施工单位在施工前对施工人员进行安全培训，并做好培训记录和存档，监督落实施工安全措施。

项目监理机构在收到设备器材进场通知后，应在施工现场对进场设备器材进行核检，可根据要求进行见证取样。设备器材的核检至少应包括以下内容：

- 主要设备器材应具备由具有相应资质能力的检测机构出具的有效检测合格报告；
- 列入国家强制性产品认证目录的产品应具备有效证明文件；
- 设备器材的包装、说明书、产品出厂检验合格证、配件、质量保证书、安装使用维护说明书，进口产品还应提供产地证明、商检证明和安装使用维护说明书（中文）；
- 设备器材的外包装信息与设备器材信息应一致，设备器材按照产品的技术要求进行保管；
- 进场安装的缆线和配线设备的型号、规格、数量、材质；
- 检查缆线和配线设备外观应无缺损，按要求封存相关缆线、器材样品。

2．工程施工的监理

当安全防范工程满足开工条件时，应由总监理工程师签发开工通知书。

项目监理机构应根据深化设计文件与实施过程的实际差异，对工程变更进行监督检查。项目监理机构应根据监理细则对隐蔽工程、关键节点和工序进行旁站，并填写《安全防范工程旁站记录单》。

项目监理机构应对工程全部的隐蔽分部、分项工程依据工程设计方案和相关技术标准进行工程验收（隐蔽工程应进行随工验收），并填写《安全防范工程隐蔽验收表》，与建设单位、施工单位共同对隐蔽验收的结果进行确认，签署验收意见。

项目监理机构应根据深化设计文件、相关施工规范和 GB 50348—2018《安全防范工程技术标准》的规定，对管（槽）、沟、井、杆、机柜（箱）的施工工艺、施工质量进行监督检查；对线缆敷设、线缆接续的施工工艺、施工质量进行监督检查；对实体防护设备、入侵报警设备、视频监控设备、出入口控制设备、停车库（场）安全管理设备、楼寓对讲设备、电子巡查设备、防爆安检设备等的安装位置、安装工艺、安装质量等进行监督检查；对安全防范工程供电设备、防雷与接地设备的位置、施工工艺、施工质量进行监督检查。

当项目监理机构发现工程在实施过程中出现不合格项时，应填写《安全防范工程不合格项处置记录》，向施工单位提出整改要求，并报送建设单位备案。施工单位整改合格后，应及时通知项目监理机构进行复验，直至合格。

项目监理机构应根据工程系统设计方案与实施过程的实际差异，监督施工单位及时编制设计草图，为竣工图的设计做相应准备。

3. 系统调试的监理

项目监理机构应组织项目管理机构、施工单位对系统调试方案进行确认（内容包括设备综合参数的设置计划、系统功能及性能的调试计划、业务操作流程的设计规划等），同时还要注重系统调试目标的一致性，以及调试进度计划与项目总体进度计划的一致性。

项目监理机构应监督施工单位按照设计方案和项目管理机构的要求对系统的初始化数据进行设置，监督施工单位对系统调试方案的执行，及时、真实地记录系统调试情况，确认问题，跟踪问题的处理。

项目监理机构应对系统间的联动功能调试过程进行旁站，对重要联动关系应逐一检查。重要联动关系通常包括但不限于紧急报警功能、视频监控系统的联动功能（监视器图像显示联动、照明联动、报警声/光/地图显示联动等）、出入口控制系统与所有消防通道门的应急疏散及联动功能等。

系统调试完成后，项目监理机构应对系统的设置、切换、控制、管理、联动等主要功能进行检查。

9.4.3 工程初步验收和系统试运行的监理

1. 工程初步验收的监理

项目监理机构应组织项目管理机构、设计单位、施工单位等成立初步验收小组，根据设计任务书或工程合同提出的设计及使用要求对工程进行初步验收，形成初步验收报告，并对初步验收报告签署监理意见。

初步验收报告基本内容包括系统概述，根据设计任务书要求对系统功能、效果进行检查的主观评价，根据正式设计文件对安装设备数量、型号进行核对的结果，对隐蔽工程随工验收单的复核结果等。

项目监理机构应对初步验收中发现的问题以监理通知单的形式告知施工单位进行整改，

并对整改落实情况进行确认。

项目监理机构应对施工单位提供的培训计划、培训资料及最终培训效果进行监督检查。

2. 系统试运行的监理

总监理工程师应组织专业监理工程师审查施工单位报送的试运行计划，并签署审核意见，经项目管理机构批准后方可实施。

试运行计划基本内容包括试运行系统的概述、试运行系统的基本功能、试运行时间、试运行的人员安排、试运行效果预估等。

项目监理机构应检查试运行记录的及时性、真实性、完整性，对试运行过程中发现的问题以监理通知单的形式告知施工单位进行整改，并对整改落实情况进行确认。

总监理工程师应组织专业监理工程师审查项目管理机构提供的试运行报告、施工单位提供的日常操作和应急处理手册等，审查通过后应由总监理工程师签署审核意见。

项目监理机构应按照合同规定监督试运行阶段与初步验收阶段的资金控制。

系统试运行完成后，项目监理机构应对试运行记录、试运行报告及初步验收报告进行存档管理。在工程竣工后，项目监理机构应编制工程项目监理总结报告，整理工程管理过程中的全部文件并移交项目管理机构。

监理过程文档主要包括方案/计划报审表、监理日志、报验申请表、暂停/停工通知书、复工通知书、开工通知书、开工申请表、工程变更单、费用索赔申请表、工程款支付申请表、工作联系单、监理通知单、设备器材进场报验单、监理抽验记录、不合格项处置记录、工期延期申请表、旁站监理记录、隐蔽验收报告、试运行记录、试运行报告、初验报告、工程质量评估报告、质量事故报告等。

9.5　安全防范工程的检验

安全防范工程的检验主要是指在系统试运行完成、竣工验收前对设备安装、施工质量、系统功能和性能、系统的安全性和电磁兼容性等进行的检验。工程检验项目应覆盖工程设计的主要功能范围，检验所使用的仪器、设备的性能应稳定、可靠。

检验的内容包括所使用的设备和材料（应符合相关法律、法规和标准、规范的要求）、设备安装的质量、工程施工（管线敷设）的质量、系统的功能和性能、系统的安全性和电磁兼容性等。但检验重点应放在系统的功能、性能、安全性、电磁兼容性等方面。系统的安全性、电磁兼容性等的现场检验的重点应是安全防范系统的监控中心。安全防范工程的检验应由符合条件的检验机构实施。

9.5.1　检验准备

1. 检验程序

首先由受检单位提出申请，并提交主要技术文件、资料。技术文件应包括设计任务书、工程合同、正式设计文件、系统配置框图、设计变更文件、更改审核单、工程合同设备清单、变更设备清单、隐蔽工程随工验收单、主要设备的检验报告或认证证书等。

检验机构在进行工程检验前根据 GB 50348—2018《安全防范工程技术标准》及相关规范，

以及受检单位提交的工程技术文件，制定检验实施细则。最后，检验机构实施检验，编制检验报告，对检验结果进行评述（判）。

2．一般要求

检验实施细则应包括检验目的、检验依据、检验内容及方法、使用仪器、检验步骤、测试方案、检验数据记录表及数据处理方法、检验结果评判等。具体应当规定主要检验依据、检验项目、使用仪器、抽样率、检验步骤、检验方法、测试方案等内容。其中，测试方案的设计非常重要。系统的特性和存在的缺陷只有通过周密的测试才能反映出来。

在进行检验前，系统应试运行 30 天。

工程检验应按产品类型及型号对系统设备进行抽样，当同型号产品数量不大于 5 时，应全数检验；当同型号产品数量大于 5 时，应根据 GB/T 2828.1—2012《计数抽样检验程序第 1 部分：按接收质量限（AQL）检索的逐批检验抽样计划》规定的一般检验水平 I 进行抽样，且抽样数量应不少于 5。

在采用随机抽样法进行抽样时，若抽出样机需要检验的项目受到检验条件的制约，无法进行检验，可重新进行抽样，但应以相应的可实施的替代检验项目进行检验。

在检验时，若有不合格项并进行了复测，在检验报告中应注明进行复测的内容及结果。

检验过程应按照子系统→集成系统的顺序进行检验。

对于定量检验的项目，在同一条件下每个点必须进行 3 次以上的读值。

当检验过程中出现不合格项时，允许改正后进行复测。复测时抽样数量应加倍，复测仍不合格则判该项不合格。

9.5.2　检验项目与要求

检验的内容主要包括入侵报警系统、视频监控系统、电子巡查系统、出入口控制系统、停车库（场）管理系统、楼寓对讲系统、安全管理系统、数字传输网络、监控中心等的工程工艺性及施工质量。在检验工程安全性及电磁兼容性时［包括静电放电抗扰度试验、射频电磁场辐射抗扰度试验、电快速瞬变脉冲群抗扰度试验、浪涌（冲击）抗扰度试验、电压暂降、短时中断和电压变化抗扰度试验，设备安装检验，线缆敷设检验，电源检验，防雷与接地检验等］，应符合标准规范、工程合同、设计文件、设计材料清单的要求。

在进行线缆敷设检验时，应检查系统所用线缆及光缆的型号、规格、数量，设备或材料变更时的更改审核单，线缆及光缆敷设的施工记录，线缆及光缆敷设的监理报告，线缆及光缆敷设的隐蔽工程随工验收单等项目。工程其他各项目的检验具体要求参见 GB 50348—2018《安全防范工程技术标准》和 DB 33/T 334—2011《安全技术防范（系统）工程检验规范》中的有关条文。

9.5.3　检验报告

检验机构在完成检验后，编制检验报告，对检验结果进行评述（判）。检验报告应包括以下信息。

1．检验报告首页信息

检验报告首页应包含项目名称、检测类别、委托单位名称及地址、业主单位名称及地址、施工单位名称及地址、检测日期、检测地点、检测依据、检测项目、项目描述、检测结论、备注等信息。

2．检验内容信息

各个子系统检验应包含标准要求检验的所有项目，除主控功能及软件功能外，其余涉及系统前端设备性能检测的项目应明确系统总数量、测试数量、抽样比例、抽样范围及前端设备安装位置。

9.6 竣工验收

当安全防范系统安装调试完毕，经过一定时间的试运行后，应对其进行全面细致的检验。当安全防范系统符合设计规定与施工规范并达到使用要求后，应进行系统的工程验收，以便交付用户正式使用。

工程项目按设计任务书的规定内容全部建成，经试运行达到设计要求并得到建设单位认可的，视为竣工。少数非主要项目未按合同规定全部建成，经建设单位、设计单位、施工单位协商，对遗留问题有明确的处理办法，经试运行并得到建设单位认可的，也可视为竣工，并由设计施工单位编写竣工报告。

当系统竣工后，由设计单位、施工单位编写竣工报告。竣工报告的内容包括工程概况、对照设计文件安装的主要设备、依据设计任务书或工程合同所完成的工程质量自我评估、维修服务条款及竣工核算报告等。

9.6.1 竣工验收条件

在对安全防范工程（尤其是一、二级安全防范工程）进行验收前，必须具备以下 7 个方面的验收条件。

（1）工程初步设计论证通过，并按照正式设计文件施工。

工程必须进行初步设计论证并通过，同时根据论证意见提出的问题和要求，由设计单位、施工单位和建设单位共同签署设计整改落实意见。工程经初步设计论证通过后，必须完成正式设计，并按正式设计文件施工。

（2）工程经试运行达到设计、使用要求并得到建设单位认可的，出具系统试运行报告。

（3）进行技术培训。

根据工程合同有关条款，设计单位、施工单位必须对有关人员进行技术培训，使系统主要使用人员能独立操作。培训内容应征得建设单位同意，并提供系统及其相关设备操作和日常维护的说明、方法等技术资料。

（4）符合竣工要求的，出具竣工报告。

- 工程项目按设计任务书的规定内容全部建成，经试运行达到设计、使用要求，并得到建设单位认可的，视为竣工。少数非主要项目未按规定全部建成，经建设单位、设计单位、施工单位协商，对遗留问题有明确的处理办法，经试运行并得到建设单位认可的，也可视为竣工。
- 当工程竣工后，由设计单位、施工单位编写竣工报告。竣工报告的内容包括工程概况、对照设计文件安装的主要设备、依据设计任务书或工程合同所完成的工程质量自我评估、维修服务条款及竣工核算报告等。

（5）初步验收合格，出具初步验收报告。

- 在对工程进行正式验收前，由建设单位（监理单位）组织设计、施工单位根据设计任务书或工程合同提出的设计、使用要求对工程进行初步验收，要求初步验收合格并编写初步验收报告。
- 初步验收报告的内容主要包括系统试运行概述；对照设计任务书要求，对系统功能、效果进行检查的主观评价；对照正式设计文件对安装设备的数量、型号进行核对的结果；对隐蔽工程随工验收单的复核结果等。

（6）工程检验合格，出具工程检验报告。

- 在对工程进行正式验收前，应按规定对系统的功能和性能进行检验。
- 工程检验完成后由检验机构出具检验报告。检验报告应准确、公正、完整、规范，并注重量化。

（7）在对工程进行正式验收前，设计单位、施工单位应向工程验收小组（委员会）提交下列验收图纸资料（全套，数量应满足验收的要求）：

- 设计任务书；
- 工程合同；
- 工程初步设计论证意见（附方案评审小组或评审委员会名单），以及设计单位、施工单位与建设单位共同签署的设计整改落实意见；
- 正式设计文件与相关图纸资料（系统原理图、平面布防图及器材配置表、线槽管道布线图、监控中心布局图、器材设备清单，以及系统选用的主要设备、器材的检验报告或认证证书等）；
- 系统试运行报告；
- 竣工报告；
- 系统使用说明书（含操作说明和日常维护说明）；
- 竣工核算（按照工程合同和批准的正式设计文件，由设计单位和施工单位对工程费用概预算执行情况做出说明）报告；
- 初步验收报告（含隐蔽工程随工验收单）；
- 工程检验报告。

9.6.2 验收要求与验收程序

1. 验收要求

（1）对于安全防范工程的竣工验收，一般工程应由建设单位会同相关部门组织安排；省级以上的大型工程或重点工程应由建设单位上级业务主管部门会同相关部门组织安排。

（2）在进行工程验收时，应协商组成工程验收小组，在对重点工程或大型工程进行验收时应组成工程验收委员会。工程验收委员会（验收小组）下设技术验收组、施工验收组、资料审查组。

（3）工程验收委员会（验收小组）的人员组成应由验收的组织单位根据项目的性质、特点和管理要求与相关部门协商确定，并推荐主任、副主任（组长、副组长）；验收人员中的技术专家应不少于验收人员总数的50%；不利于验收公正的人员不能参加工程验收。

（4）验收机构应对工程质量做出正确、公正、客观的验收结论，尤其是对国家、省级重点工程和银行、文博系统等要害单位的工程验收。验收机构对照设计任务书、合同、相关标准及正式设计文件严格把关，若发现工程有重大缺陷或质量明显不符合要求的应予以指出。

（5）验收通过的工程，对于设计单位、施工单位根据验收结论写出的并得到建设单位认可的整改措施，验收机构有责任配合公安技防管理机构和工程建设单位督促、协调落实；验收基本通过或不通过的工程，验收机构应在验收结论中明确指出问题与整改要求。

2. 验收程序

（1）验收主持人讲话：介绍出席验收会的代表；宣布验收委员会或验收小组成立；选任验收委员会（验收小组）主任、副主任（组长、副组长）；介绍建立安全防范系统（工程）的目的、要求及预期效果；希望验收委员会（验收小组）对系统中存在问题提出整改意见和建议，并做出正确、公正、客观的验收结论；请验收委员会（验收小组）主任（组长）主持验收活动。

（2）验收委员会（验收小组）主任（组长）讲话：宣布验收会开始，说明验收过程及时间安排。

（3）设计单位、施工单位介绍：简要介绍正式设计方案，包括施工、培训、技术服务等；宣读竣工报告；回答验收委员会（验收小组）提出的问题。

（4）建设单位介绍：宣读系统试运行报告、初步验收报告；代检测机构宣读系统检测报告；回答验收委员会（验收小组）提出的问题。

（5）验收委员会（验收小组）主任（组长）宣布：分组进行施工验收、技术验收和资料审查。

（6）各验收组负责人小结：各验收组负责人通过验收组讨论，根据验收情况填写技术验收表、资料审查表及设备安装质量检查表，小结各验收组验收情况；并将填好的表格移交验收委员会（验收小组）主任（组长），验收委员会（验收小组）全体成员充分讨论，对系统提出整改意见和建议，做出正确、公正、客观的验收结论，并填写验收结论汇总表。

（7）验收委员会（验收小组）主任（组长）宣读：介绍各验收组验收情况；宣读验收结论，验收活动告一段落。

（8）验收主持人总结：概括总结验收活动过程，请建设单位及设计单位、施工单位领导对验收情况表态，宣布验收会结束。

9.6.3　验收内容

对于安全防范系统（工程）的验收，主要需要考虑验收什么和怎么验收两个问题。

1. 施工验收
施工验收由验收组织指定的施工验收组（人员）具体负责检查验收。

2. 技术验收
技术验收由验收组织指定的技术验收组（人员）具体负责检查验收。

3. 图纸资料审查
图纸资料审查由验收组织指定的资料审查组（人员）具体负责审查。

重点审查图纸资料的准确性、完整性、规范性。准确性是指图纸资料所列的数据、文字表达应准确，图文表应一致，并与工程实际相符。完整性是指图纸资料齐套性应符合验收图纸资料的要求，一、二级安全防范工程的图纸资料必须齐全配套（有封面、目录、页码，并用 A4

纸装订成册）。规范性是指图样绘制应符合 GA/T 74-2017《安全防范系统通用图形符号》标准和相关国家标准的规定。

决算报告在实际操作中可以用竣工核算报告代替，所谓竣工核算报告是指按照合同工程费用和批准的正式设计文件，由设计单位、施工单位对系统（工程）费用概预算的执行情况做出的报告。

验收具体内容与要求参见 GB 50348—2018《安全防范工程技术标准》和 GA 308—2001《安全防范系统验收规则》中的有关条文。

9.6.4 验收判据、验收结论与整改

1. 验收判据

根据 GB 50348—2018《安全防范工程技术标准》的相关规定，分别按照施工验收、技术验收、资料审查的合格率计算公式，计算得出施工验收判据 Ks、技术验收判据 Kj、资料审查判据 Kz。

2. 验收结论

（1）验收通过。根据验收判据所列内容与要求，验收结果优良，即 Ks、Kj、Kz 均大于或等于 0.8 的，判定为验收通过。

（2）验收基本通过。根据验收判据所列内容与要求，验收结果及格，即 Ks、Kj、Kz 均大于或等于 0.6，但不超过 0.8 的，判定为验收基本通过。验收中出现个别项目达不到设计要求，但不影响使用的，也可判定为验收基本通过。

（3）验收不通过。工程存在重大缺陷、质量明显达不到设计任务书或工程合同的要求（包括工程检验重要功能指标不合格），根据验收判据所列内容与要求，Ks、Kj、Kz 三者出现一项小于 0.6 的，或者凡重要项目检查结果只要出现一项不合格的，均判定为验收不通过。

工程验收委员会（验收小组）应根据验收通过、验收基本通过或验收不通过的验收结论填写验收结论汇总表，并对验收中存在的主要问题提出建议与要求。

3. 整改

验收不通过的工程不得正式交付使用。设计单位、施工单位必须根据验收结论提出的问题，抓紧落实整改后方可再提交验收；工程复验时对原不通过部分的抽样数量应加倍。

验收通过或验收基本通过的工程，设计单位、施工单位应根据验收结论提出的建议与要求，提出书面整改措施，并由建设单位认可后签署意见。

9.6.5 工程移交

工程在正式交付使用时应特别重视工程竣工图纸资料的移交。工程竣工图纸资料是反映工程质量的重要内容，也是提供良好售后服务的基本材料之一。工程验收通过或验收基本通过后，设计单位、施工单位应整理编制工程竣工图纸资料，并交建设单位签收盖章后，方可作为正式归档的工程技术文件，这标志着工程的正式结束。

工程验收通过或验收基本通过后，设计单位、施工单位应提供经修改、校对并符合验收规定内容的验收图纸资料；提供验收结论汇总表（含出席验收会人员与验收机构名单）、验收报告；提供根据验收结论制定的并得到建设单位认可的整改措施；提供系统操作和有关设备日常维护说明。

设计单位、施工单位将经整理、编制的工程竣工图纸资料一式三份，由建设单位签收盖章

后，存档备查。必要时按公安管理部门规定，将全套工程竣工图纸资料复印件报送公安技防管理部门办理登记手续。

当工程完成验收后，建设单位应会同和督促设计单位、施工单位，抓紧整改措施的具体落实。当工程正式移交后，设计单位、施工单位继续履行维修等售后技术服务承诺。

思考题

1. 采用公开招标方式可能对安全防范工程质量产生哪些影响？
2. 安全防范工程施工准备需要注意哪些事项？
3. 在安全防范工程的施工过程中，对电缆和光缆的敷设有何要求？
4. 如何理解安全防范工程检验的作用，重点是系统设备检验还是监控中心的功能检验？如何理解？
5. 安全防范工程的验收必须符合哪些强制性要求？
6. 如何全面正确理解安全防范工程的质量评定？

附录 A

SAC/TC100 现行部分标准目录

基础通用标准	
标 准 编 号	名　　称
GB/T 15408—2011	安全防范系统供电技术要求
GA/T 405—2002	安全技术防范产品分类与代码
GA/T 550—2005	安全技术防范管理信息代码
GA/T 551—2005	安全技术防范管理信息基本数据结构
安全防范工程	
标 准 编 号	名　　称
GB/T 16571—2012	博物馆和文物保护单位安全防范系统要求
GB/T 16676—2010	银行安全防范报警监控联网系统技术要求
GB 50348—2018	安全防范工程技术标准
GB 50394—2007	入侵报警系统工程设计规范
GB 50395—2007	视频安防监控系统工程设计规范
GB 50396—2007	出入口控制系统工程设计规范
GB/T 21741—2008	住宅小区安全防范系统通用技术要求
GB/T 29315—2012	中小学、幼儿园安全技术防范系统要求
GB/T 31068—2014	普通高等学校安全技术防范系统要求
GB/T 31458—2015	医院安全技术防范系统要求
GA/T 75—1994	安全防范工程程序与要求
GA/T 74—2017	安全防范系统通用图形符号
GA 308—2001	安全防范系统验收规则
GA 27—2002	文物系统博物馆风险等级和安全防护级别的规定
GA 38—2015	银行营业场所安全防范要求
GA/T 70—2014	安全防范工程建设与维护保养费用预算编制办法
GA 586—2005	广播电影电视系统重点单位重要部位的风险等级和安全防护级别
GA/T 670—2006	安全防范系统雷电浪涌防护技术要求
GA 745—2017	银行自助设备、自助银行安全防范要求

标 准 编 号	名　　称
GA 837—2009	民用爆炸物品储存库治安防范要求
GA 838—2009	小型民用爆炸物品储存库安全规范
GA/T 848—2009	爆破作业单位民用爆炸物品储存库安全评价导则
GA 858—2010	银行业务库安全防范的要求
GA 873—2010	冶金钢铁企业治安保卫重要部位风险等级和安全防护要求
GA 1002—2012	剧毒化学品、放射源存放场所治安防范要求
GA 1003—2012	银行自助服务亭技术要求
GA 1015—2012	枪支去功能处理与展览枪支安全防范要求
GA 1016—2012	枪支（弹药）库室风险等级划分与安全防范要求
GA 1081—2013	安全防范系统维护保养规范
GA 1089—2013	电力设施治安风险等级和安全防护要求
GA 1166—2014	石油天然气管道系统治安风险等级和安全防范要求
GA/T 1184—2014	安全防范工程监理规范
GA/T 1185—2014	安全防范工程技术文件编制深度要求
GA 1257—2015	民用枪弹编号及包装标识要求
GA 1258—2015	民用枪支编号及包装标识要求
GA 1280—2015	自动柜员机安全性要求
GA/T 1297—2016	安防线缆
GA 1383—2017	报警运营服务规范
GA/T 1406—2017	安防线缆应用技术要求
GA/T 1351—2018	安防线缆接插件
GA/T 1467—2018	城市轨道交通安全防范要求
GA/T 1468—2018	寄递企业安全防范要求
GA/T 1469—2018	光纤振动入侵探测系统工程技术规范
GA 1511—2018	易制爆危险化学品储存场所治安防范要求
GA 1517—2018	金银珠宝营业场所安全防范要求
GA 1524—2018	射钉器公共安全要求
GA 1525—2018	射钉弹公共安全要求
GA 1531—2018	工业电子雷管信息管理通则
入侵/紧急报警系统	
标 准 编 号	名　　称
GB 15407—2010	遮挡式微波入侵探测器技术要求
GB/T 15211—2013	安全防范报警设备　环境适应性要求和试验方法
GB 10408—2000	入侵探测器
GB 12663—2001	防盗报警控制器通用技术条件
GB 15209—2006	磁开关入侵探测器
GB 20816—2006	车辆防盗报警系统　乘用车
GB/T 10408—2008	振动入侵探测器
GB 10408—2009	微波和被动红外复合入侵探测器
GB/T 21564—2008	报警传输系统串行数据接口的信息格式和协议

标 准 编 号	名　称
GB 16796—2009	安全防范报警设备 安全要求和试验方法
GB 25287—2010	周界防范高压电网装置
GB/T 30148—2013	安全防范报警设备 电磁兼容抗扰度要求和试验方法
GB/T 31132—2014	入侵报警系统 无线（射频）设备互联技术要求
GB/T 32581—2016	入侵和紧急报警系统技术要求
GB/T 36546—2018	入侵和紧急报警系统 告警装置技术要求
GA/T 553—2005	车辆反劫防盗联网报警系统通用技术要求
GA/T 600—2006	报警传输系统的要求
GA/T 1031—2012	泄漏电缆入侵探测装置通用技术要求
GA/T 1032—2013	张力式电子围栏通用技术要求
GA/T 1158—2014	激光对射入侵探测器技术要求
GA/T 1217—2015	光纤振动入侵探测器技术要求
GA/T 1372—2017	甚低频感应入侵探测器技术要求
视频监控系统	
标 准 编 号	名　称
GB 20815—2006	视频安防监控数字录像设备
GB/T 25724—2017	公共安全视频监控数字视音频编解码技术要求
GB/T 28181—2016	公共安全视频监控联网系统信息传输、交换、控制技术要求
GB/T 30147—2013	安防监控视频实时智能分析设备技术要求
GB 35114—2017	公共安全视频监控联网信息安全技术要求
GB 37300—2018	公共安全重点区域视频图像信息采集规范
GA/T 367—2001	视频安防监控系统技术要求
GA/T 645—2014	安全防范监控变速球型摄像机
GA/T 646—2016	安全防范视频监控矩阵设备通用技术要求
GA/T 669—2008	城市监控报警联网系统 技术标准
GA/T 792—2008	城市监控报警联网系统 管理标准
GA 793—2008	城市监控报警联网系统 合格评定
GA/T 1072—2013	基层公安机关社会治安视频监控中心（室）工作规范
GA/T 1127—2013	安全防范视频监控摄像机通用技术要求
GA/T 1128—2013	安全防范视频监控高清晰度摄像机测量方法
GA/Z 1164—2014	公安视频图像信息联网与应用标准体系表
GA/T 1178—2014	安全防范系统光端机技术要求
GA/T 1211—2014	安全防范高清视频监控系统技术要求
GA/T 1216—2015	安全防范监控网络视音频编解码设备
GA/T 1353—2018	视频监控摄像机防护罩通用技术要求
GA/T 1354—2018	安防视频监控车载数字录像设备技术要求
GA/T 1355—2018	国家标准 GB/T 28181-2016 符合性测试规范
GA/T 1356—2018	国家标准 GB/T 25724-2017 符合性测试规范
GA/T 1357—2018	公共安全视频监控硬盘分类及试验方法
GA/T 1399—2017	公安视频图像分析系统
GA/T 1400.1—2017	公安视频图像信息应用系统

标 准 编 号	名　称
GA/T 1352—2018	视频监控镜头
出入口控制系统	
标 准 编 号	名　称
GB/T 31070—2018	楼寓对讲系统
GB/T 37078—2018	出入口控制系统技术要求
GA 374—2019	电子防盗锁
GA/T 394—2002	出入口控制系统技术要求
GA/T 72—2013	楼寓对讲电控安全门通用技术条件
GA/T 644—2006	电子巡查系统技术要求
GA 701—2007	指纹防盗锁通用技术条件
GA/T 678—2007	联网型可视对讲系统技术要求
GA/T 761—2008	停车场（库）安全管理系统技术要求
GA/T 992—2012	停车库（场）出入口控制设备技术要求
GA/T 1132—2014	车辆出入口电动栏杆机技术要求
GA 1210—2014	楼寓对讲系统安全技术要求
GA/T 1260—2016	人行出入口电控通道闸通用技术要求

参考文献

[1] 潘国辉. 安全防范天下 2——智能高清视频监控原理精解与最佳实践. 北京：清华大学出版社，2014.

[2] 雷玉堂. 现代安全防范视频监控系统设备剖析与解读. 北京：电子工业出版社出版，2017.

[3] 周迪等. 网络的琴弦：玩转 IP 看监控. 北京：电子工业出版社出版，2015.

[4] 全国智能建筑技术情报局等. 数字安全防范监控系统设计及安装图集. 北京：中国建筑工业出版社，2008.

[5] 程国卿，程诗鸣. 安全防范系统工程方案设计（第二版）. 西安：西安电子科技大学出版社，2017.

[6] 孙萍，姚小春等. 建筑消防与安全防范. 北京：人民交通出版社，2018.

[7] 韩宁，刘国林. 综合布线（第 2 版）. 北京：人民交通出版社，2006.

[8] 邓泽国等. 综合布线设计与施工. 北京：电子工业出版社，2015.

[9] 陈龙，李仲男等. 智能建筑安全防范系统及应用. 机械工业出版社，2007.

[10] 陈德明等. 智能建筑安全防范系统设计与安装. 哈尔滨：哈尔滨工程大学出版社，2017.

[11] 蔡立军等. 网络系统集成技术. 北京：清华大学等出版社，2004.

[12] 秦智等. 网络系统集成. 西安：西安电子科技大学出版社，2017.

[13] 李正军，李潇然. 现场总线与工业以太网. 北京：中国电力出版社，2018.

[14] 孙汉卿，吴海波. 现场总线技术. 北京：国防工业出版社，2014.

[15] 魏晓东等. 现代工业系统集成技术. 北京：电子工业出版社，2016.

[16] 张辉等. 智能建筑通信网络. 北京：机械工业出版社，2015.

[17] 刘军明. 弱电系统集成——系统集成项目案例导航. 北京：科学出版社，2005.

[18] 王佳. 智能建筑概论（第 2 版）. 北京：机械工业出版社，2017.

[19] 北京双圆工程咨询监理有限公司. 智能建筑安装工程施工全过程质量监控验收手册. 北京：中国建筑工业出版社，2016.